Grundriß der Fermentmethoden

Ein Lehrbuch für Mediziner, Chemiker und Botaniker

Von

Professor Dr. **Julius Wohlgemuth**
Assistent am Kgl. Pathologischen Institut der Universität Berlin

Berlin
Verlag von Julius Springer
1913

ISBN-13: 978-3-642-90589-6   e-ISBN-13: 978-3-642-92446-0
DOI: 10.1007/978-3-642-92446-0

Copyright 1913 by Julius Springer in Berlin
Softcover reprint of the hardcover 1st edition 1913

Alle Rechte, insbesondere
das der Übersetzung in fremde Sprachen,
vorbehalten

Herrn Geheimen Medizinalrat

Professor Dr. Johannes Orth
Direktor des Kgl. Pathologischen Instituts der Universität Berlin

in dankbarer Verehrung gewidmet

Vorwort.

Das Studium der Fermente nimmt neuerdings einen breiten Raum in der biologischen Forschung ein, und es unterliegt keinem Zweifel, daß der Interessentenkreis dieser Forschungsrichtung in Zukunft eine noch weit größere Ausdehnung erfahren wird, als das bisher der Fall war. Denn es hat sich gezeigt, daß nicht allein Fragen rein theoretischen Charakters auf diesem Gebiete der Erledigung harren, sondern daß auch die praktische Medizin, insonderheit die Diagnostik hier reiche Früchte ernten kann. Es sei nur daran erinnert, von welcher Bedeutung die Fermentstudien für die Diagnostik der Pankreaserkrankungen und der Nierenkrankheiten geworden sind, und welche Förderung das Problem der frühzeitigen Erkennung der Schwangerschaft durch sie erfahren hat.

In dieser Erkenntnis bin ich gerne der mir vielfach gewordenen Anregung gefolgt und habe alle Methoden, soweit sie sich für das Studium der Fermente als brauchbar und wertvoll erwiesen haben, in dem vorliegenden Buche zusammengestellt. Ich tat dies um so lieber, als ich mir durch eigene jahrelange Betätigung gerade auf diesem Gebiete einige Erfahrungen angeeignet habe, dann aber auch deshalb, weil trotz der großen Zahl von Lehr- und Handbüchern kein Buch existiert, in dem sämtliche Fermentmethoden wiedergegeben sind, und in dem sie eine Darstellung gefunden haben, wie sie die praktische Laboratoriumsarbeit verlangt.

Ich habe mich bemüht, alles Überflüssige fortzulassen und nur das wirklich Notwendige zu bringen, dies aber in einer Form, daß auch der Unkundige sofort orientiert ist und ohne die helfende Hand des Lehrers sich zurechtfindet. Und wenn dabei manches ausführlicher und breiter wurde, als es auf den ersten Blick notwendig erscheinen mag, so geschah dies aus Gründen didaktischer Natur. Denn ich habe immer wieder die Erfahrung gemacht, daß man in der Mehrzahl der Fälle am besten tut, möglichst wenig beim Lernenden vorauszusetzen.

Von den bisher existierenden Fermentmethoden habe ich alle diejenigen berücksichtigt, die in Theorie und Praxis Anwendung finden. Nur diejenigen wurden fortgelassen, welche veraltet sind und die unbrauchbare Resultate liefern, und ebenso haben auch die mikrochemischen Fermentmethoden, da sie eine Disziplin für sich sind, hier weiter keine Berücksichtigung gefunden. Dagegen hielt ich es für zweckmäßig, den speziellen Methoden einen allgemeinen Teil vorauszuschicken, in welchem der heutige Stand unseres Wissens von dem Wesen und der Wirkung der Fermente kurz skizziert ist, und in dem alle allgemeinen Grundsätze bei der Fermentuntersuchung besprochen werden.

So hoffe ich, daß dieses Buch die Lücke, die es auszufüllen bestimmt ist, auch tatsächlich ausfüllen und allen, die sich auf dem Gebiete der Fermentforschung selbständig betätigen wollen, eine brauchbare Unterstützung gewähren wird.

Berlin, Juni 1913. **J. Wohlgemuth.**

Inhaltsverzeichnis.

Seite

Vorwort

Allgemeiner Teil.
1. Wesen und Eigenschaften der Fermente 1
2. Allgemeine Grundsätze bei Fermentuntersuchungen 13
3. Über Darstellung von Fermentlösungen und Isolierung von Fermenten 19
4. Filtration, Dialyse 24

Spezieller Teil.
A. Kohlehydratspaltende Fermente 30
  I. Polysaccharide spaltende Fermente. 30
    1. Amylase (Diastase) 30
      Nachweis 30
        a) qualitativ 30
        b) quantitativ 31
          1. Reduktionsmethode 31
          2. Methode von Lintner 33
          3. Glykogen-Methode 35
          4. Methode von Wohlgemuth 39
    2. Inulinase 67
    3. Pektinase 68
    4. Seminase 68
  II. Trisaccharide spaltende Fermente 69
    1. Raffinase 69
    2. Gentianase 69
    3. Stachyase 70
  III. Disaccharide spaltende Fermente 71
    1. Invertin (Saccharase) 71
    2. Laktase 75
    3. Maltase 79
    4. Trehalase 83
    5. Melibiase 83
    6. Emulsin 84
    7. Myrosin 85
  IV. Nachweis von Monosaccharide spaltenden Fermenten 86
    1. Glykolyse 86
    2. Zymase (Carboxylase) 93

Inhaltsverzeichnis.

Seite

B. Fettspaltende Fermente (Lipasen, Esterasen) 101
  1. Die eigentliche Lipase (Steapsin) 101
  2. Lezithinase 104
  3. Monobutyrinase 106
  4. Esterasen 110
    Besondere Vorschriften für den Nachweis der Fettspaltung 112
      1. im Magen 112
      2. im Pankreas 115
      3. im Darm 120
      4. in Organen 120
      5. im Blut und in serösen Flüssigkeiten 123
      6. in Exkreten 123
      7. in höheren und niederen Pflanzen 124
  5. Fettsynthese 128
  6. Cholesterinase 131
  7. Glyzerophosphotase 133
C. Eiweißspaltende Fermente 135
  1. Pepsin 135
    Nachweis 135
      a) qualitativ 135
      b) quantitativ 136
        1. Kolorimetrische Methode von Grützner ... 137
        2. Methode von Hammerschlag 138
        3. Methode von Mett 139
        4. Methode von Volhard 144
        5. Methode von Jacoby 146
        6. Methode von Fuld 147
        7. Methode von Groß 151
    Darstellung von Pepsinpräparaten 152
      1. Bereitung einer Pepsinstandardlösung 152
      2. Darstellung reinen Pepsins nach Pekelharing 153
    Reaktivierung von Pepsin nach Tichomirow ... 154
  2. Propepsin 155
  3. Antipepsin 157
  4. Lab 162
  5. Prolab (Labzymogen, Prochymosin) 171
  6. Antilab 171
  7. Chymosin — Parachymosin 174
  8. Metakaseinreaktion 180
  9. Plasteinferment (Danilewsky) 180
 10. Trypsin 182
    Nachweis 182
      a) qualitativ 182
      b) quantitativ 183
        1. Methode von Grützner 183
        2. Methode von Mett 183
        3. Methode von Volhard-Löhlein 183
        4. Methode von Fermi 184
        5. Methode von Müller-Jochmann 186
        6. Methode von Fuld-Groß 187

	Seite
Physikalische Methoden	189
1. Methode der Viskositätsbestimmung	189
2. Bestimmung der elektrischen Leitfähigkeit	189
3. Refraktometrische Methode	190
4. Optische Methode	190
Nachweis von Trypsin im Pankreassaft und im Inhalt von Pankreaszysten	191
11. Antitrypsin	194
12. Erepsin	199
13. Polypeptide spaltende Fermente (peptolytische Fermente)	202
14. Autolyse	213
Isolierung von autolytischen (proteolytischen) Fermenten aus tierischen Organen	220
a) Leber	220
b) Leukozyten	222
15. Proteolytische Pflanzenfermente	223
D. Die Nuklein und Nukleinbasen spaltenden Fermente	236
1. Nuklease	256
2. Purinbasen spaltende Fermente	241
3. Kreatase, Kreatinase	252
4. Arginase	254
5. Urease	257
6. Histozym	259
E. Oxydasen	261
1. Tyrosinase	261
2. Phenolasen, Lakkase	268
3. Weitere Oxydasen — Peroxydasen	273
4. Salizylase	281
F. Katalase	284
G. Blutgerinnung	292
Theoretischer Teil	292
Methoden zur Bestimmung der Blutgerinnungszeit	297
A. Kapillarmethoden	300
B. Kammermethoden	306
C. Objektträgermethode	317
Untersuchung von schlecht gerinnendem Blut	318
Quantitative Bestimmung der einzelnen Gerinnungsfaktoren	320
Bestimmung des Zeitgesetzes des Fibrinfermentes	328
Darstellung und Nachweis von Substanzen, die an der ersten Phase der Blutgerinnung beteiligt sind	330
Darstellung fibrinogenhaltiger Flüssigkeiten	336
A. Die verschiedenen Blutplasmaarten	336
I. Natives Blutplasma	336
II. Antithrombin-Plasma	341
III. Neutralsalz-Plasma	343
B. Fibrinogenlösungen	347
I. Natürliche Fibrinogenlösungen	347
II. Künstliche Fibrinogenlösungen	348
Sachregister	352

Allgemeiner Teil.

1. Wesen und Eigenschaften der Fermente.

Will man für den Begriff „Ferment" eine dem heutigen Stande unseres Wissens entsprechende Definition geben, so kann das nur so geschehen, daß man die Fermentwirkung definiert. Denn die Fermente selber sind uns in ihrer chemischen Zusammensetzung bis auf den heutigen Tag noch gänzlich unzugänglich geblieben. Was wir aber von ihnen bisher recht genau kennen, und was uns ermöglicht, ihre Eigenart einigermaßen zu beurteilen, das sind die Wirkungen, die sie auf fremde Substanzen auszuüben imstande sind. Diesen ihren Wirkungen hat man an die Seite gestellt die Wirkung der Katalysatoren. Unter Katalysatoren sind nun nach Ostwald Stoffe zu verstehen, welche durch ihre Gegenwart Änderungen in der Reaktionsgeschwindigkeit chemischer Vorgänge bewirken, ohne selbst in den Endprodukten der Reaktion zu erscheinen. Hiernach würde also ein Ferment als ein Katalysator zu charakterisieren sein, der von der lebenden Zelle produziert wird und die Fähigkeit besitzt, chemische Vorgänge, die an sich nur langsam, mitunter gar nicht merkbar und darum mit kaum meßbarer Reaktionsgeschwindigkeit verlaufen, unter großer Beschleunigung zu Ende zu führen.

In der Tat existieren eine Reihe wichtiger Momente, die auf eine Zugehörigkeit der Fermente zu den Katalysatoren hinweisen. So hat sich feststellen lassen, daß ebenso wie bei der Katalyse auch bei den Enzymwirkungen die Reaktionsgeschwindigkeit abhängig ist von der Menge der zugesetzten wirksamen Substanz, daß die Menge der wirksamen Substanz bei beiden Prozessen, bei dem katalytischen wie bei dem fermentativen, verschwindend klein ist im Verhältnis zur Menge des von ihr umgewandelten Stoffes, und daß beide, das Ferment sowohl wie die Metallsole, während der Reaktion keinen wesentlichen Veränderungen unterworfen sind. Weiterhin zeigen beide Phänomene eine große

Abhängigkeit in ihrer Wirksamkeit von äußeren Einflüssen, ja sogar von Giftwirkungen, und endlich hat sich neuerdings auch herausgestellt, daß ebenso wie die Fermente eine spezifische Wirkung, sei es spaltender, sei es synthetischer Natur, entfalten, auch die Kontaktwirkung anorganischer gewöhnlicher Katalysatoren in einzelnen Fällen weitgehend spezifisch sein kann. Kurzum die Übereinstimmung zwischen Enzymen und Katalysatoren ist eine so vielseitige, daß man in der Tat gezwungen ist, von Fermenten als Katalysatoren zu sprechen. Immerhin dürfte ein Punkt in dieser fast allgemein anerkannten Definition für manchen noch schwer verständlich sein, das ist die Auffassung, daß das Ferment nicht eine bestimmte Reaktion auslöst, sondern nur eine schon bestehende Reaktion beschleunigt. Es kann nicht geleugnet werden, daß bindende Schlüsse für eine solche Annahme einstweilen noch nicht existieren.

Auch sonst gibt es noch manches, was dringend der Aufklärung bedarf. So ist es noch völlig unklar, wie ein für ein Ferment spezifischer Prozeß in die Wege geleitet wird, welche chemischen Vorgänge dabei eine Rolle spielen. Darüber wissen wir ebensowenig, wie wir von dem Mechanismus der katalytischen Wirkung näher unterrichtet sind. Bei beiden Prozessen ist man geneigt eine sogenannte **Zwischenreaktion anzunehmen, die in einer intermediären Bindung des Enzyms an das Substrat besteht**. Zwar ist bisher ein direkter chemischer Beweis für eine solche Bindung zwischen Ferment und Substrat, die natürlich an dem Orte ihrer spezifischen Atomgruppierungen vor sich gehen müßte, noch nicht erbracht worden, doch sprechen Hanriots Studien über die Lipasen und Henris Arbeiten über Invertase, Diastase und Emulsin sehr zugunsten einer solchen Annahme. Ebenso haben neuerdings Abderhalden und Gigon einen sehr interessanten Beitrag zu dieser Frage geliefert. Sie stellten nämlich fest, daß Hefepreßsaft seine Tätigkeit, Glycyl-l-tyrosin zu spalten, zum größten Teil einbüßt, sofern sie ihm Aminosäuren zusetzten, aber nur dann, wenn sie die natürlichen optisch aktiven Aminosäuren anwandten, während Zusatz ihrer optischen Antipoden fast ohne Einfluß auf den Spaltprozeß blieb. Dieser Unterschied in der Wirkung dürfte wohl so zu erklären sein, daß die natürlich vorkommende Aminosäure einen Teil des Fermentes, das auf sie eingestellt war, mit Beschlag belegte und so die Wirkung des Hefepreßsaftes von dem Substrat ablenkte, während das Ferment zu den in der Natur nicht vorkommenden optisch aktiven Aminosäuren keine oder doch nur geringe Affinität besitzt. **Die Bindung an das Substrat und damit die Wirkung eines**

Fermentes auf dasselbe ist demnach in erster Reihe abhängig von dessen Konfiguration. Und gerade hierin ist die Spezifität der Fermente begründet, daß ihre Wirkung voraussetzt einen ganz bestimmten sterischen Bau des Substrates, eine derartige Anordnung in der Atomgruppierung, daß, wie Emil Fischer das so anschaulich charakterisierte, das Enzym zu dem Substrat paßt wie der Schlüssel zum Schloß.

Hierfür hat als erster Emil Fischer selber mit seinen Fermentstudien in der Kohlehydratreihe einen schlagenden Beweis geliefert. Er hat nämlich unter anderem zeigen können, daß die Enzyme des Hefeinfuses, die Hefemaltase, nur auf Glykoside der α-Reihe wirken, während das β-Methyl-d-Glukosid allein von dem Emulsin gespalten wird, daß andererseits die Methyl-l-Glukoside durch keines von diesen Enzymen gespalten werden, und daß in der gleichen Weise sich verhalten die entsprechenden, aus Galaktose erhaltenen Glukoside. Der Unterschied in der Maltasewirkung und in der Wirkung des Emulsins ist also begründet in der Stellung des asymmetrischen Kohlenstoffatoms in dem Substrat. Das legt den Gedanken nahe, daß auch in dem sonst gänzlich unbekannten Fermentmolekül mindestens ein asymmetrisches Kohlenstoffatom vorhanden sein dürfte.

Auch die Beobachtungen an den proteolytischen Fermenten, die in der gleichen Weise ganz spezifische Eigenschaften erkennen lassen, weisen darauf hin, daß hier ebenso wie bei den Kohlehydraten die Fermentwirkung abhängig ist von dem Vorhandensein eines geeigneten Angriffpunktes im Substrat. Es sei nur erinnert an die Resistenz von genuinem Serumeiweiß, von Globulin und von Leim gegen Trypsin (Michaelis, Oppenheimer) ferner von genuinem Eiweiß gegen Erepsin (Cohnheim) und an die Erscheinungen der Heterolyse (Jacoby). Noch klarer und ganz unzweideutig geht das hervor aus dem Verhalten verschiedener Fermente synthetischen Polypeptiden gegenüber, wie dies Fischer und Abderhalden gezeigt haben. So hat sich beispielsweise für das Trypsin ergeben, daß es nur ganz bestimmte Polypeptide zu spalten vermag, und daß hierbei von ausschlaggebender Bedeutung sind die Struktur der Polypeptide, die Zahl ihrer Komponenten und vor allem die sterische Konfiguration ihrer einzelnen Glieder. Was speziell den letzten Punkt anbetrifft, so wurde ermittelt, daß von den aus Racemkörpern sich zusammensetzenden Polypeptiden diejenige Komponente durch das Enzym zerlegt wird, welche der in der Natur vorkommenden optisch aktiven Aminosäure entspricht, ein Verhalten, das auch der tierische Organismus in seiner Gesamtheit den Racemkörpern gegenüber zeigt, mögen sie aus der Reihe der Kohlehydrate (Neuberg, Wohlgemuth, Mayer) oder aus der der Eiweißspaltprodukte (Wohlgemuth, Embden) stammen. — Auch in bezug auf verschiedene Ester hat man ein spezifisches Verhalten der Fermente beobachten können. So fand Dakin, daß von dem racemischen Mandelsäureester durch Leberpreßsaft eine stark rechtsdrehende Säure abgespalten wird, und daß der zurückbleibende Ester linksdrehend ist.

So sehr auch der tiefere Einblick in den feineren Wirkungsmechanismus der Fermente unsere Vorstellung von dem Wesen der Spezifität gefördert hat, so war doch damit für die Erkenntnis von dem chemischen Bau des Fermentmoleküls nur das eine gewonnen, daß man sagen konnte, aller Wahrscheinlichkeit nach besitzen die Fermente in ihrem Molekül einen asymmetrischen Komplex. Wie sie sonst strukturell beschaffen sind, speziell welche Elemente an ihrem Aufbau beteiligt sind, darüber sind wir heute noch ebenso im unklaren wie vor 50 Jahren. Bereits von jenem Zeitpunkte an datieren die Bemühungen, das eine oder das andere Ferment in reinem Zustande zu isolieren, ohne daß es unter der großen Zahl der Forscher einem geglückt ist, ein von jedweder Beimengung freies analysenreines Ferment darzustellen. Demgemäß schwanken auch recht erheblich die Angaben über die elementare Zusammensetzung der Fermente. Die Mehrzahl der Autoren nimmt an, daß die Fermente stickstoffhaltig sind, und daß sie anorganische Bestandteile enthalten, wie Schwefel, Calcium und vor allem Phosphor; ferner hat man Eisen in ihnen gefunden und in manchen, speziell in pflanzlichen Fermenten, ist auch Mangan festgestellt worden. Auf Grund dieser analytischen Ergebnisse hat man die Fermente zu den Eiweißkörpern gerechnet, und zwar eine Zeit lang zu Peptonen, dann wiederum in Hinsicht auf ihren konstanten Phosphorgehalt zu den Nukleoproteiden. So haben die Anschauungen hierüber vielfach gewechselt, ohne daß bis heutigen Tages die Frage von der chemischen Natur der Fermente definitiv entschieden werden konnte.

Auf Grund ihres physikalischen Verhaltens rechnet man die Fermente zu den Kolloiden. Nun ist ihr kolloider Charakter aber kein so ausgesprochener, daß sie alle Eigenschaften der Kolloide im Sinne Grahams besitzen. Sie sind zwar unlöslich in konzentrierten Salzlösungen, d. h. sie werden ebenso wie die kolloidalen Eiweißlösungen durch konzentrierte Salzlösungen ausgesalzen und haben gleich Kolloiden in hohem Maße die Fähigkeit sich auf andere kolloidale Substanzen (Eiweiß, kolloidales Eisenhydroxyd) oder auf Stoffe mit sehr großer Oberflächenwirkung (Kohle, Ton, Kaolin, Kieselgur, Baryumsulfat, Calciumphosphat) niederzuschlagen. Aber eines der Hauptcharakteristika für Kolloide, die gänzliche Unfähigkeit tierische und pflanzliche Membranen zu passieren, trifft für die Fermente nicht vollkommen zu. Solange zwar die Fermente sich in Lösungen mit anderen kolloidalen Substanzen befinden, sind sie auch nicht imstande zu dialysieren. Wenn man sie aber reinigt und von allen kolloidalen Beimengungen möglichst gründlich befreit, so erlangen einige von ihnen doch schließlich die Eigenschaft, tierische und pflanzliche Membranen zu passieren. Sie haben also zum Teil auch Ähnlichkeit mit der anderen Körperklasse, den Kristalloiden, und gehören deshalb jedenfalls nicht zu den „Hochkolloiden". — Mit den Kolloiden haben sie wiederum gemeinsam die Eigenschaft, zwischen zwei Elektroden von großer elektrischer Potentialdifferenz nach einer Elektrode zu wandern. Demnach müssen sie eine elektrische Ladung besitzen. Für einige Fermente ist das auch durch Prüfung ihrer Bindungsfähigkeit an elektronegative Adsorbentien wie Kaolin und Mastix oder elektropositive Körper wie Eisen- und Aluminiumhydroxyd festgestellt worden. So haben Invertin und Pepsin den Charakter einer Säure, da sie bei allen Reaktionen von Tonerde, bei keiner Reaktion von Kaolin fixiert werden. Den Charakter amphoterer Körper zeigen Malz- und Speicheldiastase und ebenso Trypsin, denn sie werden sowohl von Kaolin wie von Tonerde irreversibel adsorbiert (Michaelis).

Je nachdem die Fermente den Sekreten beigemengt sind oder in dem Protoplasma der Zellen eingeschlossen sich finden, unterschied man bis vor kurzem zwischen **ungeformten Fermenten oder Enzymen und geformten Fermenten oder schlechthin Fermenten**. Unter letzteren stellte man sich organisierte, gleichsam lebende Wesen vor, deren Wirksamkeit mit dem Leben der Zelle selbst aufs engste verknüpft ist, während man mit dem von Kühne eingeführten Begriff Enzym alle die Fermente bezeichnete, die die Zelle überleben und von ihr getrennt noch eine Wirkung entfalten können. So galt die Spaltung des Invertzuckers bei der Gärung in Alkohol und Kohlensäure als ein fermentativer Prozeß, der mit dem Fortbestehen der Hefezelle eng verknüpft ist, während die der Gärung vorangehende Spaltung des Rohrzuckers als ein enzymatischer Prozeß angesehen wurde, der durch irgend einen von dem Hefepilz produzierten Stoff bedingt war. — Diese Differenzierung hat man aber aufgeben müssen, nachdem Buchner und Hahn gezeigt hatten, daß es gelingt aus der Hefe einen vollkommen zellfreien Saft zu gewinnen, der neben anderen fermentativen Fähigkeiten vornehmlich die Eigenschaft besitzt, Glukose in Alkohol und Kohlensäure zu zerlegen. Damit war ein für allemal bewiesen, daß auch diejenigen fermentativen Vorgänge, von denen man glaubte, daß sie sich nur in der lebenden Zelle abspielen könnten, losgelöst von dem lebenden Zellprotoplasma in Erscheinung treten können. Dies scheint auch nur ganz natürlich; denn im Grunde genommen sind doch alle Fermente nichts anderes als Produkte der Tätigkeit einer ganz bestimmten Zellenart. So wird das Pepsin von den Belegzellen des Magens, das Trypsin von Drüsenzellen des Pankreas, das Erepsin von den Zellen der Darmschleimhaut produziert usw. Daß nun in dem einen Falle die Fermente nach außen hin sezerniert werden, in dem anderen nicht, wie beispielsweise bei der Zymase, wäre noch kein Grund, einen so scharfen Unterschied zu machen zwischen geformten und ungeformten Fermenten, wie man das von früher her gewohnt war. Inzwischen ist es nun auch bei anderen Fermenten, die man früher ebenfalls den geformten zurechnete, gelungen, aus den sie einschließenden Zelleibern zu isolieren, so die Enzyme aus dem Milchsäurebazillus und den Bieressigbakterien, und es steht zu erwarten, daß dies noch bei manch anderen intrazellulären Fermenten gelingen wird.

Ein großer Teil der Fermente wird von der betreffenden Mutterzelle nicht in aktiver, sondern in inaktiver Form produziert resp. sezerniert, und es bedarf dann erst des Zusammentreffens mit einer zweiten Substanz, um das inaktive Ferment, Proferment oder auch Zymogen genannt, in seinen aktiven Zustand überzuführen. Die hierzu erforderliche zweite Substanz ist der sogenannte Aktivator. Je nachdem es sich hierbei um Körper organischer oder anorganischer Natur handelt, unterscheidet man zwischen Kinasen und Aktivatoren im engeren Sinne. Hauptrepräsentant der ersteren Gruppe ist die von Pawlow im Darmsaft entdeckte Enterokinase; diese hat die Fähigkeit resp. Aufgabe, das in dem Pankreassaft enthaltene Trypsinogen in den aktiven Zustand, das Trypsin, überzuführen. Zur zweiten Gruppe gehören Säuren, Alkalien und Salze, unter denen die Eisen-, Mangan- und Kalksalze besonders hervorgehoben zu werden verdienen. — Eine Mittelstellung zwischen Kinasen und Aktivatoren nehmen die sogenannten Kofermente ein, die meist spezifischer Natur sind wie die Kinasen, dabei aber thermostabil. Das am besten gekannte ist das von Harden und Young entdeckte Koenzym der Hefe, das sich im gekochten Hefepreßsaft findet und die Fähigkeit hat, die spontan unwirksam gewordene Zymase wieder gärfähig zu machen.

Wie man sich die Wirkung dieser ganzen Gruppe von Körpern zu erklären hat, ist noch völlig rätselhaft. Was speziell die Wirkung der Enterokinase anbetrifft, so halten Delezenne, Dastre und Stassano die Enterokinase für einen Ambozeptor im Sinne

Ehrlichs, der mit dem Proferment sich zu einer wirksamen Substanz vereinigt; Bayliss und Starling, Cannes und Gley dagegen glauben, daß die Kinase als Katalysator wirkt und das Proferment dadurch aktiviert.

Im Sinne von Aktivatoren dürften auch die Salzsäure auf Pepsin und das Alkali auf Trypsin wirken. Die Rolle dieser beiden bei den entsprechenden proteolytischen Prozessen sucht Jacques Loeb neuerdings in folgender interessanter Weise zu erklären: Geht man von der Annahme aus, daß Pepsin eine schwache Base, Trypsin eine schwache Säure ist, so muß die schwache Base Pepsin mit einer Säure natürlich ein Salz bilden und die gleiche Umsetzung muß stattfinden, wenn Alkali zu der schwachen Säure Trypsin zugefügt wird. Macht man ferner die Voraussetzung, daß die katalytische Wirkung von Pepsin und Trypsin nicht von dem undissoziierten Molekül, sondern vom Pepsin- und Trypsinion ausgeht, so wird auf einmal die fördernde Wirkung von Säure auf die Pepsinhydrolyse und von Alkali auf die Trypsinhydrolyse klar. Denn dadurch, daß die Säure mit der schwachen Base Pepsin und das Alkali mit der schwachen Säure Trypsin Salze bilden, wird die Dissoziation dieser Fermente und damit die Zahl der nach oben entwickelter Ansicht allein für die Fermentwirkung in Betracht kommenden Fermentionen vermehrt. Infolgedessen erhöht also der Zusatz von etwas Säure die Wirksamkeit von Pepsin, der Zusatz von etwas Alkali die Wirksamkeit von Trypsin, und zwar durch Erhöhung der Maße des katalytischen Agens, nämlich des Enzymions. Es läßt sich so wohl auch verstehen, warum beispielsweise nicht alle Säuren gleich günstig auf die Pepsinhydrolyse einwirken. Denn, wie wir durch Arrhenius und Madsen wissen, wird eine schwache Base durch eine schwache Säure nur unvollkommen, durch eine starke Säure aber vollkommen neutralisiert. Vielleicht hängt es damit zusammen, daß beispielsweise Salzsäure günstig, Borsäure und Phosphorsäure aber weniger günstig auf die Pepsinhydrolyse wirken. — Außer dieser Erklärung gibt Loeb noch eine zweite Möglichkeit an, wie man sich die fördernde Wirkung von Säure und Alkali auf das Pepsin resp. Trypsin erklären könnte, indem er dabei von der Voraussetzung ausgeht, daß beide Enzyme, was ja wahrscheinlich ist, amphotere Elektrolyte sind und durch die Gegenwart von Säure resp. von Alkali in elektropositive resp. elektronegative Ionen übergeführt werden. Da aber diese Betrachtungsweise zu dem nämlichen Resultate führt, soll auf sie nicht näher eingegangen werden.

Alle genannten Aktivatoren können nun aber auch, wohl unabhängig von dieser ihrer Eigenschaft und ähnlich wie viele andere Substanzen, eine entgegengesetzte Wirkung ausüben, nämlich die Fermentwirkung hemmen, wenn man sie im Überschuß zusetzt. Es ist darum erforderlich, für jeden einzelnen Fall die optimale Menge des Aktivators genau zu bestimmen, will man eine Überschußhemmung vermeiden.

Ebenso wie es spezifische Aktivatoren gibt, kennt man auch spezifische Hemmungskörper der Fermente, sogenannte Antikörper. Solche Antikörper kommen in großer Menge vor im Blutserum, in Organsäften und in Sekreten. Auch künstlich haben sich eine Reihe spezifischer Antifermente herstellen lassen durch Injektion steigender Dosen der entsprechenden Fermente in ähnlicher Weise wie man durch Einverleibung von Toxinen die entsprechenden Antitoxine erzeugt hat. Die ersten, die auf diesem Gebiete erfolgreich sich betätigten, waren Hildebrand und Morgenroth; ersterer erzeugte ein Antienzym gegen Emulsin und letzterer ein spezifisches Antilab gegen das zur Immunisierung verwandte Labpräparat. Seitdem sind noch für eine große Reihe anderer Enzyme in der gleichen Weise spezifische Antikörper gewonnen worden, so gegen Lipase, Diastase (Schütze), Trypsin u. a. m. Ob die künstlich dargestellten Antikörper mit den natürlichen identisch sind oder nicht, ist eine bis heute noch strittige Frage, die wohl nicht eher ihre Erledigung finden dürfte, als bis die Wirkung der Antifermente auf die Fermente selber ihre Erklärung gefunden hat. Erwähnt sei noch, daß man den interessanten Versuch gemacht hat, die Spezifität der Antifermentwirkung in der gleichen Weise wie die Antitoxinwirkung durch die Ehrlichsche Seitenkettentheorie zu erklären, aber es war damit für die Klärung der Sachlage nicht viel gewonnen.

Viel häufiger noch als mit den spezifischen Hemmungskörpern hat man zu rechnen mit den Paralysatoren, die eigentlich bei jeder Fermentreaktion entstehen und die repräsentiert werden durch die Umsatzprodukte, welche unter dem Einflusse des Fermentes aus dem Substrat gebildet werden. Sie wirken mitunter sehr stark hemmend und führen meist zu einem früheren Stillstand der Fermentreaktion, als dies unter gewöhnlichen Bedingungen der Fall sein würde, d. h. es stellt sich, wie Tammann sagt, ein „falsches Gleichgewicht" ein. Dies kann entweder so erklärt werden, daß die Reaktion des Milieus durch die Abbauprodukte in einem für die Fermentwirkung ungünstigen Sinne beeinflußt wird, oder so, daß die Menge des aktiven Fermentes durch Bindung an die intermediären, noch spaltfähigen Substratanteile vermindert wird, d. h. daß die mathematische Beziehung, die zwischen Fermentmenge, Umsatzzeit und Umsatzmenge besteht, zu ungunsten eines der beiden letzteren verändert wird. In solchen

Fällen von „falschem Gleichgewicht" (Fermentlähmung) kann man aber durch Entfernung der Reaktionsprodukte, durch Verdünnung mit Wasser, Erhöhung der Temperatur, Zusatz von mehr Substrat oder mehr Enzym häufig die Reaktion zu weiterem Fortschreiten bringen. Demnach ist die Fermentlähmung aufzufassen als ein reversibler Prozeß. — Nun ist aber dieser Prozeß durchaus nicht in allen Fällen ein reversibler. So erfährt beispielsweise das Invertin durch die Bindung des Fermentes an das Produkt eine bleibende Schädigung, bei der es eine Erholung nicht mehr gibt. Dieser Zustand wäre zweckmäßig mit Fermenterschöpfung zu bezeichnen (Lichtwitz).

Ein weiterer außerordentlich wichtiger Faktor bei jeder Fermentwirkung ist die Temperatur. Denn einmal sind die Fermente sämtlich thermolabile Substanzen, d. h. sie sind durch Hitze zerstörbar, andererseits ist die Wirkung des Fermentes auf das Substrat mit in erster Reihe abhängig von der jeweiligen Temperatur des Reaktionsgemisches. Und zwar steigt die Geschwindigkeit einer Enzymreaktion von gewöhnlicher Temperatur aufwärts stark an, geht schließlich mit steigender Temperatur durch ein Maximum und nimmt dann wieder bei weiterer Temperatursteigerung ab. Es gibt also für jede Fermentwirkung ein Temperaturoptimum, d. h. eine einzige Temperatur, bei der das Enzym seine stärkste Wirkung entfaltet. Diese ist aber durchaus keine konstante Größe, sondern hängt im wesentlichen ab von der Menge, der Herkunft und der Vorgeschichte des Enzyms und der Gegenwart anderer Stoffe (Tammann). Dieses Maximum der Fermentwirkung kommt, wie Bredig so anschaulich auseinandersetzt, zustande durch die Superposition zweier entgegengesetzter Einflüsse der Temperaturerhöhung. „Einmal steigt die Geschwindigkeit der reinen ungestörten Enzymreaktion wie bei jeder anderen gewöhnlichen Reaktion mit steigender Temperatur sehr schnell an. Ungefähr ebenso schnell aber steigt auch die Geschwindigkeit der unabhängig davon verlaufenden Nebenreaktion, durch welche das Enzym sich zersetzt, dauernd inaktiv wird und „abstirbt". Man sieht also, daß durch letztere Reaktion mit steigender Temperatur immer schneller ein Einfluß geltend wird, der die Enzymwirkung zerstört. Überwiegt letzterer Einfluß mit steigender Temperatur den Gewinn an Geschwindigkeit, welchen die reine Enzymreaktion durch Temperatursteigerung ohne die inaktivierende Nebenreaktion erhalten würde, so kompensieren sich beide Einflüsse, der zerstörende und der beschleunigende, und die Geschwindigkeit erreicht ihr Maximum. Überwiegt die zerstörende Nebenreaktion die Steigerung der reinen Enzymwirkung durch Temperaturerhöhung, so wird letztere sogar überkompensiert werden, und die Geschwindigkeit der Enzymwirkung wird schließlich mit steigender Temperatur abnehmen, ja sogar Null werden, wenn alles Enzym bei der hohen Temperatur besonders schnell vernichtet wird. — Man sieht jetzt auch, warum sich die Temperatur des Maximums mit der Vorgeschichte so stark verschieben läßt. Die Temperaturen, bei welchen das System bei der Vorwärmung gehalten wird, haben nach den Gesetzen der chemischen Kinetik, wie Tammann gezeigt hat, den allergrößten Einfluß auf die Geschwindigkeit der inaktivierenden Nebenreaktion während dieser Vorwärmung, und je nach der verschiedenen Dauer der Vorwärmung bei denselben oder verschiedenen Temperaturen werden auch verschiedene Mengen wirksamen Enzyms zu Beginn der Beobachtungszeit bereits verschwunden sein. — Da die Geschwindigkeit der inaktivierenden Nebenreaktion gerade wie die Geschwindigkeit gewöhnlicher Reaktionen so ungeheuer mit der Temperatur sinkt, ist es auch erklärlich, daß viele Enzyme bei der Temperatur $+ 70^0$ bis 100^0 sehr schnell zugrunde gehen, dagegen auf die niedrigsten Temperaturen, sogar mit flüssiger Luft auf $- 191^0$ abgekühlt, nichts an ihrer Wirksamkeit verlieren (Poserski, Bickel).

Diese außerordentliche Empfindlichkeit der Fermente gegenüber Temperaturen, die 70^0 oder 80^0 C übersteigen, besteht aber nur dann, sofern sie sich in Wasser gelöst finden. In trockenem Zustande dagegen können verschiedene Fermente ein Erhitzen auf 100^0 C oder sogar auf 150—160^0 C ertragen, ohne von ihrer Wirksamkeit einzubüßen. Aller Wahrscheinlichkeit nach spielt bei der Empfindlichkeit gelöster Enzyme schon verhältnismäßig geringen Temperaturen gegenüber die Dissoziation des Lösungsmittels, also die Ionen des Wassers, eine Rolle. Finden sich in dem Lösungsmittel neben dem Ferment noch Salze oder Substanzen, auf welche das Ferment eingestellt ist, so vermögen diese gleichsam das Ferment vor dem schädigenden Einfluß hoher Temperaturen bis zu einem gewissen Grade zu schützen, und man erklärt sich diese Schutzwirkung so, daß das Ferment mit den Salzen resp. dem Substrat eine chemische Bindung eingeht, die hitzebeständiger ist als das Ferment in seinem freien Zustande. Dies konnte bisher gezeigt werden für das Invertin (O'Sullivan und Thomson), für die Diastase (Moritz und Glendinning, Wohl) und für das Lab (Bearn und Cramer). Für das Pankreassteapsin scheint aber diese Gesetzmäßigkeit nicht zuzutreffen (Donath).

Außer der Temperatur verdient noch ein anderes physikalisches Moment beim Arbeiten mit Fermenten einige Berücksichtigung, das ist der Einfluß der Lichtstrahlen. So weiß man beispielsweise, daß Maltase, besonders aber Chymosin schon durch diffuses Tageslicht nicht unerheblich in ihrer Wirkung geschädigt werden. Darum empfiehlt es sich, diese Fermente, will man sie lange gut wirksam erhalten, in dunklen Gefäßen aufzubewahren. — Andererseits sind neuerdings Lichtstrahlen bekannt geworden, welche fördernd auf bestimmte fermentative Prozesse wirken können, aber nur in Gegenwart bestimmter fluoreszierender Stoffe, sogenannter Sensibilisatoren (Tapeiner und Jodlbauer).

Während wir uns bisher ausschließlich beschäftigt haben mit den zersetzenden Eigenschaften der Fermente und den Bedingungen, die auf sie von förderndem resp. hemmenden Einfluß sein können, müssen wir uns nun noch klar darüber werden, daß die Fermente teilweise auch der entgegengesetzten Wirkung fähig sind, d. h. daß sie auch synthetische Prozesse vollführen können. Diese Auffassung von den synthetischen Fähigkeiten der Fermente hat anfänglich nicht geringe Schwierigkeiten bereitet, weil man allgemein der Ansicht war, daß Enzymwirkungen zu den exothermalen Prozessen gehören, d. h. daß die Summe der bei ihnen neu entstandenen Produkte eine geringere Verbrennungswärme besitzt als der ursprüngliche Stoff. Da nun die Synthesen gewöhnlich endothermale Prozesse sind, also zu ihrem Verlauf einer Aufnahme von Wärme bedürfen, und da man annahm, daß es endothermale Enzymwirkungen nicht gibt, so war man dementsprechend der Ansicht, daß Enzyme keine Synthesen bewerkstelligen könnten. Die Erfahrung der letzten Jahre aber hat uns gelehrt, daß auch enzymatische Hydrolysen reversible Prozesse sein können, die zu einer Synthese führen, d. h. daß der gleiche Katalysator die Reaktion in verschiedener Richtung beeinflussen kann, je nach der Konzentration der vorhandenen Substanzen.

Das erste Beispiel für eine solche Reaktion erbracht zu haben, ist das Verdienst von Crofft-Hill. Er beobachtete nämlich bei der Behandlung einer stark konzentrierten Traubenzuckerlösung mit Maltase eine Drehungsänderung und eine Abnahme des Reduktionsvermögen, die auf eine Bildung von Maltose schließen ließen. Allerdings wies später Emmerling nach, daß es sich bei dieser Versuchsanordnung nicht um die Entstehung von Maltose sondern eines Isomeren, der Isomaltose handelt. Fischer und Armstrong gelang dann mittels Kefirlaktase aus Galaktose und Dextrose die Synthese von Isolaktose. Ferner ist mit Sicherheit nachgewiesen, daß die Lipase des Pankreas imstande ist, aus Äthylalkohol und Buttersäure Äthylbutyrat (Kastle und Loevenhart), aus Ölsäure und Glyzerin Mono- und Triolein zu bilden (Pottevin), und daß Blutserum aus Buttersäure und Glyzerin Monobutyrin zu synthetisieren vermag (Hanriot). Auch für die Gruppe der proteolytischen Fermente ist bereits in einem Falle die Synthese sehr wahrscheinlich gemacht. So hat Danilewsky beobachtet, daß, wenn man Pepsin oder Trypsin zu einer konzentrierten Peptonlösung zusetzt, unter dem Einfluß der Brutschrankwärme ein Niederschlag auftritt, der aller Wahrscheinlichkeit nach eine hochmolekulare eiweißähnliche Verbindung ist; er nannte sie Plastein. — Auf Grund aller dieser durch das Experiment gesicherter Tatsachen neigt man heute mehr denn je der Ansicht zu, daß ebenso wie die genannten Fermente auch die Mehrzahl der anderen im Körper sich findenden dazu befähigt ist, Synthesen in den Körperzellen zu vollführen.

Je nach dem Charakter der Wirkung, welche die Fermente zu vollführen imstande sind, unterscheidet man im wesentlichen zwei Hauptgruppen, hydrolysierende und oxydierende Fermente. — Unter hydrolysierenden Fermenten versteht man solche, welche die Spaltung eines Substrates bewirken, verbunden mit einer Zersetzung von Wasser und der Aufnahme von dessen Bestandteilen in die Moleküle der Zersetzungsprodukte. Zu dieser Gruppe gehören alle proteolytischen oder eiweißspaltenden Fermente, die lipolytischen oder fettspaltenden Fermente, die Poly- und Disaccharide spaltenden Fermente und die zu ihnen in naher Beziehung stehenden Glykoside spaltenden Fermente. Ferner sind zu den hydrolysierenden Fermenten zu rechnen die Adenase, die Guanase, die Arginase, das Histozym, die Urease u. a. m. — Unter oxydierenden Fermenten versteht man solche, welche befähigt sind, bestimmte Oxydationen zu vollführen. Zu diesen gehören die großen Gruppen der Oxydasen und Peroxydasen. — Da Reduktionen im großen Umfang bei Tieren und Pflanzen vorkommen und sehr häufig Hand in Hand mit oxydativen Vorgängen geht, hat man auch angenommen, daß es reduzierende Fermente, Reduktasen oder Hydrogenasen gibt. Ob aber wirklich an diesen Vorgängen Enzyme beteiligt sind, steht noch dahin.

Die Wirkung aller dieser Fermente findet stets in einem mehrphasischen System, sozusagen in heterogenen Medien statt. Denn einerseits sind die Fermente kolloidaler Natur, andererseits gehören die Substrate, auf die sie einwirken, vielfach selber zu den Kolloiden. Die enzymatischen Zersetzungen sind nun meist dadurch kompliziert, daß, wie oben auseinandergesetzt, die Enzyme sich teilweise mit dem Substrat verbinden. Man hat deshalb bei der Beurteilung der Geschwindigkeit, mit welcher die enzymatische Spaltung vor sich geht, zu berücksichtigen, wie schnell und in welchem Umfang das Ferment mit dem Substrat in Bindung geht. Nun haben sich für katalytische Reaktionen folgende Gesetzmäßigkeiten ergeben; der Einfachheit und der überwiegenden Häufigkeit halber wollen wir nur die monomolekulare Reaktion berücksichtigen: 1. bei konstant gehaltener Katalysatormenge ist in jedem Augenblick die Reaktionsgeschwindigkeit proportional der vorhandenen Konzentration der sich umsetzenden Stoffe und 2. bei konstant gehaltener Substratkonzentration ist die Reaktionsgeschwindigkeit oder der Geschwindigkeitskoeffizient proportional der Katalysatormenge.

Die erste Gesetzmäßigkeit dürfte auch für eine Reihe von Fermenten zutreffen, wenigstens ist sie für einige von ihnen direkt bewiesen worden, so für die Blutkatalase, die Pankreaslipase, die Rizinuslipase und das Erepsin. In allen diesen Fällen hat sich mit Hilfe der Formel für eine monomolekulare Reaktion ein konstanter Wert für den Geschwindigkeitskoeffizienten ermitteln lassen. Wahrscheinlich verlaufen die meisten enzymatischen Spaltungsprozesse monomolekular, doch dürfte es sehr schwierig sein, für alle den Beweis hierfür zu erbringen. Denn der Reaktionsablauf ist in den meisten Fällen durchaus kein glatter. Einerseits können während der Fermentwirkung Reaktionen im entgegengesetzten Sinne (Synthese) stattfinden, andererseits können während der Reaktion Substanzen (Abbauprodukte) auftreten, welche die Fermentwirkung hemmen oder gar einen Teil des Fermentes zerstören, und schließlich fehlen uns noch in vielen Fällen die analytischen Hilfsmittel, um einen stufenweisen Abbau oder einen gleichzeitig einsetzenden reversiblen Vorgang zu erkennen oder gar quantitativ zu messen.

Auch die zweite Gesetzmäßigkeit hat sich für einige Fermente (Hämase, Erepsin, Pankreaslipase) als zutreffend erwiesen, doch nicht für alle. Für andere wiederum hat sich ergeben, daß bei konstant gehaltener Substratmenge nur dann der gleiche Umsatz erzielt wird, wenn die Zeiten der Einwirkung umgekehrt proportional den zugegebenen Enzymmengen sind. Dieses Gesetz hat, soweit die bisherigen Untersuchungen reichen, Gültigkeit für Lab, Pepsin, peptolytisches Ferment, Trypsin und Invertin.

2. Allgemeine Grundsätze bei Fermentuntersuchungen.

Für die Ausführung der Fermentbestimmungen sind absolut saubere Gefäße erforderlich, am besten solche, die vorher sterilisiert worden sind. Befürchtet man eine Beeinflussung der Fermentwirkung durch die mehr oder weniger beträchtlichen Alkalimengen, die gewöhnliches Glas abzugeben pflegt, so muß man Gefäße aus Jenenser Glas benutzen.

Alle Untersuchungen sind auszuführen mit möglichst frischen oder zum mindesten gut konservierten Fermentlösungen. Zeigt eine solche Lösung fäulnisartigen Geruch, so ist sie für eine quantitative Fermentbestimmung in jedem Falle unbrauchbar; denn durch die Fäulnis ist sicherlich ein Teil des Fermentes zerstört worden. — Auch für qualitative Zwecke ist eine solche Fermentlösung nur bedingungsweise zu verwenden, nämlich nur dann, wenn man mit Bestimmtheit ausschließen kann, daß die Fermentwirkung nicht eventuell durch Fäulniswirkung vorgetäuscht werden kann.

Bezüglich der Versuchsanordnung sind folgende allgemeine Regeln zu befolgen:

1. Bei jedem Versuch sind Kontrollen notwendig. Diese Kontrollen müssen die gleiche Zusammensetzung haben wie der Hauptversuch, nur statt der wirksamen Fermentlösung muß die ihnen zugesetzte Fermentlösung vorher durch Kochen unwirksam gemacht (inaktiv) sein.

2. Will man mehrere Fermentlösungen bezüglich ihrer Wirksamkeit untereinander vergleichen, so muß in allen Fällen die Zeit sowohl wie die Temperatur wie die Reaktion und die Konzentration resp. Gesamtvolumen vollkommen gleich sein.

3. Um den hemmenden resp. beschleunigenden Einfluß einer Substanz auf ein Ferment zu messen, verfährt man ganz allgemein so, daß man auf ein bestimmtes Ferment-Substratgemisch eine bestimmte Menge der zu untersuchenden Substanz einwirken läßt und zur Kontrolle gesondert auf das nämliche Ferment-Substratgemisch die gleiche Menge des entsprechenden Lösungsmittels der zu untersuchenden Substanz (Wasser, Kochsalzlösung).

Von großer Wichtigkeit ist bei dieser Art von Untersuchungen der Moment, den man für die Zufügung dieses hemmenden resp. aktivierenden Körpers wählt. Auf alle Fälle ist es ratsam ihn zu dem Ferment zuzusetzen, bevor man das Substrat zufügt, auf welches das Ferment wirken soll. Denn verfährt man umgekehrt und gibt erst das Substrat zum Ferment, so kann bereits ein Teil des Fermentes vom Substrat mit Beschlag belegt sein und ist dann in seiner ganzen Größe nicht mehr für die Beeinflussung durch die fremde Substanz zugänglich.

Will man den hemmenden resp. beschleunigenden Einfluß quantitativ ermitteln, so ist das Verfahren, je nach dem man die Stärke der Beeinflussung oder die kleinste Menge der Substanz feststellen will, die noch der Beeinflussung fähig ist, entsprechend zu gestalten.

a) Hat man sich die Aufgabe gestellt, zu ermitteln, in welchem Umfang eine Substanz eine bestimmte Fermentreaktion zu beeinflussen imstande ist, so stellt man von der Fermentlösung zwei vollkommen gleiche Reihen absteigender Mengen her und setzt zu jeder Fermentportion der einen Reihe (Hauptreihe) das gleiche Quantum der zu untersuchenden Substanz, während man in der andern Reihe (Kontrollreihe) zu jeder Fermentportion die entsprechende Menge des Lösungsmittels der Substanz (Wasser, Kochsalz etc.) zusetzt. Alsdann führt man den Doppelversuch in der üblichen Weise zu Ende. Der Kürze halber nenne ich dieses Verfahren Kontrollreihenverfahren. Ein Beispiel hierfür findet sich im Kapitel „Amylase" auf S. 49.

b) Soll die kleinste Menge der Substanz, festgestellt werden, die noch imstande ist, eine Hemmung resp. Beschleunigung eines Fermentes zu bewirken, so ermittelt man zunächst in einem Vorversuch die kleinste noch wirksame Fermentmenge. Danach beschickt man eine Reihe von Gläschen mit absteigenden Mengen der zu untersuchenden Substanz, fügt zu jedem Gläschen die in dem Vorversuch ermittelte Fermentmenge zu und führt den Versuch in der üblichen Weise zu Ende. Ich nenne dieses Verfahren der Kürze halber Einreihenverfahren. Auch hierfür findet sich ein Beispiel in dem Kapitel „Amylase" auf S. 50.

4. Ist der zerstörende Einfluß einer Substanz auf ein Ferment zu untersuchen, so hat man dabei zu berücksichtigen erstens die Zeit, während welcher der Körper auf das Ferment wirkt, zweitens die Temperatur, bei der man ihn einwirken läßt und drittens das Mengenverhältnis zwischen Ferment und zu untersuchender Substanz. Je nachdem man einen dieser Faktoren variiert, wird natürlich auch das Resultat ein verschiedenes sein. Ein solches Variieren muß aber vermieden werden, sobald es sich darum handelt, den zerstörenden Einfluß verschiedener Substanzen auf ein und dasselbe Ferment untereinander zu vergleichen. In einem solchen Falle ist wieder dafür zu sorgen, daß in allen Versuchen vollkommene Gleichheit bezüglich aller oben unter Nr. 2 angeführten Punkten herrscht.

5. Alle Fermentuntersuchungen, die bei Brutschranktemperatur ausgeführt werden und die Frist von zwei Stunden überschreiten, erfordern wegen der großen Gefahr eintretender Fäulnis meist den Zusatz eines Desinfiziens. Bei Versuchen, die im Eisschrank oder bei Zimmertemperatur ausgeführt werden, ist dieser Zusatz nicht so notwendig.

6. Bezüglich der Temperatur, die bei jeder Fermentuntersuchung ein sehr wichtiger Faktor ist, sei noch folgendes gesagt:

Alle Versuche, die eine kürzere Zeit als 60 Minuten währen und bei Bluttemperatur ausgeführt werden sollen, müssen in einem regulierten Wasserbad von der verlangten Temperatur vorgenommen werden. Die Benutzung des Brutschranks in diesen Fällen würde einen Fehler bedingen, da das Erwärmen des Reaktionsgemisches im Brutschrank weit langsamer vor sich geht als im Wasserbad und dort auch nicht in allen Portionen ganz gleichmäßig verläuft, wenn man nicht gerade stets Gefäße von absolut gleichem Durchmesser und ganz gleicher Wandstärke verwendet. Da diese Forderung aber nicht leicht zu erfüllen ist, so tut man gut, alle Versuche von kürzerer Zeitdauer als 1 Stunde in einem konstanten Wasserbad auszuführen. Bei Versuchen von längerer Dauer ist die Benutzung des Brutschranks gestattet, da in diesen Fällen die anfänglichen Temperaturschwankungen genügend Zeit haben sich auszugleichen. — Will man einen Versuch bei Eisschranktemperatur ausführen, so hat man sich vorher davon zu überzeugen, daß die Temperatur im Innern des Eisschrankes nicht 7—8° C übersteigt.

7. Die Methode des Reihenversuches, die erst durch die Arbeiten von Ehrlich und seinen Schülern Gemeingut geworden ist, nimmt auch in der neueren Fermentforschung einen breiten Raum ein und verdient darum etwas eingehender besprochen zu werden. Der Reihenversuch wird in der Regel so ausgeführt, daß man in eine Reihe von Reagenzgläsern absteigende oder, wenn man will, aufsteigende Mengen der zu untersuchenden Fermentlösung gibt. Die Differenzen zwischen den einzelnen Fermentportionen kann man ganz nach Belieben wählen, man kann die Reihe eng machen, d. h. die Differenzen zwischen den einzelnen Gläschen ganz klein ansetzen, oder auch eine weite Reihe anwenden. Das hängt ganz davon ab, ob es bei dem Versuch auf feine oder grobe Unterschiede ankommt. Handelt es sich darum feine Unterschiede festzustellen, so wird man eine enge Reihe, d. h. kleine Differenzen zwischen den einzelnen Gliedern wählen, im andern Falle große Differenzen. Bisher war es üblich, sogenannte arithmetische Reihen zu verwenden, also beispielsweise die Reihe
I II III IV V
1,0 0,75 0,5 0,25 0,1. Es läßt sich im Prinzip natürlich nichts gegen eine solche Fermentverteilung anführen. Sie hat nur den Nachteil, daß die Fermentmengen nicht in gleichmäßiger Proportion von einander differieren; denn Portion III differiert gegen Portion II um 33 % und gegen Portion IV um 100 %. — Darum hat Fuld neuerdings vorgeschlagen, bei der Fermentverteilung im Reihenversuch geometrische Reihen zu bilden, d. h. Zahlenreihen zu be-

nutzen, bei denen jedes folgende Glied ein n-faches des vorhergehenden ist, je zwei benachbarte Glieder mithin in ein und demselben Verhältnis 1 : n stehen. Wenngleich es keine Schwierigkeiten machen dürfte, mit Hilfe einer Logarithmentafel die zugeordneten Logarithmen beispielsweise für eine 10gliedrige Reihe, beginnend mit der Zahl 1 und aufhörend mit 0,1 zu finden, so sei doch der Bequemlichkeit halber in folgender Tabelle 1 eine 10-, 9-, 8-, 7-, 6-, 5-, 4- und 3gliedrige geometrische Reihe mitgeteilt, wie man sie für den Reihenversuch verwenden kann.

Tabelle 1.

Anzahl der Glieder							
10	9	8	7	6	5	4	3
1,0	1,0	1,0	1,0	1,0	1,0	1,0	1,0
0,77	0,75	0,72	0,68	0,64	0,56	0,46	0,32
0,6	0,56	0,52	0,46	0,4	0,32	0,215	0,1
0,46	0,42	0,37	0,32	0,25	0,18	0,1	
0,36	0,32	0,27	0,22	0,16	0,1		
0,28	0,24	0,19	0,15	0,1			
0,22	0,18	0,139	0,1				
0,17	0,133	0,1					
0,129	0,1						
0,1							

In dieser Tabelle erhält man durch Verschiebung des Kommas um eine Stelle nach rechts aus den über 0,1 stehenden Zahlen den maßgebenden Faktor, welcher anzeigt, das Wievielfache die folgende Zahl von der vorhergehenden darstellt. Von den hier mitgeteilten Reihen hat bisher die 6gliedrige am meisten Verwendung in der Fermentforschung gefunden.

Im Anschluß hieran sei noch eine Zahlenreihe wiedergegeben, die vielfach angewandt wird, und zwar besonders in den Fällen, wo es sich darum handelt, aproximativ die Stärke einer Fermentlösung festzustellen. Es ist das diejenige Reihe, bei welcher die Werte untereinander genau um 100 % differieren, die sich also, mit 1,0 angefangen, aus folgenden Zahlen zusammensetzt: 1,0, 0,5, 0,25, 0,125, 0,0625, 0,03125, 0,015625, 0,0078125, 0,00390625 usw., bei der somit jedes folgende Gläschen die Hälfte der im vorhergehenden Gläschen befindlichen Menge enthält.

Die diesen Zahlen entsprechenden Fermentquantitäten abzumessen, ist bei den drei ersten Portionen mit Hilfe einer in $1/100$ ccm geteilten Pipette bequem durchzuführen. Dagegen würde die

Dosierung schon der nächsten zwei Portionen auf große Schwierigkeiten bei der Abmessung mit der Pipette stoßen, und die letzten vier Portionen wären mit jener Pipette — und eine feinere existiert nicht — einfach unmöglich abzumessen. Man verfährt deshalb so, daß man entsprechend den obigen 9 Zahlen 9 Reagenzgläschen mit fortlaufenden Zahlen versieht und in Gläschen 2—9 je 1,0 ccm destilliertes Wasser füllt resp. das der Fermentlösung entsprechende Verdünnungsmittel. Nun nimmt man eine trockene Ausblaspipette von 1 ccm Inhalt, entnimmt 1 ccm der Fermentlösung und füllt ihn in Gläschen 1, desgleichen 1 ccm Fermentlösung in Gläschen 2, indem man jedesmal den Inhalt ausbläst. Nun mischt man den Inhalt von Gläschen 2 gut durch, indem man mit derselben Pipette den Inhalt 3 mal aufzieht und ausbläst, entnimmt 1 ccm dieser Mischung und überträgt ihn in Gläschen 3. Hier mischt man in der gleichen Weise durch Aufziehen und Ausblasen den Inhalt gut durch, entnimmt ihm gleichfalls 1 ccm und überträgt ihn in Gläschen 4 und so fort bis man zum 9. Gläschen angelangt ist. Auch hier mischt man, nachdem man aus Gläschen 8 1 ccm eingetragen hat, gut durch und entnimmt 1 ccm und schüttet ihn fort. Auf diese Weise hat man erreicht, daß jedes Gläschen an Ferment die Hälfte von der im vorhergehenden Gläschen befindlichen Menge enthält, und daß in allen Gläschen, was sehr wichtig ist, das Gesamtvolumen das gleiche, nämlich 1 ccm ist. — Nach der Fermentverteilung fügt man dann zu jedem Gläschen das gleiche Quantum an gelöstem Substrat, beispielsweise 5 ccm einer 1 %igen Stärkelösung zu und bringt sie alle gleichzeitig in die Wärme, um so dem Ferment Gelegenheit zu geben, auf das Substrat einzuwirken. Danach wird der Versuch in der üblichen Weise zu Ende geführt.

8. **Die Geschwindigkeit einer Fermentreaktion** läßt sich auf zweierlei Weise ermitteln. Entweder man bestimmt mit den zu vergleichenden Fermentlösungen die Zeiten, die notwendig sind, um eine bestimmte Menge Substrat umzusetzen, und vergleicht die gefundenen Werte miteinander, oder man ermittelt in der zu untersuchenden Fermentlösung diejenige Fermentmenge, welche in einer beliebig gewählten Zeit den gleichen Effekt bewirkt wie ein ganz bestimmtes Quantum der Testlösung des Fermentes in dem gleichen Zeitraum.

Hat man beispielsweise bei der Bestimmung der Zeiten gefunden, daß 1,0 ccm der Testlösung 10 ccm Stärkelösung in 5 Minuten gespalten hat, 1 ccm der zu prüfenden Fermentlösung aber erst in 10 Minuten 10 ccm Stärkelösung zu spalten vermochte, so würde man daraus schließen, daß die Testlösung doppelt so wirksam ist als die andere Fermentlösung. — Würde man aber finden, daß eine

Testlösung in 10 Minuten 1 g Substanz zersetzt, die andere Fermentlösung in 10 Minuten 0,5 g, so wäre daraus keineswegs zu folgern, daß die Testlösung doppelt so wirksam ist wie die andere Fermentlösung. Zu dieser Folgerung wäre man erst dann berechtigt, wenn man für das betreffende Ferment vorher festgestellt hat, daß die Fermentmengen sich verhalten, wie die in gleichen Zeiten umgesetzten Substratmengen. Das trifft indes keinesfalls für alle Fermente zu.

Um nun ohne jede Voraussetzung die Menge der Fermentlösung zu ermitteln, welche in einer beliebig gewählten Zeit den gleichen Effekt erzielt wie die Testlösung, stellt man sich von der zu untersuchenden Fermentlösung eine Reihe von Verdünnungen her und bestimmt, welche Verdünnung dieselbe Wirksamkeit besitzt wie die Testlösung. Hieraus kann man dann die Stärke der Fermentlösung berechnen. Hat man beispielsweise gefunden, daß die 5 fache Verdünnung der Fermentlösung die gleiche Wirkung hat wie die Testlösung, so folgt daraus, daß die zu untersuchende Fermentlösung 5 mal so stark ist wie die Testlösung.

3. Über Darstellung von Fermentlösungen und Isolierung von Fermenten.

Bei der Darstellung von Fermentlösungen resp. von Fermenten verfolgt man vornehmlich zwei Ziele. Einmal ist man bestrebt, zu einer möglichst wirksamen Lösung zu kommen, und zweitens, eine Fermentlösung zu erhalten, die möglichst rein d. h. frei von allen störenden Nebenbestandteilen ist. Wenn auch später bei jedem einzelnen Ferment die Vorschriften für dessen Reindarstellung, die bisher dem Ziele am nächsten geführt haben, wiedergegeben werden sollen, dürfte es doch zweckmäßig sein, hier zunächst ganz allgemein die Grundsätze zu entwickeln, die man bei der Darstellung und Reinigung von Fermenten in jedem Falle zu beachten hat.

Handelt es sich beispielsweise darum, ein Ferment aus einem Organ zu isolieren, so kann man sich entweder mit Wasser resp. Glyzerin einen Extrakt aus dem zerkleinerten Organ herstellen, oder man sucht einen Preßsaft aus dem Organ zu gewinnen. In jedem Falle ist es zunächst notwendig, dafür zu sorgen, daß das Organ frei von Blut ist. Das erreicht man am zweckmäßigsten dadurch, daß man das betreffende Tier, dem man das Organ entnimmt, aus der Art. carotis oder femoralis teilweise entblutet und den Blutverlust gleichzeitig durch Infusion eines entsprechend großen Quantums an physiologischer Kochsalzlösung (0,8—0,9 %) oder Ringerscher Lösung in die Jugularvene ersetzt. Dies setzt man unter Erhaltung der natürlichen Zirkulation so lange fort, bis die der Karotis oder Femoralis entströmende Flüssigkeit nur noch wenig gefärbt ist. Die letzten Reste von Blut entfernt man am ausgiebigsten, wenn man die Organe in situ von der zugehörigen Arterie aus durchspült. Die Leber bekommt man am schnellsten blutfrei, wenn man sie von der Vena cava descendens aus, die unterhalb der Einmündungsstelle der Ven. hepatica abgeklemmt sein muß, durchspült, nachdem man zuvor die Vena portarum und die Bauchaorta geöffnet hat.

Das entblutete Organ wird nun, je nachdem man aus ihm einen Preßsaft oder ein Extrakt gewinnen will, in folgender Weise weiter verarbeitet.

1. Handelt es sich um die Darstellung eines möglichst zellfreien Preßsaftes, so wird das Organ grob zerkleinert und unter Befreiung aller bindegewebigen Bestandteile, Gefäße etc. in der Reibeschale unter Zuhilfenahme von Quarzsand oder Glassplittern zerquetscht. Die Verwendung von Kieselgur hierbei ist nicht ratsam, da es die unangenehme Eigenschaft hat, Fermente in großer Menge zu adsorbieren. Wenn es sich um weiche Organe, wie beispielsweise Kaninchenleber, handelt, macht das Zerquetschen in der Reibeschale keine Schwierigkeiten. Hat man dagegen mit zähen Organen, wie Lungen, Muskeln etc. zu tun, so ist ein Zerquetschen schlechterdings unmöglich. Dann benutzt man zweckmäßiger zur Zerkleinerung eine gewöhnliche Fleischhackmaschine oder noch besser die von Kossel angegebene Zerkleinerungsmaschine, in welcher die durch feste Kohlensäure völlig gefrorenen Organe zu einem feinen Schnee verarbeitet werden. Sehr geeignet für Zerkleinerung von Muskelsubstanz, Tumoren etc. ist auch der Apparat von Latapie (Paris) und von Ficker (Berlin), mit deren Hilfe die Organe, ohne gefroren zu sein, außerordentlich fein zerkleinert werden können. — Ist die Zerkleinerung der Organe so weit geschehen, daß die Zellen genügend zertrümmert sind, so wird der mit Quarzsand zu einer kompakten Masse verriebene Brei in Buchnersches Preßtuch getan und in einer hydraulischen Presse ausgepreßt. Der so gewonnene Preßsaft kann nun sofort zum Versuch verwandt werden.

2. Will man ein Extrakt aus einem Organ gewinnen, so muß man es zunächst in der oben geschilderten Weise zerkleinern und versetzt dann den Brei entweder mit destilliertem Wasser oder physiologischer Kochsalzlösung unter Zugabe eines Antiseptikums wie Chloroform oder Toluol oder Thymol oder Glyzerin. Die Mischung bleibt dann bei Zimmertemperatur oder im Eisschrank eine bestimmte Zeit stehen. Vielfach wird auch, um eine möglichst gute Durchmischung von Flüssigkeit und Organbrei zu

erzielen, auf der Schüttelmaschine mehrere Stunden geschüttelt, doch ist dabei zu beachten, daß das andauernde Schütteln gewisse Fermente, so z. B. das Labferment, schädigt. Statt das frische Organ zu zerkleinern und sofort mit irgend einem Lösungsmittel zu extrahieren, kann man auch ohne erheblich Schädigung der Fermente nach Wiechowski so vorgehen, daß man sich aus dem Organ ein haltbares Pulver herstellt und erst aus diesem sich ein Extrakt bereitet. Die Herstellung des Organpulvers geschieht in der Weise, daß man das von den letzten Blutspuren befreite Organ gründlichst zerquetscht, durch ein feines Sieb passiert, die mehr oder weniger breiige Masse auf große Glasplatten in möglichst dünner Schicht streicht und mittelst Ventilators im starken Luftstrom bei Zimmertemperatur trocknet, was gewöhnlich nach $\frac{1}{2}$ bis 1 Stunde geschehen ist. Das Organ wird hierauf in der Kälte in dem von Wiechowski konstruierten Extraktions- apparat mit Toluol völlig extrahiert. Auf diese Weise bekommt man ein Organpulver, das eine feine wägbare Masse darstellt, frei von Fetten und den andern in Toluol löslichen Lipoiden, und das die Fermente sowohl wie die Eiweißkörper in unverändert löslichem und gut haltbarem Zustande enthält; außerdem ist es fast vollkommen frei von Farbstoffen. Das so gewonnene Pulver wird dann in der Weise weiter zum Versuch verwandt, daß man eine abgewogene Menge mit einer bestimmten Menge physiologischer Kochsalzlösung zwecks Herstellung einer möglichst gleichmäßigen Emulsion in einer Farbstoffmühle mahlt. Diese Emulsion ist so fein, daß sie mit feinen Meßgefäßen (Pipetten) genau verteilt werden kann, und ist darum sofort zur Fermentbestimmung gebrauchsfertig. — Noch besser scheint das vor kurzem von Kossel angegebene Verfahren zu sein, weil bei diesem die Extraktion mit Toluol gänzlich fortfällt. Das Verfahren besteht darin, daß mit Hilfe von flüssiger Luft das Organ in einen vollkommenen gefrorenen Zustand übergeführt, dann auf das feinste zerkleinert und schließlich in einer geeigneten Trockenvorrichtung im Vakuum über Schwefelsäure schnellstens getrocknet wird. Es resultiert dann ein weißes resp. graues Organpulver, das sehr lange haltbar ist und aus dem durch Extraktion mit Wasser die Fermente in Lösung gebracht werden können.

Die Herstellung des wässerigen resp. Glyzerinextraktes aus dem feinsten Organbrei erfordert nach genügend langer Digestion zunächst die Trennung des Lösungsmittels von dem Organbrei. Diese kann nun geschehen entweder durch Zentrifugieren oder Kolieren oder Filtrieren. Die längste Zeit dürfte das Filtrieren beanspruchen, während das Kolieren durch Gaze oder Leinewand den Nachteil hat, daß viele Organbestandteile durch das Koliertuch mit hindurchgehen. Am schnellsten und besten dürfte man in den meisten Fällen zum Ziele kommen, wenn man die Mischung durch scharfes Zentrifugieren von den ungelöst gebliebenen Bestandteilen befreit. — Beabsichtigt man Fermentuntersuchungen mit Hilfe des Polarisationsapparates auszuführen, so genügt natürlich Zentrifugieren nicht, auch einfaches Filtrieren durch Papier dürfte kaum in jedem Falle zu klaren Lösungen führen. In diesen Fällen ist man gezwungen, sich eines Pukall- oder Berkefeldfilters oder einer Chamberlandkerze zu bedienen. Man muß sich aber von vorneherein klar darüber sein, daß diese Art der Filtration mit einem großen Verlust an Ferment verknüpft ist. — Aus diesem Grunde ist es empfehlenswert, in allen irgend zulässigen Fällen zur Herstellung von Extrakten Glyzerin zu verwenden; denn einmal löst das Glyzerin sehr wenig Eiweißkörper, und außerdem läßt es sich in klarem Zustand meist schon durch scharfes Zentrifugieren von dem Organbrei trennen. Überdies ist das Glyzerinextrakt ohne jeden Zusatz eines Antiseptikums lange Zeit gut haltbar.

Das wässerige Extrakt kann nun in vielen Fällen so, wie es durch Zentrifugieren oder Filtrieren gewonnen wird, zum Versuch verwandt werden. Erfordert aber der Versuch ein Extrakt, das möglichst frei von störenden Eiweißbestandteilen und frei von Salzen ist, so muß man das in dem Extrakt enthaltene Ferment weiter zu isolieren suchen. Das kann nun geschehen unter Benutzung von Alkohol oder von Salzen oder anderen Substanzen, durch welche das Ferment niedergeschlagen wird.

Bezüglich der Verwendung des Alkohols ist zu sagen, daß in den meisten Fällen hier ein schnelles Arbeiten am Platze ist, da Alkohol eine große Reihe von Fermenten schädigt. Man versetzt also das Extrakt mit Alkohol — es genügt in den meisten Fällen 96% iger Alkohol —, bis keine Trübung mehr entsteht, filtriert den das Ferment enthaltenden Niederschlag sofort ab, löst ihn in Wasser, fällt abermals mit Alkohol, filtriert und wäscht zunächst mit Alkohol, dann mit Äther und erhält auf diese Weise ein meist weißes, gut haltbares Fermentpulver. Das Lösen in Wasser und Ausfällen mit Alkohol kann man natürlich beliebig oft vornehmen, doch empfiehlt es sich, die Manipulation nicht gar zu oft zu wiederholen, da jedes neue Lösen und Umfällen naturgemäß mit einem weiteren Fermentverlust verknüpft ist.

Von Salzen kommen für die Reinigung von Fermentlösungen resp. für die Isolierung von Fermenten fast ausschließlich in Betracht Ammonsulfat und Uranylazetat.

Für den Gebrauch des **Ammonsulfates** hat sich am zweckmäßigsten erwiesen, das wässerige Extrakt zunächst mit so viel gesättigter Ammonsulfatlösung zu versetzen, bis 25—30%ige Sättigung erzielt ist. Bei Fermenten, die säureempfindlich sind, ist darauf zu achten, daß das Gemisch stets schwach alkalische Reaktion besitzt; dies erreicht man am besten durch Zusatz von ein paar Tropfen 10%iger Sodalösung; bei schwach alkalischer Reaktion riecht dann das Gemisch deutlich nach Ammoniak. Das so mit Ammonsulfat behandelte Extrakt bleibt 24 Stunden stehen, alsdann wird der entstandene Niederschlag abfiltriert und das Filtrat durch weiteren Zusatz von konzentrierter Ammonsulfatlösung auf 60—66%ige Sättigung gebracht, wobei wiederum eine mäßige Fällung entsteht. Meist ist in dieser das Ferment enthalten. Der Niederschlag wird abfiltriert, in der 4—6fachen Menge Chloroformwasser suspendiert, ½—1 Stunde eventuell auf der Schüttelmaschine geschüttelt und nun gegen fließendes Wasser so lange dialysiert, bis kein Ammoniak mehr in der Lösung nachweisbar ist; für gewöhnlich nimmt diese Dialyse mehrere Tage in Anspruch. Die Fermentlösung ist dann fertig zum Gebrauch.

Auch bei der Verwendung von **Uranylazetat**, das zuerst von **Martin Jacoby** bei der Reinigung von Fermentlösungen angewandt wurde, ist eine gesättigte Lösung dieses Salzes erforderlich, und ebenso hat man auch hier darauf zu achten, falls das betreffende Ferment gegen Säure sehr empfindlich ist, daß das Gemisch stets schwach alkalisch reagiert. Man verfährt in solchen Fällen so, daß man das wässerige Extrakt so lange mit gesättigter Uranylazetatlösung unter gleichzeitigem Zufügen von Natriumkarbonat versetzt, bis sich Flocken abscheiden. Durch Dekantieren wird dann der größte Teil der überstehenden Flüssigkeit entfernt, der flockige Niederschlag abfiltriert und in 0,2%iger Sodalösung suspendiert. So bleibt er mehrere Stunden unter häufigem Schütteln stehen, wobei der bei weitem größte Teil in Lösung geht, dann wird von den letzten Resten abfiltriert und die Fermentlösung kann nun zum Versuch verwandt werden.

Statt durch Salzlösungen kann man auch durch unlösliche Substanzen wie **Cholesterin** und **Lezithin** aus wässerigen Lösungen Fermente niederschlagen. Die Niederschläge werden dann abfiltriert, in wenig Wasser suspendiert und das Cholesterin resp. Lezithin durch Ausäthern wieder entfernt, sodaß das Ferment allein in der wässerigen Lösung zurückbleibt. — Ferner sind zur Isolierung von Fermenten benutzt worden: Fibrinflocken, Tierkohle, Kaolin, frisch erzeugte Niederschläge von Baryumsulfat, Calciumphosphat, Magnesiumkarbonat, Uranylhydroxyd u. a. m. Auf weitere Einzelheiten näher einzugehen, dürfte sich erübrigen, da bei jedem Ferment der Gang der Isolierung, soweit es notwendig erscheint, besonders angegeben wird.

Will man eine Fermentlösung so aufheben, daß sie an Wirksamkeit nichts einbüßt, so tut man am besten, sie gefrieren zu lassen und in diesem Zustand aufzubewahren. Hierfür ist besonders geeignet der von Morgenroth angegebene Kälteapparat „Frigo" und der von Michaelis konstruierte Eiskasten. — Steht ein solcher Apparat nicht zur Verfügung, so kann man sich auch einer Kochkiste bedienen, wie man sie heute überall käuflich erhält, und sie in eine Kältekiste umwandeln, indem man die in ihr befindlichen Blechgefäße mit einer Kältemischung versieht. — Ist nur ein Eisschrank vorhanden, so ist man gezwungen, zu den Fermentlösungen ein Antiseptikum zuzusetzen, da sonst sehr bald Fäulnis eintritt. Als solches haben sich am besten bewährt Toluol, Chloroform, Thymol, Senföl. Von diesen dürfte das Toluol am meisten zu empfehlen sein, weil von ihm eine Schädigung der Fermente nicht zu erwarten ist. Doch vermag es nur dann die Entwicklung von Bakterien vollkommen zu verhindern, wenn für eine gründliche Durchmischung der Fermentlösung mit Toluol durch kräftiges Schütteln gesorgt wird. Von Toluol nimmt man meist 1,0 bis 2,0 ccm auf 100 ccm Flüssigkeit, desgleichen auch von Chloroform und schüttelt jedesmal nach Entnahme des gewünschten Fermentquantums wieder ordentlich durch. Von Thymol verwendet man zweckmäßig nicht weniger als 2 g auf 100 ccm Flüssigkeit, von Senföl ein paar Tropfen. — Statt eines der vier Antiseptika zur Lösung zuzusetzen, kann man auch Glyzerin verwenden. Man verfährt dann so, daß man die aufzubewahrende Fermentlösung mit dem gleichen Volumen Glyzerin versetzt, oder daß man die Fermentlösung gleich nur unter Verwendung von Glyzerin herstellt. Auch diese Lösungen halten sich lange Zeit gut wirksam, ohne daß jemals Fäulnis eintritt.

4. Filtration, Dialyse.

Bei der Reinigung von Fermentlösung haben sich als unentbehrlich herausgestellt die Filtration und die Dialyse.

Bezüglich der Filtration sei auf das bereits oben (S. 21 u. 22) Gesagte verwiesen. Dem ist noch hinzuzufügen, daß man neuerdings auch Gallerten als Filter verwandt hat, allerdings vorwiegend, um kolloidal gelöste Stoffe von ihren Lösungsmitteln durch Filtration zu trennen. Da sich aber gezeigt hat, daß sie auch bei Fermentstudien gute Dienste leisten können, so soll hier mit wenigen Worten die Herstellung solcher Gallertfilter, wie sie Bechhold angegeben hat, geschildert werden.

Da Gallerte nur in ganz dünner Schicht verwandt werden kann, die Gefahr des Zerreißens aber bei so dünnen Lamellen sehr groß ist, suchte Bechhold ihr dadurch eine feste Stütze zu geben, daß er die Gallerte auf Filtrierpapier niederschlug. Er verfuhr dabei so, daß er das Filter in eine Gallertflüssigkeit tauchte. Als sehr brauchbar hierfür erwies sich eine Lösung von Kollodium in Eisessig. Wenn man das Filter mit dieser Lösung durchtränkt hat, so läßt man es abtropfen und gelatiniert durch einfaches Eintauchen in Wasser. Da bei dieser Herstellung indes häufig Luftblasen in der Gelatineschicht sich einstellen, hat Bechhold einen besonderen Apparat konstruiert, der es ermöglicht, unter einem bestimmten Druck die Durchtränkung vorzunehmen. Auf diese Weise gelingt es Filter von verschiedener Durchlässigkeit herzustellen. Als Maßstab für die Durchlässigkeit bedient sich Bechhold einer 1 %igen Hämoglobinlösung und prüft bei jedem Filter, ob es für die Hämoglobinlösung durchlässig ist oder nicht. Je nach dem Ausfall des Versuchs bekommt das Filter eine bestimmte Bezeichnung. Beispielsweise bezeichnet er ein Filter, welches mit 3 %iger Gelatine durchtränkt ist und für eine 1 %ige Hämoglobinlösung durchlässig ist, die erst durch ein 4 %iges Gelatinefilter vollkommen zurückgehalten wird, mit G 3 % (Hl 4 %).

Solche Gelatinefilter sind bei Fermentuntersuchung schon verschiedentlich verwandt worden. So haben z. B. Harden und Young bei ihren erfolgreichen Zymasestudien sich solcher Filter zur Trennung der Zymase vom Koferment mit Vorteil bedient und feststellen können, daß, wenn man Hefepreßsaft durch Gelatinefilter filtriert, zwei Lösungen resultieren, die beide für sich unwirksam sind und erst bei ihrer Vereinigung miteinander ihre volle Wirksamkeit wieder erlangen. — Diese Filter werden so hergestellt, daß man Filtrierpapier mit 5 %iger Gelatinelösung tränkt und an der Luft trocknen läßt.

Eine besonders wichtige Rolle bei der Fermentforschung spielt die Dialyse; sie verdient darum etwas ausführlicher besprochen zu werden.

Zu ihrer Charakterisierung sei vorausgeschickt, daß die Dialyse aufzufassen ist als eine Art Diffusionsprozeß, bei welchem der Grad der Diffusion bestimmt wird durch die Anzahl und die Weite der Poren der zur Verwendung kommenden Membran. Sie wird vorwiegend dazu benutzt, um Kolloide von Kristalloiden zu trennen. Besser wäre es in vielen Fällen von der Scheidung der Stoffe von größerem oder kleinerem Volumen zu sprechen. Denn vielen Membranen ist es unmöglich, manche Nichtkolloiden, wie z. B. einzelne Anilinfarbstoffe, diffundieren zu lassen, während es durch eine kleine Abänderung der Membran leicht möglich ist, Kolloide mit großem Molekularvolumen zur Diffusion zu bringen. Es hängt also der Effekt der Dialyse zum Teil ab von der Eigenschaft der Membran, und diese wiederum wird beeinflußt von der Art und dem Alter der Tiere, von denen sie stammt, und zwar so, daß dieses Vermögen der Durchlässigkeit mit steigendem Alter der Tiere abnimmt und bei Herbivoren in der Regel größer ist als bei Karnivoren. — Andererseits ist aber auch der Effekt der Dialyse in hohem Grade abhängig von der Lösung selbst, die man dialysieren will. So z. B. ist es ein gewaltiger Unterschied, ob man eine Fermentlösung dialysiert, die von allen Eiweißbestandteilen vorher befreit ist, oder ob man eine stark eiweißhaltige Fermentlösung verwendet. Im ersten Falle wird man finden, daß ein merkbarer Teil des Fermentes durch den Dialysator hindurchtritt, im andern Falle, daß kein oder nur ein sehr geringer Fermentverlust zu beobachten ist. Diese Erscheinung findet darin ihre Erklärung, daß in Gegenwart von Eiweiß, also von Kolloiden, die Fermente im Dialysator zurückgehalten werden oder sich an den porösen Wänden mit ihnen niederschlagen. Deshalb gelingt es beispielsweise sehr wohl, die im Blutserum befindliche Diastase oder die im Pankreassaft enthaltenen Fermente durch Dialyse von ihren Salzen zu befreien, ohne daß im Serum oder Pankreassaft selbst ein großer Verlust an Ferment sich geltend macht.

Die Versuchsanordnung bei der Dialyse ist im Prinzip stets folgende: Die zu dialysierende Lösung füllt man in einen Dialysator, den man zuvor auf seine Dichtigkeit gründlichst geprüft hat, und armiert ihn so, daß man in die obere Öffnung ein weites Glasrohr einbindet, um so die Möglichkeit zu haben, von Zeit zu Zeit Proben aus dem Dialysator ohne Unterbrechung der Dialyse entnehmen zu können. Alsdann versenkt man den Dialysator in ein mit destilliertem Wasser gefülltes Gefäß und befestigt ihn an einem Stativ derart, daß das Flüssigkeitsniveau im Außengefäß wie im Dialysator in gleicher Höhe steht. Die Außenflüssigkeit kann nun ab und zu durch frisches destilliertes Wasser ersetzt werden. Handelt es sich darum, große Salzmengen durch Dialyse aus einer Flüssigkeit zu entfernen, so bedient man sich am zweckmäßigsten des ständig fließenden Wassers in der Weise, daß man an den Hahn der Wasserleitung einen Schlauch anbringt, der an seinem andern Ende ein bis auf den Boden des Außengefäßes reichendes Glasrohr trägt. In dieses Gefäß hängt man den Dialysierschlauch hinein und reguliert nun den Zufluß des Wassers aus der Leitung so, daß ständig eine geringe Menge Wasser über den Rand des Außengefäßes abläuft. — Um dem Eintritt von Fäulnis vorzubeugen, empfiehlt es sich stets mit Antiseptika zu arbeiten.

Als solche sind am meisten in Gebrauch Toluol und Chloroform. Letzteres hat allerdings den Nachteil, daß es Fermenten gegenüber nicht indifferent ist und wegen seiner Löslichkeit in Wasser häufig erneut werden muß, während Toluol sich unbegrenzte Zeit hält und deshalb, weil es oben schwimmt, den Übergang von Bakterien aus der Luft in die Lösung verhindert.

Als Dialysatoren werden in der Mehrzahl der Fälle verwandt **Pergamentschläuche, Schweinsblasen, Fischblasen, Schilfsäckchen, Kollodiumsäckschen, Amnionhaut** und mit **Cholesterin oder Lezithin imprägnierter Seidenstoff**.

Am häufigsten Verwendung in der Dialyse findet der **Pergamentschlauch**. Bevor man ihn auf seine Dichtigkeit prüfen will, muß man ihn gründlichst angefeuchtet haben, da er in trockenem Zustande sehr brüchig ist. In der gleichen vorsichtigen Weise hat man mit Schweinsblasen zu verfahren.

Bei der Dialyse kleiner Flüssigkeitsmengen verwendet man in erster Reihe **Fischblasen** (Membranen aus dem Blinddarm von Schafen); nur hält es mitunter schwer, gut abschließende Exemplare zu finden. Die Prüfung auf Dichtigkeit nimmt man bei ihnen nicht so vor wie beim Pergamentschlauch, daß man Wasser hineinfüllt und nun beobachtet, ob etwas Wasser abtropft. Das kann man auch bei ganz intakten Fischblasen mitunter beobachten; denn das Material, aus dem sie sich zusammensetzen, ist meist so dünn, daß schon infolge des starken Druckes, den das angefüllte Wasser auf die Haut ausübt, nach einiger Zeit auch aus ganz dichten Blasen an einzelnen dünneren Stellen Wasser heraussickert. Da die Fischblasen aber während der Dialyse keinen solchen Druck auszuhalten brauchen, nimmt man die Prüfung am besten so vor, daß man die in Wasser eintauchenden Blasen mit Lackmuslösung füllt und längere Zeit sich selbst überläßt. An wirklich undichten Stellen tritt dann der kolloide Farbstoff heraus und die Färbung der Außenflüssigkeit zeigt die Unbrauchbarkeit des Stückes an. Auf diese Weise geprüft, findet man selbst unter den geringeren Sorten viel brauchbare Exemplare. Außer der Fischblase eignen sich zur Dialyse kleiner Flüssigkeitsmengen **Schilfschläuche, Zellulosesäckchen** und **Kollodiumsäckchen**. Während die beiden ersteren im Handel zu haben sind (Leune in Paris), ist man gezwungen, die Kollodiumsäckchen sich selber herzustellen. Delezenne, der sie zuerst zur Dialyse verwandte, gibt hierfür folgende Vorschrift:

Ein weites Reagenzglas wird dicht über seiner Öffnung kugelig ausgeblasen, und nachdem es abgekühlt und äußerlich gründlichst gereinigt ist, wird es auf ein paar Sekunden in eine Kollodiumlösung von bestimmter Zusammensetzung (25 g Schießbaumwolle, 30 g Äther, 70 g Alkohol) getaucht, und zwar so weit, daß die ganze Röhre bis zur Mitte der kugeligen Erweiterung vom Kollodium benetzt wird. Danach wird das Glas herausgenommen und so lange schnell rotierende Bewegungen mit ihm ausgeführt, bis die haftende Kollodiumschicht nicht mehr nach Äther riecht. Nun taucht man wieder das Glas in die Kollodiumlösung und verfährt genau so wie vorhin und wiederholt diese Manipulation noch ein zweites und drittes Mal, bis die auf dem Glase haftende Kollodiumschicht eine genügende Dicke hat. Nachdem der Äther unter ständigem Rotieren verdunstet ist, taucht man die mit der Kollodiumschicht bedeckte Röhre für 20—30 Minuten in kaltes Wasser und löst nun vorsichtig von der kugeligen Ausbuchtung her das Säckchen ab, indem man mit einem Messer zunächst die ganze Kollodiumschicht von der Ausbuchtung herunterschiebt und nun an dem verdickten Kollodiumrand das Säckchen von der Glasröhre herunterstreift, wie wenn man einen Handschuh durch Umstülpen des Leders von der Hand herunterzieht. — Auf diese Weise kann man sich Kollodiumsäckchen von beliebiger Größe herstellen; man bewahrt sie am besten in einem mit destillierten Wasser gefüllten Gefäß auf, das man zukorkt. — Die Verwendung von Kollodiumsäckchen zur Dialyse von Fermentlösungen ist keine uneingeschränkte, da die Kollodiumhaut die unangenehme Eigenschaft hat verschiedene Fermente zu adsorbieren; mit Sicherheit nachgewiesen ist das bisher für die Diastase und für das Pepsin.

Von v. Calcar wird für die Dialyse als ganz besonders geeignet empfohlen Amnionhaut, und zwar nicht so sehr frisch gewonnene als die in folgender Weise präparierte:

Frische Amnionhäute werden möglichst schnell post partum eine Minute mit Sublimatlösung (1:5000) abgespült und auf 12 Stunden bei 38^0 in physiologischer Kochsalzlösung gehalten, wobei die Epithelschicht quillt und sich abzulösen beginnt. Dann werden sie mit verdünnter Pankreatinlösung übergossen, ein paar Stunden in den Brutschrank gestellt und dann wieder einige Stunden in eine erwärmte Salzlösung gebracht. Übergießt man jetzt die Häute noch einige Augenblicke mit stark abgekühlter Salzlösung, so läßt sich die oberflächliche stark gequollene Epithelschicht leicht entfernen und man erhält eine vollkommen glashelle Haut. Diese eignet sich ausgezeichnet zur Dialyse. Will man sie aufbewahren, so tut man sie in Glyzerin; vor dem Gebrauch müssen sie dann mit sterilem Wasser gründlich abgewaschen werden.

v. Calcar hat verschiedene Wege angegeben, wie die so präparierten Amnionhäute für Dialysierzwecke zu benutzen sind. Besonders gute Dienste scheint der von ihm konstruierte Apparat zu leisten, der es ermöglicht, unter einem ganz bestimmten, beliebig regulierbaren Druck zu arbeiten; es sei deshalb besonders auf ihn hingewiesen. (Berlin. klin. Wchschr. 1904, S. 1028.)

Endlich hat Pascucci zur Dialyse geringer Flüssigkeitsmengen 4 cm hohe 5—6 mm breite Glasröhren verwandt, deren Öffnung mit feinem weißen Seidenstoff überbunden waren. Dieser Seidenstoff wurde dann mit Cholesterin oder mit Lezithin oder mit einem Gemenge von beiden in der Weise imprägniert, daß beispielsweise Lezithin in warmem Alkohol gelöst, bis zum Sirup eingeengt und dann das mit Seide überbundene Ende des Röhrchens in den Sirup eingetaucht wurde. Nach der Imprägnation wurden die Röhrchen da, wo die Seide befestigt war, mit geschmolzenem Wachs umgeben, dann bei 37^0 getrocknet und im Vakuum über Schwefelsäure aufbewahrt. Es ist darauf zu achten, daß die Dicke der Membranen möglichst gleichmäßig ist und daß der Verschluß gut gelungen. Letzteres prüft man in der Weise, daß man die Röhrchen zu zwei Drittel mit Hämoglobin oder Cochenille von neutraler Reaktion in physiologischer Kochsalzlösung anfüllt und in Gläschen hängt, in denen sich ebenfalls physiologische Kochsalzlösung findet, wobei man darauf zu achten hat, daß innen und außen das Flüssigkeitsniveau zusammenfällt. Eine Durchlässigkeit der Membran verrät sich dann sehr bald durch das Übertreten des Farbstoffes in die Außenflüssigkeit.

Spezieller Teil.

A. Kohlehydratspaltende Fermente.
I. Polysaccharide spaltende Fermente.
1. Amylase (Diastase).

Eigenschaften: Die Amylase hat die Fähigkeit, Stärke beziehungsweise Glykogen zu verflüssigen und sie durch einen hydrolytischen Prozeß in ihre nächst niederen Spaltprodukte Dextrin, Maltose und Traubenzucker zu zerlegen. Ihr Wirkungsoptimum liegt bei 36 bis 38° C; in wässeriger Lösung wird sie bei 80° zerstört, in trockenem Zustand kann sie dagegen bis auf 150° unbeschadet erhitzt werden. Gegen Alkalien, noch mehr aber gegen Säuren ist die Amylase außerordentlich empfindlich.

Vorkommen. Sie ist im Tier- und Pflanzenreiche weit verbreitet. In größeren Mengen findet sie sich bei fast allen Tieren im Speichel — mit Ausnahme vom Hund —, im Pankreassaft, im Blut, in der Galle, im Urin, in den Fäzes und in den meisten Organen. Bei den Pflanzen begegnet man ihr am häufigsten in keimenden Samen, in Blättern, in der Rinde, in den Wurzeln und Knollen; auch niedere Lebewesen, wie Algen, Pilze, verschiedene Hefearten, Bakterien usw. besitzen eine Amylase.

Nachweis.
a) qualitativ.

Man bereitet eine dünne Stärkelösung, setzt zu 10,0 ccm dieser Lösung ca. 1—2—5 ccm der zu untersuchenden Fermentlösung und stellt die Mischung entweder in den Brutschrank oder in ein Wasserbad von 37—40° C. Von Zeit zu Zeit entnimmt man kleine Proben und prüft entweder durch Zusatz von Jod, wie weit die Stärke abgebaut ist. Bei Gegenwart von unveränderter Stärke tritt auf Jodzusatz Blaufärbung, von

Erythrodextrin Rotfärbung, von Achroodextrin und Maltose Gelbfärbung auf. Oder man stellt mit Hilfe der Trommerschen resp. Nylanderschen Probe fest, ob sich schon reduzierende Substanzen (wie Dextrin, Maltose und Traubenzucker) in dem Gemisch finden.

b) quantitativ.

Für die quantitative Bestimmung der Diastase sind eine Reihe von Methoden ausgearbeitet worden. Von ihnen sind jedoch vorwiegend nur vier Methoden in Gebrauch, die Reduktionsmethode, die Glykogenmethode, die Methode von Lintner und die Methode von Wohlgemuth. Auf die Wiedergabe der Methoden von Walther (Stärkeröhrchen) und von Müller (Stärkeplatten) kann verzichtet werden, da sie sich für quantitative Zwecke wenig eignen.

1. Reduktionsmethode.

Prinzip. Zu der Fermentlösung wird eine bestimmte Menge gelöster Stärke zugesetzt, und nach ein- oder mehrstündiger Einwirkung des Fermentes werden die durch das Ferment in Freiheit gesetzten reduzierenden Spaltprodukte der Stärke quantitativ bestimmt. Da die Mehrzahl der in Betracht kommenden Fermentlösungen stark eiweißhaltig ist, muß vor der quantitativen Bestimmung der reduzierenden Kraft das Eiweiß aus dem Reaktionsgemisch entfernt werden.

Erforderliche Lösungen:
1. Fermentlösung (Sekret, Organbrei, Extrakt etc.),
2. 2%ige Stärkelösung, hergestellt aus gewöhnlicher Kartoffelstärke,
3. ca. 10%ige Essigsäure.

Ausführung. Ist die Aufgabe gegeben, die diastatische Kraft beispielsweise im Speichel mit Hilfe der Reduktionsmethode zu messen, so mischt man 0,5—1,0 ccm Speichel mit 10 ccm Stärkelösung und läßt eine Stunde im Brutschrank bei 38⁰ C stehen. Hiernach säuert man, um die Hauptmenge an Eiweis zu entfernen, mit ein paar Tropfen Essigsäure an, setzt ein paar Körnchen Kochsalz zu und kocht die Lösung auf. Das koagulierte Eiweiß wird abfiltriert, der Filterrückstand mehrmals mit kleinen Portionen heißen Wassers nachgewsachen, um den Zucker quantitativ ins Filtrat zu bekommen, das gesamte Filtrat auf ein bestimmtes Volumen gebracht, und in einem aliquoten Teil die Menge der reduzierenden Substanz genau bestimmt.

Hierbei kann man sich verschiedener Methoden bedienen. Von den bisher gebräuchlichsten beschreibe ich als eine der bequemsten und genauesten das

Titrationsverfahren von J. Bang[1]).

Prinzip. Traubenzucker reduziert beim Erhitzen mit einer Kupferlösung, die neben Kaliumkarbonat noch Kaliumrhodanid enthält, Kupfer zu Kupferoxydul, das von dem Rhodankalium als farbloses Kupferrhodanür in Lösung gehalten wird. Das noch vorhandene überschüssige Cupri-Kupfer wird dann mit Hydroxylamin zurücktitriert. Die Titration ist beendet, wenn sämtliches Kupferoxyd durch Hydroxylamin zu farblosem Kupferoxydul reduziert ist, wenn also die blaue Farbe der Lösung verschwindet. Die Berechnung geschieht an der Hand einer von Bang angegebenen Tabelle.

Erforderliche Lösungen:

1. **Kupferlösung.** 500 g Kaliumkarbonat, 400 g Kaliumrhodanid und 100 g Kaliumbikarbonat werden in einem Meßkolben von 2 l Inhalt mit etwa 1200 ccm destilliertem Wasser unter Erwärmen auf 50—60° gelöst und bis ca. 30° abgekühlt. In einem Becherglas werden 25,0 g nach Soxhlet gereinigtes Kupfersulfat mit ca. 150 ccm Wasser in der Hitze gelöst und die Lösung stark abgekühlt (auf ca. 15°). Die gut abgekühlte Kupferlösung läßt man langsam in die abgekühlte Salzlösung einfließen, spült mehrmals mit Wasser nach und füllt bis zur Marke auf. Nach 24 Stunden wird filtriert. — Die die Temperatur betreffende Vorschrift ist sorgfältig innezuhalten, sonst tritt Kohlensäureentwicklung ein, und man bekommt eine Lösung, welche den Zucker etwa 10 % stärker reduziert als sonst. — Die Lösung ist dauernd haltbar.

2. **Hydroxylaminlösung** [2]). 200 g Rhodankalium werden in einem 2 l-Meßkolben in etwa 1500 ccm destilliertem Wasser gelöst. In einem besonderen Gefäß werden 6,55 g reines Hydroxylaminsulfat in destilliertem Wasser gelöst und in den Meßkolben übergeführt. Man spült mit Wasser nach und füllt bis zur Marke auf. Auch diese Lösung ist dauernd haltbar. 1 ccm der Hydroxylaminlösung entspricht genau 1 ccm Kupferlösung.

---

[1]) J. Bang, Zur Methodik der Zuckerbestimmung. Biochem. Zeitschr. **2**, 271. 1907; **11**, 538. 1908; **32**, 443. 1911.

[2]) Neuerdings schlägt Bang, Biochem. Zeitschr. **49**, 1. 1913, vor, das teure Hydroxylamin durch das wesentlich billigere Kaliumhydroxyd zu ersetzen. Da die Methode dann aber eine ganz besonders sorgfältige Enteiweißung verlangt, Fermentlösungen aber stets mehr oder weniger reich an Eiweiß sind, gebe ich der hier beschriebenen älteren Methode den Vorzug.

I. Polysaccharide spaltende Fermente.

Ausführung. Das Quantum der für die Titration zu verwendenden Zuckerlösung hat, sofern die Zuckerlösung nicht mehr als 0,6% Zucker enthält, stets genau 10 ccm zu betragen. Hat die Zuckerlösung eine stärkere Konzentration, so verwendet man nur 5 oder 2 ccm derselben und ergänzt die fehlende Flüssigkeitsmenge mit 5 resp. 8 ccm Wasser. Unterläßt man es mit Wasser zu ergänzen, so bekommt man zu hohe Reduktionswerte.

10 ccm Zuckerlösung werden in einen Glaskolben, der ca. 200 ccm faßt, eingetragen und mit 50 ccm Kupferlösung versetzt. Dann stellt man den Kolben auf das Drahtnetz, erhitzt bis zum Kochen und läßt 3 Minuten ruhig sieden. Hiernach kühlt man rasch ab, bis der Kolben bei Berührung keinen warmen Eindruck macht, und titriert mit der Hydroxylaminlösung bis zum Verschwinden der blauen Farbe. Aus den verbrauchten Kubikzentimetern Hydroxylaminlösung wird der Zucker in Milligramm berechnet.

Berechnung. Sie ergibt sich aus folgender Tabelle:

Tabelle 2.

Verbrauchte ccm Hydroxylaminlösg. entsprechen	mg Zucker	Verbrauchte ccm Hydroxylaminlösg. entsprechen	mg Zucker	Verbrauchte ccm Hydroxylaminlösg. entsprechen	Mg Zucker
1,0	59,4	15,0	36,4	30,0	18,6
2,0	57,3	16,0	35,1	31,0	17,5
3,0	55,0	17,0	33,9	32,0	16,5
4,0	53,4	18,0	32,6	33,0	15,4
5,0	51,6	19,0	31,4	34,0	14,4
6,0	49,8	20,0	30,2	35,0	13,4
7,0	48,0	21,0	29,0	36,0	12,4
8,0	46,3	22,0	27,7	37,0	11,4
9,0	44,7	23,0	26,5	38,0	10,4
10,0	43,3	24,0	25,2	39,0	9,4
11,0	41,8	25,0	24,1	40,0	8,5
12,0	40,4	26,0	22,9	41,0	7,6
13,0	39,0	27,0	21,8	42,0	6,7
14,0	37,7	28,0	20,7	43,0	5,8
		29,0	19,6	44,0	4,9

2. Methode von Lintner[1]).

Diese Methode ist eigens für die quantitative Bestimmung der Diastase in Malzauszügen ausgearbeitet und wird neuerdings in

---
[1]) C. J. Lintner, Über die Bestimmung der diastatischen Kraft des Malzes und von Malzextrakten. Zeitschr. f. d. ges. Brauwesen 31, II., 421. 1908.

der Brauereitechnik vielfach angewandt. Bezüglich des älteren Verfahrens von Reischauer sei auf die Lehrbücher für Brauereitechnik verwiesen.

Prinzip. Sie ist ebenfalls ein Reduktionsverfahren, das darin besteht, daß man verschiedene Quantitäten Malzauszüge auf die gleiche Stärkelösung eine bestimmte Zeit einwirken läßt und dann feststellt, welches Fermentquantum aus der Stärke soviel Zucker abgespalten hat, daß 5 ccm Fehlingscher Lösung gerade reduziert werden.

Erforderliche Lösungen:
1. Malzauszug; 25 g Malzschrot werden bei gewöhnlicher Temperatur mit 500 ccm Wasser 6 Stunden lang extrahiert. Hiernach wird filtriert und der klar filtrierte Auszug direkt zum Versuch verwandt.
2. 2%ige Stärkelösung, hergestellt aus löslicher Stärke.
3. Fehlingsche Lösung.

Ausführung. 10 hohe und breite Reagenzgläschen werden mit fortlaufenden Zahlen von 1—10 numeriert und mit aufsteigenden Mengen des Malzauszuges beschickt und zwar so, daß in Nr. 1 0,1 ccm, in Nr. 2 0,2, in Nr. 3 0,3 usw. bis 1,0 ccm kommen. Dann fügt man zu jedem Gläschen 10 ccm Stärkelösung und genau 5,0 ccm Fehlingsche Lösung zu, schüttelt vorsichtig durch, stellt die Gläschen in einen Drahtkorb [1]) und setzt diesen auf 10 Minuten ins kochende Wasser. Beim Herausnehmen gewähren die Röhrchen alsdann folgendes Bild: der Inhalt einiger Röhrchen ist gelb, der anderer farblos oder blau. Man sucht nun entweder das Gläschen mit farblosem, also weder gelbem noch blauem Inhalte aus oder zwei nebeneinander stehende, von denen das eine einen gelben, das andere einen blauen Inhalt aufweist. Im ersteren Falle genügt es zu wissen, wieviel Kubikzentimeter Malzauszug das Röhrchen mit farblosem Inhalt enthielt. Im zweiten Falle ermittelt man die Kubikzentimeter Malzauszug, die in jedes der beiden Röhrchen gegeben wurden, und nimmt davon das Mittel. Enthält das letzte blaue Röhrchen 0,3, das erste gelbe Röhrchen 0,4 ccm Malzauszug, so genügten 0,35 ccm zur Erzeugung der Zuckermenge, welche zur Reduktion von 5 ccm Fehlingscher Lösung nötig sind.

Nun setzt man das diastatische Vermögen eines Malzes $F = 100$, wenn 0,1 ccm Malzauszug unter den gegebenen Bedingungen soviel Zucker erzeugen, um genau 5 ccm Fehlingsche Lösung zu reduzieren. Die diastatische Kraft wird auf Malztrockensubstanz umgerechnet.

---

[1]) Man kann sich hierbei auch des Reischauerschen Sternes bedienen, bei dem die 10 Gläschen in einem Blechstativ angeordnet stehen.

Beispiel: Der Versuch habe ergeben, daß das Röhrchen Nr. 2 des Malzauszuges gerade farblos war; demnach dürfen wir annehmen, daß 0,2 ccm des Auszuges zur Verzuckerung gerade gereicht haben. Nun ist die diastatische Kraft F = 100, wenn 0,1 ccm eines Auszuges so viel Stärke verzuckert, daß genau 5 ccm Fehling reduziert werden. Wir brauchten jedoch 0,2 ccm Auszug, also doppelt so viel, folglich war die diastatische Kraft nur halb so groß, also $F = \frac{100}{2} = 50$.

Obiges Malz möge 45,8% Wasser und 54,2% Trockensubstanz enthalten, dann wäre die diastatische Kraft des trockenen Malzes $\frac{50 \cdot 100}{54,2} = 110,7$.

Am wirksamsten sind die Auszüge von Grünmalz und müssen deshalb für den Versuch auf das Doppelte verdünnt werden; weniger wirksam sind die Auszüge aus hellem Malz, und am wenigsten Diastase enthalten die Auszüge von dunklem Malz.

Sherman, Kendall und Clark[1]) haben diese Methode insofern abgeändert, als sie bei 40° C arbeiteten, 100 ccm Stärkelösung verwandten und das reduzierte Kupfer nach Filtration bestimmten. Für die Berechnung der Zuckermenge geben sie eine besondere Tabelle an.

Statt die Zuckerbildung aus Stärke zu messen, haben Pollak[2]) und Chrzaszcz[3]) die Verflüssigung der Stärke als Maß für die quantitative Bestimmung der Fermentstärke verwandt und mit der Methode brauchbare Werte für Malzdiastase gefunden.

Endlich sei auch noch der Vollständigkeit halber hingewiesen auf die Viskositätmethode von Fernbach und Wolff[4]), welche als Maß der fortschreitenden Stärkespaltung die Zunahme der Ausflußgeschwindigkeit der Stärkelösung durch eine Kapillare verwandten.

3. Glykogen-Methode.

Prinzip. Zu der das Ferment enthaltenden Lösung (Extrakt, Organbrei) wird eine bestimmte Menge Glykogen in Sub-

---

[1]) H. C. Shermann, Kendall und Clark, Studien über Amylasen I Prüfung der Methoden zur Bestimmung der diastatischen Kraft. Journ. Amer. Chem. Soc. **32**, 1073. 1910.
[2]) A. Pollak, Die Bestimmung des Verflüssigungs-Vermögens des Malzes. Wochenschr. f. Brauerei 1903, 595 und Zeitschr. f. Untersuch. d. Nahrungs- u. Genußmitt. **6**, 729. 1903.
[3]) T. Chrzaszcz und S. Pierozek, Untersuchungen über Amylase. Zeitschr. f. Spiritus-Industr. **33**, 66. 1910.
[4]) A. Fernbach und J. Wolff, Über die diastatische Koagulation der Stärke. Compt. rend. **140**, 1547. 1905.

stanz oder in Lösung zugesetzt und nach einem mehrstündigen Verweilen der Mischung im Brutschrank die Menge des restierenden Glykogens quantitativ festgestellt.

Erforderliche Lösungen.
1. Fermentlösung (Speichel, Pankreassaft, Serum, Organbrei, Organextrakt etc.).
2. 2—5 %ige Glykogenlösung.
3. Kaliumhydrat Ia Merck.
4. Salzsäure vom spez. Gew. 1,19.

Ausführung. 10 ccm einer stark wirksamen Fermentlösung, resp. 50—100 g Organbrei, resp. -extrakt werden mit ca. 20—30 ccm 5%iger Glykogenlösung unter Zugabe von Toluol auf 24 Stunden in den Brutschrank gestellt; nach Ablauf der Frist wird der Versuch unterbrochen und das unzersetzt gebliebene Glykogen quantitativ nach Pflüger bestimmt. Als Kontrolle dienen 50 resp. 100 g gekochte Fermentlösung + 20 resp. 30 ccm 5 % iger Glykogenlösung; sie wird ebenfalls 24 Stunden im Brutschrank unter Toluol aufbewahrt und danach das Glykogen bestimmt. Die Größe der Glykogenabnahme kann ungefähr als Maßstab dienen für die Größe der Diastasemenge in der Fermentlösung.

Die Glykogenbestimmung wird nach Pflüger in folgender Weise ausgeführt:

Die ganze Mischung, Organbrei + Glykogenlösung, wird in einem 300 ccm-Kölbchen mit so viel konzentrierter wässeriger Kalilauge (Kaliumhydrat Ia Merck) versetzt, daß das gesamte Volumen 200 ccm beträgt und die Mischung einen Gehalt von 30 % Kalilauge hat. Also in dem vorliegenden Falle würde man zu den 130 ccm der Mischung 70 ccm heiße Kalilauge zutun, die 60 g Kaliumhydrat gelöst enthält. Dann wird tüchtig durchgeschüttelt, das Kölbchen in ein siedendes Wasserbad gestellt, nach 10 Minuten herausgenommen und geschüttelt, wieder in das siedende Wasserbad gebracht und das nach abermals 10 Minuten wiederholt. Dann bleibt das Kölbchen, mit einem Gummistopfen leicht verschlossen, 2 Stunden im siedenden Wasserbad, wird nach Ablauf der Frist unter dem fließenden Wasserstrahl der Wasserleitung abgekühlt, sein Inhalt in ein großes Becherglas übertragen und das Kölbchen mit 200 ccm Wasser in einzelnen Portionen nachgespült. Das gesamte, 400 ccm betragende Gemisch wird nun mit 800 ccm 96%igem Alkohol versetzt, gut durchgerührt und zum Absitzen des Glykogens bis zum nächsten Tage stehen gelassen. Am nächsten Tage wird die überstehende Flüssigkeit in ein geräumiges Becherglas übertragen und sofort durch ein gutes Faltenfilter filtriert, während die Hauptglykogenmenge auf ein schwedisches Filter von 15 cm Durchmesser gebracht wird; es ist indes nicht notwendig, daß alles Glykogen auf das Filter kommt. Das Faltenfilter wird nun mit 66%igem Alkohol gewaschen, das schwedische Filter zunächst so lange mit 66%igem Alkohol, bis das Filtrat farblos abläuft, dann mit absolutem Alkohol, mit Äther und schließlich noch einmal mit absolutem Alkohol gewaschen. Um nun die Hauptglykogenmenge von den ihr noch anhaftenden Flocken und Farbstoffen zu trennen, wird die noch feuchte Masse mit einem Spatel in das noch kleine Glykogenmengen enthaltende Becherglas übertragen, dann das feuchte Filter auf einen Trichter gebracht und darüber das Faltenfilter befestigt, sodaß beide Filter übereinander liegen. Sodann wird heißes Wasser auf das Faltenfilter gegossen; dieses löst beim Passieren des unteren Filters die auf ihm noch vorhandenen Glykogenspuren, wobei man mit einem kleinen Pinselchen nachhelfen kann. Nachdem nun durch längeres Umrühren die im Becherglase befindliche Hauptmenge des Glykogens in Lösung gebracht ist, filtriert man durch Glaswolle in ein Meßkölbchen von 200 ccm und gibt vorsichtig so viel Salzsäure von dem spez. Gewicht 1,19 tropfenweise zu, bis sich kleine Flocken abscheiden; meist genügen 1—2 ccm dazu; Zusatz von ein paar Kubikzentimetern konzentrierter Kochsalzlösung beschleunigt meist die Flockenausscheidung. Das Kölbchen wird dann bis zur Marke aufgefüllt, sein Inhalt in ein Becherglas übertragen und nach dem Absitzen der Flocken durch ein schwedisches Filter filtriert. Die so erhaltene klare Lösung kann sofort polarimetrisch auf ihren Glykogengehalt untersucht werden.

Die Berechnung der Glykogenmenge aus dem erhaltenen Drehungswinkel mag folgendes Beispiel illustrieren: Hat man bei Benutzung eines Rohres von 189,4 mm Länge im Halbschattenapparat als Mittel von drei Ablesungen gefunden $\alpha = 1{,}27°$, so ist die Glykogenmenge $= \dfrac{\alpha}{3{,}74^{1)}}$, mithin $= \dfrac{1{,}27}{3{,}74} = 0{,}366$, d. h. in 100 ccm der Glykogenlösung sind 0,366 g Glykogen enthalten.

Meist genügt nach Pflüger die polarimetrische Bestimmung des Glykogens. Will man aber die Polarisation durch Titration kontrollieren, so muß man zuvor die Glykogenlösung invertieren. Die Invertierung geschieht nun in der Weise, daß man 100 ccm

---

[1]) Die Zahl 3,74 ist das Produkt aus dem spezifischen Drehungsvermögen des Glykogens ($+ 196{,}57°$) dividiert durch das spezifische Drehungsvermögen des Traubenzuckers ($+ 52{,}60°$).

der Glykogenlösung in ein 150 ccm-Meßkölbchen bringt, mit 5 ccm Salzsäure vom spez. Gew. 1,19 drei Stunden im siedenden Wasserbad erhitzt, nach dem Abkühlen mit 60 %iger Kalilauge neutralisiert, bis zur Marke auffüllt, durch ein schwedisches Filter filtriert und nun in der Lösung den Traubenzucker titrimetrisch bestimmt. Hierüber s. Methode von Bang S. 31 und Methode von Bertrand S. 91.

Man kann auch den Traubenzucker durch Polarisation bestimmen.

Die Berechnung der Glykogenmenge wird in der Weise ausgeführt, daß man zunächst aus der Titration resp. Polarisation die Menge des Traubenzuckers bestimmt. Die erhaltene Zahl mit 0,927[1]) multipliziert ergibt die dem Traubenzucker entsprechende Menge Glykogen.

Modifikation nach Bang.

Will man die langdauernde Filtration der alkoholischen Lösungen vermeiden, so kann man nach Bang[2]) so vorgehen, daß man nach der Aufschließung mit Alkali von der stark alkalischen Lösung einen aliquoten Teil, beispielsweise 50,0 ccm entnimmt, in ein mit 50 ccm 96 %igem Alkohol beschicktes Zentrifugierröhrchen überführt, zentrifugiert und die überstehende klare Lösung abdekantiert. Der Bodensatz wird dann wieder in 25 ccm 15 %iger KOH-Lösung gelöst, darauf 50 ccm 96 %iger Alkohol zugesetzt, nochmals zentrifugiert, wieder dekantiert und der Rückstand in 50 ccm Wasser gelöst. Man setzt nun ein paar Tropfen Phenolphthalein hinzu, neutralisiert mit starker Salzsäure, setzt weiter davon bis 2,2 % Salzsäure zu, kocht 3 Stunden im Wasserbad, neutralisiert, füllt auf 150 ccm auf und bestimmt in der Lösung titrimetrisch den Traubenzucker s. o.

Zur Bewertung der Glykogenmethode sei darauf hingewiesen, daß bei dem schwankenden Eigengehalt der Organe resp. deren Extrakte an Glykogen man stets mit verschiedenen Glykogenmengen arbeitet, auch wenn man immer die gleiche Glykogenmenge zusetzt. Ein Vergleich mehrerer Organe untereinander bezüglich ihres diastatischen Vermögens, gemessen mit dieser Methode, ist darum nur soweit zulässig, als man sagen kann, daß in dem einen Falle mehr Diastase vorhanden ist, als

---

[1]) J. Nerking, Quantitative Bestimmungen über das Verhältnis des mit siedendem Wasser extrahierbaren Glykogens zum Gesamtglykogen der Organe. Pflügers Arch. **85**, 313. 1901.
[2]) J. Bang, Über die Verwendung der Zentrifuge in der quantitativen Analyse. Festschr. f. Hammarsten, Wiesbaden 1906.

in dem anderen. Genauere zahlenmäßige Schätzungen sind aber hierbei kaum statthaft.

Um den Einfluß der sehr großen Schwankungen im Glykogengehalt der Organe auszuschalten, ging Kisch [1]) in der Weise vor, daß er zu dem Organbrei von vorneherein einen großen Überschuß von Glykogen (0,5 g) hinzufügte und nun feststellte, wieviel davon in einer bestimmten Zeit und bei einer bestimmten Temperatur zerlegt wurde. Dieses Vorgehen vermag indes an jenem Fehler nicht viel zu ändern und kann darum nur als ein Notbehelf gelten.

4. Methode von Wohlgemuth[2]).

Prinzip der Methode. Eine Reihe Reagenzgläser wird mit absteigenden Mengen der zu untersuchenden Fermentlösung beschickt, zu jeder Fermentportion die gleiche Menge einer 1%igen Stärkelösung zugefügt, dann die Gläschen auf einmal in die Wärme (38—40° C) gebracht, nach einer bestimmten Zeit wieder abgekühlt und nun durch Zusatz von mehreren Tropfen $1/10$ n-Jodlösung festgestellt, welche kleinste Fermentmenge noch imstande ist, die angewandte Stärkemenge bis zum Dextrin abzubauen. Aus ihr wird dann die Fermentmenge für 1 ccm der Fermentlösung in bestimmter Weise berechnet.

Zur Verwendung kann kommen die 24stündige Methode und die halbstündige Methode. Ich beschreibe zunächst

a) die 24stündige Methode.

Erforderliche Lösungen.

1. Fermentlösung. Über deren Herstellung s. weiter unten.
2. 1%ige Stärkelösung. Dieselbe wird in der Weise bereitet, daß man 1 g lösliche Stärke von Kahlbaum auf einer noch die Differenz von 0,01 g deutlich anzeigenden Handwage abwägt, in 100 ccm kalten destillierten Wassers einträgt, so lange verrührt, bis die Stärke vollkommen gleichmäßig suspendiert ist, und nun die das Gemisch enthaltende Porzellanschale auf ein siedendes Wasserbad setzt. Während der Erwärmung und beim weiteren Erhitzen wird ständig langsam gerührt, um ein Absitzen der Stärkepartikelchen und ein Zusammenballen derselben zu vermeiden. Das Erhitzen wird so lange fortgesetzt, bis sich eine

---

[1]) F. Kisch, Über den postmortalen Glykogenschwund in den Muskeln und seine Abhängigkeit von physiologischen Bedingungen. Hofmeisters Beiträge 8, 213. 1906.
[2]) J. Wohlgemuth, Über eine neue Methode zur quantitativen Bestimmung des diastatischen Fermentes. Biochem. Zeitschr. 9, 1. 1908.

annähernd klare Lösung gebildet hat, was in etwa 10—15 Minuten erreicht ist, dann die abgekühlte Lösung in einen Meßzylinder gefüllt und die durch das Erhitzen verloren gegangene Flüssigkeitsmenge mit destilliertem Wasser ergänzt. Will man die Lösung sofort zum Versuch verwenden, so ist sie zunächst stark abzukühlen und falls ungelöste Stärkepartikelchen sich in ihr finden, durch ein Faltenfilter zu filtrieren. Soll die Lösung erst am nächsten Tage gebraucht werden, so läßt man sie in einem Becherglase an einem kühlen Orte stehen. Für gewöhnlich hat sich dann ein kleiner Bodensatz gebildet, während die darüberstehende Lösung vollkommen klar geworden ist; von diesem Bodensatz gießt man ab und verwendet zum Versuch ausschließlich die klare Lösung. Die Vernachlässigung dieses Bodensatzes ist aber nur dann zulässig, wenn er nicht gar zu groß ist, und das ist stets der Fall, wenn man obige Kautelen bei der Herstellung der Stärkelösung strengstens befolgt hat. — Eine solche Stärkelösung hält sich mehrere Tage vollkommen gebrauchsfähig, wenn man sie an einem kühlen Ort (Eisschrank) aufbewahrt; Zusatz von einem Antiseptikum (Toluol, Chloroform) ist nicht ratsam, da sonst sehr leicht eine Ausflockung der Stärke eintritt. Jede Stärkelösung kann ohne Bedenken so lange zum Versuch verwandt werden, als sie noch klar geblieben ist; beginnt sie dagegen sich zu trüben, so ist sie zu verwerfen.

3. Destilliertes Wasser.

4. $^1/_{10}$ normal-Jodlösung.

Die Ausführung der Methode gestaltet sich folgendermaßen:

10 Reagenzgläser werden mit fortlaufenden Zahlen numeriert und dann mit absteigenden Mengen der zu untersuchenden Fermentlösung beschickt, und zwar wählt man, wenn die Wirksamkeit der Lösung noch unbekannt ist, eine solche Reihe, bei der die einzelnen Fermentportionen um 100 % differieren (s. S. 17). Hierauf gibt man zu jedem Gläschen 5 ccm einer stark abgekühlten 1 %igen Stärkelösung zu, beginnend mit dem letzten, am wenigsten Ferment enthaltenden Gläschen, überschichtet den Inhalt der Gläschen zur Verhütung der Fäulnis mit etwas (0,5—1,0 ccm) Toluol und verkorkt sie. Alsdann stellt man sämtliche Gläschen, am besten unter Benutzung eines Drahtkorbes, in einen Thermostaten von 38⁰ C. Nach Ablauf der Frist wird der Drahtkorb mit den Gläschen in ein Gefäß mit kaltem Wasser übertragen, um in sämtlichen Portionen gleichzeitig die Fermentwirkung zu unterbrechen, und etwa 3 Minuten später alle Gläschen mit Leitungswasser bis fingerbreit vom

Rande aufgefüllt. Dann werden die Gläschen in der ursprünglichen Reihenfolge in das Reagenzglasgestell wieder hineingebracht, darauf aus einer Pipette zu jedem Gläschen 1—2—3 Tropfen $^1/_{10}$ normal-Jodlösung zugefügt, umgeschüttelt, und nun stellt man fest, in welchen Gläschen die Stärke vollkommen bis zum Dextrin abgebaut ist und in welcher noch unverdaute Stärke sich findet. Diejenigen Gläschen, welche vollkommen abgebaute Stärke (Maltose, Achroo- und Erythrodextrin) enthalten, nehmen bei Zusatz von Jod eine gelbe resp. rotbraune Farbe an, während die unverdaute Stärke enthaltenden blaurot oder blau werden. Das erste in der Reihe blaurot gefärbte Gläschen gilt als unterste Grenze der Wirksamkeit und wird mit limes bezeichnet.

Nun kommt es aber nicht selten vor, daß in manchen Gläschen der rote Farbenton den blauen so stark überwiegt, daß man schwanken kann, ob das verdächtige Gläschen wirklich noch unveränderte Stärke enthält oder nicht. In solchen zweifelhaften Fällen fügt man zu dem Gläschen noch einen Tropfen $^1/_{10}$ n-Jodlösung zu und beobachtet nun, ob der rotblaue Farbenton bestehen bleibt oder nicht. Ist er in ein Rotbraun übergegangen, so hat das nächstniedere Glasröhrchen als limes zu gelten. — In manchen Versuchsreihen, besonders in denen, in welchen man stark eiweiß- und lezithinhaltige Fermentlösungen (Serum, Organpreßsäfte) zum Versuch verwandt hat, geschieht es häufig, daß nach Zusatz von 1 Tropfen $^1/_{10}$ n-Jodlösung die Farbe so schnell verschwindet, daß ein Vergleich der Gläschen untereinander nicht möglich ist. In all diesen Fällen gibt man zu jedem Gläschen tropfenweise so viel $^1/_{10}$ n-Jodlösung zu, bis die Farbe nicht mehr verschwindet, und bestimmt nun die Grenze. In allen anderen Fällen aber genügt die Zugabe von nur einem Tropfen $^1/_{10}$ n-Jodlösung zu jedem Gläschen zwecks Feststellung der Wirkungsgrenze.

Zur besseren Übersicht stelle ich die einzelnen Phasen der Diastasebestimmung in umstehender Tabelle 3 zusammen.

Berechnung. Die Aufgabe lautet: Wieviel Kubikzentimeter der 1%igen Stärkelösung werden von 1 ccm der untersuchten Fermentlösung innerhalb der gewählten Versuchsdauer bis zum Dextrin abgebaut? Als Maß der Fermentwirkung gilt nicht das Limes-Röhrchen — denn in ihm ist ja noch unverdaute Stärkelösung enthalten — sondern das nächst höhere. Hat beispielsweise der Versuch bei einer Wirkungsdauer von 24 Stunden obiges, in der Tabelle mitgeteiltes Resultat ergeben, so wäre nicht aus Gläschen Nr. 8 (limes), sondern aus Gläschen Nr. 7 (0,016) in folgender Weise die Fermentstärke zu berechnen:

Es verhält sich die angewandte Fermentmenge (0,016) zur

A. Kohlehydratspaltende Fermente.

Tabelle 3.

I. Phase	II. Phase Fermentverteilung			III. Phase	IV. Phase	V. Phase	VI. Phase	VII. Phase	VIII. Phase
Numerierung der Gläschen	Verteilung von destill. Wasser	Verteilung der Fermentlösung	Absolute Fermentmenge	Zusatz von 1%iger Stärkelösung					Feststellung des Resultates
1	0,0	1,0 ccm	1,0	5,0 ccm	Zusatz von je ½ ccm Toluol zu jedem Gläschen und Verkorken der Gläschen	Hineinstellen sämtlicher Gläschen in einen Brutschrank von 38°C auf 24 Stunden	Herausnehmen der Gläschen, Abkühlen, Auffüllen mit kaltem Leitungswasser und Hineinstellen in das Reagenzglasgestell	Zusatz von 1/10 normal-Jodlösung tropfenweise zu jedem Gläschen	(gelb) +
2	1,0 ccm	1,0 ccm	0,5	5,0 ccm					(gelb) +
3	1,0 ccm	⎫ 1 ccm	0,25	5,0 ccm					(gelb) +
4	1,0 ccm	⎬	0,125	5,0 ccm					(gelb) +
5	1,0 ccm	Mischung ins folgende Gläschen und so jedesmal 1 ccm der	0,062	5,0 ccm					(gelb) +
6	1,0 ccm		0,031	5,0 ccm					(gelb) +
7	1,0 ccm		0,016	5,0 ccm					(gelbrot) +
8	1,0 ccm		0,008	5,0 ccm					(blaurot) — (limes)
9	1,0 ccm		00,04	5,0 ccm					(blau) —
10	1,0 ccm		0,002	5,0 ccm					(blau) —

I. Polysaccharide spaltende Fermente.

angewandten Stärkemenge (5,0 ccm) wie 1 ccm der Fermentlösung zu der gesuchten Menge Stärkelösung (x), also

$$0,016 : 5 = 1 : x$$
$$x = \frac{5 \cdot 1}{0,016} = 312,5.$$

Mithin ist 1 ccm der Fermentlösung imstande, 312,5 ccm der 1%igen Stärkelösung innerhalb 30 Minuten bis zum Dextrin abzubauen. Die diastatische Kraft für 1 ccm der Fermentlösung wird ein für allemal mit D bezeichnet und zur näheren Charakterisierung der Versuchsanordnung gleichzeitig angegeben, bei welcher Temperatur und Versuchsdauer der Versuch ausgeführt wurde. Wir hätten also für den vorliegenden Fall festgestellt $D_{24h}^{38°} = 312,5$.

b) die halbstündige Methode.

Erforderliche Lösungen:
1. Fermentlösung.
2. 1°/₀₀ige Stärkelösung, hergestellt aus Kahlbaums löslicher Stärke in der gleichen Weise wie die 1%ige Stärkelösung (s. S. 39).
3. Destilliertes Wasser.
4. $^1/_{50}$ normal-Jodlösung, hergestellt aus $^1/_{10}$ normal-Jodlösung durch Verdünnen von 1 ccm mit 4 ccm H_2O.

Die Ausführung der Methode gestaltet sich folgendermaßen:

10 Reagenzgläser werden mit fortlaufenden Zahlen numeriert und mit absteigenden Mengen Ferment in der gleichen Weise wie beim 24 stündigen Versuch beschickt. Hiernach werden zu jedem Gläschen 2 ccm der 1°/₀₀ige Stärkelösung zugefügt und sämtliche Gläschen gleichzeitig auf eine halbe Stunde in ein konstantes Wasserbad von 38° C übertragen. Die Anwendung eines Brutschrankes bei einer so kurzen Versuchsdauer ist wegen der zu langsamen Erwärmung der Gläschen im Brutschrank nicht zulässig. Nach Ablauf der Frist werden die Gläschen herausgenommen, zur Unterbrechung der Fermentwirkung in eine Schüssel mit kaltem Wasser gebracht und nach kurzem Verweilen in der ursprünglichen Reihenfolge in das Reagenzglasgestell zurückgestellt. Hiernach werden sie, ohne daß sie, wie beim 24 Stunden-Versuch, mit Wasser aufgefüllt werden, sofort mit $^1/_{50}$ normal-Jodlösung tropfenweise versetzt und das Resultat festgestellt. — Zum besseren Verständnis und um Verwechslungen mit dem 24 stündigen Versuch zu vermeiden, seien auch die einzelnen Phasen dieses Versuches in einer Tabelle zusammengestellt.

A. Kohlehydratspaltende Fermente.

Tabelle 4.

I. Phase	II. Phase Fermentverteilung			III. Phase Zusatz von 1%iger Stärkelösung	IV. Phase	V. Phase	VI. Phase	VII. Phase
Numerierung der Gläschen	Verteilung von destill. Wasser	Verteilung der Fermentlösung	Absolute Fermentmenge					Feststellung des Resultates
1	0,0	1,0 ccm	1,0	2,0 ccm	Hineinstellen sämtlicher Gläschen in ein Wasserbad von 38°C auf 30 Minuten	Herausnehmen der Gläschen, Abkühlen und Zurücksetzen in das Reagenzglasgestell	Zusatz von $^1/_{50}$ normal-Jodlösung zu jedem Gläschen	(gelb) +
2	1,0 ccm	1,0 ccm	0,5	2,0 ccm				(gelb) +
3	1,0 ccm	1 ccm	0,25	2,0 ccm				(gelb) +
4	1,0 ccm	Mischung ins folgende Gläschen und so jedesmal 1 ccm der	0,125	2,0 ccm				(gelb) +
5	1,0 ccm		0,062	2,0 ccm				(gelb) +
6	1,0 ccm		0,031	2,0 ccm				(gelb) +
7	1,0 ccm		0,016	2,0 ccm				(gelb) +
8	1,0 ccm		0,008	2,0 ccm				gelbbraun +
9	1,0 ccm		0,004	2,0 ccm				blaurot — (limes)
10	1,0 ccm		0,002	2,0 ccm				blau —

I. Polysaccharide spaltende Fermente.

Berechnung. Aus dem hier mitgeteilten Versuch würde analog dem beim 24 Stunden-Versuch Gesagten die Diastasenmenge sich berechnen aus der in Gläschen 8 enthaltenen Fermentmenge, und zwar in folgender Weise:

$$0,008 : 2 = 1 : x$$
$$x = \frac{2 \times 1}{0,008} = 250.$$

Die diastatische Kraft für 1 ccm wird mit d bezeichnet, wenn wie hier für den Versuch 1 °/₀₀ ige Stärkelösung in Anwendung gekommen ist. Gleichzeitig wird die Versuchsdauer und die angewandte Temperatur mitangegeben. Der Versuch hätte also im vorliegenden Falle ergeben

$$d_{30°}^{38°} = 250.$$

Quantitative Bestimmung der Diastase im Speichel.

Der zum Versuch bestimmte Speichel muß frei von Rachen- resp. Nasenschleim und von Speiseresten sein und darf keine Blutbeimengungen enthalten.

Reinen Speichel kann man nach Hoppe-Seyler am besten in der Weise gewinnen, daß man bei vornübergeneigtem Kopfe den Mund weit öffnet, ohne dabei irgendwelche Bewegungen auszuführen; nach einiger Zeit fließt dann reiner Speichel in klaren, fadenziehenden Tropfen ab und kann sofort zum Versuch verwandt werden. — Bekommt man auf diese Weise keinen Speichel, so kann man auch in der Weise ein reines Produkt gewinnen, daß man kauende Bewegungen mit dem Munde ausführt und den dabei produzierten Speichel in einem Schälchen sammelt.

Da der Speichel sehr reich an diastatischem Ferment ist, so benutzt man am zweckmäßigsten den halbstündigen Versuch unter Verwendung der 1 prozentigen Stärkelösung.

Erforderliche Lösungen.
1. Reiner Speichel.
2. Destilliertes Wasser.
3. 1 prozentige Stärkelösung (Herstellung s. S. 39).
4. $\frac{1}{10}$ normal-Jodlösung.

Ausführung des Versuches. Eine Reihe von Reagenzgläsern wird mit fortlaufenden Zahlen, von 1 beginnend, numeriert, mit absteigenden Fermenten in der üblichen Weise (s. 24 Stunden-Versuch I) beschickt und zu jedem Gläschen 5 ccm der 1%igen Stärkelösung zugesetzt. Danach kommen sämtliche Gläschen auf eine halbe Stunde in ein Wasserbad von 38° C, werden nach Ablauf der Frist wieder herausgenommen, sofort mit kaltem Leitungswasser bis 2 Querfinger breit vom Rande entfernt aufgefüllt, und nun wird durch tropfenweisen Zusatz von $^1/_{10}$ normal-Jodlösung festgestellt, bis zu welchem Gläschen die Diastasewirkung vorgeschritten ist. Nehmen wir einmal folgenden Ausfall der Reaktion an,

Tabelle 5.

Gläschen	Speichelmenge	1 % Stärkelösung	Resultat bei 30' u. 38° C
1	1,0 ccm	5,0 ccm	+
2	0,5 „	5,0 „	+
3	0,25 „	5,0 „	+
4	0,125 „	5,0 „	+
5	0,062 „	5,0 „	+
6	0,031 „	5,0 „	+
7	0,016 „	5,0 „	+
8	0,008 „	5,0 „	+
9	0,004 „	5,0 „	limes
10	0,002 „	5,0 „	—

so würde die Berechnung der Diastasemenge folgendermaßen zu führen sein

$$0,008 : 5,0 = 1,0 : x$$
$$x = \frac{5,0 \times 1,0}{0,008} = 625.$$

Es wäre somit die diastatische Kraft des Speichels $D_{30'}^{38°} = 625$.

Vergleich verschiedener Speichelmengen untereinander.

Für den Vergleich der Diastasemengen verschiedener Speichelsorten untereinander reicht die eben beschriebene halbstündige Methode völlig aus.

Will man feinere Differenzen erkennen, so muß man die Unterschiede in den Fermentmengen einer Reihe entsprechend kleiner wählen. Dann bedient man sich zweckmäßig der sechs- oder achtgliedrigen geometrischen Reihe, deren einzelne Zahlenglieder auf S. 17 in einer Tabelle aufgeführt sind. Diese enge, sechs- resp. achtgliedrige Reihe darf man aber nicht mit dem nativen Speichel herstellen; denn dann würde man die untere Grenze der Wirksamkeit bei einer 30 Minuten langen Versuchsdauer nicht erreichen. Sondern man bereitet sich erst eine 20 fache

I. Polysaccharide spaltende Fermente.

Verdünnung jeder Speichelportion, indem man 1,0 ccm Speichel mit 19,0 ccm Wasser gründlichst durchmischt. Erst von dieser Mischung geht man bei der Herstellung der engen Reihe aus, indem man folgendermaßen verfährt:

Man numeriert 6 Reagenzgläschen mit fortlaufenden Zahlen, beginnend mit 1 etc., bringt mittelst der Einerpipette in das erste Gläschen 1,0 ccm der Speichelverdünnung, in das 2. 0,64, in das 3. 0,4, in das 4. 0,25, in das 5. 0,16 und in das 6. 0,1. Alsdann ergänzt man, ebenfalls mit der Einerpipette, in allen Gläschen das Flüssigkeitsquantum mit destilliertem Wasser so, daß alle Gläschen nachher einen Gesamtinhalt von 1,0 ccm haben, und gibt dann zu jeder Fermentportion 5 ccm 1%ige Stärkelösung zu. Hiernach kommen sämtliche Gläschen auf einmal in ein Wasserbad von 38—40° C, bleiben darin 30 Minuten, werden nach Ablauf der Frist, um die Fermentwirkung sofort zu kupieren, in eine Schale mit kaltem Wasser gestellt und dann in der ursprünglichen Reihenfolge in das Reagenzglasgestell zurückgebracht. Hiernach wird durch tropfenweisen Zusatz von $1/10$ normal-Jodlösung der Umfang der Stärkeverdauung festgestellt und aus der dem Limes-Gläschen benachbarten Portion die Fermentmenge für 1 ccm Speichel in der üblichen Weise berechnet.

Der besseren Übersicht wegen stelle ich die einzelnen Phasen eines solchen engen Reihenversuches in umstehender Tabelle 7 zusammen:

Auf diese Weise untersucht man sämtliche der zu vergleichenden Speichelportionen, indem man sich von jeder zunächst eine 20fache Verdünnung herstellt und mit jeder Verdünnung obige sechsgliedrige Reihe ausführt.

Nehmen wir einmal an, es seien 4 verschiedene Speichelsorten bezüglich ihres Diastasegehaltes zu vergleichen gewesen und die Untersuchung hätte folgendes Resultat ergeben:

Tabelle 6.

Nummer der Gläschen	Speichelmenge	Speichel 1	Speichel 2	Speichel 3	Speichel 4
1	0,05	+	+	+	+
2	0,032	+	+	+	limes
3	0,02	+	limes	+	—
4	0,0125	limes	—	+	—
5	0,008	—	—	limes	—
6	0,005	—	—	—	—
$D_{30'}^{38°} =$		250	156,25	400	100

A. Kohlehydratspaltende Fermente.

Tabelle 7.

I. Phase	II. Phase	III. Phase		IV. Phase	V. Phase	VI. Phase	VII. Phase	VIII. Phase
Numerierung der Gläschen	Verteilung d. vorher verdünnten Speichels (1:20)	Ausgleich d. Volumina mit destill. Wasser	Absolute Speichelmenge	Zusatz von 1%iger Stärkelösung	Hineinstellen sämtlicher Gläschen in ein Wasserbad von 38° C auf die Dauer von 30 Min.	Herausnehmen der Gläschen, Abkühlen u. Zurückstellen in das Reagenzglasgestell	Zusatz von ¹/₁₀ normal. Jodlösung zu jedem Gläschen	Feststellung des Resultates
1	1,0 ccm	0,0 ccm	0,05 ccm	5,0 ccm				(gelb) +
2	0,64 ccm	0,36 ccm	0,032 ccm	5,0 ccm				(gelb) +
3	0,4 ccm	0,6 ccm	0,02 ccm	5,0 ccm				(gelb) +
4	0,25 ccm	0,75 ccm	0,0125 ccm	5,0 ccm				(rotgelb) +
5	0,16 ccm	0,84 ccm	0,008 ccm	5,0 ccm				(rotblau) — limes
6	0,1 ccm	0,9 ccm	0,005 ccm	5,0 ccm				(blau) —

so würde das besagen, daß Speichel 4 am wenigsten Diastase enthält, etwas mehr Speichel 2, mehr als die doppelte Menge Speichel 1 und am meisten Speichel 3.

Zur Bestimmung der absoluten Fermentmengen reicht natürlich ein Versuch von halbstündiger Dauer nicht aus. Hierfür ist es notwendig, daß man einen Versuch von 24 Stunden anstellt. Eigentlich kann man auch mit einem solchen noch nicht die absoluten Fermentmengen in ihrem ganzen Umfange feststellen, da nach 24 Stunden die Fermentwirkung noch keineswegs abgeschlossen ist; aber für die meisten Zwecke dürfte wohl ein 24stündiger Versuch genügen. Die Ausführung desselben geschieht genau, wie auf S. 39 angegeben ist. Die aus einem solchen Versuch sich ergebenden Diastasewerte werden entsprechend den obigen Auseinandersetzungen mit $D_{24^h}^{38^0}$ bezeichnet. Normaliter schwanken die Werte des Speichels zwischen $D_{30'}^{38^0} = 62{,}5$ und 250 resp. $D_{24^h}^{38^0} = 1125$ und 5000.

Verfahren zur Ermittelung, ob eine Substanz die Wirkung der Speichelamylase fördert.

Wenngleich sich die Versuchsanordnung schon aus der Fragestellung von selbst ergibt, sei sie trotzdem hier an dem Beispiel der Diastase ausführlich besprochen, da sie auch bei zahlreichen anderen Fermentuntersuchungen eine hervorragende Rolle spielt. Es sei darum von vorneherein bemerkt, daß alle Ausführungen über die hier zu befolgende Technik sich auch auf alle anderen Fermente beziehen, soweit ihre Stärke durch einen Reihenversuch gemessen werden kann.

Die Entscheidung der Frage, ob die Speicheldiastase durch eine bestimmte Substanz in ihrer Wirksamkeit gefördert wird, kann auf zweierlei Weise getroffen werden.

Zum besseren Verständnis sei eine ganz bestimmte Aufgabe gestellt: Es soll festgestellt werden, ob Kochsalz die Speicheldiastase fördert oder nicht.

Für die Lösung dieser Aufgabe stehen 2 Methoden zur Verfügung. Die eine bezeichne ich der Kürze halber das Kontrollreihenverfahren, die andere das Einreihenverfahren.

α) **Das Kontrollreihenverfahren.** Frisch gewonnener Speichel wird auf zwei Reihen mit fortlaufenden Zahlen versehener Reagenzgläschen in der auf S. 17 angegebenen Weise verteilt. Dann gibt man zu der einen Reihe (Hauptreihe) in jedes Gläschen 1,0 ccm einer 1%igen Kochsalzlösung, zu der anderen Reihe (Kontrollreihe) zu jedem Gläschen 1,0 ccm destilliertes Wasser, fügt zu sämtlichen Gläschen beider Reihen je 5 ccm 1 %ige Stärkelösung zu und setzt beide Reihen auf einmal in ein Wasserbad von 38⁰ C. Nach einer halben Stunde werden sie herausgenommen und in eine Schale mit kaltem Wasser übertragen, um in allen Gläschen gleichzeitig die Fermentwirkung zu unterbrechen. Hiernach werden sie mit Leitungswasser aufgefüllt, in der ursprünglichen Reihenfolge in das Reagenzglasgestell zurückgestellt, und nun wird durch tropfenweisen Zusatz von $1/_{10}$ normal-Jodlösung in beiden Reihen das Limes-Röhrchen bestimmt. Dann werden für beide Reihen die Diastasewerte in der üblichen Weise berechnet und miteinander verglichen. Hätte beispielsweise die Kochsalzreihe den Wert $D_{30'}^{38°} = 312$, die Kontrollreihe den Wert $D_{38'}^{30°} = 162,5$ ergeben, so würde das heißen, daß durch die Gegenwart von Kochsalz die diastatische Kraft um das Doppelte gefördert wird.

Handelt es sich darum, feinere Unterschiede zu erkennen, so muß man eine dementsprechend engere Reihe wählen, eine sechs- oder achtgliedrige, wie ich sie auf S. 17 beschrieben habe.

β) **Das Einreihenverfahren.** Dieses Verfahren setzt sich aus zwei Phasen zusammen, aus einem **Vorversuch** und aus dem **Hauptversuch**.

In dem **Vorversuch** ermittelt man bei einer Digestionszeit von 30 Minuten mit dem zur Untersuchung bestimmten Speichel diejenige Speichelmenge, die imstande ist, 5 ccm einer 1 %igen Stärkelösung nur teilweise bis zum Dextrin abzubauen, mit anderen Worten, man ermittelt das Limes-Gläschen, und stellt sich dann aus dem Speichel eine solche Verdünnung her, daß dieselbe in 1,0 ccm oder 0,5 ccm die dem Limes-Gläschen entsprechende Speichelmenge enthält.

Beispiel. Hat man mit frisch gewonnenem Speichel einen 30 Minuten-Versuch unter Verwendung von 1 %iger Stärkelösung (s. S. 45) in der üblichen Weise ausgeführt und gefunden, daß das Limes-Gläschen eine Speichelmenge von 0,008 ccm enthält, so stellt man sich von dem nämlichen Speichel eine 125 fache Verdünnung her, d. h. man mißt 1 ccm Speichel ab und mischt ihn mit 124 ccm destilliertem Wasser. Von dieser Verdünnung enthält dann 1,0 ccm = 0,008 ccm Speichel.

Der **Hauptversuch** wird dann in der Weise ausgeführt, daß man sich — um bei der obigen Aufgabe zu bleiben — zunächst eine beispielsweise 10 %ige Kochsalzlösung herstellt und nun eine Reihe von Reagenzgläsern, die man mit fortlaufenden Zahlen versehen hat, mit absteigenden Mengen der Kochsalzlösung beschickt in der Weise, daß in das 1. Gläschen 1,0 ccm, in das 2. 0,5, in das 3. 0,25 usf. kommt. Hiernach wird zu jedem Gläschen von obiger Speichelverdünnung 1,0 ccm zugesetzt, ferner je 5,0 ccm 1%ige Stärkelösung hinzugefügt und die ganze Reihe auf 30 Minuten in ein Wasserbad von 38⁰ C übertragen. Nach Ablauf der Frist werden die Gläschen herausgenommen, mit Wasser aufgefüllt und der Versuch in der üblichen Weise zu Ende geführt. In denjenigen Gläschen, wo genügend Kochsalzlösung vorhanden war, wird bei Zusatz von Jod eine gelbe resp. gelbbraune Farbe auftreten; wo dagegen die Kochsalzmenge nicht ausreichte, um eine Förderung zu bewirken, wird genau wie in der Kontrolle, die man stets anzustellen hat und die sich in dem vorliegenden Falle zusammensetzt aus 1,0 ccm der Speichelverdünnung + 1,0 ccm destilliertes Wasser + 5,0 ccm 1%ige Stärkelösung, eine rotblaue (violette) Farbe auftreten.

Man kann demnach mit Hilfe dieser Versuchsanordnung einmal feststellen, ob eine Substanz überhaupt eine Fermentwirkung zu aktivieren imstande ist, und, wenn das der Fall ist, bei welcher Konzentration sie noch einer Aktivierung fähig ist.

Das obige Kontrollreihenverfahren gibt ebenfalls Aufschluß darüber, ob eine Substanz von aktivierendem Einfluß auf das untersuchte Ferment ist, sodann darüber, um wieviel das Ferment in seiner Wirkung durch jene Substanz verstärkt wird.

Welchem von beiden Verfahren man den Vorzug geben will, hängt ganz davon ab, was man durch den Versuch gerade zu ermitteln wünscht. Will man feststellen, um wieviel ein Ferment in seiner Kraft durch eine Substanz gesteigert werden kann, so wählt man am zweckmäßigsten das Kontrollreihenverfahren. Will man dagegen erfahren, welche die kleinste noch wirksame Menge der aktivierenden Substanz ist, so verwendet man am besten das Einreihenverfahren.

Feststellung der hemmenden Wirkung einer Substanz auf die Diastase.

Auch hierfür kann man das Kontrollreihenverfahren und das Einreihenverfahren wie vorhin verwenden.

Das Kontrollreihenverfahren wird bei der Prüfung einer hemmenden Substanz genau so ausgeführt, wie bei der Untersuchung einer aktivierenden. Es sei deshalb auf das Vorhergesagte (S. 49) verwiesen.

Das Einreihenverfahren unterscheidet sich von dem Vorhergesagten hingegen in einem wesentlichen Punkt. Zwar setzt es sich gleichfalls aus einem Vorversuch und einem Hauptversuch zusammen, und man ermittelt in dem Vorversuch wie vorhin das Limes-Gläschen. Aber man verwendet nun nicht die im Limes-Gläschen enthaltene Fermentmenge zum Hauptversuch, sondern die in dem nächsthöheren Gläschen befindliche Fermentmenge, also diejenige Fermentmenge, die gerade noch imstande ist, 5,0 ccm 1%ige Stärkelösung komplett bis zum Achroodextrin zu verdauen. Der Grund liegt auf der Hand. Man kann nur dann eine Hemmung an einer Fermentwirkung erkennen, wenn der Effekt, in der Kontrolle ausreichend stark ist, wenn also die Stärke ganz bis zum Dextrin abgebaut ist. Jede Hemmung macht sich dann in einer Violettresp. Blaufärbung bemerkbar. Enthält aber das Gläschen schon von vornherein nur eine dem Limes-Gläschen entsprechende Fermentmenge, so ist eine Hemmung nicht mehr mit Sicherheit wahrzunehmen, weil dann die Kontrolle schon eine Violettfärbung zeigt.

Für die Wahl zwischen beiden Verfahren sind genau die gleichen Gesichtspunkte maßgebend wie bei den Aktivierungsversuchen.

Feststellung der zerstörenden Wirkung einer Substanz auf die Diastase.

Man hat scharf zu unterscheiden zwischen der hemmenden Wirkung einer Substanz und ihrer zerstörenden Wirkung. Eine Substanz, welche die Fermentwirkung hemmt, braucht keineswegs in jedem Falle auch eine zerstörende Wirkung auf das Ferment auszuüben. Dagegen beobachtet man umgekehrt bei allen Substanzen, welche ein Ferment zerstören, stets gleichzeitig eine hemmende Wirkung auf die Tätigkeit des Fermentes.

Der Nachweis einer zerstörend wirkenden Substanz, beispielsweise der Salzsäure auf die Diastase, geschieht im Prinzip so, daß man verdünnte Salzsäure mit einer Speichellösung von bestimmtem Diastasegehalt zusammenbringt, die Salzsäure nach bestimmter Zeit neutralisiert und nun feststellt, wieviel Diastase noch in der Speichellösung vorhanden ist. Hieraus kann man einen Schluß auf die zerstörende Wirkung der untersuchten Substanz ziehen.

Im einzelnen würde der Versuch, wenn wir bei dem gewählten Beispiel der Salzsäure bleiben, sich folgendermaßen gestalten:

Frisch gewonnener Speichel wird mit destilliertem Wasser auf das Doppelte verdünnt und mit $^1/_{10}$ normal-Salzsäure gegen empfindliches Lackmuspapier genau neutralisiert; von dem entstehenden Niederschlag wird abfiltriert.

Je 3 ccm dieser neutralen Speichellösung werden auf drei absolut trockene Bechergläschen oder Reagenzgläschen verteilt,

I. Polysaccharide spaltende Fermente.

in Portion I und II je 1,0 ccm einer $^1/_{100}$ normal-Salzsäure eingetragen und der Zeitpunkt genau notiert. Während des Stehens wird häufig durchgeschüttelt, um für eine gründliche Durchmischung zu sorgen. Nach Verlauf von 5 Minuten wird zu Portion I 1,0 ccm $^1/_{100}$ normal-Natronlauge zugesetzt, um die Salzsäure zu neutralisieren, nach weiteren 5 Minuten, also im ganzen nach 10 Minuten, erfolgt auch zu Portion II Zusatz von 1,0 ccm $^1/_{100}$ normal-Natronlauge. Nunmehr erhält die als Kontrolle dienende Portion III einen Zusatz von 1,0 ccm $^1/_{100}$ normal-Salzsäure + 1,0 ccm $^1/_{100}$ normal-Natronlauge; aber nicht in der Weise, daß man die Salzsäure und die Natronlauge nacheinander in die Portion III einträgt, sondern daß man sich in einem besonderen Reagenzglas eine Mischung von $^1/_{100}$ normal-Salzsäure und $^1/_{100}$ normal-Natronlauge zu genau gleichen Teilen herstellt, hiervon 2 ccm entnimmt und in Portion III einträgt.

Alsdann wird mit diesen 3 Portionen, die alle das gleiche Flüssigkeitsvolumen und den gleichen Kochsalzgehalt haben, je 1 Reihenversuch von 30 Minuten Dauer in der oben beschriebenen (s. S. 45) Weise ausgeführt. Aus dem Vergleich der erhaltenen Resultate untereinander bekommt man eine Vorstellung von der zerstörenden Kraft der Salzsäure auf die Diastase.

Bezüglich der Reaktion des Speichels ist noch hervorzuheben, daß sie bei vergleichenden Bestimmungen nicht berücksichtigt zu werden braucht. Ist man aber aus irgendwelchen Gründen gezwungen, mit einem vollkommen neutralen Produkt zu arbeiten, so neutralisiert man vorsichtig am zweckmäßigsten mit $^1/_{10}$ normal-Salzsäure gegen Lackmuspapier unter Vermeidung auch nur einer Spur von Übersäuerung. Man darf dann aber nicht vergessen, daß man den Speichel verdünnt hat, und daß bei der Neutralisation mit Salzsäure sich Kochsalz gebildet hat, das für die Diastase ein starker Aktivator ist.

Quantitative Bestimmung der Diastase im Pankreassaft resp. -extrakt.

Meist findet sich die Diastase im Pankreassaft in vollkommen aktivem Zustande, bedarf also keiner weiteren Aktivierung.

Gilt es verschiedene Pankreassaftportionen bezüglich ihres Diastasegehaltes miteinander zu vergleichen, so bedient man sich, da der Pankreassaft stets sehr reich an Diastase ist, am zweckmäßigsten des halbstündigen Versuches unter Benutzung von 1%iger Stärkelösung. Die Ausführung des Versuches gestaltet sich wie für den Speichel auf S. 46 angegeben.

Kommt es darauf an, möglichst feine Unterschiede zu erkennen, so stellt man sich mit destilliertem Wasser eine entsprechende Verdünnung her — für reinen Pankreassaft ist eine 50fache Verdünnung meist ausreichend — und setzt mit dem so verdünnten Saft eine sechs- resp. achtgliedrige geometrische Reihe an, unter Benutzung eines Wasserbades von 38⁰ C und bei einer Versuchsdauer von 30 Minuten, genau wie beim Speichel (s. S. 46) angegeben.

Will man die absoluten Diastasemengen im Pankreassaft bestimmen, so muß man sich, wie beim Speichel der 24stündigen Methode (s. S. 39), bedienen. Maximale Ausschläge erhält man, wenn man sich bei der Anstellung des Versuches gleichzeitig eines Aktivators, wie beispielsweise des Kochsalzes, bedient; man hat dann jedem Gläschen der Versuchsreihe 1,0 ccm einer 1%igen Kochsalzlösung zuzusetzen.

Besonders zu berücksichtigen bei der Untersuchung von **Pankreassaft** und **Pankreaszysteninhalt** resp. **Pankreasfistelsekret** sind noch folgende Punkte.

1. Reinen Pankreassaft benutzt man zum Versuch am zweckmäßigsten so, wie er aus der Fistel fließt. Geringe Beimengungen von Blut oder Wundsekret hemmen nicht, sondern fördern nur die diastatische Wirkung. Sie stören also nur dann, wenn es sich darum handelt, mehrere Saftportionen miteinander zu vergleichen und die einen frei von Blut resp. Wundsekret sind, die andern nicht, weil die bluthaltigen dann meist einen höheren Diastasewert ergeben als die blutfreien.

Das Gleiche gilt für den Inhalt von Pankreaszysten. Ist derselbe trüb und mit Gewebspartikelchen durchsetzt, so kann man ihn vor der Anstellung des Versuches scharf zentrifugieren oder filtrieren.

2. Ist man nicht in der Lage, frisch gewonnenen Pankreassaft resp. Zysteninhalt sofort zu untersuchen, so bewahrt man ihn zur späteren Untersuchung entweder im Frigo auf oder stellt ihn nach Zusatz von Toluol fest verschlossen in den Eisschrank. Hier hält sich die Diastase tage-, ja wochenlang, ohne an ihrer Wirksamkeit erheblich einzubüßen. — Sobald sich aber Fäulnisgeruch — und ist er auch noch so gering — bemerkbar macht, ist die Lösung für quantitative Zwecke nicht mehr brauchbar, sondern kann nur noch für qualitative Proben dienen.

3. Die genuine alkalische Reaktion des nativen reinen Pankreassaftes bleibt bei den Versuchen zwecks Feststellung seiner diastatischen Kraft am besten unverändert. — Hat man Pankreas-

I. Polysaccharide spaltende Fermente. 55

saft nach Boldyreff mittelst Ölprobefrühstück durch Ausheberung aus dem Magen oder mittelst der Einhornschen Duodenalsonde gewonnen und zeigt dieser saure Reaktion, so muß man ihn sofort nach der Gewinnung mit schwacher Sodalösung unter Benutzung von äußerst empfindlichem Lackmuspapier ganz genau neutralisieren. Denn schon ein minimaler Überschuß an Säure kann einen ganz beträchtlichen Teil der Diastase bei längerer Einwirkung zerstören. Auch ein Überschuß an Sodalösung ist sorgfältig zu vermeiden.

4. Für Diastaseuntersuchungen in großem Umfange stellt man sich, wenn man nicht reinen Pankreassaft zur Verfügung hat, entweder aus frischem Hundepankreas oder aus dem Trockenpräparat Pankreatin (Rhenania i. Aachen) ein wässeriges Extrakt in der üblichen Weise her.

Die Diastasemengen im menschlichen Pankreassaft schwanken bei einer einstündigen Versuchsdauer zwischen $D_{1^h}^{38°} = 625—2500$, für den 24 stündigen Versuch zwischen $D_{24^h}^{38°} = 12000—40000$. Bekommt man einen Zysteninhalt zur Untersuchung und soll man entscheiden, ob er aus reinem Pankreassaft besteht, resp. ob ihm nur Pankreassaft beigemengt ist, oder ob es sich nur um Transsudat resp. Exsudat handelt, so stellt man in der für den Speichel auf S. 45 beschriebenen Weise einen 30 Minuten-Versuch an. Erhält man einen $D_{30'}^{38°}$-Wert, der dem obigen annähernd entspricht, so kann man sicher sein, daß der Zysteninhalt zum allergrößten Teil aus reinem Pankreassaft besteht. Auch wenn man einen Wert von $D_{30'}^{38°} = 20$ oder nur 10 bekommt, kann man mit Bestimmtheit sagen, daß Pankreassaft zugegen ist. Eine Verwechslung mit einem reinen Transsudat oder einem reinen Exsudat ist hierbei gänzlich ausgeschlossen, da diese beiden Flüssigkeiten wegen ihres geringen Gehaltes an Diastase mit obiger Methode überhaupt keinen Ausschlag geben können. — Bezüglich der Untersuchung von Zysteninhalt auf Trypsin s. S. 192, auf Steapsin s. S. 115.

Für Hundepankreassaft schwanken die Werte wie beim Menschen einerseits zwischen $D_{1^h}^{38°} = 625—2500$, andererseits zwischen $D_{24^h}^{38°} = 4000—40000$.

Quantitative Bestimmung der Diastase im Blut.

Da die Diastase des Blutes sich ausschließlich im Serum findet, so sind alle Untersuchungen über die im Blut enthaltenen Diastasemengen am Serum der entsprechenden Blutarten auszuführen. Die nötige Menge Serum gewinnt man am schnellsten in der Weise, daß man einem Tier 4—5 ccm Blut entnimmt, dieses durch Schlagen defibriniert und dann scharf zentrifugiert.

Am besten untersucht man das Serum sofort auf seinen Diastasegehalt. Ist man aber dazu nicht in der Lage, so bewahrt man es entweder im Frigo oder unter Toluol verschlossen im Eisschrank auf; so hält es sich tagelang gut wirksam, ohne von seiner ursprünglichen Wirkung wesentlich einzubüßen.

Für die quantitative Bestimmung der diastatischen Kraft des Serums hat man sich bisher ausschließlich der 24 stündigen Methode bedient.

Dieselbe wird in der gleichen Weise ausgeführt, wie beim Speichel (s. S. 49) angegeben, nur mit dem Unterschied, daß man die Fermentverdünnungen nicht mit destilliertem Wasser, sondern mit physiologischer Kochsalzlösung (0,85 %) vornimmt.

Die Berechnung der diastatischen Kraft für 1 ccm Serum geschieht genau wie für den Speichel (s. S. 46).

Handelt es sich darum, möglichst schnell festzustellen, ob die Diastase im Blut gegenüber der Norm vermehrt ist, wie man das stets bei Fällen von subkutaner Pankreaszerreißung beobachtet[1]), so macht man statt eines 24stündigen Versuches einen ganz kurzen von 30 Minuten Dauer. Doch muß man sich hier einer 1promilligen Stärkelösung bedienen, nicht einer 1%igen, weil in dem Blut weit kleinere Diastasemengen sich finden als im Speichel und im Pankreassaft.

Erforderliche Lösungen: 1. Serum, 2. 0,85%ige Kochsalzlösung, 3. 1promillige Stärkelösung, 4. $^1/_{50}$ normal-Jodlösung.

Ausführung des Versuches. 10 mit fortlaufenden Zahlen versehene Reagenzgläschen werden mit absteigenden Mengen Serum in der Weise beschickt, daß in das erste Gläschen 1,0 ccm Serum, in das zweite 0,5 ccm, in das dritte 0,25, in das vierte 0,125, in das fünfte 0,0625 ccm usf. kommt — unter Benutzung der physiologischen Kochsalzlösung zur Herstellung der Verdünnungen. Alsdann fügt man zu jedem Gläschen 2 ccm der $1^0/_{00}$igen Stärkelösung zu und stellt die ganze Reihe auf einmal in ein Wasserbad von 38⁰ C. Nach 30 Minuten werden die Gläschen herausgenommen, zur Unterbrechung der Fermentwirkung auf kurze Zeit in kaltes Wasser gebracht und dann in der früheren Reihenfolge in das Reagenzglasgestell zurückgesetzt. Hiernach werden zu jedem Gläschen ein paar Tropfen $^1/_{50}$ normal-Jodlösung zugesetzt bis zum Bestehenbleiben der Farbe und das Limes-Gläschen bestimmt. Aus dem nächst höheren Gläschen

---

[1]) J. Wohlgemuth u. Y. Noguchi, Experimentelle Beiträge zur Diagnostik der subkutanen Pankreasverletzungen. Berl. klin. Wochenschr. 1912, Nr. 23 u. Langenbecks Arch. Bd. 98, Heft 2, 1912.

I. Polysaccharide spaltende Fermente. 57

berechnet man die diastatische Kraft für 1 ccm Serum in der üblichen Weise (s. S. 45) und bezeichnet sie dann mit $d_{30'}^{38°}$.

Diese kurze Methode ist auch sehr geeignet für den Fall, daß man mehrere Serumproben untereinander schnell vergleichen will.

Für normales menschliches Serum schwanken die mit dieser kurzen Methode ermittelten Werte zwischen $d_{30'}^{38°} = 8 - 16 - 32$. Findet man also in einem Falle den Diastasewert höher als $d_{30'}^{38°} = 32$, also beispielsweise 64 und darüber hinaus, so kann man mit absoluter Sicherheit annehmen, daß hier die Blutdiastase abnorm gesteigert ist.

Die mit der 24 stündigen Methode im menschlichen Serum ermittelten Werte schwanken zwischen $D_{24h}^{38°} = 10 - 80$.

Für das Hundeserum ergaben sich die Werte $d_{30'}^{38°} = 20 - 80$ und $D_{24h}^{38°} = 160 - 320 \, (625)$.

Für das Kaninchenserum $d_{30'}^{38°} = 4 - 32$ und $D_{24h}^{38°} = 10 - 40$.

Quantitative Bestimmung der Diastase in Organen.

Die hierbei zur Verwendung kommenden Organe müssen zuvor vollkommen vom Blut befreit sein. Das geschieht am besten in der Weise, daß man das Tier aus einer Karotis entblutet und gleichzeitig in eine Jugularis körperwarme physiologische Kochsalzlösung einfließen läßt; man setzt dies so lange fort, als noch das Herz tätig. Läßt die Herztätigkeit erheblich nach, so unterbricht man die Kochsalzinfusion und läßt aus der eröffneten Karotis, eventuell auch noch aus der anderen Karotis, die letzten Blutmengen ausströmen. Alsdann durchspült man in situ das zu untersuchende Organ von der zugehörigen Arterie aus mit körperwarmer Kochsalzlösung, die Leber von der Vena hepatica aus und nimmt das Organ schnell heraus.

Danach wird das Organ schnell zerkleinert und aus ihm ein Preßsaft unter Benutzung von Buchnerschem Preßtuch entweder mittelst einer Handpresse oder einer hydraulischen Presse hergestellt.

Mit dem Organpreßsaft wird sofort ein 24stündiger Reihenversuch ausgeführt in der auf S. 39 angegebenen Weise, nur mit dem Unterschied, daß man die Fermentverdünnungen sämtlich mit physiologischer (0,85 %) Kochsalzlösung vornimmt. Keinesfalls darf der Zusatz von etwas Toluol zu jedem Gläschen versäumt werden, da die Organpreßsäfte bei Brutschranktemderatur leicht in Fäulnis übergehen.

Bei der Beendigung des Versuches ist noch folgender Punkt zu beachten.

Meist findet sich nach Beendigung der Digestion im Brutschrank in den ersten 5—6 Gläschen der Versuchsreihe ein mehr oder weniger großer Bodensatz, herrührend von auskoaguliertem Organeiweiß und einigen ausgeflockten Stärkepartikelchen. Von diesem Bodensatz muß die darüberstehende klare Flüssigkeit vor dem Jodzusatz abgegossen werden, da sonst bei Zusatz von Jod die Farbennuance schwer zu erkennen ist. — Wenn man also die Gläschen aus dem Brutschranke herausnimmt, um den Versuch zu Ende zu führen, so gießt man aus den ersten 5—6 Gläschen die über dem Bodensatz stehende klare Flüssigkeit in andere, mit den entsprechenden Zahlen versehene Reagenzgläschen ab, füllt diese Gläschen mit Leitungswasser auf, ebenso wie Gläschen 7—10 und stellt nun durch Zusatz von $^1/_{10}$ normal-Jodlösung die Grenze in der üblichen Weise fest.

Statt Organpreßsaft zum Versuch zu verwenden, kann man sich auch aus dem zu untersuchenden Organ nach dem Verfahren von Wiechowski[1]) ein Organpulver herstellen. Das so dargestellte Organpulver wird zwecks quantitativer Bestimmung der Diastase nach Starkenstein[2]) in der Weise weiter verarbeitet, daß man 3,0 resp. 5,0 g davon abwägt und dieses Quantum mit 100 ccm physiologischer Kochsalzlösung in einer Farbstoffmühle mahlt. Die dabei entstehende Emulsion oder Suspension ist von gleichmäßiger Fermentkonzentration und kann dann in der obigen Weise zur Diastasebestimmung verwendet werden. — Starkenstein erachtet es aber für notwendig, daß sämtliche Gläschen während ihres Aufenthaltes im Brutschrank, also 24 Stunden, ständig geschüttelt werden, was das Verfahren natürlich kompliziert.

Nach Schirokauer und Wilenko[3]) genügt es, die Gläschen nach 8, 16 und 20 Stunden gründlich durchzuschütteln. Im übrigen empfehlen sie, sich aus dem zu untersuchenden Organ ein Extrakt in folgender Weise zu bereiten:

Von dem völlig blutfrei gespülten und mit Fließpapier getrockneten Organ wird eine abgewogene Menge (in der Regel 10 g, bei kleineren Organen eventuell weniger) mit dem doppelten Quantum (20 g) feinsten Seesands unter allmählichem Zusetzen in der Reibeschale gut verrieben, so daß eine homogene, feuchte Masse entsteht. Diese wird mit einem Spatel in ein für das spätere Schütteln geeignetes, nicht zu enghalsiges Gefäß quantitativ ge-

---

[1]) W. Wiechowski, Eine Methode zur chemischen und biologischen Untersuchung über lebende Organe. Hofmeisters Beitr. **9**, 232. 1907.
[2]) E. Starkenstein, Eigenschaften und Wirkungsweise des diastatischen Fermentes des Warmblutes. Biochem. Zeitschr. **24**, 191. 1910.
[3]) H. Schirokauer u. G. G. Wilenko, Zur Bestimmung der Diastase in Organen. Bioch. Zeitschr. **33**, 275, 191.

bracht und mit dem dreifachen (in bezug auf das Organgewicht) Volumen 0,85%iger Kochsalzlösung (30 ccm) versetzt. Mit dieser Flüssigkeit werden die Organreste aus der Reibeschale und vom Spatel sorgfältig in den Schüttelkolben gespült. Darauf wird eine Stunde in der Schüttelmaschine geschüttelt, die Flüssigkeit abgegossen und zentrifugiert. Die erhaltene Emulsion wird alsdann zu dem 24stündigen Reihenversuch verwandt.

Besonders zu berücksichtigen ist bei der Vorbereitung der Organe noch folgendes:

Das Entbluten der Tiere ist möglichst schnell und möglichst gründlich auszuführen. Durchschneiden des Halses ist nicht zu empfehlen, da hierbei meist die Vagi und Sympathici verletzt werden, was an sich schon eine Steigerung der Leberdiastase zur Folge haben soll. Ebenso ist das Töten durch Nackenschlag nicht zweckmäßig, da einerseits die Entblutung dann meist eine unvollständige ist, andererseits auch hiernach eine Vermehrung der Leberdiastase auftritt. — Die Organe dürfen nur mit körperwarmer physiologischer Kochsalzlösung von ihren letzten Blutresten befreit werden; denn beim Durchspülen mit kalter Kochsalzlösung nimmt die Diastase in den Organen ab. — Das Entbluten des Tieres und die Durchspülung der Organe muß möglichst rasch zu Ende geführt werden.

Quantitative Bestimmung der Diastase im Urin.

Der Urin kann so, wie er aus der Blase kommt, für die Diastasebestimmung verwandt werden. Die Reaktion des Urins beansprucht keine weitere Berücksichtigung.

Man kann entweder Einzelproben untersuchen; dann empfiehlt es sich, die erste nach dem Nachturin gelassene Portion zu verwenden, weil diese am meisten Diastase enthält. Oder wenn man die in 24 Stunden ausgeschiedene Diastasemenge bestimmen will, sammelt man den gesamten Urin und entnimmt davon eine Probe zur Untersuchung.

Die quantitative Bestimmung der Diastase geschieht mit dem 24stündigen Reihenversuch. Er wird in der auf S. 39 angegebenen Weise ausgeführt, nur mit dem Unterschied, daß man bei der Herstellung der einzelnen Urinverdünnungen nicht destilliertes Wasser, sondern 1%ige Kochsalzlösung verwendet.

Kommt es darauf an, sich schnell zu orientieren, ob die Diastase im Urin vermehrt ist, wie das für die Diagnostik der Pankreaserkrankung und der subkutanen Pankreasruptur (Wohlgemuth und Noguchi[1])) notwendig ist, dann wendet man die 30 Minuten-Methode an. Hier muß man die Verdünnungen ebenfalls mit 1%iger Kochsalzlösung vornehmen, doch statt der 1%igen eine 1promillige Stärkelösung verwenden.

Die mit dieser Methode ermittelten Werte für den normalen menschlichen Urin schwanken zwischen $d_{30'}^{38°} = 16$—64. Findet man also in einem Falle, bei dem Verdacht auf eine Pankreaserkrankung resp. Pankreasverletzung besteht, einen Wert von $d_{30'}^{38°} = 100$—120 und darüber, und ist eine parenchymatöse Nephritis, bei der mitunter die Diastasewerte im Urin gesteigert sind, auszuschließen, so kann man sicher sein, daß das Pankreas affiziert ist.

Nur in einem einzigen[2]) Falle kann noch eine starke Vermehrung der Diastase im Urin auftreten, wenn nämlich der Pankreasgang oder ein Teil des Pankreasganges verschlossen ist und das Pankreassekret nicht aus der Drüse abfließen kann. Die hiernach auftretende Vermehrung der Diastase im Urin ist ebenfalls von großer diagnostischer Bedeutung. In solchen Fällen begegnet man im menschlichen Urin Werten von $D_{24^h}^{38°} = 625$—1250 resp. $d_{30^h}^{38°} = 250$—500 gegenüber den normalen Schwankungen von $D_{24^h}^{38°} = 20$—$162{,}5$.

Methode zur Prüfung der Nierenfunktion nach Wohlgemuth[3]).

Die Methode beruht darauf, daß eine kranke Niere weniger Diastase ausscheidet als eine gesunde. Sie erfordert das gesonderte Auffangen des Urins aus beiden Nieren. Es können aber nur solche Portionen untereinander verglichen werden, die aus beiden Nieren zu genau der gleichen Zeit geflossen sind. Außerdem sind am besten nur solche Urine zu verwenden, denen kein Blut beigemengt ist.

Für die Funktionsprüfung sind zwei Versuchsanordnungen gegeben, der 30 Minuten-Versuch und der 24 Stunden-Versuch.

---

[1]) J. Wohlgemuth und Y. Noguchi, l. c.
[2]) J. Wohlgemuth, Beitrag zur funktionellen Diagnostik des Pankreas. Berl. klin. Wochenschr. 1910, Nr. 3.
[3]) Wohlgemuth, Über eine neue Methode zur Prüfung der Nierenfunktion. Berl. klin. Wochenschr. 1910, Nr. 31 und Zeitschr. f. Urolog. 5, 801. 1911.

I. Polysaccharide spaltende Fermente.

I. Der 30 Minuten-Versuch.

Erforderliche Lösungen. 1. Nativer Urin der rechten und linken Niere, 2. 1%ige Kochsalzlösung, 3. 1⁰/₀₀ ige Stärkelösung, $^1/_{50}$ normal-Jodlösung.

Ausführung des Versuches. Zwei Reihen von mit fortlaufenden Zahlen numerierter Reagenzgläser werden mit absteigenden Mengen Urin in der Weise beschickt, daß ins erste Gläschen 0,5 ccm nativer Urin, ins zweite 0,4 ccm, ins dritte 0,3 ccm, ins vierte 0,2 ccm, ins fünfte 0,1 ccm, ins sechste 0,9 ccm des zehnfach verdünnten, ins siebente 0,8 ccm usf. kommt. Danach werden die Volumdifferenzen mit 1%iger Kochsalzlösung so ausgeglichen, daß in jedem Gläschen 1,0 ccm Flüssigkeit enthalten ist, und nun zu jedem Gläschen 2,0 ccm der 1⁰/₀₀ igen Stärkelösung zufügt. Alsdann werden sämtliche Gläschen beider Reihen in ein Wasserbad von 38⁰ C übertragen und bleiben darin 30 Minuten. Nach Ablauf der Frist werden sie herausgenommen, zur Unterbrechung der Fermentwirkung auf ein paar Minuten in kaltes Wasser gestellt und nun in das Reagenzglasgestell zurückgebracht. Danach wird durch tropfenweisen Zusatz von $^1/_{50}$ normal-Jodlösung in beiden Reihen das Limes-Gläschen bestimmt und in der üblichen Weise die Diastasemenge berechnet.

Zur besseren Übersicht stelle ich die einzelnen Phasen der Methode für eine Urinportion in folgende Tabelle zusammen:

Vergleicht man nun den auf diese Weise gefundenen Wert des aus der rechten Niere stammenden Urins mit dem der linken Niere und findet beispielsweise rechts $d_{30'}^{38°} = 25$, links $d_{30'}^{38°} = 10$, so kann man mit Sicherheit schließen, daß die linke Niere bei weitem schlechter arbeitet als die rechte.

Bekommt man solche oder ähnliche Ausschläge schon mit der 30 Minuten-Methode, so braucht man einen 24 stündigen Versuch gar nicht erst anzustellen. Nur wenn der 30 Minuten-Versuch kein eindeutig klares Resultat ergibt, muß man zur Entscheidung noch den 24 stündigen Versuch heranziehen.

II. Der 24 Stunden-Versuch.

Man verfährt hierbei bezüglich der Urinverteilung genau wie vorhin, ergänzt die Volumina mit 1%iger Kochsalzlösung und setzt nun zu jedem Gläschen 5 ccm 1%ige Stärkelösung. Hiernach werden alle Gläschen mit ca. 0,5 ccm Toluol versetzt, fest verkorkt und auf 24 Stunden in den Brutschrank (38⁰ C) gestellt. Nach Ablauf der Frist werden die Gläschen herausgenommen, mit Leitungswasser aufgefüllt und nun durch tropfenweisen Zusatz von $^1/_{10}$ normal-Jodlösung das Resultat festgestellt und in der üblichen Weise berechnet (s. S. 43).

A. Kohlehydratspaltende Fermente.

Tabelle 8.

I. Phase Numerierung der Gläschen	II. Phase Verteilung des Urins	III. Phase Verteilung der 1%igen Kochsalzlösung	IV. Phase Zusatz der 1‰igen Stärkelösung	V. Phase	VI. Phase	VII. Phase	VIII. Phase Feststellung des Resultates
1	0,5 ccm	0,5 ccm	2,0 ccm	Übertragen der ganzen Reihe in ein Wasserbad von 38° C auf 30 Minuten	Herausnahme der Gläschen, Abkühlen und Zurückstellen in das Reagenzglasgestell	Tropfenweiser Zusatz von $^1/_{50}$ normal-Jodlösung zu sämtlichen Gläschen.	(gelb) +
2	0,4 ccm	0,6 ccm	2,0 ccm				(gelb) +
3	0,3 ccm	0,7 ccm	2,0 ccm				(gelb) +
4	0,2 ccm	0,8 ccm	2,0 ccm				(gelb) +
5	0,1 ccm	0,9 ccm	2,0 ccm				(gelb) +
6	0,9 ccm	0,1 ccm	2,0 ccm				(gelbrot) +
7	0,8 ccm	0,2 ccm	2,0 ccm				(braunrot) +
8	0,7 ccm	0,3 ccm	2,0 ccm				(blaurot) — limes
9	0,6 ccm	0,4 ccm	2,0 ccm				(blaurot) —
10	0,5 ccm	0,5 ccm	2,0 ccm				(blau) —

Column II rows 1–5: des nativen Urins; rows 6–10: der 10fach. Verdünnung.

I. Polysaccharide spaltende Fermente. 63

Unterschiede, die sich beim 30 Minuten-Versuch nur schlecht erkennen lassen, treten bei dieser langen Versuchsdauer meist deutlicher zutage.

Quantitative Bestimmung der Diastase in den Fäzes.

Sie ist nach Wohlgemuth[1]) diagnostisch von fast ebenso großer Wichtigkeit zur Erkennung von Störungen in der Pankreasfunktion wie die quantitative Bestimmung der Diastase im Urin. Man verwendet zur Untersuchung am besten frisch gewonnene Fäzes. Sind dieselben flüssig, so zentrifugiert man die festen Bestandteile scharf ab und benützt die überstehende Flüssigkeit zum Versuch. Sind sie breiig oder fest, so wägt man 5 g auf der Handwage ab, verreibt sie unter allmählichem Zusatz von 20 ccm 1%iger Kochsalzlösung in der Reibeschale und prüft die Reaktion mit Lackmuspapier. Ist sie alkalisch oder neutral, so ändert man am besten nichts daran. Ist sie dagegen sauer, so neutralisiert man genau unter tropfenweisem Zusatz von verdünnter Sodalösung.

Statt der nachträglichen Neutralisation mit Alkali resp. Säure empfiehlt neuerdings P. B. Hawk[2]) die Extraktion mit einer 1%igen Kochsalzlösung vorzunehmen, die in 1 Liter 0,1 Mol. Mononatriumphosphat und 0,2 Mol. Dinatriumphosphat enthält. Die so stets disponiblen H- und OH-Ionen sorgen dann sofort für eine Neutralisierung des Extraktes, mögen die Fäzes sauer oder alkalisch sein.

Dieses Gemisch bleibt nun $\frac{1}{2}$ Stunde unter häufigem Umrühren bei Zimmertemperatur stehen, wird dann auf 2 Zentrifugierröhrchen, die genau gegen einander tariert sind und eine Graduierung von 10 ccm tragen, bis zum obersten Teilstrich verteilt und scharf zentrifugiert. Meist hat sich nach 10—15 Minuten langem Zentrifugieren der Niederschlag gut abgesetzt. Man liest seine Menge an der Graduierung ab und ebenso die Quantität der überstehenden Flüssigkeit und notiert genau die Zahlen.

Alsdann führt man mit dem flüssigen Extrakt, dessen trübes Aussehen durchaus nicht stört, die quantitative Bestimmung der Diastase in folgender Weise aus:

---

[1]) J. Wohlgemuth, Beitrag zur funktionellen Diagnostik des Pankreas. Berlin. klin. Wochenschr. 1910, Nr. 3.
[2]) P. B. Hawk, A Modification of Wohlgemuth's Methode for the Quantitative Study of the Activity of the Pancreatic Function. Arch. of intern. Med. 8, 552. 1911.

10 mit fortlaufenden Zahlen versehene Reagenzgläschen werden mit absteigenden Extraktmengen beschickt (1,0, 0,5, 0,25, 0,125 usf.) — unter Verwendung einer 1%igen Kochsalzlösung zur Herstellung der Verdünnungen —, erhalten dann je 5 ccm 1%ige Stärkelösung, werden mit 1,0 ccm Toluol versetzt und fest verkorkt in einen Thermostaten (38° C) gebracht. Hier bleiben sie 24 Stunden stehen. Beim Herausnehmen beobachtet man meistens in den ersten 5—6 Gläschen der Reihe einen Bodensatz. Da dieser bei der Beurteilung der Jodfärbung nachher sehr stören kann, gießt man die überstehende klare Flüssigkeit aus diesen 5—6 ersten Gläschen in andere, mit den entsprechenden Ziffern versehene leere Gläschen ab unter Vernachlässigung des Bodensatzes. Das Abgießen der klaren Flüssigkeit von dem Bodensatze braucht nicht quantitativ zu geschehen; nur muß man darauf achten, daß von dem Bodensatze beim Abgießen möglichst gar nichts in die neuen Gläschen hineinkommt. Wenn das geschehen ist, füllt man die neu beschickten wie die letzten nicht gewechselten Gläschen der Reihe mit Leitungswasser auf, setzt überall je nach Bedarf 1 bis 2 resp. 3 Tropfen $^1/_{10}$ normal-Jodlösung zu und bestimmt das Limes-Gläschen.

Die Berechnung geschieht dann in folgender Weise:

Nehmen wir beispielsweise an, daß aus demjenigen Gläschen die Diastase zu berechnen wäre, in dem 0,032 ccm Extrakt enthalten sind, so wird sich ergeben $0{,}032 : 5 = 1 : x$

$$x = \frac{5 \cdot 1}{0{,}032} = 156{,}25$$

Nun muß man weiter in Rechnung setzen die Menge des Rückstandes, die sich beim Zentrifugieren des Extraktes abgesetzt hatte. Nehmen wir an, wir hätten dabei durch Ablesen an der Kalibrierung der Zentrifugierröhrchen gefunden für den Rückstand 2,5 ccm und für die Menge des Extraktes 7,5 ccm, so würde 1 ccm Rückstand entsprechen $= \dfrac{7{,}5}{2{,}5}$ ccm Extrakt. Da nun 1 ccm Extrakt = 156,25 Fermenteinheiten enthält, so entspricht 1 ccm Rückstand $= \dfrac{7{,}5}{2{,}5} \cdot 156{,}25 = 468{,}75$ Fermenteinheiten. Demnach würde sich aus diesem Beispiel für die Diastasemenge im Kot der Wert ergeben $Df_{24^h}^{38°} = 468{,}75$, wobei $Df_{24^h}^{38°}$ bedeutet die Diastasekonzentration in 1 ccm Kotrückstand, bestimmt bei einer Temperatur von 38° C und bei einer Digestionsdauer von 24 Stunden.

I. Polysaccharide spaltende Fermente. 65

Der eben angeführte Wert ist ein Durchschnittswert für den menschlichen Kot. Die Diastasemengen schwanken in ziemlich großen Grenzen. Indes habe ich in normalen Fällen den Wert niemals unter 100 heruntergehen, häufig dagegen den Wert 500 übersteigen sehen. Hat der Versuch also einen Diastasewert von beispielsweise 50 ergeben, so ist eine Affektion des Pankreas außerordentlich wahrscheinlich. Sie ist absolut sichergestellt, wenn, wie das schon häufig beobachtet wurde, der Diastasewert = 0 ist.

Neuerdings führe ich mit dem Extrakt statt des lange dauernden 24stündigen Versuchs zunächst nur einen kurzen halbstündigen aus unter Verwendung einer 1 promilligen Stärkelösung. Dieser Versuch genügt vollkommen, um sich zu orientieren, ob normale Diastasemengen in dem Extrakt vorhanden sind oder nicht. Findet man mit seiner Hilfe einen normalen oder gar die Norm übersteigenden Diastasewert, so kann man sich den 24stündigen Versuch sparen. Ist dagegen der Wert herabgesetzt, so muß man natürlich einen 24stündigen Versuch anstellen.

Der 30 Minuten-Versuch wird mit dem Fäzesextrakt in der nämlichen Weise ausgeführt, wie ich es für das Blut (s. S. 56) und für den Urin (s. S. 61) angegeben habe, unter Verwendung einer 1 promilligen Stärkelösung.

Die Berechnung des Diastasewertes aus diesem Versuch erfolgt analog der für den 24 Stunden-Versuch angegebenen, d. h. man berechnet zunächst den Diastasewert für 1 ccm Extrakt und setzt dann die Menge des Fäzesrückstandes und -zentrifugates in Rechnung. Hierfür ein Beispiel: Das Extrakt hat den Diastasewert ergeben $d_{30'}^{38°} = 16$. Das Zentrifugieren hat ergeben (s. o.) 2,5 ccm Rückstand und 7,5 ccm Extrakt. Folglich ist an Diastase in 1 ccm Rückstand enthalten $= \frac{7,5}{2,5} \cdot 16 = 48$. Mithin ist in diesem Falle $df_{30'}^{38°} = 48$.

Die normalen Werte für den 30 Minuten-Versuch schwanken zwischen 10 und 100 und darüber. Hat man einen Wert ermittelt, der sich innerhalb dieser Zahlengrößen bewegt, so kann man sich den 24 Stunden-Versuch sparen. Findet man aber einen Wert, der unterhalb 10 liegt, so ist es sehr wahrscheinlich, daß hier die Diastase vermindert ist, und man muß einen 24 Stunden-Versuch anstellen. Findet man mit dem 30 Minuten-Versuch überhaupt keine Diastase im Extrakt, so kann man sicher sein, daß nichts oder höchstens Spuren von Diastase in ihm enthalten sind. Um ganz sicher zu gehen, stellt man doch noch einen 24 Stunden-Versuch an.

Darstellung von Diastasepräparaten resp. -lösungen.
Verfahren von Cohnheim[1]).

Menschlicher Speichel wird mit verdünnter Phosphorsäure und mit Calciumhydroxyd versetzt; dabei bildet sich Tricalciumphosphat, das beim Absetzen die Diastase mit zu Boden reißt. Der Niederschlag wird abfiltriert, mit destilliertem Wasser ausgewaschen, wobei die Diastase in Lösung geht und das Ferment mit Alkohol aus der Lösung ausgefällt. Dann wird wiederum filtriert, der Niederschlag mit Wasser extrahiert, das Extrakt abermals mit Alkohol behandelt und der neue Niederschlag wieder mit Wasser extrahiert. Durch mehrmaliges Wiederholen der Fällung mit Alkohol und Auflösen des Niederschlages in destilliertem Wasser gelangt man zu einer Fermentlösung, die einen ziemlichen Grad von Reinheit besitzt, aber an Wirksamkeit immer mehr einbüßt, je öfter man die Behandlung mit Alkohol und Wasser wiederholt.

Verfahren von S. W. Cole[2]).

Menschlicher Speichel wird so lange mit absolutem Alkohol versetzt, bis keine Fällung mehr eintritt. 24 Stunden später wird der Niederschlag auf einem Filter gesammelt, mit absolutem Alkohol gewaschen und nach spontanem Trocknen mit destilliertem Wasser bei 40° C extrahiert. Das Extrakt wird abfiltriert und kann durch Dialysieren weiter gereinigt werden. Es enthält die Diastase in gut wirksamer Konzentration.

Herstellung von Reindiastase nach E. Přibram[3]).

5 kg lichtes Darrmalz werden mit 20 l Wasser in üblicher Weise gemaischt, die Maische möglichst schnell über Trebern geläutert, in Kolben gefüllt, 500 g reine Ansatzhefe und 500 g Calciumkarbonat der ganzen Flüssigkeitsmenge zugesetzt und vergoren. Hierauf wird das ganze Filtrat, das keinen reduzierenden

---

[1]) J. Cohnheim, Zur Kenntnis der zuckerbildenden Fermente. Virchows Arch. f. pathol. Anat. **28**, 241. 1863.
[2]) S. W. Cole, Beiträge zur Kenntnis der Wirkung der Enzyme. Journ. of physiologie **30**, 202. 1903.
[3]) E. Přibram, Über Diastase II. Weitere Versuche zur Herstellung von Reindiastase und deren Eigenschaften. Biochem. Zeitschr. **44**, 293. 1912.

I. Polysaccharide spaltende Fermente. 67

Zucker enthalten darf, im Vakuum eingedampft, bis milchsaures Calcium zu kristallisieren beginnt. Man läßt dann möglichst in der Kälte die stark eingeengte Lösung völlig auskristallisieren, bis ein starrer Kristallbrei sich bildet. Diesen saugt man auf der Nutsche möglichst scharf ab und preßt ihn aus, bis man eine ziemlich trockene Masse erhält. Die Diastase ist nun sowohl in dem Sirup als auch besonders in den Kristallen reichlich vorhanden. — Der Sirup kann nun entweder durch Filtration durch ein Bechholdsches Kolloidfilter oder durch Dialyse weiter gereinigt werden. Die dialysierte resp. filtrierte Fermentlösung wird im Vakuum eingeengt und über Schwefelsäure getrocknet. Dabei resultiert ein braunes Pulver, das zwar vollkommen eiweißfrei ist, aber einen stickstoffhaltigen Körper vom Polypeptidcharakter enthält, der mit einer polymeren Kohlenhydratsäure verbunden ist.

Bereitung von Diastaselösungen.

Gut wirksame Diastaselösungen kann man sich herstellen aus frischem Speichel und Pankreassaft oder aus frischer Pankreasdrüse. Von im Handel vorkommenden Trockenpräparaten sind hierfür besonders zu empfehlen Pankreatin (Rhenania) und Takadiastase (Parke, Davis & Co.).

2. Inulinase.

Eigenschaften. Sie spaltet das Inulin, ein in den Wurzeln vieler Kompositen und Georginen vorkommendes, als Reservenahrungsstoff dienendes Polysaccharid, in Fruktose, greift aber Stärke nicht an. Sie ist gegen Säuren, noch mehr aber gegen Alkalien, sehr empfindlich. Ihr Wirkungsoptimum liegt bei 55^0.

Vorkommen. Sie ist bisher in der Milz und in der Plazenta nachgewiesen und im Hepatopankreas der Mollusken. Ferner findet sie sich in den Keimen der Georginen und Artischocken und ebenso hat man sie aus Kulturen von Penicillium glaucum und Aspergillus niger gewonnen, die auf inulinhaltigen Nährböden gezüchtet worden waren.

Nachweis.

Qualitativ geschieht der Nachweis so, daß man ein inulinasehaltiges Extrakt auf in Wasser gelöstes Inulin bei Brutschranktemperatur einwirken läßt und danach prüft, ob das Gemisch Fehlingsche Lösung reduziert. Die in Freiheit gesetzte Fruktose kann man noch direkt nachweisen mit Hilfe der

Seliwanoffschen Reaktion (Rotfärbung beim Erhitzen mit etwas Resorzin und konz. Schwefelsäure).

Quantitativ kann man die zersetzende Tätigkeit der Inulinase in der Weise messen, daß man bei Beginn des Versuches in einem aliquoten Teil des Gemisches das Reduktionsvermögen nach einer der bekannten Methoden mißt und das nach beliebig gewählten Zeitintervallen immer wiederholt. Aus dem Ansteigen der Menge des reduzierten Kupfers kann man einen ungefähren Rückschluß auf die Quantität der vorhandenen Inulinase machen.

Zu berücksichtigen ist, daß die in tierischen Organen enthaltene Inulinase, soweit bisher Beobachtungen hierüber vorliegen, das Inulin nur sehr langsam spaltet. Es ist darum zweckmäßig, die Versuche über 3, 4 und 5 Tage auszudehnen, natürlich unter Verwendung eines Desinfiziens (Toluol).

3. Pektinase.

Eigenschaften. Sie spaltet die in den Pflanzen vorkommenden zuckerähnlichen Pektinstoffe in reduzierende Körper. Schon gegen ganz geringe Säuremengen ist sie äußerst empfindlich und geht bei 62° zugrunde.

Vorkommen. Man hat sie bisher im gekeimten Malz und in Kulturen von Bact. carotovorus beobachtet.

Nachweis.

Wegen der großen Empfindlichkeit des Fermentes gegen Säuren soll man durch Zusatz von Kreide für eine schwache alkalische Reaktion sorgen. Die Gegenwart von Pektinase ist erwiesen, wenn die Lösung nach der Behandlung der Pektinstoffe mit der Pektinase reduziert. Der Grad der Reduktion kann als Maßstab für den Umfang der fermentativen Wirkung dienen.

4. Seminase.

Eigenschaften. Sie spaltet Mannogalaktan („Horneiweiß"), ein in verschiedenen Pflanzensamen vorkommendes Kohlehydrat, in Mannose und Galaktose. Sie wirkt am besten bei 35—40° in schwach saurer Lösung.

Vorkommen. Seminase ist ein im Pflanzenreich (Medicago, Trigonellas, Malz etc.) weit verbreitetes Ferment, im tierischen Organismus ist sie bisher noch nicht beobachtet.

Nachweis.

Mannogalaktan reduziert nicht. Wird aber das Mannogalaktan durch Seminase zerlegt, so bekommt die anfänglich nicht reduzierende Lösung stark reduzierende Eigenschaften.

Auch hier kann man wie bei der Inulinase und Pektinase durch genaue Ermittlung der Menge reduzierender Substanzen den Umfang der fermentativen Spaltung quantitativ bestimmen.

II. Trisaccharide spaltende Fermente[1].

1. Raffinase.

Sie zerlegt die Raffinose sehr schnell in Lävulose und in eine Biose, die Melibiose (Galaktose + Glukose), und diese wiederum wird durch die Melibiase sehr langsam in Traubenzucker und Galaktose gespalten. Die andere Art der Spaltung der Raffinose in Galaktose und Rohrzucker (Glukose + Lävulose) bewirkt nach Neuberg[2]) das Emulsin, s. S. 84.

Vorkommen. Die Raffinase findet sich sowohl in ober- wie in untergäriger Hefe, während die Melibiase nur in untergäriger Hefe angetroffen wird. Außerdem findet sich das Ferment im Magen- und Darmsaft von Mollusken, Verdauungssaft der Crustaceen und in Insekten- und Larvenextrakten.

Nachweis.

Er kann geschehen mit Hilfe der Polarisation und der Reduktion. Für das Polarisationsverfahren ist es von Wichtigkeit zu wissen, daß die Rechtsdrehung der Raffinoselösung unter dem Einfluß der Raffinase immer schwächer wird und schließlich gleich Null ist. Umgekehrt nimmt die Reduktionskraft der Lösung mit fortschreitender Spaltung ständig zu. — Als Kontrolle können die Osazone der reduzierenden Zucker gelten. — Lävulosazon (identisch mit Glukosazon) $C_{18}H_{22}N_4O_4$, Schmelzpunkt 205°, löslich in heißem Alkohol (60%), Azeton, Pyridin, wenig löslich in absolutem Alkohol, Wasser, kaltem Azeton. — Melibiosazon $C_{24}H_{32}N_4O_9$ Schmelzpunkt 178—179°, leicht löslich in Alkohol, Azeton, Pyridin, Essigsäure, wenig löslich in Wasser, Äther, Essigester, Chloroform, Benzol.

2. Gentianase.

Dieses Ferment spaltet von der Gentianose zunächst Lävulose ab, so daß außer dem Monosaccharid eine Biose, die Gentio-

---

[1]) H. Bierry, Über Raffinose und Gentianose spaltende Fermente. Biochemische Zeitschr. **44**, 426. 1912. — Derselbe, Über Stachyose und Maninotriose spaltende Fermente. Biochem. Zeitschr. **44**, 446. 1912.
[2]) C. Neuberg und F. Marx, Zur Kenntnis der Raffinose. Abbau der Raffinose zu Rohrzucker und d-Galaktose. Biochem. Zeitschr. **3**, 518. 1907.

biose übrig bleibt, und diese wiederum wird weiter zerlegt in 2 Moleküle Traubenzucker. Die Spaltung der Gentianose kann aber auch durch Zusammenwirken von Invertin und Emulsin erfolgen, indem das Invertin die erste und das Emulsin die zweite Phase der Spaltung bewerkstelligt.

Vorkommen. Das Ferment ist bisher nur im Magen-Darmsaft verschiedener Mollusken und Crustaceen angetroffen worden.

Nachweis.

Er geschieht wie bei der Raffinose mit Hilfe der Polarisation sowie der Reduktion. Bei Verwendung der Polarisation ist zu beachten, daß die Gentianoselösung rechts dreht. Sobald Lävulose abgespalten wird, nimmt die Lösung Linksdrehung an, und bei weiterem Fortgang der Spaltung, wenn aus der Gentiobiose Traubenzucker in Freiheit gesetzt wird, beobachtet man wieder Rechtsdrehung. — Das Reduktionsvermögen der Lösung ist zu Beginn gleich Null; sobald die Spaltung vor sich geht, beginnt auch die Lösung zu reduzieren und reduziert mit fortschreitender Spaltung immer kräftiger. Das Reduktionsvermögen erreicht am Ende der Hydrolyse sein Maximum. — Zur Kontrolle können die Osazone der reduzierenden Zucker dargestellt und untersucht werden. — Lävulosazon s. b. Raffinase. — Gentiobiosazon $N_{24}H_{32}N_4O_9$, Schmelzpunkt 142°.

3. Stachyase.

Dieses Ferment zerlegt die Stachyose, die als ein Tetrasaccharid angesehen werden muß, in 1 Mol. Fruktose, 1 Mol. Traubenzucker und 2 Mol. Galaktose.

Vorkommen. Man hat es bisher nur im Verdauungssaft einzelner Wirbellosen (Crustaceen und Mollusken) in reichlicher Menge gefunden.

Nachweis.

Er stützt sich auf die optische Eigenschaft der Stachyose, sowie auf das polarimetrische und reduzierende Verhalten der aus ihr in Freiheit gesetzten Zuckerarten. Die Stachyose dreht die Ebene des polarisierten Lichtes nach rechts; die Rechtsdrehung nimmt mit fortschreitender Spaltung langsam, aber ständig ab, geht indes nicht in Linksdrehung über. — Die anfangs Null betragende Reduktionskraft tritt ebenfalls zunächst schwach zutage, wächst dann aber allmählich zu einem Maximum an, das nach Ablauf der Hydrolyse erreicht ist. — Zur weiteren Kontrolle kann die Osazonprobe herangezogen werden. — Glukosazon, $C_{18}H_{22}N_4O_4$, Schmelzpunkt 205⁰ (rasch erhitzt 213⁰), löslich in heißem Alkohol (60%), Azeton, Pyridin, wenig löslich in absolutem Alkohol, Wasser, kaltem Azeton. — Galaktoosazon, $C_{18}H_{22}N_4O_4$, Schmelzpunkt 188⁰—193⁰, löslich in Weingeist (60%), etwas löslich in heißem Wasser, Alkohol, nicht in Äther, Benzol, Chloroform. — Fruktosazon, s. b. Raffinase.

III. Disaccharide spaltende Fermente.
1. Invertin (Saccharase).

Eigenschaften. Sie zerlegt Rohrzucker (Saccharose) in äquimolekulare Mengen Traubenzucker und Fruchtzucker (Invertzucker). In wässeriger Lösung wird sie schon bei ganz niedriger Temperatur unwirksam. Ihr Wirkungsoptimum liegt bei ca. 50⁰, während sie bei 70⁰ schnell zerstört wird. Gegen Alkalien und Säuren ist sie sehr empfindlich und ebenso gegen Licht.

Vorkommen. Bisher hat man sie gefunden im Dünndarmsaft und in der Dünndarmschleimhaut von Mensch und Pferd, dagegen nicht beim Rind und beim Kalb, ferner im Bienenspeichel und im Verdauungstraktus anderer Insekten. Vor allem aber findet sie sich in der Hefe, aus der man sie auch in verhältnismäßig reinem Zustande dargestellt hat (s. weiter unten), ebenso in zahlreichen Kryptogamen und Phanerogamen.

Nachweis.
a) qualitativ.

1. Da reiner Rohrzucker im Gegensatz zu seinen Spaltprodukten Fehlingsche Lösung nicht reduziert, so gelingt der qualitative Nachweis der Invertase am einfachsten in der Form, daß man eine Rohrzuckerlösung, auf die man Invertase bei einer Temperatur von 30—35⁰ C hat einwirken lassen, prüft auf die Gegenwart reduzierender Substanzen. Fällt die Reduktionsprobe positiv aus, ist also der Rohrzucker teilweise oder ganz zerlegt worden, so enthält die Lösung Invertase.

2. Rohrzuckerlösung dreht die Ebene des polarisierten Lichtes rechts, eine teilweise in Traubenzucker + Fruchtzucker zerlegte dagegen links. Wenn also Invertase auf eine Rohrzuckerlösung einwirkt, so muß die anfängliche Rechtsdrehung ständig abnehmen und schließlich bei genügend vorgeschrittener Spaltung in eine Linksdrehung übergehen. Man kann also auch mit Hilfe des Polarisationsapparates eine Invertasewirkung konstatieren.

b) quantitativ.

1. Reduktionsverfahren. Dasselbe besteht darin, daß man in dem Ferment-Rohrzuckergemisch nach bestimmten Zeitintervallen die Menge der entstandenen reduzierenden Substanzen mittelst eines der üblichen Reduktionsverfahren quantitativ bestimmt.

Ist die Mischung eiweißhaltig, so muß das Eiweiß vorher vollständig entfernt werden. Hierüber sowie über die Reduktionsmethoden s. Diastase Methode von Bang S. 32 und Glykolyse Methode von Bertrand (S. 91).

2. Polarisationsverfahren. In dem Ferment-Rohrzuckergemisch bestimmt man beim Ansetzen des Versuches das Drehungsvermögen und stellt nun in bestimmten Zeitintervallen immer wieder die Drehungsgeschwindigkeit fest. Das Fortschreiten der Drehungsänderung gibt ein genaues Bild von dem Grad der Zersetzung des Rohrzuckers und damit von der Stärke der invertierenden Fähigkeit der Fermentlösung.

Enthält die Fermentlösung Eiweiß und trübt sich im Laufe des Versuches die Mischung, so muß man jedesmal vor der Polarisation die hierfür erforderliche Portion enteiweißen. Dann aber ist es auch notwendig, daß man gleich beim Ansetzen des Versuches einen aliquoten Teil der Mischung entnimmt, ihn enteiweißt und polarisiert. Nur so bekommt man eine für den späteren Vergleich verwendbare Zahl der Anfangsdrehung. Über Enteiweißung s. Glykolyse (S. 88).

Darstellung von Invertinpräparaten.

1. Verfahren von Donath[1]).

Die frische Hefe wird mit absolutem Alkohol verrieben, der Alkohol abgepreßt und der Rückstand bei gelinder Temperatur möglichst vollständig getrocknet. Die spröde Masse wird hierauf fein zerrieben und bei gewöhnlicher Temperatur mit Wasser ausgelaugt. Um sie völlig von Hefezellen zu befreien, muß man die Flüssigkeit durch doppelte Filter filtrieren. Das Filtrat wird nunmehr mit Äther geschüttelt, dabei scheidet sich eine froschlaichartige Masse ab, die sich in der Ätherschicht ablagert. Die ätherhaltige Gallerte wird nun mehrmals durch Schütteln mit Wasser gewaschen und endlich in absoluten Alkohol getropft, wobei sich sogleich weiße Flocken ausscheiden. Dieselben werden abfiltriert, mit absolutem Alkohol gewaschen und im Vakuum getrocknet. Ist die durch Schütteln mit Äther erhaltene Gallerte weiß, so resul-

---

[1]) E. Donath, Über die invertierende Bestimmung der Hefe. Ber. d. Deutsch. chem. Gesellsch. 8, 795. 1875.

III. Disaccharide spaltende Fermente. 73

tiert auch beim Trocknen im Vakuum eine weiße Substanz, die leicht gepulvert werden kann, im anderen Falle bekommt man ein hornartiges und dunkelgefärbtes Präparat. Ein aus dieser Substanz gewonnenes wässeriges Extrakt besitzt stark invertierende Eigenschaften.

2. Verfahren von Salkowski - Barth[1]).

Beste, fast vollkommen amylumfreie Preßhefe wird durch Ausbreiten in großen Porzellanschalen oder auf Blechen oder Papierunterlagen bei Zimmertemperatur getrocknet, bis sie sich gut verreiben läßt. Das lufttrockene Pulver wird zuerst bei 40° weiter getrocknet, dann 6 Stunden lang auf 105—110° erhitzt, fein gemahlen und mit Wasser zu einem dünnen Brei angerührt, der 20—24 Stunden stehen bleibt. Derselbe wird dann mit der Nutsche abgesaugt, das gelblich gefärbte Filtrat in das 4—5fache Volumen Alkohol von 90—93% eingegossen, am nächsten Tage abfiltriert und mit Alkohol absolutus gewaschen, der Filterrückstand einen Tag unter Äther gebracht, wiederum abgesaugt und in der Reibeschale trocken gerieben. Das ganz trockene Pulver wird nun in der Reibeschale mit Wasser verrieben, nach kurzem Stehen filtriert — der Filterrückstand besteht größtenteils aus Eiweißkörpern — das Filtrat in das mehrfache Volumen Alcohol absolut. gegossen und ebenso wie vorhin weiter verarbeitet. Durch Trockenreiben der ätherfeuchten Substanz in einer Reibeschale wird das Invertin in Form eines weißen oder ganz leicht gelblich-weißen äußerst feinen staubigen Pulvers erhalten.

Dieses Präparat dürfte als das bisher reinste Invertin gelten, es enthält aber noch Hefegummi und ist nicht sonderlich wirksam. Salkowski empfiehlt deshalb die Berührung mit Alkohol, gegen welches das invertierende Ferment sehr empfindlich ist, möglichst abzukürzen.

3. Verfahren von W. A. Osborne[2]).

Dieses Verfahren ist umständlicher als das von Salkowski-Barth angegebene, liefert aber anscheinend ein ebenso reines Präparat von besonders großer Wirksamkeit.

---

[1]) E. Salkowski, Über das „Invertin" der Hefe. Zeitschr. f. physiol. Chem. **31**, 305. 1901 und M. Barth, Zur Kenntnis des Invertins. Ber. d. Deutsch. Chem. Gesellsch. **11**, 474. 1878.
[2]) W. A. Osborne, Beiträge zur Kenntnis des Invertins. Zeitschr. f. physiol. Chem. **28**, 399. 1899.

500 g Preßhefe werden mit 500 ccm 96%igem Alkohol zu einem Brei verrieben und 16—24 Stunden im Zimmer stehen gelassen. Alsdann wird auf einer Nutsche der Alkohol abgesaugt, der Rückstand mit 500 ccm Chloroformwasser (5 ccm Chloroform auf 1 l Wasser) angerührt und der Brei sechs Tage lang unter häufigem Umschütteln bei einer Temperatur von 30—35° C gehalten. Hiernach wird der Hefebrei auf mehrere Faltenfilter gebracht und das Filtrat in große Glaszylinder aufgefangen, die zuvor mit 600 bis 700 ccm Alkohol (96%) beschickt werden. Jeder einfallende Tropfen erzeugt sofort einen weißen, flockigen Niederschlag, der, sobald aus den Filtern nichts mehr abtropft, auf ein neues Filter gebracht und wiederholt mit absolutem Alkohol gewaschen wird. Das so gewonnene Material wird im Vakuum unter Schwefelsäure getrocknet und stellt eine grauweiße bröcklige Masse dar, die reich an Invertin ist. — Zur weiteren Reinigung werden 20 g dieser Substanz in einer Reibeschale mit etwas lauwarmem, ausgekochtem Wasser zu einem homogenen Brei verrieben, der Brei in einen Stopfenzylinder übertragen, mit lauwarmem Wasser bis 500 ccm aufgefüllt und 6—8 Stunden unter häufigem Schütteln bei Zimmertemperatur gehalten. Dann wird von dem schleimigen Rückstand abfiltriert, der noch stark wirksame Rückstand abermals mit lauwarmem Wasser angerührt, aufs Filter gebracht und noch einige Male mit Wasser gewaschen. Zur Entfernung der Phosphorsäure und des Magnesiums werden die vereinigten Filtrate mit Ammoniak versetzt, der Niederschlag von Magnesiumphosphat nach mehrstündigem Stehen abfiltriert und nun das mit etwas Chloroform versetzte Filtrat gegen destilliertes Wasser mehrere Wochen dialysiert. Es genügt 8 Tage zu dialysieren, wenn man durch eine geeignete Vorrichtung dafür sorgt, daß die der Dialyse unterworfene Flüssigkeit sowohl wie das umspülende Medium in ständiger Bewegung sich befinden. Nach beendeter Dialyse wird der Inhalt des Pergamentschlauches rasch im Vakuumapparat bei niedriger Temperatur (25—30°) auf ein kleines Volumen eingeengt und mit einem Überschuß von absolutem Alkohol und wasserfreiem Äther versetzt. Dabei scheidet sich ein flockiger, schwach bräunlich gefärbter, anfangs harzartig zusammenklebender, bald aber hart und bröcklig werdender Niederschlag aus, der ohne Schwierigkeit aufs Filter gebracht werden kann und mit absolutem Alkohol gewaschen wird. Nach dem Trocknen im Vakuum und unter Schwefelsäure stellt er eine lockere, sehr leichte und zu einem staubfeinen Pulver zerreibbare grauliche Masse dar, die ein sehr kräftiges Inversionsvermögen besitzt.

III. Disaccharide spaltende Fermente. 75

2. Laktase.

Eigenschaften. Sie hat die Fähigkeit Milchzucker in 1 Mol. Galaktose und 1 Mol. Traubenzucker zu spalten. Gegen Säuren, anorganische sowohl wie organische, ist sie sehr empfindlich.

Vorkommen. Sie wurde bisher mit Sicherheit gefunden im Dünndarmsaft und in der Dünndarmschleimhaut von neugeborenen Menschen und Tieren, ist dagegen in anderen Organen mit Sicherheit nicht nachgewiesen worden. Im Pflanzenreich ist sie weit verbreitet, vornehmlich aber findet sie sich in bestimmten Hefearten (Sacharomyces Kefir), in denen sie auch zuerst entdeckt wurde.

Nachweis.

a) qualitativ.

1. **Gärungsprobe.** Reine Milchzuckerlösung gärt mit frischer Preßhefe nicht. Läßt man Laktase auf Milchzuckerlösung einwirken und ist ein Teil des Milchzuckers in seine beiden Komponenten zerlegt worden, so muß danach das Gemisch vergärbar sein. Man prüft dann also die Lösung auf ihre Gärfähigkeit, indem man etwa 10 ccm derselben mit einem Stückchen frischer Preßhefe verreibt und in ein Einhornsches Gärungsröhrchen überträgt. Tritt nach einiger Zeit Kohlensäureentwicklung ein, und hat man sich durch Zusatz von Kali- resp. Natronlauge von der Identität der Kohlensäure überzeugt, so kann man gewiß sein, daß eine Spaltung des Milchzuckers stattgefunden hat.

2. **Reduktionsprobe nach Barfoed.** Barfoedsches Reagens (1%ige Lösung von essigsaurem Kupfer + etwas Essigsäure) wird nicht von Milchzucker, dagegen von Traubenzucker reduziert. Ist also Milchzucker gespalten worden, so muß die Lösung, die vorher nicht dazu imstande war, nunmehr Barfoedsches Reagens reduzieren.

3. **Polarisationsprobe.** Das spezifische Drehungsvermögen des Milchzuckers ($[\alpha]_D = +52^0$) ist zwar praktisch gleich dem des Traubenzuckers ($[\alpha]_D = +52,8^0$), ist aber wesentlich schwächer als das der Galaktose ($[\alpha]_D = +83,88$); eine Spaltung des Milchzuckers dokumentiert sich also durch Zunahme der Rechtsdrehung der Lösung. Will man also eine Laktasewirkung mit Hilfe der Polarisation feststellen, so muß man das Ferment-Milchzuckergemisch unmittelbar nach Herstellung der Mischung polarisieren und nach längerem Aufenthalt des Gemisches im Brutschrank kontrollieren,

ob das Drehungsvermögen der Lösung inzwischen zugenommen hat oder nicht. Eine gegen früher vermehrte Rechtsdrehung beweist Zerlegung des Milchzuckers.

4. **Phenylhydrazinprobe.** Sie beruht darauf, daß 0,2 g Phenyllaktosazon in einem Pyridin-Alkoholgemisch gelöst, optisch vollkommen inaktiv sind, während 0,2 g Galaktosazon in Pyridin-Alkohol eine Drehung von $+ 0° 48'$ und 0,2 g Glukosazon in Pyridin-Alkohol eine Drehung von $- 1° 30'$ besitzen (Neuberg[1])).

Die Ausführung der Phenylhydrazinprobe gestaltet sich so, daß man das zu untersuchende Gemisch durch Zusatz von ein paar Tropfen Essigsäure und Aufkochen von Eiweiß, falls solches in ihm enthalten ist, befreit und dann auf dem Wasserbad mit einem Gemisch von 2 Teilen (farblosem) salzsauren Phenylhydrazin und 3 Teilen wasserhaltigem Natriumazetat ca. 1 Stunde lang erhitzt. War in der Lösung Glukose zugegen, so scheiden sich schon während des Erhitzens, je nach der Menge der abgespaltenen Glukose, mehr oder weniger große Mengen Glukosazon ab, die, falls ihre Quantität für eine gesonderte Untersuchung ausreicht, heiß abfiltriert und gesondert für die polarimetrische Untersuchung verwandt werden. Die Mutterlauge läßt man langsam erkalten; dabei scheiden sich die anderen Phenylhydrazinverbindungen kristallinisch ab. Beide Kristallfraktionen werden aus Pyridin und Ligroin resp. Benzol oder Äther mehrmals umkristallisiert und im Exsikkator getrocknet. Hiernach werden 0,2 g in 4,0 ccm reinem Pyridin und 6 ccm absolutem Alkohol gelöst und die Polarisation mit dem 10 cm-Rohr bei Natriumlicht ausgeführt. Ist reines Laktosazon vorhanden, so bleibt die Ebene des polarisierten Lichtes unbeeinflußt. Enthält das Osazongemisch aber Glykosazon, so dokumentiert sich das deutlich durch eine Linksdrehung.

b) quantitativ.

Von quantitativen Methoden existiert nur eine einzige, die von Porcher[2]) angegebene. Sie ist außerordentlich bequem und giebt sehr genaue Werte.

Prinzip. Man läßt eine Laktaselösung auf Milchzucker 24 Stunden lang bei Brutschranktemperatur einwirken und bestimmt danach, wieviel Kubikzentimeter der Zuckerklösung erforderlich sind, um 10 ccm Fehlingsche Lösung zu reduzieren.

---

[1]) C. Neuberg, Über die Reinigung der Osazone und zur Bestimmung ihrer optischen Drehungsrichtung. Ber. d. Deutsch. chem. Gesellsch. **32**, 3384. 1899; weiteres in Neuberg der „Harn", Berlin 1911, 359—360.

[2]) M. Porcher, Messung der Aktivität einer Laktase. Bull. de la soc. chimique, 3 série, **33**, 1285. 1905.

III. Disaccharide spaltende Fermente.

Gleichzeitig bestimmt man in einer Kontrollprobe mit abgetöteter Fermentlösung das für die Reduktion von 10 ccm Fehlingscher Lösung notwendige Quantum Zuckerlösung. Aus dem Verhältnis der beiden ermittelten Zahlen berechnet man an der Hand einer eigens hierfür konstruierten Kurve die Menge der zersetzten Laktose.

Erforderliche Lösungen:
1. Laktaselösung (Darstellung s. unten),
2. Laktose,
3. ca. 40%ige Quecksilbernitratlösung,
4. ca. 10%ige Sodalösung,
5. pulverisiertes Zink,
6. Fehlingsche Lösung.

Ausführung. Frisch bereitete Laktaselösung wird in einem Meßkolben von 100 ccm Inhalt mit einer Lösung von 5,0 g Laktose in ca. 80 ccm Wasser zusammengebracht, gründlichst geschüttelt, auf 100 ccm aufgefüllt, mit 1 ccm Toluol versetzt und auf 24 Stunden in den Brutschrank gestellt. Zur Kontrolle beschickt man ein Meßkölbchen von derselben Größe mit vorher abgetöteter Laktase, der gleichen Menge an Laktose, Wasser und Toluol und stellt dieses Kölbchen gleichfalls in den Brutschrank. Nach 24 Stunden kühlt man ab, überträgt das ganze Gemisch quantitativ in einen Meßkolben von 1 l Inhalt, klärt es durch Zusatz von ein paar Tropfen Quecksilbernitratlösung, neutralisiert mit verdünnter Sodalösung und füllt mit Wasser bis zur Marke auf. Nun filtriert man, schlägt das überschüssige Quecksilber durch pulverisiertes Zink [1]) nieder und filtriert abermals. Man erhält so eine Lösung, die 5°/$_{00}$ Zucker enthält.

Genau so verfährt man mit der Kontrolle.

Auf diese Weise bekommt man zwei gleichmäßig verdünnte Zuckerlösungen und bestimmt in der üblichen Weise bei beiden diejenige Menge, welche notwendig ist, um 10 ccm Fehlingscher Lösung zu reduzieren.

Berechnung. Für dieselbe hat Porcher auf Grund empirisch gewonnener Zahlen eine Kurve konstruiert, die mit Leichtigkeit die Ermittlung der gespaltenen Laktosemenge gestattet. Wie die Kurve gewonnen ist, und welche Berechnungen derselben zugrunde liegen, ist aus der Originalarbeit ersichtlich.

---

[1]) Man kann auch Schwefelwasserstoff hierfür verwenden, muß dann aber dafür sorgen, daß sämtlicher H$_2$S nachher durch ausgiebige Ventilation aus der Lösung entfernt wird.

Kurve zur Messung der Aktivität einer Laktase.

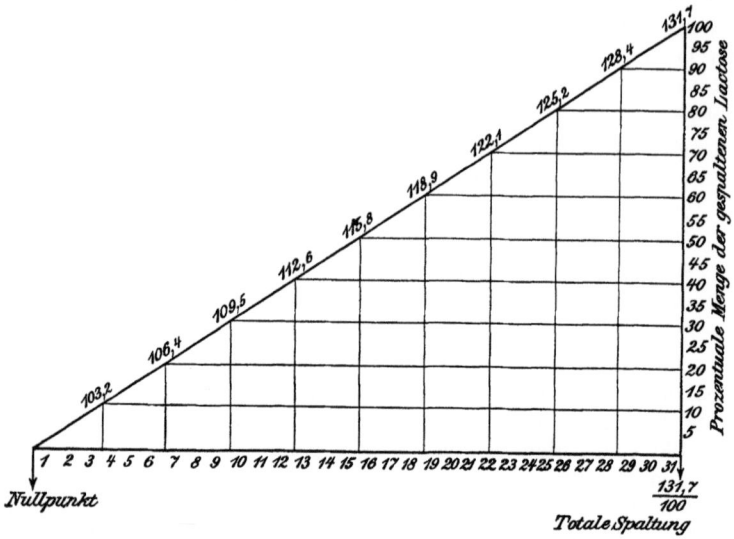

An einem Beispiel soll die Verwendung dieser Kurve demonstriert werden.

Nehmen wir an, daß von der Kontrollösung 16,6 ccm notwendig waren, um 10 ccm Fehlingsche Lösung zu reduzieren, von der Hauptlösung nur 14,3 ccm, so wird sich hieraus folgende Proportion ergeben:

$$14,3 : 16,6 = 100 : x,$$
$$x = \frac{16,6 \cdot 100}{14,3} = 116,1.$$

Auf der Abszisse sucht man nun den Punkt, welcher der Zahl 16,1 entspricht und errichtet in ihm die Senkrechte. Diese schneidet die Kurve an einem bestimmten Punkt. Von diesem Punkt aus zieht man zu der Abszisse eine Parallele und gelangt so zu einem Punkt auf der letzten Koordinate, der zwischen 50 und 55 gelegen ist. Diesen Punkt kann man auf der y-Linie durch Ausmessen genauer bestimmen. Im vorliegenden Falle wird man finden, daß er etwa bei 51 liegt. Das würde besagen, daß ca. 51% Laktose gespalten worden sind.

Nun kann das Ausmessen bei einer so kleinen Kurve natürlich nicht mit großer Genauigkeit geschehen. Viel genauer läßt sich der Wert der gespaltenen Laktosemenge durch direkte Berechnung ermitteln. Diese Berechnung ist sehr einfach; sie erstreckt sich

III. Disaccharide spaltende Fermente.

auf die Ermittlung der Länge des in dem Punkte 16,1 errichteten Lotes, die durch den Schnittpunkt des Lotes mit der Kurve fixiert ist. In dem vorliegenden Falle würde sich demnach folgende Proportion ergeben: die Länge des errichteten Lotes (x) verhält sich zur Länge des Kurvenabschnittes (16,1) wie die Länge des im Endpunkte der Abszisse errichteten Lotes (100) zu der Länge der ganzen Kurve (31,7), also

$$x : 16{,}1 = 100 : 31{,}7,$$
$$x = \frac{16{,}1 \cdot 100}{31{,}7} = 50{,}78.$$

Es sind somit gespalten worden genau 50,78% Laktose.

Darstellung von Laktaselösungen.

Tierische Laktaselösung kann man sich in der Weise herstellen, daß man junge Tiere (Hund, Ziege, Schwein etc.) mit Milch füttert, dann die Dünndarmschleimhaut nach vorheriger gründlicher Reinigung abschabt, mit Glassplittern in einer Reibeschale verreibt und mit der fünffachen Menge physiologischer Kochsalzlösung extrahiert. Das Extrakt kann man nun entweder sofort, nachdem man die gröberen Zellbestandteile durch Zentrifugieren entfernt hat, zum Versuch benutzen, oder man versetzt das geklärte Extrakt mit der fünffachen Menge 96%igem Alkohol, filtriert den Niederschlag ab, wäscht mit Äther nach und trocknet ihn im Vakuum über Calciumchlorid. Man bekommt so ein gut haltbares Pulver, das man entweder direkt zum Versuch verwendet, oder aus dem man sich einen wässerigen Auszug herstellt.

Gut wirksame pflanzliche Laktase erhält man, wenn man käufliche Kefirkörner in einer Reibeschale mit Wasser verreibt und ½ bis 1 Stunde bei Zimmertemperatur stehen läßt. Dabei gehen beträchtliche Mengen Laktase in Lösung, gleichzeitig aber auch Invertin. Man zentrifugiert oder filtriert ab und kann mit dem Filtrat sofort einen Versuch anstellen.

3. Maltase.

Eigenschaften. Sie vermag Maltose in 2 Mol. Traubenzucker zu zerlegen. Das Optimum ihrer Wirkung liegt bei 40°, bei 45° wird sie bereits zerstört. In wässeriger Lösung hält sie sich nur wenige Tage, gegen Chloroform und Alkohol ist sie außerordentlich empfindlich.

Vorkommen. Sie findet sich meist zusammen mit der Diastase und ist sowohl im Tier- wie im Pflanzenreich weit verbreitet. Beim Tier ist sie mit Sicherheit nachgewiesen im Speichel,

Darmsaft, Pankreassaft, Leber und Blut; im Pflanzenreich ist man ihr bisher begegnet in sämtlichen Hefearten und bei verschiedenen Pilzen, ferner im Malzextrakt und in Maiskörnern.

Nachweis.
a) qualitativ.

1. **Reduktionsprobe nach Barfoed.** Maltose vermag nicht Barfoedsches Reagens (Zusammensetzung s. bei Laktase S. 75) zu reduzieren, Glukose dagegen sehr leicht. Hat also eine Zersetzung der Maltose stattgefunden, so muß die Lösung nunmehr mit Barfoeds Reagens eine Reduktion ergeben.

2. **Polarisationsprobe.** Maltose hat ein spezifisches Drehungsvermögen von $[\alpha]_D = 138^0\,3'$, die Glukose ein solches von $[\alpha]_D = 53^0\,17'$. Demnach muß eine Maltoselösung unter dem Einfluß der Maltase in ihrem Drehungsvermögen ständig abnehmen. Man untersucht also eine Maltoselösung vor Beginn des Versuches mit Hilfe eines Polarisationsapparates und prüft nach Beendigung des Versuches, ob sich das Drehungsvermögen unter dem Einfluß des Fermentes geändert hat. Eine Abnahme der Drehung gegen den Anfangswert spricht für eine Spaltung der Maltose in Traubenzucker.

3. **Phenylhydrazinprobe.** Sie beruht darauf, daß Maltosazon die Ebene des polarisierten Lichtes nach rechts, Glukosazon dagegen nach links dreht (Neuberg[1]), und zwar ist der Wert für 0,2 g Maltosazon im Pyridin-Alkoholgemisch bei Natriumlicht $= +1^0\,30'$, für 0,2 g Glukosazon unter den gleichen Bedingungen $= -1^0\,30'$.

Will man also direkt nachweisen, daß Maltose unter dem Einfluß einer Fermentlösung (Organextrakt, Serum etc.) teilweise oder ganz in Traubenzucker zerlegt worden ist, so entfernt man zunächst das in der Lösung etwa enthaltene Eiweiß durch Erhitzen mit ein paar Tropfen Essigsäure und einigen Körnchen Kochsalz und versetzt das eiweißfreie Filtrat mit einem Gemisch von 2 Teilen farblosem salzsaurem Phenylhydrazin und 3 Teilen wasserhaltigem Natriumazetat. Die absolute Menge des Phenylhydrazins hat man so groß zu wählen, daß für 1 Mol. Maltose 3 Mol. Phenylhydrazin zur Verfügung stehen. Danach wird die Lösung im siedenden Wasserbad 1—1 ½ Stunden erhitzt. Die sich gleich zu Anfang abscheidenden Schmieren werden sofort durch Filtrieren entfernt.

Enthielt die Lösung nun Traubenzucker, so scheiden sich schon während des Erhitzens Glukosazonkristalle ab, da diese

---
[1] C. Neuberg, Berichte d. Deutsch. chem. Gesellsch. **32**, l. c.

III. Disaccharide spaltende Fermente.

in Wasser sehr schwer löslich sind, während das leicht lösliche Maltosazon erst beim späteren Abkühlen der Flüssigkeit auftritt. Scheiden sich also schon im siedenden Wasserbad Osazonkristalle ab und ist ihre Menge groß genug, um sie gesondert zu untersuchen, so filtriert man die heiße Lösung sehr schnell und behandelt die auf dem Filter zurückgebliebenen Kristalle gesondert von dem beim Erkalten der Lösung ausfallenden Kristallbrei in der Weise, daß man beide Fraktionen aus Pyridin mit Ligroin resp. Äther resp. Benzol mehrmals umkristallisiert und im Exsikkator trocknet.

Von dem trockenen Produkt werden 0,2 g in 4 ccm reinem Pyridin und 6 ccm absolutem Alkohol gelöst und in einem 10 cm-Rohr bei Natriumlicht polarisiert.

Ergibt die Polarisation eine Rechtsdrehung, die kleiner ist als $+ 1^0 30'$, oder erweist sich die Lösung als optisch inaktiv oder gar schwach links drehend, so hat man in der Lösung ein Gemisch von Maltose und Traubenzucker. Je mehr sich die Linksdrehung des Osazons dem Werte $— 1^0 30'$ nähert, um so mehr Traubenzucker ist in der Lösung vorhanden, um so mehr ist von der Maltose gespalten worden.

b) quantitativ.

1. **Polarisationsprobe.** Wie oben sub Nr. 2 auseinandergesetzt, muß das Drehungsvermögen einer Maltoselösung, sobald Maltase auf sie einwirkt, abnehmen. Die Schnelligkeit, mit der dies geschieht, kann als Maß für die Größe der Maltasewirkung dienen.

Gilt es beispielsweise im Serum oder in irgendeinem Organ- oder Pflanzenextrakt die Maltasewirkung quantitativ zu bestimmen, so verfährt man nach Kusumoto[1]) am zweckmäßigsten folgendermaßen:

Mehrere genau abgemessene Portionen von je 5,0 ccm Serum resp. 5,0 ccm Organextakt werden mit genau je 5,0 ccm einer unter Erhitzen hergestellten 10 %igen Maltoselösung und 0,5 ccm Toluol in kleinen Kölbchen gemischt und in einen auf 30^0 C regulierten Wärmeschrank gestellt. Unmittelbar nach der Herstellung des Gemisches und dann nach bestimmten Zeiten wird eine Probe nach der anderen oder, wenn man — was noch ratsamer ist — mit Kontrollen arbeiten will, je 2 Proben zugleich enteiweißt und ihr Drehungsvermögen bestimmt. Zur Entfernung des Eiweißes wurde im vorliegenden Falle das Maltoseserum resp.

---
[1]) Ch. Kusumoto, Beobachtungen über die Maltase des Blutserums und der Leber bei verschiedenen Tieren. Biochem. Zeitschr. 14, 217. 1908.

Wohlgemuth, Fermentmethoden.

Organgemisch nach Abeles[1]) mit 25 ccm einer 5%igen, unter Erwärmen hergestellten Lösung von Zinkazetat in 96%igem Alkohol versetzt und mit Alkohol auf ein Volumen von 50 ccm im Meßkölbchen aufgefüllt. Dann wurde umgeschüttelt, durch ein trockenes Filter filtriert und das Drehungsvermögen im 2. Dezimeterrohr bestimmt.

Bei Organextrakten müssen neben den mit Maltose versetzten Proben solche ohne Maltose zur Kontrolle aufgestellt werden, in denen das Drehungsvermögen in gleicher Weise bestimmt wird wie bei den mit Maltose versetzten Proben; die bei ihnen gefundene Drehung muß dann von den bei den Maltoseproben gefundenen abgezogen werden. Für Blutserum sind solche Kontrollen nicht notwendig, da es nach der Enteiweißung keine in Betracht kommende Drehung besitzt.

Die gefundenen Zahlen kann man nun in Tabellen graphisch darstellen, indem man auf die Abszissen die Zeiten in Stunden, auf die Ordinaten den beobachteten Drehungswinkel einträgt. Eine Tabelle aus der genannten Arbeit mag das illustrieren:

Tabelle 9.

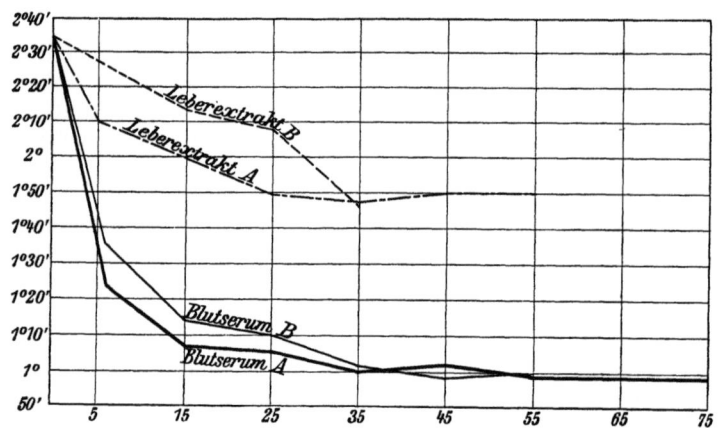

Auf diese Weise lassen sich Sera, Organextrakte etc. bezüglich ihres Maltasegehaltes bequem miteinander vergleichen.

2. Reduktionsverfahren. Dieses Verfahren beruht darauf, daß die Maltase gegenüber Fehlingscher Lösung ein ge-

---

[1]) M. Abeles, Über ein Verfahren zum Enteiweißen des Blutes für die Zuckerbestimmung. Zeitschr. f. phys. Chemie. 15, 495. 1891.

III. Disaccharide spaltende Fermente.

ringeres Reduktionsvermögen besitzt als Glukose, und zwar wird 1 ccm Fehlingsche Lösung reduziert von 0,00778 g Maltose, während vom Traubenzucker schon 0,005 g imstande sind, 1 ccm Fehlingsche Lösung zu reduzieren. Wenn man also Maltase auf Maltose einwirken läßt, so muß mit fortschreitender Spaltung der Maltose das Reduktionsvermögen der Mischung zunehmen. Der Grad der Zunahme an reduzierender Kraft kann somit als Maß für die Stärke der Maltasewirkung dienen.

Die Versuchsanordnung ist demnach so zu treffen, daß man ca. 20 ccm Blut oder Serum resp. Organpreßsaft mit etwa 50 ccm einer ca. 5 %igen Maltoselösung mischt, sofort einen aliquoten Teil (10 ccm) entnimmt, enteiweißt (s. S. 88), einengt, auf ein bestimmtes Volumen auffüllt und nun die Reduktionskraft mit einer der üblichen Methoden (s. S. 32 u. 93) quantitativ bestimmt. Der Rest des Gemisches wird unter Zusatz von Toluol (1—2 ccm) im Thermostaten bei 37⁰ C gehalten. In bestimmten Zeitintervallen werden dann je 10 ccm entnommen und jede einzelne Probe genau wie die erste behandelt. Auf diese Weise bekommt man Werte, welche zahlenmäßig das Fortschreiten der Maltosespaltung ausdrücken.

4. Trehalase.

Eigenschaften. Sie zerlegt das im Mutterkorn und in Pilzen vorkommende Disaccharid Trehalose in 2 Mol. Glukose. Gegen Säuren ist sie außerordentlich empfindlich, auch gegen Alkalien. Ihre Wirksamkeitsgrenze liegt bei 64⁰.

Vorkommen. Man hat sie angetroffen im Darmsaft einiger Tiere, in verschiedenen Pilzen (Aspergillus, Penicillium), im Grünmalz und in einigen Hefesorten.

Nachweis.

Er kann mittelst Polarisation oder Reduktion geschehen. Wird Trehalose durch das Ferment zerlegt, so nimmt sowohl das Drehungs- wie das Reduktionsvermögen an Stärke zu. Die Versuchsanordnung für den Nachweis der Trehalase ergibt sich hieraus von selbst.

5. Melibiase.

Eigenschaften. Sie spaltet die Melibiose, ein aus der Raffinose stammendes Disaccharid, in d-Galaktose und d-Glukose.

Vorkommen. Man trifft sie nur in einigen Unterhefen an, in allen daraufhin untersuchten Oberhefen fehlt sie.

Nachweis.

Da die Melibiose ein außerordentlich starkes Drehungsvermögen hat ($[\alpha]_D = +129{,}38^0$), so geschieht der Nachweis der Melibiase am bequemsten mittelst Polarisation. Bei Zerlegung der Melibiose muß das Drehungsvermögen der Lösung erheblich abnehmen.

Auch die Darstellung der Osazone aus einer mit Melibiase behandelten Melibioselösung dürfte Aufschluß darüber geben, ob eine Zerlegung des Disaccharids stattgefunden hat oder nicht. Über die Herstellung der Osazone s. bei Laktase S. 76.

6. Emulsin.

Eigenschaften. Die Fermentgruppe vom Typus des Emulsins spaltet außer mehreren höheren Zuckern wie Raffinose und Stacchyose eine Reihe von in der Natur vorkommenden Glukosiden, und zwar, was besonders interessant ist, nur die β-Glukoside des gärfähigen Zuckers, während die Maltase ausschließlich α-Methylglykosid spaltet. Das Optimum der Wirkung liegt bei 45—50°. Durch Alkalien wird das Ferment zerstört, durch Säuren nur inaktiviert.

Vorkommen. Es findet sich bei höheren Tieren nicht, dagegen ist es bei Wirbellosen viel verbreitet, vor allem aber im Pflanzenreich, hier besonders in den Mandeln, aus denen man sehr wirksame Fermentlösungen gewinnen kann.

Nachweis.

Da alle Glukoside, auf welche das Emulsin wirkt, stets als einen Paarling d-Glukose enthalten, so dokumentiert sich ihre Spaltung sofort durch das Auftreten von reduzierenden Substanzen. — Alle durch Emulsin spaltbaren Glukoside sind linksdrehend. Demnach muß sich auch ihre Spaltung sofort durch das Schwächerwerden resp. Verschwinden der Linksdrehung und durch das Auftreten einer Rechtsdrehung bemerkbar machen. Der Grad der Rechtsdrehung wird ganz davon abhängen, wieviel Traubenzucker durch das Emulsin in Freiheit gesetzt ist.

Darstellung einer Emulsinlösung nach Kérissey[1]: Feingepulverte Mandeln werden mit Chloroformwasser extrahiert, die eiweißähnlichen Beimengungen durch ein paar Tropfen Eisessig gefällt und das Filtrat mit Alkohol versetzt. Dabei fällt das Emulsin als ein weißes Pulver aus, das in Wasser löslich ist.

---

[1] Kérissey, Thèse de Paris. 1899, 6.

Man kann auch Kefirkörner zur Herstellung einer Emulsinbildung verwenden, indem man dieselben in einer Reibeschale mit Wasser verreibt und bei Zimmertemperatur eine halbe Stunde extrahiert. Ein solches Extrakt enthält indes außer Emulsin stets auch Laktase.

7. Myrosin.

Eigenschaften. Es greift weder α- noch β-Methylglukosid an, sondern spaltet nur die in Senfsamen, in Cruciferen und anderen Pflanzen vorkommenden Glukoside (Sinigrin, Sinalbin etc.), die bei ihrer Zersetzung Senföl und Traubenzucker liefern. Das Optimum seiner Wirksamkeit liegt zwischen 45 und 50^0.

Vorkommen. Es findet sich in Senfsamen und in zahlreichen Cruciferensamen, im Tierkörper ist es noch nie aufgefunden worden.

Nachweis.

1. Da das bei der Spaltung des Sinigrins (myronsaures Kalium[1]) auftretende Allylsenföl einen außerordentlich charakteristischen Geruch besitzt, der sich schon in den geringsten Spuren deutlich bemerkbar macht, so kann man nach Spatzier[2]) sich seiner als untrügliches Zeichen einer durch den zu untersuchenden Pflanzensaft bewirkten Spaltung bedienen. Ist der Geruch schon vorher in dem Pflanzensaft enthalten, so entfernt man das schon gebildete Öl durch gelindes Erwärmen und prüft dann erst seine Wirksamkeit.

2. Auch der bei der Spaltung des myronsauren Kaliums in Freiheit gesetzte Traubenzucker kann als Kriterium für die Myrosinwirkung dienen. In diesem Falle muß die vorher nicht reduzierende Lösung nach der Spaltung eine mehr oder weniger stark reduzierende Kraft besitzen.

3. Nach Tamann[3]) kann man die Menge des Myrosins quantitativ so messen, daß man in einzelnen Portionen des Gemisches von Pflanzensaft und myronsaurem Kalium das durch Zerlegung des Sinigrins in Freiheit gesetzte saure schwefelsaure Kalium durch Titration mit $1/50$ normal alkoholischer Natronlauge unter Benutzung von Karminsäure als Indikator bestimmt.

---

[1]) Über die Darstellung des myronsauren Kaliums s. Will und Laubenheimer, Liebigs Annalen. **199**, 162. 1879.
[2]) W. Spatzier, Die physiologische Bedeutung des Myrosins. Jahrb. f. wissenschaftl. Botanik. **25**, 39. 1893.
[3]) G. Tamann, Die Reaktionen der ungeformten Fermente. Zeitschr. f. phys. Chemie. **16**, 300. 1892.

IV. Nachweis von Monosaccharide spaltenden Fermenten.

1. Glykolyse.

Eigenschaften. Die Glykolyse ist ein Ferment, das die Fähigkeit besitzt, Traubenzucker zu zerlegen. Welche Abbauprodukte dabei entstehen, besonders ob Alkohol dabei gebildet wird wie bei der Zymasegärung, ist eine bis heute noch nicht sicher entschiedene Frage. Das Ferment ist am wirksamsten bei Brutschranktemperatur, außerordentlich empfindlich gegen Säuren und Alkalien und wird schon im Blute selber nach kurzem Stehen vernichtet.

Vorkommen. Im tierischen Organismus hat man die Glykolyse in fast allen Organen, besonders aber im Blut angetroffen; hier sollen in erster Reihe die Leukozyten und das Fibrin die Träger der Fermentwirkung sein. Ebenso ist sie im Pflanzenreich weit verbreitet.

Nachweis.

Da die Wirkung der Glykolyse sich dokumentiert durch die Zersetzung von Traubenzucker, so führt man den Nachweis einer stattgefundenen Glykolyse durch die quantitative Bestimmung des unzersetzt gebliebenen Zuckers.

Will man also die glykolytische Kraft, beispielsweise von Blut, messen, so hat man nach Rona[1]) folgendermaßen zu verfahren:

Man entnimmt aus der Vene von Mensch oder Tier absolut steril ca. 50 ccm Blut, fängt dasselbe in sterilen, mit Glasperlen versehenen Flaschen auf und defibriniert es durch kräftiges Schütteln. Alsdann wird das Blut durch sterilisierte Gaze filtriert und je 20 ccm mit sterilen Pipetten auf zwei sterile Kölbchen übertragen. Zu jeder Blutportion werden genau 0,5 ccm einer vorher sorgfältig sterilisierten 6 %igen Traubenzuckerlösung mit steriler Pipette zugefügt, beide Kölbchen durchgeschüttelt und nun in dem einen sofort die Zuckermenge quantitativ bestimmt, in dem anderen nach Verlauf mehrerer (5—6) Stunden. Über Enteiweißung und Zuckerbestimmung s. weiter unten.

Vor dem Abbrechen des Versuches muß man sich durch Überimpfung vergewissern, daß die Asepsis vollkommen ge-

---

[1]) P. Rona u. A. Döblin, Beiträge zur Frage der Glykolyse II. Biochem. Zeitschr. **32,** 489. 1911.

IV. Nachweis von Monosaccharide spaltenden Fermenten.

lungen war. Ergibt der Impfversuch Bakterien, so ist das Resultat zu verwerfen.

Auf diese Weise kann man verschiedene Blutportionen oder Organextrakte resp. Preßsäfte bezüglich ihrer glykolytischen Fähigkeit bequem miteinander vergleichen.

Dabei sind folgende Punkte besonders zu beachten:

1. Die Fermentlösungen müssen steril sein und ihre Sterilität bis zur Beendigung des Versuches bewahren.

2. In der Anwendung von Antiseptizis, wie Toluol oder Chloroform, muß man sehr vorsichtig sein, da diese im Überschuß die Glykolyse hemmen können. Besonders empfindlich hiergegen ist das Blut; deshalb ist die Blutglykolyse am zweckmäßigsten unter aseptischen Kautelen ohne Benutzung eines Antiseptikums auszuführen. Die Organglykolyse scheint erheblich resistenter zu sein.

3. Nach Beendigung des Versuches hat man sich in jedem Falle davon zu überzeugen, daß Bakterien in dem Gemisch nicht gewachsen sind. Ergibt die Überimpfung, die man in jedem Falle auszuführen hat, die Anwesenheit von Bakterien, so muß der Versuch als mißglückt gelten.

4. Speziell für die Untersuchung des Blutes ist noch zu beachten, daß der zugesetzte Traubenzucker sich in isotonischer Lösung befinden muß, da Hämolyse die Glykolyse vollkommen vernichtet.

5. Von den zu untersuchenden Organen stellt man sich entweder einen Organbrei oder mit Hilfe der Buchnerschen Presse einen Preßsaft oder auch ein Extrakt her. Sehr zu empfehlen ist auch das Arbeiten mit Organpulvern, die man nach Arnheim und Rosenbaum[1]) unter Verwendung von Azeton sich in der Weise am zweckmäßigsten herstellt, daß man die betreffenden Organe fein wiegt, zweimal mit Azeton behandelt, im Vakuumexsikkator trocknet und pulvert. Man bekommt so ein feines trockenes Pulver, das lange wirksam bleibt.

6. Hat man für den Versuch als Antiseptikum Chloroform verwandt, so muß man nachher bei der quantitativen Zuckerbestimmung dafür sorgen, daß alles Chloroform bis auf die letzten Spuren zuvor verjagt ist, da wegen der reduzierenden Eigenschaft des Chloroforms zu hohe Zuckerwerte sonst resultieren.

Statt den unzersetzt gebliebenen Zucker zu messen, kann man auch die aus dem zersetzten Zucker entstandene Kohlensäure quantitativ bestimmen.

---

[1]) Arnheim u. Rosenbaum, Ein Beitrag zur Frage der Zuckerzerstörung im Tierkörper durch Fermentwirkung (Glykolyse). Zeitschr. f. phys. Chemie **40**, 222, 1903/4.

Dies geschieht am besten mit der von Stoklasa[1]) eigens hierfür angegebenen Apparatur oder auch mit dem Buchnerschen Gärkölbchen, das beim Abschnitt „Zymase" ausführlich beschrieben ist. Die Menge der gebildeten Kohlensäure ist dann der Maßstab für die Stärke der Glykolyse des untersuchten Organes. Stoklasa hat seine Untersuchungen hauptsächlich an Pflanzen angestellt. Aus ihnen stellte er in folgender Weise ein glykolytisch wirksames Präparat dar:

5—6 kg junge, frische Pflanzenteile wurden zerkleinert, in einer Buchnerpresse bei einem Druck von 300—400 Atmosphären ausgepreßt und der Saft in einen hohen sterilisierten Zylinder aufgefangen. 500 ccm dieses zellfreien Saftes wurden versetzt mit einem Gemenge von 400 ccm Alkohol und 200 ccm Äther, gleich darauf Äther im Überschuß zugegeben und die oberhalb des entstandenen Niederschlages aus Alkohol und Äther bestehende Flüssigkeit sofort abgehebert. Alsdann wird wiederum Äther aufgegossen und sofort die überstehende Flüssigkeit abgehebert. Der das Enzym enthaltende Niederschlag wird hierauf auf sterile Leinwand gebracht, gut abgepreßt und das so gewonnene Rohenzym entweder im Vakuum oder in sterilen, zu diesem Zweck besonders arrangierten Kolben getrocknet. Hierüber s. Stoklasas Originalarbeit.

5—10 g dieses Rohenzyms werden hierauf mit 50 ccm einer 15 %igen Traubenzuckerlösung und mit 0,5 g K_3PO_4 unter aseptischen Kautelen gemischt und unter Zusatz von Thymol in einen Thermostaten von 37° C gebracht. Nach Verlauf von 24 Stunden werden der Verlust an Zucker und die gebildete Kohlensäure quantitativ bestimmt.

Anhang.

Da die Enteiweißung und quantitative Zuckerbestimmung bei einer ganzen Reihe der in diesem Kapitel behandelten Methoden angewandt werden muß, sei das Notwendigste hierüber mitgeteilt.

1. Enteiweißung.

Von den zahlreichen Methoden der Enteiweißung von Körperflüssigkeiten seien die Schenksche Sublimatmethode[2]), das Eisen- und das Kaolinverfahren von Rona und Michaelis[3]) hier wiedergegeben.

---

[1]) Stoklasa, Ernest und Chocensky, Über die glykolytischen Enzyme im Pflanzenorganismus. Zeitschr. f. phys. Chemie. **50**, 303. 1907.
[2]) Fr. Schenk, Über Bestimmung und Umsetzung des Blutzuckers. Pflügers Archiv **55**, 203. 1893.
[3]) P. Rona und L. Michaelis, Untersuchungen über den Blutzucker. Biochemische Zeitschr. **7**, 329. 1908 und B. Oppler und P. Rona, Biochem. Zeitschr. **13**, 122. 1908.

IV. Nachweis von Monosaccharide spaltenden Fermenten. 89

a) Sublimatmethode von Schenk. 20 ccm Blut werden mit 20 ccm destilliertem Wasser verdünnt, mit 40 ccm 2%iger Salzsäure und 40 ccm 5%iger Sublimatlösung unter Umrühren versetzt, dabei wird sämtliches Eiweiß ausgefällt. Man läßt bis zum nächsten Tage stehen, filtriert ab, leitet Schwefelwasserstoff in das Filtrat ein, filtriert abermals und stellt das Volumen des Filtrates fest. Zur Entfernung des überschüssigen Schwefelwasserstoffs leitet man Luft durch, setzt soviel Natronlauge zu, daß die Lösung nur noch schwach sauer reagiert und engt die Flüssigkeit bei niedriger Temperatur im Vakuum ein. Hiernach führt man die Lösung quantitativ in einen kleinen Meßzylinder über und füllt mit Wasser auf 20 ccm auf.

b) Eisenmethode von Rona und Michaelis. Eine genau abgemessene Menge (20 ccm) entweder defibrinierten oder mit NaFl ungerinnbar gemachten Blutes wird in einem geräumigen Kolben mit 200 ccm destilliertem Wasser verdünnt und mit 60 ccm Liquor ferri oxydat. dialysat (nicht Liq. ferri oxychlorati Pharm. Germ.), die vorher noch mit 100 ccm destilliertem Wasser verdünnt waren, unter lebhaftem Umschütteln tropfenweise oder im dünnen Strahl versetzt. Je 1 g (unverdünntes) Hundeblut erfordert 3 ccm, je 1 g Kaninchenblut 2,5 ccm der (unverdünnten) ca. 5%igen Eisenlösung (Riedel-Berlin). Ein Überschuß innerhalb gewisser Grenzen ist an sich unschädlich. Die Blut-Eisenmischung bleibt nun unter häufigem Schütteln einige (ca. 10) Minuten stehen; während dieser Zeit erfolgt bereits eine reichliche flockige Ausscheidung der Eiweiß-Eisen-Verbindung. Jetzt setzt man 1 g fein gepulvertes $MgSO_4$ auf einmal hinzu und schüttelt nun kräftig 1—2 Minuten lang. Will man aber später in der Lösung die Zuckerbestimmung beispielsweise nach Bertrand vornehmen, so muß man, da das Magnesiumsulfat stört, statt dessen Natrium- oder Kaliumsulfat anwenden. Hiervon bereitet man sich eine etwa 10%ige Lösung und setzt zu dem Eisengemisch 2—3 ccm der Salzlösung zu. — Nach dem Elektrolytzusatz ist die Enteiweißung vollendet. Ist sie gut gelungen, so erfolgt die totale Ausflockung schnell und die darüber stehende klare farblose Flüssigkeit ist zur Filtration fertig. — Ist das Filtrat noch durch gelöstes Hämoglobin rötlich gefärbt, so behandelt man noch nachträglich mit sehr kleinen Mengen — einige Tropfen bis mehrere Kubikzentimeter — der Eisenlösung, die man zweckmäßig auch vorher mit etwas Wasser verdünnt. Am besten nehme man die etwa nötige Korrektur gleich in der ursprünglichen Eisenlösung vor. Ein weiterer Elektrolytzusatz ist unnötig und auch nicht vorteilhaft, da er beim nachfolgenden starken Einengen stören könnte.

— Hat man so eine völlig farblose klare Lösung erhalten, so wird durch ein Faltenfilter filtriert und das Volumen des Filtrates genau bestimmt. Hiernach wird es mit wenigen Tropfen verdünnter Essigsäure angesäuert, auf einem nicht stark siedenden Wasserbad auf wenige (3—5) ccm eingeengt und quantitativ in einen graduierten Standzylinder von 10 ccm Inhalt übergeführt. Nachdem das Volumen der Flüssigkeit bestimmt ist, wird sie filtriert, in die Polarisationsröhre eingefüllt und polarimetrisch untersucht.

Bezeichnet man mit c den aliquoten eingeengten Teil, mit z den am Polarimeter abgelesenen in c vorhandenen Prozentgehalt an Zucker, ferner mit l das Volumen der Gesamtflüssigkeit (verdünntes Blut + verdünnte Eisenlösung) und mit Z den nicht eingeengten aliquoten Teil, so ist der Zuckergehalt x in Milligramm in der zur Untersuchung entnommenen Blutmenge leicht zu berechnen nach der Formel $x = \frac{c \cdot z \cdot l}{Z \cdot 100}$. Die Polarisation erfordert indes bei so kleinen Zuckermengen, wie sie sich im Blute finden, große Exaktheit, die nur erreicht werden kann mit einem Apparat, der ein dreiteiliges Gesichtsfeld hat. Steht ein solcher Apparat nicht zur Verfügung, so muß man den Zucker mittelst einer der bekannten Methoden quantitativ bestimmen. Hierzu ist es aber nicht notwendig, daß man das eingeengte Filtrat in einen graduierten Standzylinder überführt, sondern man bringt es quantitativ in das Erlenmeyer-Kölbchen, in dem das Erhitzen mit Fehlingscher Lösung vorgenommen werden soll.

c) **Koalinmethode von Rona und Michaelis**[1]). 50 ccm Blutplasma oder Blutserum werden mit der 15fachen Menge Wasser versetzt und mit Essigsäure schwach angesäuert (etwa so weit, bis die anfänglich entstehende Trübung sich wieder aufzuhellen beginnt). Zu der Flüssigkeit, deren Volumen genau festgestellt wird, fügt man dann auf je 100 ccm Flüssigkeit 20—25 g Kaolin in kleinen Portionen unter stetem Umschütteln hinzu. Nach Hinzufügen der gesamten Kaolinmenge kann alsbald abgenutscht werden; die Flüssigkeit filtriert leicht und völlig klar. Spuren von Kaolin, die eventuell anfänglich mit durchgehen, werden am besten erst nach dem Einengen des Filtrats durch Filtrieren entfernt. Man nutscht soweit wie möglich ab, notiert das Volumen des Filtrats, das gewöhnlich vier Fünftel der Gesamtflüssigkeit beträgt. Da die Konzentration des Filtrates genau die gleiche wie die der im Kaolin zurückbleibenden Flüssigkeit ist, kann die gefundene Zuckermenge auf

---

[1]) P. Rona und M. Michaelis, l. c.

IV. Nachweis von Monosaccharide spaltenden Fermenten.

die Gesamtflüssigkeit umgerechnet werden. Das Filtrat wird auf dem Wasserbad bis zur geeigneten Konzentration eingeengt und dann der Traubenzucker entweder mittelst Polarisation oder Reduktion quantitativ bestimmt.

2. Zuckerbestimmung.

Von den verschiedenen quantitativen Reduktionsmethoden sei die von Bertrand beschriebene, sehr exakt arbeitende, hier ausführlich wiedergegeben. Bezüglich des Bangschen Titrationsverfahrens sei verwiesen auf S. 32.

Titrationsmethode nach Bertrand[1]). Das Prinzip der Methode beruht auf der titrimetrischen Bestimmung des reduzierten Kupfers. Zu dem Zweck wird das gebildete Kupferoxydul abfiltriert und in Ferrisulfat + Schwefelsäure gelöst. Dabei setzen sich die beiden Verbindungen um nach der Formel $Cu_2O + Fe_2(SO_4)_3 + H_2SO_4 = 2 CuSO_4 + 2 FeSO_4 + H_2O$ und das entstandene Ferrosulfat läßt sich mit Kaliumpermanganat titrimetrisch genau bestimmen.

Erforderliche Lösungen.

I. 40 g reines kristallisiertes Kupfersulfat werden in 300 ccm destilliertem Wasser gelöst und die Lösung genau auf 1 Liter aufgefüllt.

II. 200 g Seignettesalz werden in 1 Literkolben mit ca. 500 ccm Wasser gelöst, dazu 150 g Ätznatron zugesetzt und nach deren Lösung die ganze Mischung genau auf 1 Liter aufgefüllt.

III. 50 g reines Ferrisulfat, das vollkommen frei von Ferrosulfat sein muß, werden in 1 Literkolben mit 300 ccm destilliertem Wasser gelöst, dann 200 g konz. Schwefelsäure vorsichtig eingetragen und auf 1 Liter aufgefüllt. Die Lösung darf nicht Kaliumpermanganatlösung entfärben.

IV. 5 g Kaliumpermanganat werden in 1 Liter destilliertes Wasser gelöst und der Titer der Lösung folgendermaßen bestimmt:

250 mg Ammonoxalat (genau abgewogen!) werden in einem Becherglase in 50 ccm destilliertem Wasser und 2 ccm konz. Schwefelsäure gelöst, auf 60—80° C erwärmt und nun aus einer Bürette unter ständigem Umrühren so lange tropfenweise mit der Permanganatlösung versetzt, bis eine bleibende Rosafärbung eben erkennbar ist. Die Menge der hierzu erforderlichen Permanganatlösung entspricht dann derjenigen Menge Kupfer in Milligramm, die sich ergibt aus der Multiplikation der angewandten

---

[1]) G. Bertrand, Die quantitative Bestimmung der reduzierenden Zuckerarten. Bull. de la Soc. chimique de Paris. (3). **35**, 1285. 1906.

Ammonoxalatmenge mit der Zahl 0,8951. Wenn also, was meist ungefähr zutrifft, 22 ccm Permanganatlösung zur Erreichung der Rosafärbung verbraucht wurden, so entsprechen diese 22 ccm Permanganatlösung = 250 × 0,8951 mg Cu, mithin

$$1 \text{ ccm KMNO}_4 = \frac{250 \times 0,8951}{22} = 10,17 \text{ mg Cu}.$$

Nach diesen Vorbereitungen wird die Zuckerbestimmung selber folgendermaßen ausgeführt:

20 ccm der Zuckerlösung, die am besten nicht mehr als 100 mg Zucker enthält, werden in einen 200 ccm fassenden Erlenmeyer-Kolben gebracht und mit 20 ccm der Kupferlösung (I) und 20 ccm der Seignettesalzlösung (II) versetzt. Alsdann erwärmt man zum Sieden und kocht nicht zu heftig genau 3 Minuten, vom Beginn des Siedens an gerechnet. Nach dem Absetzen des gebildeten Kupferoxyduls wird die überstehende Flüssigkeit auf ein Asbestfilter gebracht, wobei möglichst wenig Kupferoxyd auf das Filter kommen soll, abgesaugt, der im Kolben verbleibende Niederschlag mit etwas lauwarmem Wasser ausgewaschen und dieses erst wieder nach dem Absetzen des Oxyduls durch das Asbestfilter filtriert. Dieses Auswaschen mit lauwarmem Wasser wiederholt man 3—4mal und filtriert immer wieder ab, muß aber darauf achten, daß möglichst wenig Kupferoxydul auf das Filter kommt. Dann setzt man zu dem noch im Kölbchen befindlichen Kupferoxydul unter Umrühren 10 bis 20 ccm Ferrisulfatlösung (III), wobei der Niederschlag erst blauschwarz wird und dann in Lösung geht, bringt die gesamte Lösung auf das Asbestfilter, um noch das dort zurückgehaltene Kupferoxydul zu lösen und saugt ab. Kölbchen und Asbestfilter werden noch mehrmals (2—3mal) mit warmem destilliertem Wasser schnell nachgewaschen und nun die Gesamtlösung sofort mit Permanganatlösung tropfenweise versetzt, bis der erste rote Farbenton auftritt.

Aus der verbrauchten Menge der $KMNO_4$-Lösung berechnet man die Menge des reduzierten Kupfers und aus dieser an der Hand der beigefügten Tabelle 10 die Menge des vorhandenen Zuckers. Hierfür ein Beispiel:

Bei der Titration wurden verbraucht 7,3 ccm Permanganatlösung. Da, wie oben festgestellt, 1 ccm $KMNO_4$ = 10,17 mg Cu entspricht, so ergeben 7,3 ccm $KMNO_4$ = 7,3 × 10,17 mg Cu = 74,24 mg Cu.

Diesen 74,24 mg Cu entsprechen laut nachfolgender Tabelle 38,2 mg Traubenzucker. Der Zuckergehalt der Lösung betrug demnach $\frac{0,382 \times 100}{20} = 0,191 \, \%$.

IV. Nachweis von Monosaccharide spaltenden Fermenten.

Tabelle 10.

mg Glukose	entsprechen	mg Cu	mg Glukose	entsprechen	mg C
10		20,4	56		105,8
11		22,4	57		107,6
12		24,3	58		109,3
13		26,3	59		111,1
14		28,3	60		112,8
15		30,2	61		114,5
16		32,2	62		116,2
17		34,2	63		117,9
18		36,2	64		119,6
19		38,1	65		121,3
20		40,1	66		123,0
21		42,0	67		124,7
22		43,9	68		126,4
23		45,8	69		128,1
24		47,7	70		129,8
25		49,6	71		131,4
26		51,5	72		133,1
27		53,4	73		134,7
28		55,3	74		136,3
29		57,2	75		137,9
30		59,1	76		139,6
31		60,9	77		141,2
32		62,8	78		142,8
33		64,6	79		144,5
34		66,5	80		146,1
35		68,3	81		147,7
36		70,1	82		149,3
37		72,0	83		150,9
38		73,8	84		152,5
39		75,7	85		154,0
40		77,5	86		155,6
41		79,3	87		157,2
42		81,1	88		158,8
43		82,9	89		160,4
44		84,7	90		162,0
45		86,4	91		163,6
46		88,2	92		165,2
47		90,9	93		166,7
48		91,8	94		168,3
49		93,6	95		169,9
50		95,4	96		171,5
51		97,1	97		173,1
52		98,9	98		174,6
53		100,6	99		176,2
54		102,3	100		177,8
55		104,1			

2. Zymase.

Eigenschaften. Sie ist dasjenige Ferment, welches der Hefe und vielen Pilzarten die Eigenschaft verleiht, Zucker in Alkohol und Kohlensäure zu zerlegen. Sie wirkt am besten bei

28—30°, bei 40—50° wird sie zerstört. Organische und anorganische Säuren schädigen sie, auch gegen Alkali ist sie empfindlich, von Salzen wirken vor allem Phosphate fördernd auf sie.

Vorkommen. Sie findet sich vornehmlich in den verschiedensten Hefearten; auch Schimmelpilze liefern Preßsäfte, die zymaseartige Wirkung haben.

Nachweis. Da die Zymase Zucker in Alkohol und Kohlensäure zerlegt, könnte sowohl der Alkohol wie die Kohlensäure als Kriterium dafür dienen, daß Zymase wirksam gewesen ist. Meist bedient man sich aber des Nachweises des Kohlendioxyds, und zwar mit der von Buchner stets angewandten Methodik.

Man mißt die Gärkraft einer Zymaselösung gewichtsanalytisch in der Weise, daß man ein Erlenmeyersches Kölbchen von 100 ccm Inhalt mit 20 ccm Preßsaft und 0,2 ccm Toluol beschickt, hierauf 8 g feingepulverten Rohrzucker portionenweise einträgt und unter Umschwenken innerhalb etwa 1 Minute löst. Hiernach verschließt man das Kölbchen und bestimmt das Gewicht des ganzen Apparates. Als Verschluß dient ein sogenanntes Gärventil nach Meißl. Dieses ist ein einfaches Waschfläschchen, enthaltend 1—2 ccm konzentrierte Schwefelsäure zum Trocknen der ausströmenden Kohlensäure und auf der anderen Seite mit einem Bunsenschen Gummischlauchventil[1]) versehen, welches wohl den Austritt, nicht aber das Einströmen von Gasen von außen gestattet. Nach der Wägung hält man das Kölbchen ständig bei einer Temperatur von 22° C. Nach Verlauf von 1 resp. 2 resp. 3 Tagen wird die Menge der gebildeten Kohlensäure gemessen, indem das nunmehr ermittelte Gewicht von dem Anfangsgewicht abgezogen wird (Verlustmethode von Buchner[2])). Auf diese Weise läßt sich die Gärkraft verschiedener Hefepreßsäfte oder von Dauerhefepräparaten bequem untereinander vergleichen.

Besonders dabei zu beachten ist, daß das Gärventil stets mittelst eines Glasschliffes auf das Erlenmeyersche Kölbchen aufgesetzt wird. Gummistopfen sind nicht verwendbar, da durch sie hindurch allmählich ein kleiner Toluolverlust stattfindet. — Alle Gärversuche werden am besten im Thermostaten bei 22° C ausgeführt und man tut gut, stets mit Kontrollen zu arbeiten.

---

[1]) Das Bunsensche Gummischlauchventil stellt man sich in der Weise her, daß man einen 5 cm langen schwarzen Gummischlauch von 0,5 mm Wandstärke, der an dem freien Ende durch ein Glasstäbchen verschlossen ist, in der Mitte durch einen 1 cm langen Längsschnitt mit einem scharfen Messer aufschlitzt.

[2]) E. Buchner, H. Buchner und M. Hahn, Die Zymasegärung. München-Berlin 1903. S. 80.

IV. Nachweis von Monosaccharide spaltenden Fermenten.

Im Anschluß an Zymase sei wegen des engen Zusammenhanges mit ihr besprochen

3. Carboxylase.

Eigenschaften. Die Carboxylase ist ein von Neuberg[1]) entdecktes Ferment, welches die Fähigkeit besitzt, zahlreiche aliphatische und aromatische Ketosäuren in lebhafte Gärung zu versetzen, indem sie aus diesen Verbindungen CO_2 abspaltet. Da die genannten Verbindungen mit Kohlehydraten nichts zu tun haben, so handelt es sich bei dem von der Carboxylase bewirkten Prozeß um den Vorgang einer zuckerfreien Gärung.

Vorkommen. Die Carboxylase findet sich in frischer Hefe, in Trockenhefe und ist auch in Hefepreßsäften und im Autolysensaft wirksam, ist also wie die Zymase vom Leben der Hefe trennbar.

Nachweis.

Die Wirkung der Carboxylase ist bisher am genauesten an der Brenztraubensäure (I) und der Oxalessigsäure (II) untersucht worden. Beide Substanzen werden zu Kohlendioxyd und Azetaldehyd vergoren nach den Gleichungen:

I. $CH_3.CO.COOH = CO_2 + CH_3.COH$
II. $COOH.CH_2.CO.COOH = 2 CO_2 + CH_3.COH$.

Die Versuchsanordnung gestaltet sich so, daß man eine Aufschwemmung von frischer Hefe in Wasser mit so viel wässeriger Brenztraubensäurelösung versetzt, daß die Konzentration der Brenztraubensäure 1% nicht übersteigt; danach stellt man das Gemisch in den Brutschrank. Alsbald beginnt die Entwicklung von Kohlensäure und gleichzeitig die Bildung von Azetaldehyd. Es würde nun nicht genügen, wie bei der Vergärung von Traubenzucker, die Kohlensäure zu bestimmen, sondern man muß, will man ganz sicher die Zersetzung der Brenztraubensäure nachweisen, den aus ihr gebildeten Azetaldehyd ermitteln.

Da Azetaldehyd bereits bei 21° C siedet, muß der Gärkolben, in dem sich das Hefe-Brenztraubensäuregemisch findet, mit einem aus dem Brutschrank herausführenden Kühler verbunden sein. Bei dieser Versuchsanordnung kann der gebildete Azetaldehyd alsbald überdestillieren und in ein vorgelegtes Kölbchen aufgefangen werden.

---

[1]) C. Neuberg u. s. Mitarbeiter, Über zuckerfreie Hefegärung. Biochemische Zeitschr. **31**, 174, 1910; **32**, 323, 1911; **36**, 60, 68, 76, 1911; **37**, 107, 1911; **43**, 491, 494, 1912; **47**, 405, 413, 1912.

Für den qualitativen Nachweis des Azetaldehyds im Destillat genügt die Reaktion von Rimini mit Nitroprussidnatrium + Piperidin oder Diäthylamin. Sie wird in der Weise ausgeführt, daß man ca. 1 ccm des Destillates mit 1—2 ccm verdünnter frischer Nitroprussidnatriumlösung versetzt und 1—2 Tropfen 5%igen Diäthylamins resp. Piperidins zufügt. Bei Gegenwart von Azetaldehyd entsteht sofort eine tiefblaue Färbung.

Will man die Wirkung der Carboxylase quantitativ messen, so muß man den gebildeten Azetaldehyd quantitativ bestimmen. Zu dem Zweck fängt man den überdestillierenden Azetaldehyd in ein Vorlegekölbchen auf und setzt das solange fort, bis die Destillation beendet ist. Danach versetzt man das Destillat mit einer klar filtrierten Lösung von essigsaurem p-Nitrophenylhydrazin, und es scheidet sich fast augenblicklich Azetaldehyd-p-Nitrophenylhydrazon aus. Man wartet eine Stunde, saugt dann den gesamten Niederschlag auf einem gewogenen Goochtiegel ab, trocknet bei 90⁰ und stellt die Menge des gebildeten Produktes durch Wägung fest.

Das Azetaldehyd-p-nitrophenylhydrazon schmilzt bei 127⁰ bis 128⁰ C und bildet gelbe Nadeln. 179 g Azetaldehyd-p-nitrophenylhydrazon entsprechen 44 g gebildetem Azetaldehyd und 88 g vergorener Brenztraubensäure. Man hat demnach die für das Hydrazon gefundene Zahl mit dem Faktor 0,49 zu multiplizieren und erfährt so die Menge der zersetzten Brenztraubensäure.

Besonders zu beachten ist, daß Versuche über zuckerfreie Gärungen am besten mit den freien Säuren angesetzt werden müssen. Denn die Salze geben Anlaß zur Entstehung von Karbonaten. Das entstehende Karbonat aber verändert sehr bald den Azetaldehyd, indem er teils zu β-Oxybuttersäure kondensiert, teils in harzige Produkte übergeht. — Man kann auch die Alkalisalze verwenden, dann muß man aber die Alkalinität durch Zufügen eines „Puffers" regulieren. Nach Neuberg und Rosenthal[1]) eignen sich hierfür am besten Arsenigsäure und Borsäure. Die Zusätze wählt man so, daß die Reaktion auf Lackmus schwach sauer ist.

Bei anderen Ketosäuren, die der zuckerfreien Gärung fähig sind, z. B. der α-Ketobuttersäure, $CH_3.CH_2.CO.COOH$, verfährt man genau so wie oben angegeben und scheidet den entstehenden Propionaldehyd gleichfalls als p-Nitrophenylhydrazon ab.

Die Versuchsanordnung ist eine wesentlich einfachere als die oben beschriebene, wenn man vorwiegend die Schnelligkeit der

---

[1]) C. Neuberg und Rosenthal, Über zuckerfreie Hefegärung, XI. Biochem. Zeitschr. 51, 128, 1913.

IV. Nachweis von Monosaccharide spaltenden Fermenten.

Kohlensäureentwicklung beobachten will. Man schüttelt dann etwa 12 ccm einer 1%igen Brenztraubensäure- oder Oxalessigsäurelösung mit 2 g Hefe gründlich durch, füllt das Gemisch in eine der üblichen Gärungsröhren nach Schroetter, schließt das Röhrchen mit einigen Tropfen Quecksilber ab und stellt es in ein Becherglas, das mit Wasser von 38—40° C gefüllt ist. Schon nach 5 Minuten beobachtet man die Entwicklung kleiner Gasblasen, und nach Verlauf von 20 bis 25 Minuten ist das Röhrchen mit Brenztraubensäure zu ca. $3/4$, das mit Oxalessigsäure etwa zur Hälfte ausgegoren. Zum Beweise, daß das gebildete Gas reines Kohlendioxyd ist, bringt man in den langen Schenkel des Gärungsröhrchens etwas Kalilauge und beobachtet dann eine heftige und vollständige Absorption des Gases. — Auch den Nachweis der Bildung von Azetaldehyd kann man hierbei qualitativ führen, indem man aus dem offenen Schenkel des Gärröhrchens etwas von dem Gärgut entnimmt, mit Wasser verdünnt, durch Zusatz von kolloidalem Eisenhydroxyd klärt und in dem klaren Filtrat die Azetaldehydreaktion nach Rimini (s. o.) ausführt.

Zu Gärversuchen, sowohl zuckerhaltigen wie zuckerfreien, verwendet man entweder Aufschwemmungen von frischer Preßhefe oder Hefepreßsaft oder Lösungen aus Dauerhefepräparaten.

Darstellung von Hefepreßsaft nach Buchner[1].

Das Verfahren zerfällt in folgende Abschnitte:
1. Waschen der Brauereihefe, 2. Entwässern der gewaschenen Hefe, 3. Mischen mit Quarzsand und Kieselgur, 4. Zerreiben unter Zerreißung der Zellmembranen, 5. Auspressen der erhaltenen teigförmigen Masse. 4. und 5. werden nochmals wiederholt.

Im einzelnen gestaltet sich die Ausführung folgendermaßen:

Die aus der Brauerei bezogene Hefe wird in der Weise gewaschen, daß man sie auf ein Haarsieb ausbreitet und sie mittels aufgegossenen Wassers durch das Sieb in hohe Gefäße (25 l Inhalt) mit Wasser hindurchschwemmt. Nachdem sich die Hefe zu Boden gesetzt hat, hebert man das darüberstehende Wasser ab. Dieser ganze Waschprozeß wird zwei- bis dreimal wiederholt, bis das Waschwasser klar und farblos bleibt. Schließlich koliert man die Hefe durch ein Koliertuch auf einem Filtrierrahmen, schlägt das Koliertuch in ein Preßtuch ein und preßt die Masse in der hydraulischen Presse 5 Minuten lang bei einem Druck von 50 Atmosphären, um die Hefe möglichst zu entwässern. Die entwässerte Hefe wird

---
[1] E. und H. Buchner und M. Hahn, l. c. S. 458.

hierauf in einer großen Schale mit feinem Quarzsand und mit Kieselgur oder Infusorienerde im Verhältnis von 1000 g entwässerte Hefe, 1000 g Quarzsand und 2—3000 g Kieselgur zunächst mit den Händen tüchtig gemengt und durch ein grobes Sieb geschlagen und dann in einer Reibeschale gründlichst zerrieben. Hierbei zerreißen die scharfen Quarzsplitter die Hefezellen und die von den Zellen entleerte Flüssigkeit wird sofort von dem äußerst voluminösen Kieselgur aufgesaugt. Es muß so lange zerrieben werden bis sich die teigförmige Masse von selbst zusammenballt und von der Wandung der Reibeschale ablöst, was für eine Portion von 300—400 g des Gemenges $2\frac{1}{2}$—3 Minuten dauert. Da der Erfolg des ganzen Verfahrens von der möglichst vollständigen Zertrümmerung der Hefezellen abhängt, ist eine mikroskopische Kontrolle sehr wünschenswert. — Das Preßtuch, in welches die teigförmige Masse eingeschlagen werden soll, wird vor dem Gebrauch mit kaltem Wasser gründlich getränkt und hernach in der hydraulischen Presse bei 50 Atmosphären Druck von dem Überschuß an Wasser befreit. Hiernach kommt das Hefegemisch in das Preßtuch und wird in einer hydraulischen Presse bei einem allmählich bis auf 300 Atmosphären steigenden Druck ausgepreßt. Der abfließende Saft tropft direkt aus der Presse auf ein gewöhnliches Faltenfilter und fließt durch dieses in ein in Eiswasser stehendes Gefäß. Die Ausbeute von Preßsaft aus 1 kg Hefe schwankt für gewöhnlich zwischen 450 und 500 ccm. — Da der rückständige Preßkuchen noch sehr erhebliche Mengen von Zymase enthält, kann man durch wiederholtes Zerreiben und Auspressen, besonders bei abermaligem Zusatz von Wasser, noch sehr wirksame Preßsäfte erzielen.

Die so gewonnene Zymaselösung ist nur kurze Zeit wirksam, schon nach mehrtägigem Stehen ist sie völlig inaktiv. Etwas länger wirksam hält sie sich im gefrorenen Zustand, doch läßt ihre Wirksamkeit auch so bald nach.

Das Verschwinden der Zymase aus Hefepreßsäften beruht darauf, daß durch das Stehen das Koenzym abgetötet wird. Denn es gelingt unwirksam gewordene Zymaselösung durch Zusatz von Koenzym wieder zu aktivieren. Das Koenzym ist aller Wahrscheinlichkeit nach eine organische Phosphorverbindung, welche durch die im Preßsaft enthaltene Lipase zerlegt und auf diese Weise unwirksam gemacht wird (Buchner und Klatte[1]). In gekochtem Hefepreßsaft bleibt aber das Koenzym lange wirksam.

---

[1] E. Buchner und F. Klathe, Über das Ko-Enzym des Hefepreßsaftes. Biochem. Zeitschr. 8, 520, 1908.

IV. Nachweis von Monosaccharide spaltenden Fermenten.

Darstellung von haltbarem Koenzym (Kochsaft) nach Buchner.

Frischer Hefepreßsaft wird auf dem Wasserbad bis zum Gerinnen erhitzt und filtriert. Das Filtrat wird nun noch einmal kurz aufgekocht und von dem auskoagulierenden Eiweiß durch Filtration getrennt. Hiernach wird das Filtrat auf dem Wasserbad zu einem dünnen Sirup eingeengt und ist als Koenzymlösung so gebrauchsfertig.

Man kann sich Kochsaft auch in der Weise herstellen, daß man frische (bis auf 70% Wassergehalt) abgepreßte Hefe auf dem Wasserbad erhitzt und die abzentrifugierte Lösung als Koenzym verwendet. Ein Unterschied in der Wirksamkeit der beiden Kochsäfte besteht nicht. Die Kochsäfte behalten lange Zeit ihre Wirksamkeit. — Eine andere Methode zur Darstellung von wirksamem Kochsaft haben Harden und Young[1]) angegeben; sie beruht auf der Filtration von Hefesaft durch ein Gelatinefilter.

Viel länger haltbar als in Hefepreßsäften ist die Zymase in Dauerhefepräparaten. Für deren Darstellung sind mehrere Methoden angegeben, ich teile aber nur das Verfahren von Buchner und das von v. Lebedew mit.

Darstellung von Azetondauerhefe nach Buchner[2]).

Frische ausgewaschene Brauereiunterhefe wird bei einem Druck von 50—100 Atmosphären ausgepreßt, 500 g davon zwischen den Händen zu einem groben Pulver verrieben und auf ein Sieb (100 Maschen auf 1 qcm) verteilt. Nunmehr wird das Sieb in eine flache Schale, in der sich 3 l Azeton befinden, eingetaucht und durch Heben und Senken des Siebes in der Flüssigkeit unter Nachhilfe mit einem Bürstchen in 3—4 Minuten durch die engen Maschen geschwemmt. Die Hefe bleibt nach dem Eintragen unter häufigem Umrühren noch 10 Minuten im Azeton liegen. Hierauf wird nach kurzem Absetzen die Flüssigkeit größtenteils abgegossen und die Hefe in einer Nutsche auf gehärtetem Filtrierpapier unter kräftigem Anpressen mit einem geeigneten Stempel möglichst trocken abgesaugt. Den nunmehr grob zerkleinerten Hefekuchen übergießt man aufs neue in der Schale mit einem Liter Azeton, rührt 2 Minuten durch und saugt die Flüssigkeit wieder auf der Nutsche möglichst vollständig ab. Die Masse wird sodann grob gepulvert, in einer kleinen Schale mit 250 ccm Äther übergossen, 3 Minuten

---
[1]) A. Harden und W. J. Young, Das alkoholische Ferment des Hefesaftes. Proc. roy. soc. London 77, 405. 1906.
[2]) E. und H. Buchner und M. Hahn, l. c. S. 265.

durchgeknetet und auf der Nutsche vom Äther befreit. Hiernach wird die Hefe auf Papier ausgebreitet, ½—1 Stunde im Zimmer an der Luft gelagert und schließlich durch 24 stündiges Erwärmen im Trockenschrank bei 45⁰ C völlig getrocknet. — Die so gewonnene Azeton-Dauerhefe stellt ein fast weißes, staubtrockenes Pulver dar, das unter dem Namen „Zymin" bei Schroder, München, Landwehrstraße 45, erhältlich ist. — Das Präparat bleibt monatelang gut wirksam.

Ein noch wirksameres Produkt liefert das Verfahren von v. Lebedew.

Darstellung von Trockenhefe und Hefesaft nach v. Lebedew[1]).

Ein Eimer frische Brauereihefe wird in einen Behälter von 50 l Inhalt gegossen und in das Gefäß direkt aus der Wasserleitung Wasser langsam hineingelassen, indem man von Zeit zu Zeit die Hefe mit einem Stock umrührt. Man wäscht so lange bis das Wasser klar und ungefärbt abfließt und läßt darauf die Hefe gut absetzen. Ist man gezwungen mit der Verarbeitung bis zum nächsten Tage zu warten, so läßt man die Hefe im Wasser liegen, tut aber im Sommer, um die Temperatur möglichst niedrig zu halten, ein großes Stück Eis in den Behälter. Das über der Hefe stehende Wasser wird dekantiert, die Hefe auf ein dünnes Filtriertuch gebracht, sobald das Wasser abgelaufen ist, in ein Preßtuch geschlagen und mit einer gewöhnlichen Handpresse ausgepreßt, bis die Masse so trocken wird, daß man sie durch ein 5 mm-Sieb leicht durchsieben kann. Die durchgesiebte Hefe breitet man auf Filtrierpapier in dünner Schicht aus und läßt sie im Trockenschrank oder Thermostaten bei 25—30⁰ C trocknen, was meist zwei Tage in Anspruch nimmt. Die nach dieser Vorschrift hergestellte Trockenhefe, die mehrere Monate ihre Wirksamkeit unverändert behält, ist bei Schroder, München, Landwehrstraße 45, käuflich zu haben. —

Zur Herstellung von wirksamem Hefesaft rührt man 50 g Hefe mit 150 ccm Wasser in einer Schale zu einem homogenen Brei an, läßt den Brei zwei Stunden im Thermostaten bei 35⁰ C oder sechs Stunden bei 25⁰ C stehen und filtriert dann durch einen Faltenfilter. Man erhält auf diese Weise einen klaren Saft, der weit größere Gärkraft besitzt als der Buchnersche Preßsaft. Im Sommer ist es ratsam, das Filtrat unter Eiskühlung aufzufangen.

---

[1]) A. v. Lebedew, Darstellung des aktiven Hefesaftes durch Mazeration. Zeitschr. f. physiol. Chem. **73**, 447. 1911.

B. Fettspaltende Fermente (Lipasen, Esterasen).

Sie haben die Fähigkeit, Fett und fettähnliche Körper durch Hydrolyse in ihre einzelnen Komponenten zu zerlegen. Je nachdem sie imstande sind, neutrale Fette oder Lezithin oder Monobutyrin oder einfache resp. aromatische Ester zu spalten, unterscheidet man die eigentliche Lipase (Steapsin), Lezithinase, Monobutyrase, Esterase.

1. Die eigentliche Lipase (Steapsin).

Sie spaltet neutrales Fett unter Aufnahme von Wasser in Glyzerin und Fettsäuren.

Vorkommen. Sie ist im Tier- und Pflanzenreich weit verbreitet. Im tierischen Organismus findet sie sich im Pankreas und Pankreassaft, im Magensaft, im Darmsaft, in der Leber, der Lunge, dem Knochenmark, ferner im Hühnerei. Im Pflanzenreich hat man sie beobachtet in verschiedenen Samen, speziell im Rizinussamen, im Kürbis, in Kokosfrüchten, in höheren und niederen Pilzen, in Bakterien und in der Hefe.

Nachweis.

Er geschieht im Prinzip in der Weise, daß man die zu untersuchende lipasehaltige Lösung auf irgend ein Neutralfett einwirken läßt und danach feststellt, ob das Gemisch seine Reaktion gegen früher geändert hat. Hat eine Fettspaltung stattgefunden, so muß die Mischung einen mehr oder weniger hohen Säuregrad angenommen haben. Dieser ist um so größer, je mehr Fett gespalten worden ist.

a) qualitativ.

Qualitativ ist der Nachweis der Fettspaltung so zu führen, daß man 2 Kölbchen mit gleichen Mengen der zu untersuchenden Fermentlösung beschickt, in dem einen, zur Kontrolle dienenden das Ferment durch Kochen zerstört und nun zu beiden Kölbchen gleiche Quantitäten (10 ccm) einer neutralen Fettemulsion oder Milch zugibt. Hiernach fügt man zu beiden Portionen so viel Alkali zu, daß sie auf Zusatz von ein paar Tropfen Lackmustinktur sich schwach blau färben und stellt sie auf mehrere Stunden in den Brutschrank. Alsdann kontrolliert man, ob sich in der vorher nicht erhitzten Portion die Farbe geändert hat. Hat eine Fettspaltung stattgefunden, so muß in diesem Kölbchen wegen der entstandenen freien Fettsäuren die Lösung eine rote Farbe angenommen haben, während die Kontrolle noch nach wie vor die blaue Farbe zeigt.

b) quantitativ.

Der quantitative Nachweis geschieht im Prinzip genau wie der qualitative, nur daß man hier die durch die Lipase in Freiheit gesetzte Fettsäuremenge durch Titration mit $^1/_{10}$ normal-Natronlauge quantitativ bestimmt.

Erforderliche Lösungen.
1. Fermentlösung.
Über Darstellung von Organextrakten etc. s. unten.
2. Ölemulsion.

Nach Kanitz[1]) stellt man sie in der Weise her, daß man zu käuflichem Olivenöl oder Rizinusöl so lange $^1/_{10}$ n NaOH unter ständigem Schütteln zugibt, bis bei Zusatz von ein paar Tropfen Phenolphthalein das Gemisch eine schwach rosarote Farbe annimmt. Schüttelt man dabei stark durch, so erhält man eine vollkommen gleichmäßige Emulsion, die wochenlang haltbar ist.

3. $^1/_{10}$ normal-Natronlauge.
4. 1 %ige alkoholische Phenolphthaleinlösung.
5. 96 %igen säurefreien Alkohol.
6. Säurefreier Äther.

Ausführung. Je 2—5 ccm Fermentlösung werden in zwei Kölbchen mit je 10,0 ccm Ölemulsion und etwas Toluol versetzt und 10—24 Stunden im Brutschrank gehalten. Zur Kontrolle werden zwei andere Kölbchen mit vorher erhitzter Fermentlösung und der gleichen Menge Ölemulsion beschickt und ebenfalls in den Brutschrank gestellt. Nach Ablauf der Frist werden die Gemische mit je 50 ccm 96 %igem Alkohol und 5 ccm Äther, sowie mit 3 Tropfen Phenolphthalein versetzt und mit $^1/_{10}$-normal-Natronlauge bis zum Eintritt der ersten Rosafärbung titriert. Aus

---

[1]) A. Kanitz, Über das Pankreassteapsin. Zeitschr. f. physiol. Chemie. **46**, 482. 1905. — Derselbe, Beiträge zur Titration hochmolekularer Fettsäuren. Ber. d. deutsch. chem. Ges. **36**. Jahrg. 400. 1903.

1. Die eigentliche Lipase (Steapsin).

den für beide Kölbchenpaare ermittelten Zahlen wird das Mittel berechnet und der für die Kontrollkölbchen ermittelte Wert von dem andern abgezogen. Die so erhaltene Zahl ist ein genaues Maß für den Umfang der Fettspaltung. — Will man aus ihr die Mengen der freien Fettsäuren direkt berechnen, so hat man die Zahl der verbrauchten Kubikzentimeter $^1/_{10}$ n NaOH zu multiplizieren mit dem Faktor 28,16 und erhält so die Menge der abgespaltenen Fettsäuren in Milligramm, auf Ölsäure berechnet.

Methode von Volhard-Stade[1]).

Sie beruht im Prinzip darauf, daß das Verdauungsgemisch mit Äther und etwas Alkohol ausgeschüttelt wird, und daß in einem aliquoten Teil des Ätherextraktes zuerst die freien Fettsäuren und nach Verseifung des Neutralfettes die in diesem gebundenen Fettsäuren titrimetrisch bestimmt werden. Aus den Titrationswerten läßt sich dann die Größe der Fettspaltung in Prozenten berechnen.

Erforderliche Lösungen.
1. Fermentlösung.
Herstellung s. unten.
2. Eigelbemulsion.

Drei Eigelb werden in einem Kölbchen mit 100 ccm Wasser versetzt und so lange geschüttelt, bis eine gleichmäßige Emulsion entstanden ist.

3. Säurefreier Äther.
4. 96%iger Alkohol.
5. 1%ige alkoholische Phenolphthaleinlösung.
6. $^1/_{10}$ normal-Natronlauge.
7. $^1/_1$ normal-Natronlauge.
8. $^1/_1$ normal-Schwefelsäure.

Ausführung. 2—5 ccm Fermentlösung werden in einem 150—200 ccm fassenden Kölbchen von Jenenser Glas mit 10 ccm Eigelbemulsion und etwas Toluol versetzt und 4—24 Stunden im Brutschrank bei 38—40° C stehen gelassen. Hiernach wird das Gemisch mit 75 ccm Äther und zur Beschleunigung der Schichtung mit 2 ccm Alkohol übergossen, gut verschlossen und so lange kräftig geschüttelt, bis der oben aufsitzende Äther einen intensiv gelben Farbenton zeigt, ein Beweis, daß Neutralfette und Fettsäuren in genügender Menge extrahiert sind. Es ist nicht nötig, sämtliche Fette und Fettsäuren zu extrahieren, da die Spaltung in Prozenten ausgedrückt wird und Fett und Fettsäuren

---
[1]) W. Stade, Untersuchungen über das fettspaltende Ferment des Magens. Hofmeisters Beitr. **3**, 291. 1903.

stets in gleichem Verhältnis in den Äther übergehen. — Sobald nach Beendigung des Schüttelns sich der Äther von dem Verdauungsgemisch getrennt und geklärt hat, werden 50 ccm desselben in ein Erlenmeyerkölbchen gegossen, mit 50 ccm säurefreiem Alkohol und ein paar Tropfen Phenolphthalein versetzt und mit $^1/_{10}$ n NaOH bis zum Eintritt des ersten roten Farbentones titriert (I. Titration). — Hiernach werden genau 10,0 ccm $^1/_1$ n NaOH zugegeben und das Gemisch zwecks Verseifung 24 Stunden fest verschlossen bei Zimmertemperatur stehen gelassen. Nach Beendigung der Verseifung werden zur Neutralisation der Natronlauge genau 10,0 ccm $^1/_1$ n H_2SO_4 zugefügt und nun die aus dem Neutralfett freigewordenen Fettsäuren abermals mit $^1/_{10}$ n NaOH titriert (II. Titration). — Da durch die Verseifung das Glas angegriffen wird, so empfiehlt es sich, die Kölbchen vor dem wiederholten Gebrauch auszudampfen.

Berechnung. Aus den bei beiden Titrationen erhaltenen Werten berechnet man den Prozentgehalt der durch die Lipase abgespaltenen Fettsäuren nach der Formel $\frac{I \cdot 100}{I+II}$. An einem Beispiel sei die Berechnung durchgeführt

I. Titration: durch Lipase abgespaltene Fettsäuren
$= 16{,}3$ ccm $^1/_{10}$ n NaOH

II. Titration: durch Verseifung abgespaltene Fettsäuren
$= 19{,}2$ ccm $^1/_{10}$ n NaOH

I + II Summe der Fettsäuren $= 35{,}5$ ccm $^1/_{10}$ n NaOH

Mithin beträgt die Menge der durch die Lipase abgespaltenen Fettsäuren $= \frac{16{,}3 \cdot 100}{35{,}5} = 45{,}9\,\%$.

2. Lezithinase.

Sie hat die Fähigkeit, Lezithin in seine einzelnen Komponenten zu zerlegen.

Vorkommen. Sie findet sich fast überall dort, wo das Steapsin anzutreffen ist, also in der Leber, Niere, Pankreas und Pankreassaft, Darmsaft, Blut, Aszites, Hydrozelenflüssigkeit und auch in verschiedenen Samen, besonders in Rizinussamen und Bakterien und Pilzen, speziell in der Hefe.

Nachweis.

a) qualitativ.

Er geschieht in ganz analoger Weise wie beim Steapsin. Man stellt sich aus dem im Handel befindlichen Lezithin eine

2. Lezithinase.

2—3%ige wässerige Lezithinemulsion her und läßt auf diese das zu untersuchende Extrakt bei Brutschranktemperatur mehrere Stunden einwirken. Reagiert danach das anfänglich neutrale Gemisch sauer, so hat eine Zerlegung des Lezithins stattgefunden. Die Menge der Säure kann man titrimetrisch bestimmen und so den Umfang der Spaltung quantitativ messen.

b) quantitativ.

Für die quantitative Bestimmung der Lezithinase sind somit folgende Lösungen erforderlich:

1. Fermentlösung.
(Serum, Sekret, Extrakt etc. Darstellung s. unten.)
2. 2%ige Lezithinemulsion.

2 g Lezithin werden in einem Kölbchen unter Erwärmen auf dem Wasserbad in 5 ccm Methylalkohol gelöst, zu der Lösung unter ständigem Rühren 100 ccm destilliertes Wasser zugegeben und tüchtig geschüttelt. Dabei entsteht eine vollkommen homogene, milchig aussehende Emulsion. Danach wird die Lösung ein paar Minuten auf einem stark siedenden Wasserbad erhitzt, wobei sich der Methylalkohol vollkommen verflüchtet, und hinterher abgekühlt. Die Emulsion ist in diesem Zustande, im Eisschrank aufbewahrt, längere Zeit haltbar.

3. $1/20$ normal-Natronlauge.
4. 1%ige alkoholische Phenolphthaleinlösung.
5. 96%igen säurefreien Alkohol.

Ausführung. Für jeden Versuch sind vier Kölbchen von 100 ccm Inhalt erforderlich; zwei von ihnen dienen für den Hauptversuch, zwei für die Kontrolle. Je 1—2 ccm Fermentlösung — bei schwach wirksamen Lösungen verwendet man entsprechend mehr — werden in die beiden ersten Kölbchen gebracht und je 10 ccm Lezithinemulsion zugefügt. In die beiden anderen als Kontrolle dienenden Kölbchen wird die gleiche Menge vorher durch Erhitzen inaktivierter Fermentlösung und das gleiche Quantum Lezithinemulsion (10 ccm) gebracht. Die vier Kölbchen werden dann mit etwas Toluol beschickt, fest verschlossen in den Brutschrank gebracht und dort 24 Stunden belassen. Nach Ablauf der Frist werden alle vier Kölbchen mit 30 ccm Alkohol und 1 Tropfen Phenolphthalein versetzt und mit $1/20$ n NaOH bis zum Auftreten der ersten bleibenden Rotfärbung titriert. Aus den Zahlen für die Kontrolle wie für den Hauptversuch wird das Mittel berechnet und die für die Kontrolle verbrauchte Alkalimenge von der im Hauptversuch ermittelten abgezogen. Die

Differenz entspricht der durch die Lezithinase in Freiheit gesetzten Säuremenge; sie fällt um so größer aus, je stärker die Lezithinase ist.

Will man wissen, in welchem Umfange das für den Versuch verwandte Lezithin von der Lezithinase gespalten wurde, so kann man sich hierfür der Methode von Volhard-Stade bedienen, die im vorigen Abschnitt ausführlich wiedergegeben wurde. Statt der Eigelbemulsion verwendet man natürlich die Lezithinemulsion, verfährt aber im übrigen genau wie auf S. 103 angegeben ist. Die Methode ist leicht ausführbar und liefert, wie Schumoff-Simanowski und N. Sieber[1]) gezeigt haben, auch für die Lezithinase gute Resultate.

3. Monobutyrinase.

Sie vermag Monobutyrin in Glyzerin und Buttersäure zu zerlegen.

Vorkommen. Man ist ihr in fast allen Organen begegnet, so in der Leber, Niere, den Muskeln, im Blut, Pankreas und Pankreassaft, Magensaft, ferner im Harn, im Aszites, in Hydrozelenflüssigkeit, im Fruchtwasser, in der Plazenta, im Fötus, in Pflanzensamen, Bakterien und verschiedenen Pilzen.

Nachweis.

a) qualitativ.

Er wird in der Weise geführt, daß man die das Ferment enthaltende Lösung mit ein paar Tropfen Monobutyrin resp. mit einer wässerigen Monobutyrinlösung versetzt, das Gemisch mehrere Stunden im Brutschrank aufbewahrt und nachher feststellt, ob die Lösung gegen früher einen höheren Säuregrad aufweist. Ist sie saurer geworden, so beruht dies auf einem Freiwerden von Buttersäure, also einer Spaltung von Monobutyrin. Die freigewordene Säure kann man titrimetrisch bestimmen und hat so einen Maßstab für den Umfang der Spaltung.

b) quantitativ.

Für die quantitative Bestimmung sind folgende Lösungen erforderlich:

---

[1]) C. Schumoff-Simanowski und N. Sieber, Das Verhalten des Lezithins zu fettspaltenden Fermenten. Zeitschr. f. physiol. Chem. **49**, 50. 1906.

1. **Fermentlösung.**
(Serum, Sekret, Extrakt etc. Darstellung s. unten.)
2. **1 %ige Monobutyrinlösung.**

1 ccm Monobutyrin (Kahlbaum) wird in einem Kölbchen mit 100 ccm destilliertem Wasser so lange geschüttelt, bis sich das Monobutyrin in dem Wasser vollkommen gleichmäßig verteilt hat. Alsdann wird die Lösung durch vorsichtigen Zusatz von stark verdünnter Sodalösung genau neutralisiert und filtriert. So bleibt sie, im Eisschrank aufbewahrt, tagelang gebrauchsfertig. — Arbeitet man mit Serum, so verwendet man zur Herstellung der Lösung eine isotonische Kochsalzlösung.

3. $^1/_{20}$ **normal-Natronlauge.**
4. **1 %ige alkoholische Phenolphthaleinlösung.**

Ausführung. Je 1—2 ccm Fermentlösung werden in zwei kleine Kölbchen mit je 10 ccm Monobutyrinlösung zusammengebracht, gut durchgemischt und auf 10—24 Stunden in den Brutschrank gestellt. Gleichzeitig werden zur Kontrolle in einem anderen Kölbchenpaar genau die gleiche Menge vorher erhitzter (inaktivierter) Fermentlösung und je 10 ccm Monobutyrinlösung gemischt und gleich lange im Brutschrank gehalten. Nach Ablauf der Frist wird zu sämtlichen vier Kölbchen je ein Tropfen Phenolphthalein hinzugefügt und nun alle mit $^1/_{20}$ normal-Natronlauge bis zum Eintritt einer Rotfärbung titriert. Aus den verbrauchten Mengen wird für jedes Paar das Mittel berechnet und die für die Kontrolle erforderliche NaOH-Menge von der im Hauptversuch verbrauchten subtrahiert. Die so gefundene Zahl dient als Maß für die durch die Monobutyrinase in Freiheit gesetzte Säuremenge.

Methode von Rona und Michaelis[1].

Prinzip. Sie beruht darauf, daß eine Mono- resp. Tributyrinlösung ihre Oberflächenspannung ändert, sobald sie eine fermentative Zersetzung erfährt. Zur Messung der Oberflächenspannung dient die von Traube angegebene Tropfmethode. Jede Änderung der Oberflächenspannung einer Lösung dokumentiert sich durch die veränderte Zahl der Tropfen, die beim Entleeren eines bestimmten Flüssigkeitsvolumens aus einer Kapillarröhre gebildet wird, und zwar nimmt die Tropfenzahl ab, wenn die Oberflächenspannung zunimmt, und umgekehrt.

---

[1] P. Rona und L. Michaelis, Über Ester- und Fettspaltung im Blute und im Serum. Biochem. Zeitschr. **31**, 345. 1911.

B. Fettspaltende Fermente (Lipasen, Esterasen).

Erforderliche Lösungen.
1. **Fermentlösung.**
Blut, Organextrakt etc. Darstellung s. unten.
2. **Monobutyrinlösung.**
Man schüttelt 4—5 Tropfen Monobutyrin mit 1 Liter destilliertem Wasser längere Zeit, läßt das ungelöste Monobutyrin sich absetzen und filtriert durch ein feuchtes Filter. Um ganz sicher zu sein, daß kein ungelöstes Monobutyrin durch das Filter gegangen ist, füllt man das Filtrat in einen großen Scheidetrichter und wartet kurze Zeit ab. Etwaige Tröpfchen von ungelöstem Monobutyrin sammeln sich an der Oberfläche an, und man kann durch Öffnen des Hahnes aus dem Scheidetrichter die gewünschte Menge Monobutyrinlösung entnehmen. — In der gleichen Weise verfährt man bei der Herstellung von Tributyrin.
3. **Phosphatlösungen.**

Erforderlich sind $\frac{n}{3}$ primäres und $\frac{n}{3}$ sekundäres Natriumphosphat. Eine $\frac{n}{3}$ primäre Natriumphosphatlösung wird hergestellt, indem man 10 ccm molare Phosphorsäure mit 10 ccm normaler Natronlauge und 10 ccm destilliertem Wasser vermischt. Eine $\frac{n}{3}$ sekundäre Natriumphosphatlösung erhält man durch Mischen von 10 ccm Phosphorsäure mit 20 ccm normaler Natronlauge. — Von diesen beiden Lösungen stellt man sich ein Gemisch her, indem man 1 Teil primäres Phosphat mit 7 resp. 9 Teilen sekundäres Phosphat mischt, und setzt von diesem Gemisch 2,0 ccm zum Re-aktionsgemisch zu; dieser Zusatz ist unbedingt notwendig, weil nur so die für die Lipasespaltung optimale neutrale Reaktion jederzeit auch bei fortschreitender Spaltung garantiert ist.

Zur Bestimmung der Tropfenzahl dient eine in der Mitte zu einer Kugel ausgeblasene Pipette, die oberhalb der Kugel eine Eichmarke trägt. Diese Marke ist so gewählt, daß destilliertes Wasser von 18°, welches die Pipette von der Marke bis zur Ausmündungsstelle füllt, beim Ausfließen ungefähr 100 Tropfen liefert. Die Pipette ist bei den Vereinigten Werken für Laboratoriumsbedarf, Berlin, Luisenstraße zum Preise von 0,75 Mk. erhältlich.

Ausführung. 1—2 ccm Fermentlösung (Blut oder Serum oder Organextrakt etc.) werden mit 50 ccm Monobutyrinlösung unter Zusatz des Phosphatgemisches (2 ccm) gemischt und gründlichst durchgeschüttelt. Es wird sofort die Oberflächenspannung dieses Gemisches mit Hilfe der oben beschriebenen Tropfpipette bei

3. Monobutyrinase.

einer Temperatur von 18° C in der Weise gemessen, daß man die Lösung mit der Pipette genau bis zur Marke aufsaugt, dann durch Öffnen des verschließenden Fingers die Lösung auslaufen läßt und die Tropfenzahl bestimmt. Danach wird das Gemisch auf eine halbe Stunde in den Thermostaten gebracht, nach Ablauf der Frist wieder auf 18° abgekühlt und abermals die Oberflächenspannung durch Tropfenzählen bestimmt; und so verfährt man nach ein, zwei und mehreren Stunden. Hat eine Spaltung des Monobutyrins stattgefunden, so hat sich die Oberflächenspannung des Gemisches im Sinne einer Zunahme geändert, demnach muß die Tropfenzahl gegenüber dem Anfangswert abgenommen haben. Der Grad und die Schnelligkeit der Abnahme der Tropfenzahl unter dem Einfluß der Brutschrankwärme ist ein genaues Maß für die Wirksamkeit der untersuchten Fermentlösung.

Der Fehler bei der Tropfenzählung beträgt $\pm$ 1%.

Es ist sehr zweckmäßig, die so erhaltenen Werte in ein Abszissen- und Ordinatensystem einzutragen, wie dies Rona und Michaelis tun. Als Beispiel führe ich aus ihrer zitierten Arbeit je einen Versuch mit Kaninchenblut und Monobutyrin resp. Meerschweinchenblut und Tributyrin an (l. c. S. 349, Versuch X und S. 353, Versuch XVIII).

Kaninchen
I. Kaninchenserum 0,5 : 50 [1])
II. Serum auf 70° erwärmt 0,5 : 50
III. Serum aufgekocht 1,5 : 50

Meerschweinchen
I. Blut 1 : 50 [2])
II. Serum 1 : 50
III. Fluornatriumserum 1 : 50

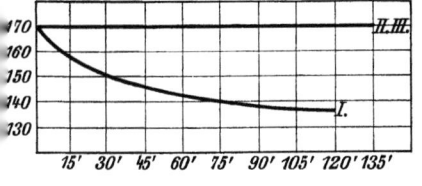
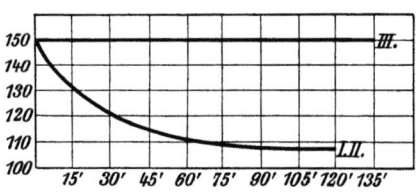

Mit dieser Methode wurde ermittelt, daß das Serum von Kaninchen und Meerschweinchen stark wirksam ist, während Schwein-, Hammel- und Rinderserum nur eine schwache spaltende Wirkung besitzen.

---
[1]) Kaninchenserum 0,5 : 50 bedeutet 0,5 ccm Serum + Monobutyrin gesättigte Lösung auf 50 ccm.
[2]) Blut 1 : 50 bedeutet 1 ccm Blut + Tributyrin gesättigte Lösung auf 50 ccm.

B. Fettspaltende Fermente (Lipasen, Esterasen).

Außer Serum resp. Blut kann man natürlich auch sämtliche Sekrete, Organpreßsäfte, Extrakte etc. mit dieser Methode auf ihre fettspaltende Fähigkeit untersuchen. Siehe darüber weiter unten.

4. Esterasen.

Sie schließen sich eng an die Monobutyrinase an, indem sie einfache Ester vom Typus des Äthylbutyrats und aromatische Ester wie Salizylsäureamylester zu spalten vermögen.

Vorkommen. Sie finden sich meist vergesellschaftet mit dem die Glyzerinester Monobutyrin resp. Tributyrin spaltenden Fermenten, sind also vorwiegend anzutreffen in Pankreas, Leber, Darm, Muskeln etc.

Nachweis.

a) mit Hilfe von Äthylbutyrat. Man verfährt so, daß man sich, wie beim Monobutyrin, eine 1%ige wässerige Lösung des Esters herstellt, die Lösung mit Soda von schwacher Konzentration neutralisiert, einen aliquoten Teil der neutralen Lösung mit einer bestimmten Fermentmenge mischt, das Gemisch nach Zusatz von etwas Toluol gründlichst schüttelt und auf 24 Stunden in den Brutschrank stellt. Hiernach setzt man ein paar Tropfen Phenolphthalein zu und stellt nun durch Titration mit $^1/_{20}$ normal-Natronlauge die Menge der abgespaltenen Buttersäure fest.

Weitere Einzelheiten ergeben sich aus der Vorschrift für den quantitativen Nachweis der Monobutyrinase s. S. 106.

Wahrscheinlich ist für die quantitative Bestimmung dieser Esterase auch die Methode von Rona und Michaelis (s. S. 107) geeignet.

b) mit Hilfe von Salizylsäureamylester. Magnus[1]) gibt hierfür folgendes Verfahren an:

20 ccm Lebersaft (Darstellung s. unten) werden mit 1 ccm des Esters und einem Überschuß von Toluol bei neutraler Reaktion (Lackmus) 4 Tage im Thermostaten bei 37° digeriert, danach wird aufgekocht und filtriert. Auf dem Filter bleibt der ungespaltene Ester zurück, während in das Filtrat die abgespaltene Salizylsäure übergeht. Aus dem Filtrat wird die Salizylsäure in der Weise isoliert, daß man das Eiweiß durch Kochen mit verdünnter Schwefelsäure entfernt, das Filtrat mit Natriumkarbonat schwach alkalisch macht, auf dem Wasserbad bis zum dicken Sirup einengt, mit 96%igem Alkohol extrahiert und filtriert. Aus dem

---

[1]) R. Magnus, Zur Wirkung des esterspaltenden Fermentes (Lipase) der Leber. Zeitschr. f. physiol. Chem. 42, 149. 1904.

alkoholischen Filtrat wird der Alkohol möglichst vollständig auf dem Wasserbad verjagt, der Rückstand in Wasser gelöst, mit Schwefelsäure angesäuert und das saure Gemisch mehrfach mit Äther im Scheidetrichter ausgeschüttelt. Beim Abtrennen des Äthers von der wässerigen Lösung ist sorgfältig darauf zu achten, daß von der noch etwa vorhandenen Emulsion nichts in den Äther mit übergeht, da die Schwefelsäure schon in geringen Mengen die später auszuführende Eisenchloridreaktion hemmt. Aus diesem Grunde ist es auch nicht statthaft, zur besseren Trennung des Äthers von der wässerigen Schicht Alkohol zu verwenden, da dieser in die Ätherauszüge Schwefelsäure überführen kann. Die vereinigten Ätherauszüge werden filtriert und abdestilliert. Der nunmehr bleibende Rückstand enthält die Salizylsäure, die man entweder durch ihren Schmelzpunkt (F = 155°) oder mit Hilfe der Eisenchloridreaktion (Violettfärbung) identifizieren kann.

Isolierung der Esterase aus Leber nach Magnus.

Als Ausgangsmaterial dient Lebersaft, der aus fein gewiegter und mit Quarzsand zerriebener frischer Rindsleber durch zweimalige Extraktion mit toluolgesättigter 0,9 %iger Kochsalzlösung und darauffolgendes Kolieren bzw. Abzentrifugieren gewonnen wird. 100 ccm dieses Lebersaftes werden nach der Vorschrift von Rosell[1]) mit der gleichen Menge gesättigter Uranylazetatlösung ausgefällt und mit gesättigter Lösung von Soda und Natriumphosphat neutralisiert; hiernach wird noch so viel Natriumphosphatlösung zugefügt, bis im Filtrat mit Natriumphosphat kein Niederschlag mehr zu erzielen ist. Darauf wird sofort abfiltriert, der Niederschlag 20 Stunden unter 100 ccm 0,9 %iger NaCl-Lösung stehen gelassen und schließlich wieder abfiltriert. Das Filtrat, welches schwach alkalisch reagiert, wird mit $1/20$ normal-Schwefelsäure versetzt, bis eine leichte Trübung auftritt, und ihm wieder so viel $1/20$ normal-Natronlauge zugefügt, bis die Trübung gerade anfängt, zu verschwinden. Dann reagiert die Flüssigkeit gegen Lackmus neutral und wird unter Toluol aufbewahrt.

So gewonnene Lösungen sind in den meisten Fällen außerordentlich wirksam, unter Umständen quantitativ ebenso wirksam, wie eine entsprechende Menge des Lebersaftes.

Die Fermentlösung büßt ihre Wirksamkeit vollkommen ein, wenn man sie dialysiert. Das beruht darauf, daß in ihr ein Koferment enthalten ist, welches in das Dialysat übergeht. Die alte Wirksamkeit kehrt jedoch sofort wieder zurück, wenn zu der unwirksamen Fermentlösung entweder gekochter Lebersaft

---
[1]) Rosell, Nachweis und Verbreitung intrazellularer Fermente, Dissertation, Straßburg, 1901.

112   B. Fettspaltende Fermente (Lipasen, Esterasen).

oder gekochte Fermentlösung, die mit Uranylfällung gewonnen ist, zugesetzt wird.

Für die Trennung des Kofermentes von dem Ferment gibt Magnus folgende Vorschrift:

100 ccm Lebersaft werden mit Uranylazetat ausgefällt und aus dem Niederschlag wird eine wirksame Fermentlösung dargestellt. Diese Lösung wird zuerst gegen zweimal gewechseltes stehendes Wasser 4 Tage lang, dann ebenso lange gegen fließendes Wasser dialysiert, bis die Fermentlösung unwirksam geworden ist (A). — Das Außenwasser der ersten 4 Tage wird vereinigt, zur Trockne eingedampft, mit absolutem Alkohol erschöpft. Der Alkohol wird völlig verjagt und der Rückstand von Alkohol nun mit Äther behandelt. Das in Äther Unlösliche wird in Wasser gelöst und genau neutralisiert (B). — A und B erweisen sich jedes allein als völlig unwirksam zur Esterspaltung. Vereint setzen sie so viel Salizylsäure in Freiheit, daß bei einer Verdünnung 1 : 16 000 mit Eisenchlorid gerade noch Violettfärbung sichtbar ist.

Besondere Vorschriften für den Nachweis der Fettspaltung.

1. im Magen.

Hierfür haben sich von den oben beschriebenen Methoden besonders bewährt 1. die Methode von Volhard-Stade und 2. die Methode von Rona-Michaelis.

1. Methode von Volhard-Stade.

Zinsser[1]) benützte diese Methode in der Weise, daß er dem betreffenden Individuum eine Eigelbzuckerlösung verabfolgte, bestehend aus 5 Eigelb, die mit einer 14%igen Traubenzuckerlösung auf 500 ccm aufgefüllt und gründlichst durchgeschüttelt waren. Der hohe Fett- und Zuckergehalt setzt die Magenmotilität stark herab, und man erlangt so bei der Aushebung reichliche Mengen zur weiteren Verarbeitung. Die Aushebung nimmt man nach einer Stunde vor und verarbeitet das Ausgeheberte nach der auf S. 103 ausführlich wiedergegebenen Methode von Volhard-Stade so, daß man mit Äther + Alkohol extrahiert, in einem aliquoten Teil des Ätherextraktes die freien Fettsäuren und das verseifbare Fett bestimmt und daraus die Fettspaltung in Prozenten berechnet.

---

[1]) A. Zinsser, Über den Umfang der Fettverdauung im Magen. Hofmeisters Beitr. **7**, 31. 1906.

Im normalen Magen finden sich nach Zinsser von der eingeführten Fettemulsion nach einstündiger Verdauung durchschnittlich 25 % des Fettes gespalten; bei Hyperaziden sind die Werte geringer, bei Achylikern beträchtlich höher (45 %). Inwieweit indes rückfließender Darminhalt (Pankreassaft, Galle, Darmsaft) an der Fettspaltung beteiligt sind, läßt sich schwer beurteilen.

Im reinen Magensaft resp. im ausgeheberten gewöhnlichen Probefrühstück kann man das fettspaltende Vermögen ebenfalls mit der Volhard-Stadeschen Methode bestimmen. In keinem Falle darf aber der Magensaft oder das Ausgeheberte vorher filtriert werden, da die Lipase des Magens vom Filter zurückgehalten wird. Hingegen müssen die Lösungen vor dem Versuch genau neutralisiert werden.

2. Methode von Rona-Michaelis.

Davidsohn[1]) hat diese Methode für die Untersuchung von Mageninhalt in folgender Weise ausgearbeitet:

Der nach Probefrühstück gewonnene und filtrierte Mageninhalt wird, was in der Regel zu ausreichenden Werten führt, zwei-, drei-, vier- und achtfach verdünnt. Von diesen Verdünnungen und eventuell dem unverdünnten Saft werden 0,5, 0,75 und 1,0 ccm mit 60 ccm einer gesättigten wässerigen Tributyrinlösung versetzt. Es empfiehlt sich zunächst, vier Verdünnungen mit je 4—5 Minuten Zwischenraum anzusetzen. Das Intervall genügt zu einer Messung und nach 60 Minuten sieht man, ob man weiter stärkere oder schwächere Verdünnungen wählen muß.

Ein Zusatz von 0,5 ccm $\frac{n}{3}$ primärem Natriumphosphat und 0,5 ccm $\frac{n}{3}$ sekundärem Natriumphosphat ist zur Erreichung der optimalen Reaktion unbedingt erforderlich. — Sofort nach dem Vermischen der Tributyrinlösung mit dem Magensaft, und dann stets nach 20 Minuten, werden Proben mit der Pipette abgenommen und die Tropfenzahl bestimmt. Die von Davidsohn benutzte Kapillare war so beschaffen, daß der Wert für die Tributyrinlösung 144, für reines Wasser 94 Tropfen betrug. Die Spaltung der Tributyrinlösung durch unverdünnten Mageninhalt geht so schnell vor sich, daß, noch ehe man die Tropfenzählung unmittelbar nach der Mischung ausführen kann, die Spaltung bereits voll-

---

[1]) H. Davidsohn, Untersuchungen über das fettspaltende Ferment des Magensaftes nebst Angaben zur quantitativen Bestimmung desselben. Berl. klin. Wochenschr. 1912. Nr. 24, 1132.

zogen ist. Deshalb muß man, um die Spaltung langsam vor sich gehen zu lassen, obige Verdünnungen anwenden. Der gewünschte langsame Verlauf der Spaltung ist erreicht, wenn in 60 Minuten des Versuches etwa 30 Tropfen Änderung eintritt, und zwar so, daß auf je 20 Minuten ungefähr 10 Tropfen kommen.

Dieses Verfahren ermöglicht auch, wie Davidsohn [1]) weiter gezeigt hat, die Entscheidung zu treffen, **ob in einer Lösung Magen- oder Pankreaslipase oder ein Gemisch von beiden enthalten ist.** Zwischen beiden Lipasen besteht nämlich ein Unterschied in der für ihre Wirkung optimalen Azidität. Während das Optimum der Magenlipase ungefähr bei einer Azidität von $p_H = 5{,}0$ liegt, ist für die Pankreaslipase als Optimum $p_H = 8{,}0$, und für ein Gemisch von beiden $p_H = 6{,}5$ ermittelt worden. Für die Aufgabe, zu entscheiden, ob in einer Lösung Magenlipase oder Pankreaslipase oder ein Gemisch von beiden vorhanden ist, sind somit drei verschiedene Tributyrinlösungen mit den entsprechenden Aziditätsgraden erforderlich.

Die Herstellung derselben geschieht in der Weise, daß man sich eine gesättigte Tributyrinlösung bereitet und durch Regulatorzusatz auf eine Azidität von $p_H = 8{,}0$; $6{,}5$; $5{,}0$ bringt.

Die Tributyrinlösung stellt man so her, daß man 5—10 Tropfen Tributyrin mit 1 l destilliertem Wasser schüttelt und filtriert.

Zur Herstellung der Lösung I (p_H etwa $= 8{,}5$—$8{,}0$) werden 70 ccm Tributyrinlösung mit 5,0 ccm $\frac{n}{3}$ sekundärem Natriumphosphat 5 Minuten geschüttelt und filtriert.

Zur Bereitung der Lösung II (p_H etwa $= 6{,}5$) werden 70 ccm Tributyrinlösung mit 4,0 ccm $\frac{n}{3}$ primärem Natriumphosphat und 2,0 ccm $\frac{n}{3}$ sekundärem Natriumphosphat versetzt, 5 Minuten geschüttelt und filtriert.

Lösung III (p_H etwa $= 5{,}5$) bereitet man, indem man 70 ccm Tributyrinlösung mit 5 ccm $\frac{n}{3}$ primärem Natriumphosphat 5 Minuten lang schüttelt und filtriert.

Nach der Herstellung wird in sämtlichen drei Lösungen mit der Kapillarpipette die Tropfenzahl bestimmt. Falls die Tropfenzahl der einzelnen Flüssigkeiten stärker divergiert, muß das Schütteln noch einmal wiederholt werden.

---

[1]) H. Davidsohn, Über die Abhängigkeit der Lipase von der Wasserstoffionenkonzentration. Biochem. Zeitschr. **49**, 249. 1913.

Nach diesen Vorbereitungen wird der Versuch in der Weise ausgeführt, daß man sich zunächst in einem Vorversuch über die Stärke der zu untersuchenden Fermentlösung orientiert. Stellt sich heraus, daß die Oberflächenspannung der Tributyrinlösung schon nach wenigen Minuten maximal verändert ist, so wählt man für den Hauptversuch die Fermentverdünnung so, daß der überhaupt mögliche Umsatz an Tropfen etwa in zwei Stunden abläuft. Alle drei Lösungen werden nun mit der gleichen Menge der verdünnten Fermentlösung versetzt und nach 20—30 Minuten Zwischenraum 2—3 mal in der gewohnten Weise gemessen. Zeigt sich hierbei, daß der Umsatz an Tropfen von der alkalischen (I) nach der sauren Lösung (III) zu abnimmt, so liegt die Pankreaslipase vor, bei umgekehrtem Verhalten Magenlipase, und zeigt sich ein unregelmäßiger Ablauf der Spaltung, so sind beide Lipasen zugleich vorhanden.

Gewinnung der Lipase aus Magenschleimhaut.

Man geht nach Fromme [1]) am zweckmäßigsten so vor, daß man die Schleimhaut der Funduspartie — die Pyloruspartie enthält kein fettspaltendes Ferment — abpräpariert, fein zerkleinert und mit Glyzerin mehrere Tage extrahiert. Meist liefert dieselbe Schleimhaut nach Abgießen des ersten wirksamen Extraktes noch ein zweites und drittes Extrakt von kräftigem Fettspaltungsvermögen. Besonders geeignet hierfür ist Schweinemagen. Auch die Schleimhaut des Hundemagens liefert ein sehr wirksames Glyzerinextrakt. Dieses ist aber gegen Alkali sehr empfindlich, während das Schweinemagenextrakt von Säure leicht zerstört wird. — Sämtliche Mägen müssen in möglichst frischem Zustande verarbeitet werden, da bei längerem Liegen die Lipase stets verschwindet. — Auch für den Nachweis und die quantitative Bestimmung der Fettspaltung in Magenschleimhautextrakten sind die Methoden von Volhard-Stade und Rona-Michaelis sehr geeignet.

2. im Pankreas.

Die Pankreasdrüse selbst enthält, ebenso wie der von ihr produzierte Saft, große Mengen von Steapsin. Dieses Steapsin ist aber erst nach Zusatz eines Aktivators wie Darmsaft oder Galle imstande, seine volle Wirkung zu entfalten. Ohne Aktivator ist das fettspaltende Vermögen des Pankreas, speziell des Pankreassaftes nur gering. Man muß deshalb, wenn man die fettspaltende

---

[1]) A. Fromme, Über das fettspaltende Ferment der Magenschleimhaut. Hofmeisters Beitr. **7**, 51. 1906.

Fähigkeit des Pankreassaftes in seinem ganzen Umfange bestimmen will, sich stets eines Aktivators bedienen. Am geeignetsten hierfür ist die Galle, die auch gleichzeitig den Vorteil bietet, daß sie jederzeit beschafft werden kann, zumal es für den Ausfall des Resultates ganz gleichgültig ist, ob man menschliche oder tierische Galle verwendet.

Für die quantitative Bestimmung des fettspaltenden Vermögens des Pankreassaftes kann man sich ganz nach Belieben der neutralen Ölemulsion oder des Monobutyrins oder des Lezithins bedienen. Auch die Eigelbmethode von Volhard-Stade und das stalagmometrische Verfahren von Rona-Michaelis sind hierfür durchaus geeignet. Natürlich ist in jedem Falle mit einer entsprechenden Kontrolle zu arbeiten.

Bezüglich des zu verwendenden Indikators sei hervorgehoben, daß das für die drei erstgenannten Methoden angegebene Phenolphthalein beim sodahaltigen Pankreassaft nur dann Verwendung finden kann, wenn man vor der Titration dafür sorgt — beim neutralen Pankreasextrakt ist das natürlich nicht nötig —, daß sämtliche Kohlensäure aus den Verdauungsgemischen ausgetrieben ist. Das erreicht man am besten in der Weise, daß man nach beendeter Verdauung vor der Titration zu dem Hauptversuch sowohl wie zur Kontrolle die gleiche Menge, z. B. 5 cm $^1/_{10}$ n-Salzsäure zusetzt, ein paar Minuten schüttelt, dann ein paar Tropfen Phenolphthalein zufügt und nun mit $^1/_{10}$ n-Natronlauge bis zum roten Farbenumschlag titriert. Die für die Kontrolle verbrauchte Menge an $^1/_{10}$ n NaOH ist dann von der im Hauptversuch verbrauchten abzuziehen und die Differenz ist der Ausdruck für den Umfang der Fettspaltung. — Bei der Verwendung der Volhard-Stadeschen Methode, bei der man die Fettsäuren mit Äther extrahiert, ist ein vorheriger Zusatz von Salzsäure vor der Titration natürlich nicht notwendig.

Darstellung von lipasehaltigen Pankreaspräparaten resp. -extrakten.

a) nach Rosenheim [1]).

Trotzdem die Pankreasdrüse sehr reich an Steapsin ist, macht es doch große Schwierigkeiten, aus der Drüsensubstanz eine gut wirksame Fermentlösung zu bekommen. Am besten scheint noch das Verfahren von Rosenheim zu sein, das auch Pekelharing [2])

---

[1]) Rosenheim und J. A. Shaw-Makenzie, Über die Pankreaslipase. Journ. of Physiol. **40**, 1910. Proced. und Über Pankreaslipase III, Die Trennung der Lipase von ihrem Koenzym. Ibid. **40**. Physiol. Soc. VIII—XII. 14. 19. Febr. 1910.

[2]) C. A. Pekelharing, Über den Einfluß einiger anorganischer Salze auf die Wirkung der Pankreaslipase. Zeitschr. f. physiol. Chem. **81**, 355. 1912.

neuerdings empfiehlt. Es besteht darin, daß man frisches, gut feingehacktes Schweinepankreas mit 2 Gewichtsteilen Glyzerin anrührt und nach 24stündigem Stehen koliert. Zum Kolieren benutzt man ein feines Tuch und bekommt dann eine stark opaleszent aussehende Flüssigkeit, die bei längerem Stehen keinen oder nur einen sehr unbedeutenden Bodensatz liefert. Ein Teil des Glyzerinextraktes, beispielsweise 30 ccm, werden danach mit der 10fachen Menge destilliertem Wasser vermischt. Die Flüssigkeit ist dann stark trübe, der Niederschlag setzt sich aber nicht immer gut ab. Dafür ist eine sehr schwachsaure Reaktion nötig, welche durch Zusatz von ein paar Tropfen verdünnter Essigsäure hergestellt werden kann. Es genügt, daß die Flüssigkeit empfindliches blaues Lackmuspapier schwach rot färbt. Bei stärkerer saurer Reaktion werden auch Trypsin und Trypsinogen in nicht unbeträchtlicher Menge mitgefällt. Am folgenden Tage wird die jetzt vollkommen klare Flüssigkeit vom weißen Niederschlag abgehebert oder abgegossen und mit 300 ccm Wasser, wenn nötig, nochmals unter Zusatz von sehr wenig Essigsäure, versetzt. Nach einiger Zeit wird wieder dekantiert und die übrig bleibende Flüssigkeit mit dem Niederschlag auf gehärtetem Filter abgenutscht und auf dem Filter noch einige Male mit destilliertem Wasser nachgewaschen. Der Niederschlag wird nun in einer kleinen Reibeschale mit 20 ccm Glyzerin verrieben, wobei er fast ganz in Lösung geht, und die trübe Mischung direkt zum Versuch verwandt.

Diese Glyzerinlösung greift Fibrin und gekochte Stärke kaum merkbar an, dagegen ist sie an Lipase reich. Doch bedarf sie zur Entfaltung ihrer Wirkung des Zusatzes von ein paar Tropfen Calciumchlorid, da die Lipase bei der vorhergegangenen Darstellung ihr Koenzym (s. u.) verloren hat. Es genügt, wenn man beispielsweise auf 5 ccm Flüssigkeit 1 Tropfen einer 1 %igen Calciumchloridlösung zusetzt.

Im Anschluß an diese Methode der Lipasebereitung sei bezüglich der Gewinnung des Koenzyms der Lipase so viel gesagt, daß es in das Wasser übergeht, mit dem man den Glyzerinextrakt zur Herstellung des Fermentpulvers verdünnt, und mit dem man nachher das Pulver wäscht. Engt man dieses Wasser ein, so bekommt man eine Lösung, welche die in dem Pulver enthaltene Lipase kräftig aktiviert. Das Koenzym diffundiert leicht, ist hitzebeständig und in verdünntem Alkohol löslich.— Man erhält auch das Koenzym, wenn man gut wirksamen Pankreassaft dialysiert. Dann geht das Koenzym in das Dialysat über und in dem Maße, wie seine Menge im Dialysat zunimmt, verliert der Pankreassaft sein lipolytisches Vermögen. Auch hier kann man das Koenzym durch Einengen des Dialysates gewinnen.

b) nach Pottevin[1]).

Pankreasdrüsen vom Schwein werden in einer Fleischhackmaschine fein zerhackt, mit Alkohol so lange behandelt, bis dem Organbrei alles Wasser entzogen ist und dann zwecks besserer Zerkleinerung noch einmal durch die Fleischmaschine geschickt. Danach wird der Alkohol abfiltriert, der Filterrückstand zwischen Handtüchern gepreßt, um den Alkohol möglichst vollkommen zu entfernen, und dann im Soxleth mit Äther gründlichst extrahiert. Nach der Entfettung bringt man den Inhalt der Extraktionshülsen auf ein großes Nutschenfilter, saugt den Äther ab und trocknet im Luftstrome. Danach breitet man die Substanz auf dem Filter in dünner Schicht aus, übergießt es mit kaltem Wasser und saugt stark ab. Das Auswaschen geschieht so lange, bis das Filtrat mit verdünnter Essigsäure keinen weißlichen Niederschlag mehr gibt. Man gibt nur immer kleine Portionen Wasser zu, da sonst die Substanz quillt und das Filter bald verstopft ist, und läßt diese erst absaugen, ehe man neues Wasser aufgießt. Alsdann trocknet man das Ferment wieder mit Alkohol und Äther, zerreibt es in der Reibeschale und siebt es, um ein einigermaßen gleichförmiges Produkt zu erhalten, durch ein feines Sieb. In diesem Zustande hält sich das Pulver sehr lange gut wirksam. Man kann nun das Pulver entweder direkt zum Versuch verwenden, oder man stellt sich aus ihm ein Glyzerinextrakt her, dessen Klärung am besten durch scharfes Zentrifugieren geschieht.

c) Pankreatin (Rhenania), Steapsin (Grübler).

Beide im Handel befindliche Präparate liefern gleichfalls sehr wirksame Extrakte. Das Pankreatin extrahiert man mit der 10 fachen Menge Glyzerin und zentrifugiert nach längerem Stehen ab. Das Steapsin verarbeitet man in der Weise, daß man ca. 1 g in 10 ccm Wasser aufschwemmt und mit Natriumkarbonatlösung tropfenweise bis zur neutralen oder ganz schwach alkalischen Reaktion versetzt. Dabei löst sich das Pulver auf, und es resultiert eine klare Lösung von stark fettspaltendem Vermögen. — Die Fettspaltung dieser Extrakte kann gemessen werden sowohl unter Verwendung von Ölemulsion, wie Eigelb, wie Lezithin und Monobutyrin. Auch die stalagmometrische Methode von Rona

---

[1]) H. Pottevin, Biochemische Synthese von Olein und einigen Äthern. Compt. rend. soc. biol. **138**, 378. 1904.

und Michaelis dürfte hierfür sehr geeignet sein. Bei Verwendung der Eigelbemulsion empfiehlt Engel[1]) beim Ausschütteln des Reaktionsgemisches mit Äther stets mindestens 10 ccm Alkohol zu verwenden, da nur so die Bildung lästiger Emulsionen vermieden wird.

Funktionelle Lipasemethode von Ehrmann[2]).

Neuerdings ist auch die fettspaltende Fähigkeit des Pankreas zur Funktionsprüfung des Organes herangezogen worden. Ehrmann[1]) hat eine Methode ausgearbeitet, die darauf beruht, daß ein von Fettsäuren freies Neutralfett ausschließlich durch das fettspaltende Ferment des Pankreassaftes gespalten wird, und daß die entstehenden Fettsäuren als grüne Kupfersalze erkannt werden. Dieses neutrale Fett ist das käufliche Palmin. Die Prüfung geschieht folgendermaßen:

Der zu untersuchende Patient erhält nüchtern ein Probefrühstück, bestehend aus 30 g gewöhnlicher Reisstärke, die in $\frac{1}{4}$ l Wasser durch gelindes Erwärmen gelöst ist, etwas Salz und ca. 75 g durch Erwärmen etwas flüssig gemachtes Palmin, das mit dem Reisschleim tüchtig verrührt wird. Nach 2—2$\frac{1}{2}$ Stunden wird der Patient ausgehebert und das Ausgeheberte auf freie Fettsäuren untersucht. Für diese Untersuchung sind zwei Lösungen erforderlich:

Lösung I	Lösung II
Aether Petrolei 90,0	Cupri acetici 3,0
Benzol ad 100,0	Aq. destillat. ad 100,0.

Eine Probe des ausgeheberten fetthaltigen Mageninhaltes wird nun in einem Reagenzglas mit der Lösung I zu gleichen Teilen kräftig geschüttelt, dann die überstehende ätherische Lösung in ein zweites Reagenzglas gegossen und alsdann mit der Lösung II, ebenfalls zu gleichen Teilen, geschüttelt. Die obenauf befindliche ätherische Schicht färbt sich dann, je nach dem Gehalt an fettsaurem Kupfer, mehr oder minder intensiv smaragdgrün, während bei fehlender Spaltung, d. h. gänzlichem Fehlen des Pankreasfermentes, die überstehende Lösung wasserhell bleibt. — Bei hohem Gehalt des ausgeheberten Probefrühstücks an freier Salzsäure (Kongopapier sehr stark blau) kann die Reaktion bisweilen auch bei normaler Pankreassekretion schwach sein oder gar einmal negativ ausfallen. In diesem Falle wiederholt man die Untersuchung mit einem Probefrühstück, das mit Zusatz von

---

[1]) H. Engel, Über das Zeit- und Fermentgesetz des Pankreassteapsins. Hofmeisters Beitr. 7, 77. 1906.
[2]) R. Ehrmann, Über eine Methode zur Funktionsprüfung des Pankreas. Berl. klin. Wochenschr. 1912. Nr. 29. 1363.

einem Teelöffel doppeltkohlensauren Natrons hergestellt worden ist. — Eine positive Reaktion zeigt auf jeden Fall funktionelle Tüchtigkeit des Pankreas an.

3. im Darm.

Für den Darmsaft gilt das gleiche wie für den Pankreassaft, auch bezüglich der Aktivierung mit Galle; doch wirkt die Galle nicht so intensiv verstärkend auf ihn wie auf den Pankreassaft.

Der Nachweis der Lipase in der Darmwand kann so geschehen, daß man entweder die frische Schleimhaut zum Versuch verwendet oder ein aus ihr dargestelltes Trockenpräparat. Die Gewinnung von wirksamen Extrakten aus der frischen Schleimhaut stößt auf die gleichen Schwierigkeiten wie beim Pankreas.

Bevorzugt man das Arbeiten mit einem frischen Präparat, so wird die Schleimhaut nach gründlichem Reinigen des Darmes abgeschabt und durch Verreiben in der Reibeschale gut zerkleinert. Mit diesem Brei wird dann der Versuch in der für „Organe" (Nr. 4) angegebenen Weise durchgeführt.

Zur Gewinnung eines gut wirksamen Trockenpräparates geht man nach Hamsik[1]) am besten so vor, daß man den zu untersuchenden Darm der Länge nach aufschlitzt und wiederholt mit Wasser spült und wäscht. Hiernach wird die Schleimhaut mit dem Messerrücken abgeschabt und zweimal mit Alkohol, einmal mit Alkoholäther und schließlich zweimal mit Äther behandelt. Die Zeit dieser sukzessiven Extraktionen wählt man so, daß die Schleimhaut mit jedem Reagens bloß je eine Stunde, zusammen also fünf Stunden, behandelt wird. Länger dauernde Behandlung, besonders mit Alkohol, ist wegen der großen Empfindlichkeit der Darmlipase gegenüber Alkohol besser zu vermeiden. Die Flüssigkeiten werden immer abfiltriert und die auf dem Filter bleibende Schleimhaut zwischen Filtrierpapier abgepreßt. Zuletzt wird die Schleimhaut bei Zimmertemperatur getrocknet, in einer Reibeschale zerrieben und durchgesiebt. Ein solches Präparat behält monatelang seine fermentativen Eigenschaften und eignet sich nicht bloß zu Versuchen über Fettspaltung, sondern auch zu solchen über Fettsynthese.

4. in Organen.

Bei dem Nachweis der Fettspaltung in Organen hat man darauf zu achten, daß, wenn man die Versuche über einen oder

---

[1]) A. Hamsik, Reversible Wirkung der Darmlipase. Zeitschr. f. physiol. Chem. **59**, 1. 1909.

mehrere Tage ausdehnt, die alsbald einsetzende Autolyse zur Bildung saurer Produkte führt, die dann ganz falsche Titrationswerte bewirken können. Es ist darum von großer Wichtigkeit, stets mit Parallelversuchen zu arbeiten und auch die Kontrollen immer doppelt anzusetzen. — Vor Ausführung der Titration muß man das stets stark eiweißhaltige Gemisch enteiweißen, da auch die Gegenwart von Eiweiß zu Fehlern bei der Titration führen kann.

Von neutralen Fetten eignet sich nach Saxl[1]) für die Organe am besten frische Butter, die gegen Lackmus neutral reagiert. Ein Versuch zur Bestimmung des fettspaltenden Vermögens eines Organes würde sich demnach folgendermaßen gestalten:

Das zu untersuchende Organ wird zunächst möglichst fein zerhackt. Alsdann werden 4 Kölbchen von 100 ccm Inhalt mit je 10 g Organbrei beschickt, dazu je 5 ccm physiologische Kochsalzlösung + 3 ccm Toluol getan und nun zu 2 Kölbchen je 1 g Butter zugesetzt, während die beiden Kontrollkölbchen den Butterzusatz erst nach der Beendigung der Digestion erhalten. Hiernach werden die Kölbchen tüchtig durchgeschüttelt, festverschlossen und auf 24—48—72 Stunden in den Thermostaten gestellt. Nach Ablauf der Frist werden die Kölbchen herausgenommen, zu den beiden Kontrollen nunmehr ebenfalls je 1 g Butter zugesetzt und die Kontrollen sowohl wie die beiden anderen Kölbchen sofort aufgekocht. Hierauf wird filtriert, das Filter mit destilliertem Wasser mehrmals gewaschen und das Filtrat mit $^1/_{10}$ n NaOH gegen Phenolphthalein als Indikator titriert.

Außer Neutralfetten hat man auch vielfach einfache Ester zum Nachweis der Lipase in Organen verwandt, wie Monobutyrin, Monoazetin und Buttersäureäthylester. Von ihnen dürfte sich nach Saxl für den genannten Zweck am besten Äthylbutyrat eignen. Die von ihm gewählte Versuchsanordnung war folgende:

Frische Organe werden fein zerhackt und Portionen von je 5 g davon abgewogen; diese werden in Pulvergläser mit eingeschliffenem Stöpsel gebracht und nach Zusatz von 50 ccm physiologischer Kochsalzlösung und 3 ccm Toluol gut durchgeschüttelt. Die Gläser werden sodann in den Brutofen gestellt, nach 24 Stunden einzelne Portionen mit 0,25 ccm Buttersäureäthylester versetzt, während andere als Vergleichsportionen ohne Esterzusatz verbleiben. Nun werden die Proben noch 1 Stunde im Brutofen gelassen, sodann alle aufgekocht und filtriert, nachdem man den Proben ohne Esterzusatz unmittelbar vor dem

---

[2]) P. Saxl, Über Fett- und Esterspaltung in den Geweben. Biochem. Zeitschr. **12**, 343. 1908. Daselbst ausführliche Literaturangaben.

Aufkochen noch 0,25 ccm Ester zugesetzt hat. Die Filtrate werden sodann mit $^1/_{10}$ n NaOH gegen Phenolphthalein als Indikator titriert. Die Unterschiede der mit Esterzusatz im Brutofen beschickten Portionen und der Kontrollproben ergeben den Azidiätszuwachs durch die Esterspaltung.

Auch das stalagmometrische Verfahren ist zum Nachweis der Esterspaltung in Organen nach Rona[1]) sehr geeignet. Dieses Verfahren verlangt aber die Herstellung eines wässerigen Extraktes aus den Organen. Das geschieht nach Rona am besten so, daß möglichst frisch vom Schlachthof bezogene Organe zuerst gründlich vom Blut befreit, dann grob in einer Hackmaschine zerkleinert und schließlich durch ein engmaschiges Sieb getrieben werden. Der Organbrei wird dann mit der fünffachen Menge physiologischer Kochsalzlösung versetzt und in einer mit Glasperlen versehenen Flasche $^1/_2$—$^3/_4$ Stunden in einem Schüttelapparat geschüttelt. Hiernach wird das Gemisch in einer elektrisch betriebenen Zentrifuge etwa 20 Minuten zentrifugiert und die abgehobene Flüssigkeit zur Untersuchung benutzt.

Man kann auch den Organbrei in dünnster Schicht auf Glasplatten streichen und bei Zimmertemperatur durch Überleiten von einem mittelst eines elektrischen Ventilators getriebenen Luftstrom trocknen. Das Organpulver wird dann mit Glaspulver gründlichst verrieben und schließlich wie vorher das frische Material im Schüttelapparat mit physiologischer Kochsalzlösung geschüttelt.

Zu den Versuchen wird je 1 ccm Organextrakt verwendet, das zu je 30 ccm der gesättigten wässerigen Mono- bzw. Tributyrinlösung hinzugefügt wird. Von letzteren werden stets frisch bereitete Lösungen angewandt. Das mit überschüssigem Ester versetzte Wasser wird längere Zeit (ca. $^1/_2$ Stunde) geschüttelt, die Emulsion durch ein mit Wasser befeuchtetes Filter filtriert und das klare Filtrat in einen ca. 70 ccm fassenden Tropftrichter gefüllt. Eventuell durch das Filter gegangene kleine Estertropfen sammeln sich an der Oberfläche der Flüssigkeit an; bei der Entnahme der Flüssigkeit durch das lange Trichterrohr kann eine von ungelösten Esterteilchen freie Lösung erhalten werden. — Zu jeder Probe wird außerdem 1 ccm eines Phosphatgemisches ungefähr von der Reaktion des Blutes ($1\frac{n}{3}$ primäres Phosphat, $7\frac{n}{3}$ sekundäres Phosphat, mit $[H] = 0{,}35 \cdot 10^{-7}$) hinzugefügt,

---

[1]) P. Rona, Über Esterspaltung in den Geweben. Biochem. Zeitschr. **32**, 482. 1911.

wodurch die Reaktion festgelegt und das Auftreten freier Säure verhindert wird. Stets werden Kontrollproben angesetzt, bei denen man ebenfalls 30 ccm gesättigte wässerige Esterlösung mit 1 ccm Phosphatgemisch und 1 ccm der zu untersuchenden Organextrakte versetzt, nur wird vorher aufgekochtes Organextrakt verwendet.

Um jede Bakterienwirkung auszuschließen, sind die Beobachtungen nur auf die ersten Stunden (2—2½ Stunden) auszudehnen. — Die Versuche werden am besten im Wasserbad bei 19—20° angestellt.

5. im Blut und in serösen Flüssigkeiten.

Das zu untersuchende Blut muß ganz frisch sein. Zur Verwendung kommt stets das Serum der betreffenden Blutart.

Da Blut neutrales Fett nicht spaltet, so verwendet man für die quantitative Bestimmung der Blutlipase entweder eine 1%ige Monobutyrinlösung oder eine 2%ige Lezithinemulsion. Man stellt diese Lösungen nicht wie oben auf S. 105 und 107 angegeben mit destilliertem Wasser, sondern mit physiologischer Kochsalzlösung her, um eine Ausfällung der im Serum enthaltenen Eiweißkörper zu vermeiden. Zu 5 ccm der betreffenden Lösung setzt man 1—2 ccm Serum und hält das Gemisch, da das Blut nur wenig Lipase enthält, 1—2 Tage unter Toluol im Brutschrank. Nach Ablauf der Frist wird der Versuch in der auf S. 105 und 107 beschriebenen Weise zu Ende geführt.

Auch hier muß man stets mit Kontrollen arbeiten.

Die bei weitem beste Methode für die quantitative Bestimmung der Blutlipase ist das stalagmometrische Verfahren von Rona und Michaelis s. S. 107. Hierbei ist es notwendig, wenn man mit stark wirksamem Serum wie beispielsweise Kanninchenserum arbeitet, eine Verdünnung von 1:5 anzuwenden, während man schwach wirksames Serum wie Hundeserum nicht vorher zu verdünnen braucht.

In serösen Flüssigkeiten bestimmt man die Lipase genau so wie im Blut.

6. in Exkreten.

Von Exkreten hat man besonders den Urin auf Lipase untersucht. Hier begegnet man ihr fast ausschließlich unter pathologischen Verhältnissen (Pankreaserkrankungen).

Der Nachweis der Lipase im Urin geschieht mit Hilfe eines einfachen Esters. Am besten eignet sich hierfür Monobutyrin und Buttersäureäthylester. Über die Methode s. S. 106.

124 B. Fettspaltende Fermente (Lipasen, Esterasen).

Bei jedem Versuche ist wegen der mitunter recht hohen Azidiätsgrade des Urins stets eine Kontrolle mit inaktiviertem (gekochten) Urin anzusetzen. Auch für den Urin dürfte die stalagmometrische Methode von Rona und Michaelis (s. S. 107) sehr geeignet sein.

7. in höheren und niederen Pflanzen.

Der Nachweis geschieht hier fast ausschließlich mit Hilfe von neutralen Fetten. Denn die in höheren Pflanzen sich findenden Lipasen, mit denen man sich vorwiegend beschäftigt hat, spalten keine niederen Ester, sondern nur höhere Ester und Neutralfette. Von letzteren sind meist verwandt worden Rizinusöl, Kottonöl, Leinöl, Palmkernöl und Triolein.

Am eingehendsten untersucht worden ist die Rizinuslipase. Connstein, Hoyer und Wartenberg[1]) verwandten für deren quantitative Bestimmung teils Rizinusöl, teils Kottonöl und als Desinfiziens Chloralhydrat in wässeriger Lösung und fanden, daß bei Gegenwart von verdünnter Essigsäure die Fettspaltung eine ganz besonders intensive ist. Demnach sind für einen quantitativen Versuch mit Rizinuslipase erforderlich:

1. Rizinuslipase.
(Entölter Samen, Fermentmilch.)
2. Rizinusöl oder Cottonöl oder Olein.
3. 2 %ige Essigsäure.
4. 1 %ige Chloralhydratlösung.
5. $^1/_{10}$ normal-Natronlauge.

Die Versuchsanordnung gestaltet sich nun so, daß beispielsweise 0,5 g entölter Rizinussamen mit 5 g Rizinusöl, 5 ccm Essigsäure und 5 ccm Chloralhydratlösung gründlichst verrieben und 24 Stunden bei 32—40° gehalten wird. Hiernach gibt man 50 ccm 96%igen Alkohol und ein paar Tropfen Phenolphthalein zu und titriert mit $^1/_{10}$ n NaOH bis zum Eintritt der Rotfärbung. Aus der verbrauchten Menge Alkali berechnet man auf Grund der Verseifungszahl des angewandten Fettes die Quantität (Prozentzahl) der abgespaltenen Fettsäuren.

Von besonderer Wichtigkeit für die Versuchstechnik sind noch folgende Punkte:

1. Temperatur. Es ist keineswegs notwendig, stets bei Brutschrankwärme zu arbeiten. Auch bei Zimmertemperatur (17—20° C) ist die Rizinuslipase gut wirksam.

---

[1]) W. Connstein, E. Hoyer und H. Wartenberg, Über fermentative Fettspaltung. Ber. d. deutsch. chem. Gesellsch. **35**. Jahrg. 3988. 1902.

2. **Säuregrad.** Die Gegenwart von Essigsäure fördert wohl die Wirkung der Rizinuslipase, sie kann aber auch hemmend wirken, wenn sie im Überschuß vorhanden ist. Man arbeitet stets mit optimaler Konzentration, wenn man auf 5 ccm Gemisch (Ferment + Öl) 1—2 ccm $1/10$ normal-Essigsäure (0,64 %) zugibt. Genauere Daten hierüber s. bei Jalander[1]). — Ebenso wirken Ameisensäure, Buttersäure und Milchsäure in schwacher Konzentration fördernd, in starker hemmend.

3. **Antiseptikum.** Connstein, Hoyer und Wartenberg empfehlen als Antiseptikum eine 1 %ige Chloralhydratlösung. — Bei Verwendung von Triolein als Substrat ist die Gegenwart eines Antiseptikums nicht erforderlich (Jalander).

4. **Herstellung von haltbaren Emulsionen.** Die größte methodische Schwierigkeit besteht bei allen quantitativen Versuchen — insbesondere solchen über die Verseifungsgeschwindigkeit — darin, in zahlreicheren verschiedenen Einzelproben den Emulsionszustand und die Mischung während längerer Versuchszeiten annähernd identisch zu halten. Man erreicht dies, wenn man nach Jalander[1]) folgendermaßen vorgeht:

In kleinen zylindrischen Standgefäßen mit gut eingeschliffenen Glasstopfen von Jenenser Glas wägt man z. B. 1 g Triolein und 0,005 g Rizinuslipase (s. u.) ab, verteilt das Enzym durch längeres Schütteln und fügt dann aus einer Bürette 0,6 ccm $1/100$ normal-Essigsäure hinzu; es entsteht so eine untere wässerige und eine obere ölige Schicht. Wenn man nun langsam das Gläschen wiederholt umschwenkt, so daß die Berührungsflächen zwischen beiden Schichten verändert und erneuert werden, ohne daß dabei die Fettschicht in Tropfen zerrissen wird, so entsteht alsbald eine Trübung der Fettschicht, die rasch zunimmt, bis das Ganze nach ca. 1½ Minuten das Aussehen einer Emulsion annimmt, die dann durch kräftiges Schütteln während einiger Sekunden dick wie Rahm wird. Hierbei ist deutlich zu beobachten, daß das Trioleinenzymgemisch nicht in Tropfen zerfällt, sondern daß das Wasser von ihm sozusagen aufgesaugt wird. — Versucht man hingegen von Anfang an durch starkes, mehrere Minuten lang fortgesetztes Schütteln die beiden Phasen in Mischung zu bringen, so ist zwar eine feine Verteilung von Öltropfen in Wasser zu erreichen, die Öltropfen sondern sich aber wieder in der Ruhe von der wässerigen Schicht ab, während bei dem vorher beschriebenen Verfahren die Emulsion viele Stunden lang bestehen bleibt, bis endlich nach Ablauf der Verseifung wahrscheinlich die entstandenen Spaltungs-

---

[1]) Y. W. Jalander, Zur Kenntnis der Rizinuslipase. Biochem. Zeitschr. **36**, 435. 1912.

produkte eine Scheidung herbeiführen. Um auch im obigen Falle die immer wieder abgesonderten Fettmassen gut zu emulsionieren, muß man die Mischung 10—15 Minuten, manchmal auch länger, ruhig stehen lassen, bis die Fettschichten wieder zusammengeflossen sind, und dann durch langsames Umschwenken das Wasser zur Aufnahme bringen. — Will man mit größeren Wassermengen arbeiten und gibt man auf einmal die Gesamtmenge der wässerigen Flüssigkeit dem Enzymfettgemisch zu, so kann die Emulsionierung erheblich (um 5—10 Minuten) verzögert werden. Es ist deshalb vorzuziehen, zunächst mit der optimalen Wassermenge in oben beschriebener Weise die Emulsionierung zu bewirken und hierauf erst den Rest der zu verwendenden wässerigen Flüssigkeit unter allmählich vorsichtig gesteigertem Schütteln zuzumischen; man gelangt dann auch hier nach ca. $2\frac{1}{2}$ Minuten zu der geeigneten Mischungsform. Wenn es sich darum handelt, bei Geschwindigkeitsversuchen den Zeitpunkt des Beginnes der Reaktion genauer festzustellen, dürfen diese Verhältnisse nicht vernachlässigt werden.

Darstellung der Rizinuslipase nach Nicloux[1]) und Jalander[2]).

200 g geschälte Rizinussamen werden möglichst fein zerstoßen und mit 250 g Kottonöl innig verrieben. Das Gemisch wird in einem Leinenbeutel von gröberen Teilen dadurch getrennt, daß man den Beutel unter gleichzeitigem Drücken gegen einen scharfen Rand, z. B. einen Trichterrand, reibt. Die so erhaltene trübe Mischung wird in einer Zentrifuge mit einer Geschwindigkeit von 1000 Umdrehungen pro Minute 2 Stunden lang zentrifugiert. Hierbei setzen sich die unwirksamen gröberen Bestandteile ab, während der lipolytische Stoff in Aufschlämmung bleibt. Man bekommt so nach dem Abgießen von dem Bodensatz durchschnittlich 230—250 g Aufschlämmung. — Diese wird entölt, indem man zuerst der Aufschlämmung das gleiche Volumen Petroläther zufügt und absetzen läßt. Nach dem Abdekantieren wird der Bodensatz (das Enzym) durch wiederholtes Mischen mit Petroläther und Dekantieren vollständig entölt. Wenn man von Anfang an eine wesentlich größere als die angegebene Menge Petroläther zugibt, erhält man eine großflockige, schwere Fällung, die sich zu einer schleimigen zähen Masse zusammenballt und nachher durch Petroläther nicht mehr vollständig von Öl zu

---

[1]) M. Nicloux, Über ein Verfahren zur Isolierung zytoplasmatischer Substanzen. Compt. rend. **138**, 1112, 1904; Studium der lipolytischen Wirkung des Zytoplasmas des Rizinussamens. Schnelligkeit der Verseifung. Compt. rend. soc. biol. **56**, 840, 1904.
[2]) Y. W. Jalander, l. c. 438.

befreien ist. Das Enzym scheint eine besondere Fähigkeit zu besitzen, das Öl festzuhalten, denn die letzten, dem Enzym anhaftenden Fettspuren sind verhältnismäßig schwer zu entfernen. Die erhaltene Trockenmenge Enzym schwankt zwischen $2\frac{1}{2}$ bis 3 % der verarbeiteten Rizinussamenmenge. Es ist ein weißes Pulver und hat in erhöhtem Maße die Eigenschaft des Rizinuspulvers, die Nasenschleimhäute stark zu reizen. Für quantitative Versuche bietet es den Vorzug unbegrenzter Haltbarkeit und der Abwesenheit von Fett, höheren Fettsäuren und Wasser.

Herstellung einer „Fermentmilch" nach Hoyer[1]).

Geschälter oder auch ungeschälter Rizinussamen wird in einer Exzelsiormühle (Grusonwerk, Magdeburg-Buckau) mit Wasser fein zermahlen. Die gebildete Samenmilch passiert eine Überlaufzentrifuge von hoher Umdrehungszahl, in der alle lipolytisch unwirksamen Bestandteile des Rizinussamens zurückgehalten werden, während das Enzym als zarte Emulsion („Fermentmilch") die Zentrifuge verläßt. Diese „Fermentmilch" enthält den größten Teil des Rizinusöles aus dem Samen emulsioniert mit den unlöslichen Eiweißstoffen des Protoplasmas; darunter auch das fettspaltende Enzym. Das Emulsionswasser hat alle wasserlöslichen Bestandteile, darunter auch das säurebildende Enzym, aufgenommen. Diese zentrifugierte Fermentmilch wird nunmehr bei ca. 24⁰ der Gärung überlassen. Hierbei setzt sich die fermenthaltige Emulsion als dicke „Sahne" an der Oberfläche des sauren Unterwassers ab und kann so leicht gewonnen werden. Das Rizinusöl ist hierbei selbst in Rizinusölsäure übergegangen, so daß die Sahne nunmehr außer der Rizinuslipase der Hauptsache nach enthält etwa 38 % Rizinusölsäure, 4 % Eiweißkörper resp. feste Masse, 58 % Wasser.

Diese Fermentlösung bedarf keines weiteren Zusatzes von Säure, um optimale Wirksamkeit zu entfalten. Sie besitzt bereits die erforderliche Säuremenge in Gestalt von Rizinusölsäure. Im Gegenteil, ein weiteres Zufügen von Säure wäre mit von Schaden, da, wie bereits oben erwähnt, Säure im Überschuß hemmend auf die Rizinuslipase wirkt.

Kühl aufbewahrt, ist die Fermentlösung zwar nicht dauernd, aber doch mehrere Wochen gut haltbar.

Im Gegensatz zu den Lipasen höherer Pflanzen spalten die der niederen Pflanzen, wie Bakterien, Pilzen, Algen etc. neben

---

[1]) E. Hoyer, Über fermentative Fettspaltung. Zeitschr. f. physiol. Chem. 50, 430. 1906/07.

Neutralfett auch einfache Glyzerinester. Man hat deshalb zum Nachweis der in ihnen enthaltenen Lipasen vorwiegend Vertreter dieser Gruppe benutzt.

5. Fettsynthese.

Die Fettspaltung wie die Esterspaltung sind reversible Prozesse, d. h. die Fermente, die eine Fett- resp. Esterspaltung bewirken, sind auch imstande, unter bestimmten Bedingungen aus den Spaltprodukten die entsprechenden Ester wieder aufzubauen.

Das erste Beispiel einer solchen Synthese im Reagenzglas wurde von Kastle und Loewenhart[1]) erbracht, denen es mit Hilfe von tierischer Lipase gelang, aus Buttersäure und Alkohol Äthylbutyrat synthetisch zu gewinnen. Seither sind derartige Versuche mehrfach mit Erfolg ausgeführt worden, unter Verwendung von sowohl tierischer (Pottevin[2]), Donath[3]), Hamsik[4])), wie pflanzlicher (Taylor[5]), Jalander[6])) Lipase.

Die Anordnung für einen solchen Syntheseversuch gestaltet sich im Prinzip so, daß das fermenthaltige Substrat mit Glyzerin und einer Fettsäure gemischt, der Anfangstiter dieser Mischung unmittelbar darauf mit $1/10$ normal-Natronlauge festgestellt und nach Verlauf von mehreren Tagen abermals titriert wird. Der Säuregrad dieses Gemisches nimmt um so mehr ab, je größer die Menge der mit Glyzerin in Bindung gegangenen Fettsäure ist. Wird also bei der späteren Titration weniger Alkali verbraucht als zu Beginn, so spricht das für eine Synthese, und je größer die Differenz zwischen der Anfangs- und Endtitration ist, um so größer ist auch der Umfang des synthetischen Prozesses.

Daß eine Abnahme der Azidität tatsächlich als Fettsynthese aufzufassen ist, hat Pottevin in seinen Versuchen mit Pankreas-

---

[1]) J. H. Kastle und A. S. Loewenhart, Über Lipase, das fettspaltende Enzym und die Umkehrbarkeit seiner Wirkung. Amer. Chem. Journ. **24**, 491. 1901.

[2]) H. Pottevin, Über die Reversibilität der Fettspaltungen. Compt. rend. **136**, 1152. 1903 u. Biochemische Synthesen von Olein und einigen Äthern. Compt. rend. **138**, 378. 1904.

[3]) H. Donath, Über Aktivierung und Reaktivierung des Pankreassteapsins. Ein Beitrag zur Frage der komplexen Natur der Fermente. Hofmeisters Beitr. **10**, 390. 1907.

[4]) A. Hamsik, Reversible Wirkung der Darmlipase. Zeitschr. f. physiol. Chem. **59**, 1. 1909.

[5]) A. E. Taylor, Über die Synthese eines Fettes durch die reversible Wirkung eines fettspaltenden Enzymes. University of Californ. Publications. Pathology. **1**, 33. 1904.

[6]) Y. W. Jalander, Zur Kenntnis der Rizinuslipase. Biochem. Zeitschr. **36**, 473. 1911.

5. Fettsynthese.

lipase bewiesen, indem er das synthetische Produkt isolierte und mit Mono- resp. Triolein identifizierte.

Die für den Versuch erforderliche Lipase wendet man, da Gegenwart von Wasser die Synthese hindert, am zweckmäßigsten in der Form eines Pulvers an, das man sich aus dem zu untersuchenden Organ auf die oben (unter Nr. 3, 4, 7) beschriebene Weise herstellt.

Somit verlangt ein Syntheseversuch außer dem „Organpulver" folgende Lösungen:

1. Reine Fettsäure (Ölsäure, Buttersäure, Palmitinsäure etc.). Man erhält sie in reinster Form bei C. A. F. Kahlbaum, Berlin.
2. Reinstes Glyzerin.
3. 96 %igen Alkohol.
4. $1/10$ normal-Natronlauge.
5. 1%iges Phenolphthalein.

Ausführung. Zwei Stehkölbchen von 150—200 ccm Inhalt werden nacheinander beschickt mit beispielsweise je 2 g Pankreatin, je 20 g reiner Ölsäure, je 60 ccm reinstem Glyzerin und etwas Thymol, danach fest verschlossen und gut durchgeschüttelt. Unmittelbar darauf entnimmt man aus jedem Kölbchen 5 ccm, überträgt sie in ein anderes Kölbchen, setzt 20 ccm Alkohol zu, schüttelt gut durch und titriert nun mit $1/10$ normal-Natronlauge gegen Phenolphthalein als Indikator bis zum Eintritt der Rotfärbung. Hiernach stellt man beide Kölbchen in den Brutschrank, entnimmt ihnen nach 1 resp. 2 Tagen abermals 5 ccm und stellt in der gleichen Weise die Titration an. Nach Verlauf von 4, 6 und 8 Tagen wiederholt man die Titration. Findet man, daß mit jeder späteren Titration der Säuregrad des Gemisches abnimmt, so hat eine Bindung der Säure an Glyzerin, also eine Synthese stattgefunden.

Arbeitet man mit größeren Mengen Organpulver und ist dasselbe etwas dunkel gefärbt, so ist der Farbenumschlag bei der Titration meist sehr unscharf. Für diesen Fall empfiehlt Hamsik (l. c.) ein Verfahren, bei dem auch gleichzeitig die Menge des neugebildeten Fettes nach der bekannten Methode von Köttsdorfer bestimmt wird.

Hierfür sind außer den oben genannten Lösungen noch erforderlich:

1. $1/2$ normal alkoholische Kalilauge.

Diese Lauge kann zugleich auf ihren Titer derart geprüft werden, daß man mit ihr eine abgewogene und in 50 ccm Alkohol gelöste Menge Ölsäure in Gegenwart von Phenolphthalein als Indikator titriert; die zur Neutralisation verbrauchte Lauge muß dem theoretischen Wert entsprechen. Hierauf werden noch 10 ccm derselben Lauge zugesetzt, die Lösung eine halbe Stunde mit Rückflußkühler auf dem Wasserbad im Sieden erhalten und mit $^1/_2$ normal-Salzsäure zurücktitriert. Auf diese Weise wird der Säuregehalt bestimmt.

2. $^1/_2$ normal-Salzsäure.
3. Äther.

Ausführung. Vier Erlenmeyer-Kölbchen werden mit je 2,5 ccm reiner Ölsäure[1]), ferner mit je 5 ccm Glyzerin, 1,5 ccm Wasser, 0,2 g Thymol und 0,5—1,0 g Fermentpulver beschickt. Zwei von diesen Kölbchen werden sofort auf ihren Gehalt an Ölsäure und Fett untersucht, die beiden anderen erst nach sechstägigem Verweilen im Thermostaten. Die Untersuchung geschieht so, daß die Mischung sukzessive 5 mal mit je ca. 50 ccm Äther ausgezogen wird. Die vereinigten Ätherauszüge (also ca. 250 ccm) werden dann durch Destillation von Äther — jedoch nicht vollständig — befreit, der Rückstand in 50 ccm Alkohol gelöst und mit $^1/_2$ normal alkoholischer Kalilauge unter Benutzung von Phenolphthalein als Indikator bis zur Rosafärbung titriert. Dann werden noch 10 ccm derselben Lauge zugesetzt, die Lösung auf dem Wasserbad unter Anwendung des Rückflußkühlers eine halbe Stunde im Sieden erhalten und mit $^1/_2$ normal-Salzsäure zurücktitriert. Aus der Differenz ergibt sich die Menge der bei der Verseifung gebundenen Lauge und aus dieser diejenige des Trioleins.

Zur Kontrolle kann man eine gleich beschaffene Probe ohne Glyzerin und eine Probe ohne Ölsäure ansetzen.

Zum besseren Verständnis führe ich eine Versuchsreihe aus der Arbeit von Hamsik an (l. c. S. 8, Tabelle II).

Tabelle 11.

Darmschleimhautpulver		Ölsäure	Glyzerin	Wasser	Azidität in ccm $^1/_2$ n KOH			Verminderung der Azidität in ccm $^1/_2$ n KOH	Zur Verseifung verbrauchte ccm $^1/_2$ n KOH	Triolein Köttsdorfer	Synthetisierte Säure
					berechnet	gefunden					
Tier	g					sogleich	nach 6 Tagen				
		g	ccm	ccm						g	%
Schwein	1	2,138	5	1,5	15,16	15,2	—	—	0,1	—	—
	1	2,147	5	1,5	15,22	—	10,7	4,5	4,3	0,631	28
	1	2,086	0	1,5	14,8	—	14,8	0	0	—	—
	1	0	5	1,5	—	—	0,15	—	0	—	—

[1]) Die Kölbchen sind vorher genau zu tarieren und nach Zugabe der mit einer Pipette abzumessenden Ölsäure wieder zu wägen; die Gewichtszunahme entspricht der Ölsäuremenge in g und kommt nachher für die Berechnung allein in Betracht.

In dieser Tabelle ist zwar jeder Versuch nur einmal ausgeführt; es ist aber, wie oben angegeben, ratsamer, die beiden ersten Versuche stets doppelt anzusetzen und aus den gefundenen Zahlen die Mittelwerte zu berechnen. Was hier für die tierischen Lipasen angeführt wurde, gilt in gleichem Maße für die pflanzlichen Lipasen, insbesondere für die Rizinuslipase, mit der bereits zahlreiche Syntheseversuche mit Erfolg durchgeführt wurden.

6. Cholesterinase.

Sie vermag aus Cholesterinester Cholesterin abzuspalten.

Vorkommen. Bisher hat man das Ferment mit Sicherheit in der Leber des Pferdes und anscheinend auch beim Rinde gefunden.

Nachweis.

Er geschieht nach J. H. Schultz[1]) in der Weise, daß man das zu untersuchende Organ fein zerkleinert, in einem aliquoten Teil des Organbreies sofort die Menge des Cholesterinesters und des freien Cholesterins bestimmt und in einer zweiten gleichgroßen Portion nach 48 stündiger Digestion die gleichen Bestimmungen ausführt. Ist Cholesterinase in dem Organ vorhanden, so muß die Menge des Cholesterins nach stattgefundener Digestion im Brutschrank zunehmen.

Erforderliche Lösungen.
1. 96 %iger Alkohol.
2. Essigäther.
3. 1 %ige Digitoninlösung.

1 g Digitonin wird in 100 ccm 90 %igem Alkohol unter Erwärmen gelöst.

4. $1/5$ normal alkoholische Kalilauge.
5. Petroläther.

Ausführung. Frische Leber (Pferd, Rind) wird in der Fleischmaschine zerkleinert. 200 g werden sofort verarbeitet, die Hauptportion von gleichfalls 200 g wird mit 400 ccm 1 %iger Fluornatriumlösung und 2 ccm 10 %iger Thymollösung versetzt, kräftig durchgeschüttelt und 48 resp. 72 Stunden im Brutschrank gehalten.

Die Verarbeitung der Kontrollprobe wird so ausgeführt, daß der Leberbrei mit 600 ccm 96 %igem Alkohol versetzt, gut

---

[1]) J. H. Schultz, Untersuchungen betreffend das Vorkommen eines cholesterinspaltenden Fermentes in Blut und Leber. Biochem. Zeitschr. **42**, 255. 1912.

durchgeschüttelt und der Alkohol nach einigem Stehen abfiltriert wird. Dann wird der Rückstand so lange mit Alkohol ausgekocht, bis eine Probe auf Zusatz von Wasser keine Trübung mehr zeigt. Die alkoholischen Extrakte werden vereinigt, der Alkohol verjagt und der Rückstand auf dem Wasserbad vorsichtig bis zum Sirup eingeengt. Dann wird er mit heißem Alkohol aufgenommen und dieser durch einen mit einem Filter versehenen Trichter filtriert, der in einer von Wasserdampf durchströmten Zinnlage ruht. Der Alkohol wird abdestilliert, der Rückstand, wenn nötig nach nochmaligem Aufnehmen in Alkohol, in heißem Essigäther gelöst. Die Lösung wird heiß filtriert und bleibt 24 Stunden stehen; hierbei scheidet sich die Lezithinfraktion als wachsartige Masse ab. Der Essigäther wird abfiltriert, der Rückstand wiederholt mit Essigäther behandelt und auf diese eine Fraktion gewonnen, welche außer Fett das gesamte Cholesterin und den Ester enthält. Nach Verjagen des Essigäthers wird der Rückstand im Leuchtgasstrom getrocknet und in 30 ccm Äther aufgenommen.

In 10 ccm der ätherischen Lösung wird zunächst das Cholesterin nach Windaus[1]) bestimmt. Da Äther das Digotinin fällt, muß er durch Verdunsten entfernt werden. Zu dem Zweck setzt man zu der ätherischen Lösung 15 ccm Alkohol und erwärmt das Gemisch auf einem Dampfbad bis die aufsteigenden Dämpfe nicht mehr nach Äther riechen. Dann setzt man zu der noch warmen alkoholischen Lösung so lange Digitoninlösung zu, als noch ein Niederschlag entsteht. Nach mehreren Stunden hat sich der Niederschlag abgesetzt. An der klaren überstehenden Lösung prüft man, ob die Fällung vollständig ist, und setzt, wenn nötig, nochmals Digitoninlösung zu. Hiernach wird der Niederschlag auf einen vorher gewogenen Goochtiegel gebracht, mit Alkohol und mit Äther gewaschen und bei 100° getrocknet und gewogen. Aus der Menge des Niederschlages läßt sich die Menge des Cholesterins berechnen nach der Gleichung $A : C = 1589{,}06 : 386{,}35$, wobei A die Menge des Additionsproduktes aus Cholesterin + Digitonin, C die Menge des Cholesterins, 1589,06 das Molekulargewicht des Digitonincholesterids, 386,35 dasjenige des Cholesterins bezeichnet. Mithin ist $C = A \cdot \dfrac{386{,}35}{1589{,}06} = A \cdot 0{,}2431$. Für die meisten Fälle genügt es, wenn man für die Multiplikation an Stelle der Zahl 0,2431 die Zahl 0,25 verwendet und einfach $1/4$ des Digitonincholesterids als Cholesterin in Rechnung setzt.

---

[1]) A. Windaus, Über die quantitative Bestimmung des Cholesterins und des Cholesterinester in einigen normalen und pathologischen Nieren. Zeitschr. f. physiol. Chemie. **65**, 110. 1910.

In der zweiten Portion des Ätherextraktes (20 ccm) wird durch Titration mit alkoholischer Kalilauge und Phenolphthalein als Indikator die Azidität bestimmt. Dann wird verseift, das Gemisch mit Petroläther erschöpfend extrahiert, das Petrolätherextrakt zur Trockne eingedampft und gewogen. Der Rückstand entspricht dem Gesamtcholesterin.

Genau so wie die Kontrollprobe wird nach beendeter Digestion im Brutschrank die Hauptprobe verarbeitet.

Findet man in der Hauptprobe die Menge des Cholesterins vermehrt gegenüber der der Kontrollprobe, so ist in dem untersuchten Organ ein Cholesterinester spaltendes Ferment enthalten.

Im Anschluß hieran sei ein erst vor kurzem in verschiedenen Organen aufgefundenes Ferment besprochen, das aller Wahrscheinlichkeit nach in naher Beziehung zur Lezithinase steht, die

7. Glyzerophosphotase.

Sie hat die Fähigkeit, sowohl die synthetisch dargestellte inaktive Glyzerinphosphorsäure, wie die im Lezithin enthaltene, optisch aktive in ihre beiden Komponenten Glyzerin und Phosphorsäure zu spalten.

Vorkommen. Das Ferment ist von Großer und Husler[1]) in großen Mengen angetroffen worden in der Niere und der Darmschleimhaut, dementsprechend auch in den Fäzes, in geringer Quantität in der Lunge. In der Leber und Milz findet es sich nur spurenweise, in Pankreas, Muskel und Blut überhaupt nicht. Nach Neuberg[2]) findet sie sich auch in der Hefe.

Nachweis.

Als Versuchslösung empfehlen Großer und Husler käufliche 1 %ige wässerige Lösung von Natriumglyzerophosphat (Merck), die optisch inaktiv und meist frei von organischen Phosphaten ist. Letztere Eigenschaft muß vor jeder Versuchsreihe besonders geprüft werden, da man mitunter auf Lösungen stößt, die mit Magnesiamischung leichte Trübung geben.

Aus den zu untersuchenden Organen stellt man entweder ein Organpulver oder ein Extrakt in der üblichen Weise her (s. S. 115 „Pankreas" und S. 120 „Organe").

---

[1]) P. Großer und J. Husler, Über das Vorkommen einer Glyzerophosphotase in tierischen Organen. Biochem. Zeitschr. **39**, 1. 1912.
[2]) C, Neuberg und L. Karczag, Über zuckerfreie Hefegärung, V. Mitteilung. Biochem. Zeitschr. **36**, 60. 1911.

Der Versuch wird dann so ausgeführt, daß man zu 20 bis 40 ccm Natriumglyzerophosphat 5 g Organpulver oder 5—10 ccm Organextrakt hinzufügt und das Gemisch unter Toluol 24 Stunden im Brutschrank hält. Nach Ablauf der Frist wird mit Kaolin unter Zusatz von 2—3 Tropfen konzentrierter Essigsäure und etwas Kochsalz enteiweißt und das Filtrat auf freie Phosphorsäure durch salpetersaures Molybdän oder ammoniakalische Magnesiamischung geprüft. Fällt diese Prüfung positiv aus, so wird vom gebildeten Phosphorsäure-Ammoniak-Magnesia-Niederschlag abfiltriert, das Filtrat nach Neumann verascht und wieder auf Phosphorsäure geprüft. Bildet sich jetzt kein Niederschlag, so ist die Glyzerinphosphorsäure quantitativ gespalten, da eben keine gebundene Phosphorsäure mehr in dem zur Veraschung gelangten Filtrat vorhanden ist. Ist jedoch Phosphorsäure nachgewiesen, so wird diese quantitativ bestimmt, und zwar so, daß in einem aliquoten Teile des Kaolinfiltrates die anorganische Phosphorsäure als pyrophosphorsaure Magnesia bestimmt und aus der Differenz zwischen der in der Stammlösung an Glyzerin gebundenen und der nach der Spaltung gefundenen Menge die abgespaltene Menge P_2O_5 berechnet wird.

Bei allen Versuchen setzt man zweckmäßig zwei Kontrollen an, und zwar einmal mit gekochtem Organpulver bzw. Extrakt + Glyzerophosphatlösung und zweitens mit Organpulver resp. Extrakt + Kochsalzlösung statt der Glyzerophosphatlösung. Bei dieser letzteren Kontrolle zeigt sich manchmal eine geringe Trübung nach Zusatz von Magnesiamischung, ein Zeichen, daß aus dem Organpulver selbst durch autolytische Fermente eine ganz geringe Menge Phosphorsäure frei wird. Bei der Kochkontrolle ist es notwendig, Pulver oder Extrakt vor der Mischung mit der Glyzerophosphatlösung zu kochen, da sonst bei den wirksamen Organen schon vor dem Kochen P_2O_5 abgespalten werden kann.

C. Eiweißspaltende Fermente.
1. Pepsin.

Eigenschaften. Pepsin ist befähigt, Eiweiß bei saurer Reaktion bis zu Albumosen und Peptonen abzubauen. Sein Wirkungsoptimum liegt bei 38^0—40^0, über 50^0 nimmt die Wirksamkeit schnell ab und bei 65^0 wird es vollkommen zerstört. Es ist am wirksamsten bei Gegenwart von Salzsäure, erheblich weniger wirksam bei Gegenwart anderer Säuren; gegenüber Alkalien und im Darminhalt ist es außerordentlich empfindlich.

Vorkommen. Es findet sich im Magensaft und in der Magenwand sämtlicher Wirbeltiere, ferner auch im Urin und im Darminhalt. Pepsinähnliche Fermente kommen auch bei Pflanzen vor (Drosera, Pinguicula, Nepenthes etc.).

Nachweis.
a) qualitativ.

Er geschieht am besten mit Hilfe einer Fibrinflocke oder eines Eiweißwürfels von geronnenem Hühnereiweiß.

Soll man beispielsweise feststellen, ob in einer Lösung Pepsin vorhanden ist, so kann man das auf zweierlei Weise versuchen:

1. Falls die zu untersuchende Lösung neutral oder gar alkalisch reagiert, säuert man sie so weit mit $^1/_1$ normal-Salzsäure an, daß sie ca. $0,1\%$ HCl enthält, d. h. zu 9 ccm neutraler Lösung fügt man 0,3 ccm $^1/_1$ nHCl hinzu. Alsdann bringt man in die angesäuerte Lösung eine kleine Fibrinflocke oder einen kleinen Eiweißwürfel und beobachtet, ob bei Brutschrankwärme das Eiweiß verdaut wird (Kontrolle mit Fibrin und reiner Salzsäure von $0,1\%$ allein!). Ist Pepsin vorhanden, so quellt das Eiweiß schon nach kurzer Zeit und ist nach Verlauf von wenigen Stunden vollkommen verdaut. Hat sich dagegen noch nach 12 Stunden an dem Eiweiß nichts verändert, so kann man mit Bestimmtheit annehmen, daß in der Lösung kein Pepsin enthalten ist.

2. In die zu untersuchende Lösung bringt man, ohne vorher anzusäuern — falls die Lösung schon an sich sauer reagiert, ist sie vorher genau zu neutralisieren — ein paar Fibrinflocken

oder einen Eiweißwürfel und läßt sie darin etwa eine halbe Stunde liegen. Während dieser Zeit schlägt sich das etwa vorhandene Pepsin auf das Eiweiß nieder. Hiernach wird das Fibrin resp. der Eiweißwürfel aus der Lösung herausgenommen, mit etwas destilliertem Wasser abgespült, nun in ein Reagenzglas gebracht, in dem sich ca. 5 ccm einer 0,1 %iger Salzsäure befinden, und in den Brutschrank oder in ein Wasserbad von 38° C gestellt. War Pepsin zugegen, so muß schon nach kurzer Zeit das Eiweiß teilweise oder ganz verdaut sein.

Genau so verfährt man mit Organteilen oder anderen Substanzen, bei denen man die An- resp. Abwesenheit von Pepsin feststellen soll. Man stellt zunächst ein wässeriges Extrakt aus ihnen her, indem man sie in der Reibeschale mit Quarzsand oder Glassplittern gründlichst verreibt und mit Wasser resp. 0,2 %iger Salzsäure extrahiert und behandelt dann das saure Extrakt nach 1, das neutrale nach 2.

Besonders schön arbeitet es sich in all diesen Fällen mit dem von Grützner angegebenen Karminfibrin. Denn schon die geringste Verdauung der gefärbten Fibrinflocke dokumentiert sich durch das Rotwerden der Verdauungsflüssigkeit, und man hat so einen Maßstab für den Beginn und das ständige Fortschreiten des Verdauungsprozesses. Über die Herstellung und Verwendung des Karminfibrin s. nächste Seite.

Statt des Fibrins oder des geronnenen Hühnereiweißes empfiehlt neuerdings Abderhalden[1]) Elastin anzuwenden, das er sich aus dem Ligamentum nuchae des Pferdes in bestimmter Weise herstellt. Dasselbe wird auf einige Zeit in die auf Pepsin zu untersuchende Lösung gebracht, dann herausgenommen, gewaschen und in $^1/_{10}$ Normal-Salzsäure übertragen. Hat sich Pepsin auf das Elastin niedergeschlagen, so löst es in der salzsauren Lösung teilweise das Elastin auf, und es treten biuretgebende Substanzen in der Flüssigkeit auf. Der Nachweis derselben kann sowohl mit der Biuretprobe wie mit Hilfe des Polarisationsapparates (Linksdrehung) geschehen.

Über Reaktivierung von Pepsin s. S. 154.

b) quantitativ.

Für den quantitativen Nachweis des Pepsins existieren eine große Reihe von Methoden, von denen hier nur die wichtigsten mitgeteilt seien.

---

[1]) E. Abderhalden und F. W. Strauch, Weitere Studien über die Wirkung der Fermente des Magensaftes II. Zeitschr. f. phys. Chemie. **71**, 320. 1911.

1. Pepsin.

1. Kolorimetrische Methode von Grützner[1]).

Die Methode erfordert zunächst die Herstellung von Karminfibrin, die am besten folgendermaßen gelingt:

Eine größere Menge geschlagenen Fibrins wird in der Fleischhackmaschine fein zerkleinert, dann sorgfältig ausgewaschen und in Glyzerin aufbewahrt. Für eine größere Versuchsreihe wird sodann eine entsprechende Menge von diesem Fibrin in einer $\frac{1}{4}$—$\frac{1}{2}$ %igen ammoniakalischen Karminlösung, die möglichst wenig überschüssiges Ammoniak enthalten soll, ad maximum gefärbt, bis es ganz dunkelrot aussieht. Nach abermaligem gutem Waschen in gewöhnlichem, dann mit etwas Essigsäure angesäuertem Wasser wird das gefärbte Fibrin in Glyzerin aufbewahrt.

Bei den Versuchen wird nun dieses Karminfibrin durch sorgfältiges Auswaschen vom Glyzerin befreit, sodann mit der etwa 5—6fachen Menge Salzsäure von 0,1 % übergossen und nochmals während des Quellens mit der Schere gut zerkleinert. Dadurch erhält man nach einiger Zeit eine schön karmoisinrot gefärbte, durchscheinende (geleeartige), durchaus gleichförmige Masse, die aus kleinen, ziemlich gleichmäßigen Flöckchen bunten Fibrins besteht. Von dieser Masse nimmt man nun gleich große Häufchen, die man am einfachsten nach dem Augenmaß auf einer Glasplatte zurechtrichtet. Wenn man ganz sorgfältig zu Werke gehen will, so kann man sie auch abwägen; sie sollen höchstens 1 g Gewicht haben.

Diese Häufchen bringt man in Reagenzgläser von gleicher Weite, in denen sich je 15 ccm 0,1%iger Salzsäurelösung befinden, und überzeugt sich dann nochmals, daß in den Gläschen die zu Boden gesunkenen Fibrinmengen gleich hoch stehen. Sollte dies nicht der Fall sein, so bringt man durch Hinzufügen von ein paar Flöckchen alle Fibrinmengen auf gleiche Höhe. Dann erst werden die Pepsinlösungen hinzugefügt. Unter der Einwirkung des Pepsins löst sich dann das Karminfibrin auf. Das freiwerdende Karmin färbt die Flüssigkeit rot, und aus dem Grad der Färbung läßt sich dann leicht ein Schluß ziehen auf den Gang und Stand der Verdauung in den verschiedenen Gläsern.

Um sich die Schätzung des Färbungsgrades der untersuchten Flüssigkeiten zu erleichtern und ein für allemal zu sichern, empfiehlt es sich, eine Stammfarbenskala anzufertigen aus 1⁰/₀₀igem Karminglyzerin.

---

[1]) P. Grützner, Über eine neue Methode, Pepsinmengen kolorimetrisch zu bestimmen. Pflügers Arch. 8, 452. 1874. — Derselbe, Neue Untersuchungen über die Bildung des Pepsins. Habilitationsschr. Breslau 1875.

In Reagenzgläsern von der nämlichen Weite wie diejenigen, in denen die Versuche vorgenommen werden, wird eine Skala hergestellt in der Art, daß im ersten Glas 0,1 ccm 1 $^0/_{00}$iges Karminglyzerin und 19,9 ccm Wasser sich befinden, im zweiten 0,2 ccm Karminglyzerin und 19,8 ccm Wasser und so jedes folgende Glas 0,1 ccm Karminglyzerin mehr und 0,1 ccm Wasser weniger. 10 derartige Gläser genügen. Somit enthält das letzte Glas 1,0 ccm Karminglyzerin und 19,0 ccm Wasser. Diese Farbenskala wird auf einem Reagenzglasgestell aufgestellt und dessen Rückseite mit weißem Seidenpapier überspannt. Hat nun bei einem Versuch eine Pepsinlösung den Farbenton Nr. 1 der Skala hervorgebracht, eine zweite den Farbenton Nr. 4, so hat die letztere 4 mal soviel Karminfibrin aufgelöst, wie die erstere, da ja das vierte Farbenglied 0,4 ccm Karminglyzerin enthält und das erste Farbenglied nur 0,1 ccm.

Neuerdings beschreibt Grützner einen einfachen Keil-Kolorimeter[1]), mit dessen Hilfe man die verschiedenen Farben der Verdauungsgläschen sicher und bestimmt angeben kann.

Besonders hervorgehoben sei noch, **daß mit der Grütznerschen Methode nur bei Stubentemperatur gearbeitet werden darf.** Denn in der Wärme zieht die Säure den Farbstoff aus dem Fibrin ziemlich schnell aus und verändert ihn. Die Lösung wird dann rötlichgelb, was bei Stubentemperatur erst nach mehreren Stunden eintritt.

2. Methode von Hammerschlag[2]).

Prinzip. Eine Lösung von nativem Eiweiß ist mittelst Eßbachschem Reagens fällbar, während die peptischen Verdauungsprodukte durch das Reagens nicht niedergeschlagen werden.

Erforderliche Lösungen:
1. Ausgeheberter Mageninhalt,
2. Eiereiweißlösung, die 3—4 $^0/_{00}$ Salzsäure enthält,

Man stellt sie in der Weise her, daß man 3—4 g käufliches Ovalbuminum siccum in einer Reibeschale mit etwas lauwarmem Wasser verreibt, das Gemisch mit destilliertem Wasser auf 150—180 ccm auffüllt und durch ein Faltenfilter filtriert. Zu

---

[1]) Der Kolorimeter ist erhältlich bei dem Universitätsmechaniker E. Albrecht in Tübingen.
[2]) A. Hammerschlag, Neue Methode zur quantitativen Pepsinbestimmung. Internat. klin. Rundschau 1894. Nr. 39. 1393.

1. Pepsin.

dem Filtrat setzt man unter Umrühren so viel offizinelle Salzsäure zu, daß 10 ccm des Filtrates bei Anwendung von Dimethylamidoazobenzol als Indikator zur Neutralisation 10 ccm $^1/_{10}$ normal-Natronlauge gebrauchen. Die Eiweißlösung hat dann den geforderten Gehalt von 3—4 $^0/_{00}$ freie Salzsäure.

3. Eßbachsches Reagens (Acid. citric. 5,0, Acid. picronitr. 2,5, Aq. dest. 245,0).

Ausführung:

Zwei Kölbchen werden mit je 10 ccm Eiweißlösung, das eine mit 5 ccm Mageninhaltfiltrat das andere mit 5 ccm Wasser versetzt und beide auf eine Stunde in den Brutschrank gestellt. Nach Ablauf der Frist wird in beiden Portionen der Eiweißgehalt mit Hilfe des Eßbachschen Albuminimeters gesondert bestimmt. Aus der Differenz der Eiweißniederschläge kann man ungefähr auf die Menge des vorhandenen Pepsins schließen.

Da die Eiweißbestimmung nach Eßbach sehr ungenau ist, empfehlen Bettmann und Schroeder[1]) die Fällung mit 10 %iger Trichloressigsäure vorzunehmen, den Niederschlag in graduierten Röhrchen abzuzentrifugieren und aus der Höhe des Eiweißzylinders die wirksame Pepsinmenge zu berechnen. Aber auch so dürfte die Methode keinen Anspruch auf große Genauigkeit machen.

2. Methode von Mett[2]).

Prinzip. Kleine Glasröhrchen, die mit geronnenem Eiweiß gefüllt sind, werden mit der zu untersuchenden Flüssigkeit auf bestimmte Zeit im Brutschrank gehalten. Dabei wird die Eiweißsäule von beiden Enden her verdaut und erfährt so eine Verkürzung, die um so größer ausfällt, je mehr Pepsin sich in der Lösung befand. Aus der verdauten Strecke des Eiweißzylinders kann man die Fermentquantität in bestimmter Weise berechnen.

Herstellung der Mettschen Röhrchen. Das Eiweiß von frischen Eiern wird gründlichst geschlagen und durch ein grobes Filter filtriert; auf diese Weise bekommt man, was sehr wichtig ist, eine vollkommen homogene Eiereiweißlösung, die völlig frei von Luftblasen ist. Mit dieser füllt man ein weites Reagenzglas bis fast an den Rand und versenkt darin eine Reihe von dünnwandigen Glasröhrchen, deren Durchmesser 1—1,5 mm

---

[1]) Bettmann und Schroeder, Über die Bestimmung der proteolytischen Kraft des Magensaftes. Arch. f. Verdauungskrankh. 10, 599. 1904.
[2]) Mett, Beiträge zur Physiologie der Absonderungen. Arch. f. Anat. u. Physiol. 1894, 68.

beträgt, und deren Länge nicht die des Reagenzglases wesentlich überschreitet. Nun hat man sich davon bei jedem einzelnen Röhrchen zu überzeugen, daß das in sie eingedrungene Eiweiß keine Luftblasen enthält. Etwa vorhandene Luftbläschen kann man mit Hilfe eines feinen Metalldrahtes oder eines Pferdehaares leicht entfernen. — Hierauf wird das Reagenzglas in ein hohes Becherglas gestellt, in dem auf 90° C erhitztes Wasser sich befindet, und darin genau 10 Minuten belassen. Während dieser Zeit gerinnt das in den Glasröhrchen befindliche Eiweiß. Nach beendetem Erhitzen zertrümmert man vorsichtig das Reagenzglas und schält die einzelnen Glasröhrchen heraus, die dann zum Versuch sofort verwandt werden können. Will man sie für längere Zeit gebrauchsfähig aufbewahren, so empfiehlt es sich, die Enden der Glasröhrchen mit Siegellack oder Wachs oder Paraffin zu verschließen. Für den Gebrauch sind indes nur die Partien der Eiweißröhrchen geeignet, die vollkommen frei von Luftblasen sind.

Weiteres über die Herstellung von sogenannten Standard-Eiweißröhrchen s. S. 142.

Ausführung. Man schneidet mittelst eines Glasmessers ein Eiweißröhrchen in Stückchen von ca. 2 cm Länge und bringt sie in den zu untersuchenden Magensaft. Am besten verwendet man dazu kleine Flaschen mit flachem Boden und weitem Hals. In diese füllt man den Magensaft resp. den filtrierten Mageninhalt (ca. 5 ccm) und hängt nun, an einem Faden befestigt, die Eiweißröhrchen so hinein, daß sie in der Mitte der Flüssigkeit horizontal hängen. Es genügt auch, die Röhrchen auf den Boden zu legen. Die Flasche wird dann gut verschlossen, um Verdunstung zu vermeiden. Bevor man sie in den Thermostaten hineinstellt, müssen eventuelle Luftblasen an den Enden der Röhrchen durch kräftiges Schütteln entfernt werden; dagegen darf man während der Verdauung die Flaschen nicht schütteln. Die Temperatur des Brutschrankes muß eine ganz konstante sein, da die Methode für Temperaturschwankungen sehr empfindlich ist. Es empfiehlt sich, stets bei 37° C zu arbeiten. Die Fläschchen bleiben 24 Stunden in dem Brutschrank. Nach Ablauf der Frist stellt man mittelst Ablesens durch eine Lupe und mit Hilfe eines Millimetermaßstabes, der in halbe Millimeter geteilt ist, genau fest, wieviel Millimeter der Eiweißsäule vom Rande her verdaut worden sind. Man tut gut, mindestens 2 Portionen mit je 2 Glasröhrchen anzusetzen und aus dem Mittel der 4 Röhrchen die Fermentmenge zu berechnen. Der Ablesungsfehler ist für Längen kleiner als 10,0 mm durchschnittlich 0,2—0,3 mm, selten über 0,5 mm. Für größere Rohrlängen kann der Fehler etwas größer sein. Die Genauigkeit ist für käufliches Pepsin (gewöhnlich Schweinepepsin) größer als für menschliches Pepsin, da die Grenze im ersteren Falle sehr scharf, im letzteren dagegen immer etwas verschwommen erscheint.

Berechnung. Die Bestimmung der verdauten Eiweißsäule bei jedem Röhrchen geschieht in der Weise, daß man die an beiden Enden verdauten Strecken addiert. Hat nun die Ablesung beispielsweise ergeben

$$\text{für Portion I} \begin{cases} \text{Röhrchen a} = & 3{,}8 \text{ mm} \\ \text{Röhrchen b} = & 3{,}5 \text{ mm} \end{cases}$$
$$\text{für Portion II} \begin{cases} \text{Röhrchen a} = & 3{,}6 \text{ mm} \\ \text{Röhrchen b} = & 4{,}0 \text{ mm} \end{cases}$$

also im ganzen $= 14{,}9$ mm,

so ergibt sich als Mittel $\frac{14{,}9}{4} = 3{,}96$ mm. Da nun nach der Schütz-Borissowschen Regel sich die Fermente verhalten wie die Quadrate der verdauten Eiweißsäulen, so ergibt sich für den vorliegenden Fall

$$P = 3{,}96^2 = 15{,}68,$$

worin P die Pepsinkonzentration für 1 ccm Magensaft resp. -inhalt bedeutet.

Modifikation nach Nirenstein und Schiff[1]).

Nirenstein und Schiff hatten festgestellt, daß die Mettesche Methode für menschliche Magensäfte wegen ihres Gehaltes an hemmenden Substanzen in der bisher üblichen Art unbrauchbar ist, und fanden, daß, wenn man den Magensaft entsprechend verdünnt, das Verfahren wieder gute Werte liefert. Als zweckmäßigste Verdünnung stellte sich die 16 fache heraus, weil bei diesem Grad der Verdünnung die hemmenden Substanzen in so schwacher Konzentration sich finden, daß eine hemmende Wirkung von ihnen nicht mehr befürchtet zu werden braucht. Diese Verdünnung hat sich auch in der Folge bewährt und wird bei der Untersuchung von ausgehebertem Mageninhalt meist verwandt.

Ausführung. Man stellt sich die 16 fache Verdünnung des zu untersuchenden Mageninhaltes in der Weise her, daß man 1 ccm des Filtrates verdünnt mit 15 ccm einer $^1/_{20}$ normal-Salzsäure ($= 0{,}18\%$ HCl). In diese Verdünnung bringt man, wie

---

[1]) E. Nirenstein und W. Schiff, Über die Pepsinbestimmung nach Mette und die Notwendigkeit ihrer Modifikation für klinische Zwecke. Arch. f. Verdauungskrankheiten. 8, 559. 1902 u. Berlin. klin. Wochenschr. 1903, S. 268.

oben angegeben, Eiweißröhrchen und stellt nach 24 Stunden die Länge der verdauten Eiweißsäulen in der oben beschriebenen Weise fest.

Berechnung. Sie gestaltet sich genau wie oben mitgeteilt, doch ist die gefundene Zahl entsprechend der Verdünnung zu multiplizieren mit 16.

Zum Beispiel: Hat die Ablesung mit der Lupe von 4 Eiweißröhrchen den Durchschnittswert 2,1 mm ergeben, so beträgt die Fermentmenge für die 16fache Verdünnung $= 2,1^2 = 4,41$, für den nativen Saft $= 4,41 \times 16 = 70,56$ Pepsineinheiten.

Bemerkt sei noch, daß Nirenstein und Schiff als Maß für die Pepsinmenge nur die an einer Seite des Eiweißröhrchens verdaute Eiweißmenge in Rechnung setzen, während Pavlow, Samojloff und die andern russischen Autoren die Summe der auf beiden Seiten des Röhrchens verdauten Eiweißsäule als Verdauungswert bezeichnen.

Herstellung von Standard-Eiweißröhrchen.

Die Mettsche Methode ist in letzter Zeit stark in Mißkredit geraten, und zwar hauptsächlich wegen der schwankenden Resultate, die sie liefert. Denn es kommt fast regelmäßig vor, daß ein und dieselbe Pepsinlösung verschiedene Längen der Eiweißsäule verdaut, von Röhrchen, die unter genau den gleichen Herstellungsbedingungen, aber zu verschiedenen Zeiten bereitet wurden. Die Ursache hierfür liegt in der Verschiedenartigkeit des Eiweißes der einzelnen Eier. Man hat sich früher deshalb so zu helfen gesucht, daß man das Eiweiß mehrerer Eier zusammenrührte, durch Gaze filtrierte und dieses vollständig gleichartige Filtrat zum Füllen der Röhren verwandte. War aber diese Serie von Röhren verbraucht, so gelang es in der Regel nicht, neue Röhrchen von derselben Verdaulichkeit herzustellen. Das Verfahren von Johanne Christiansen[1]) hilft nun diesem vielfach unangenehm empfundenen Mangel ab. Die Vorschrift für dasselbe lautet folgendermaßen:

Eiweiß von mehreren Eiern wird zusammengerührt, geschlagen und durch Gaze oder Leinwand filtriert und in dünnwandige Glasröhrchen von 0,9—1,5 mm Weite aufgesogen. Nun wird ein großer Fischkessel mit doppeltem Boden mit ca. 10 l Wasser gefüllt, mit einem Deckel verschlossen und bis zum Kochen er-

---

[1]) Christiansen, Einige Bemerkungen über die Mettsche Methode nebst Versuchen über das Azidätsoptimum der Pepsinwirkung. Biochem. Zeitschr. **46**, 257. 1912.

hitzt. Hat das Kochen begonnen, so wird der Kessel vom Feuer genommen, der Deckel entfernt und das Wasser gut umgerührt. Der spontane Temperaturabfall wird jetzt mittelst eines in Zehntelgrade geteilten Thermometers verfolgt; ist die Temperatur bis auf 85° gesunken, so werden die mit Eiweiß gefüllten Kapillarröhren auf einmal hineingelegt und bleiben in dem Bade liegen bis das Wasser abgekühlt ist. Verschließung der einzelnen Röhren vor dem Hineinlegen ist ganz überflüssig, weil die Koagulation augenblicklich eintritt. — Die so hergestellten Eiweißröhren sind weichgekocht und daher bedeutend verdauungsfähiger als die gewöhnlich hergestellten hartgekochten Röhren; außerdem sind sie im Gegensatz zu diesen gewöhnlich schön koaguliert und ganz frei von Löchern im Eiweiß.

Hat man nun die Aufgabe, eine neue Serie von Röhrchen von der gleichen Verdaulichkeit wie die erste zu bereiten, so rührt man wieder Eiweiß von mehreren Eiern zusammen, schlägt und filtriert es und saugt etwas von diesem in 11 Röhren ein, deren jede ca. 40 cm mißt. Der Rest des Eiweißes wird bis zum nächsten Tage im Eisschrank aufbewahrt. Nun wird der Fischkessel wieder mit ca. 10 l Wasser gefüllt, bis zum Kochen erwärmt, umgerührt und zur spontanen Abkühlung stehen gelassen. Wenn das Wasser die Temperatur von 90° erreicht hat, wird das erste Rohr eingetaucht, bei 89° das zweite, bei 88° das dritte und so weiter fort, bis alle 11 Röhren auf dem Boden des Wasserbades in bestimmter Ordnung hingelegt worden sind, so daß eine Verwechselung ausgeschlossen ist. Nach der Abkühlung werden alle Röhrchen in derselben Reihenfolge herausgenommen; von jedem werden 3 Stückchen (ca. 2 cm lang) abgeschnitten und in je 11 Fläschchen, auf denen die betreffenden Temperaturen von 90, 89 usw. bis 80° vermerkt sind, gebracht. Alle 12 Flaschen sind vorher mit ca. 10 ccm einer pepsin- und salzsäurehaltigen Lösung (Magensaft oder künstliches Pepsin) versehen und werden nun zur Verdauung in den Thermostaten gestellt. — Nach Verlauf von 24 Stunden wird abgelesen, wie viele Millimeter von einem jeden Röhrchen verdaut sind, die Durchschnittszahl der drei Ablesungen von je einer Flasche bestimmt und das Resultat, das dem Werte des Standardröhrchens am nächsten ist, notiert. Entspricht dieses z. B. dem Röhrchen, das bei 88° eingetaucht wurde, dann werden weitere 25—30 Röhrchen mit dem Eiweiß von dem vorhergehenden Tage gefüllt und ins Wasserbad von 88° gelegt. Eine erneute Kontrolle zeigt dann, ob die Standardierung gelungen ist oder nicht. Man kann z. B. leicht einen Temperaturfehler von $\frac{1}{2}°$ begehen, und zwar besonders deswegen, weil durch das Eintauchen einer größeren Zahl von Röhrchen die Temperatur des Wasserbades etwas herabgesetzt wird; es empfiehlt sich daher, die Röhren bei einer um ca. $\frac{1}{2}^0$ höheren Temperatur als der beabsichtigten in das Wasser zu legen.

An einem Beispiel soll der Vorgang illustriert werden:

Röhren, dargestellt bei	86	85	84	83	82	81	80	79	78° C
verdaute Strecke		9,5	9,9	10,2	10,4	10,5	10,9	10,8	10,9	12,5 mm

Von der Röhre der ersten Serie (Standardröhre) wurden 10,3 mm verdaut. Die diesem Werte am nächsten liegenden Zahlen finden sich bei den Röhren, welche bei 83 und 84° hergestellt sind. Die neuen Röhren müssen daher bei 84° in das Wasserbad gelegt werden. Die Standardierung neuer Röhren ist als gelungen zu betrachten, wenn der Unterschied zwischen der Verdauung dieser und der Standardröhre 0,3 mm nicht überschreitet.

Es hat sich als praktisch erwiesen, 85° als Ausgangspunkt der Herstellung zu verwenden. Als Verdauungslösung empfiehlt Christiansen 0,3% Armours Pepsin in $^1/_{10}$ nHCl, das ca. 10 bis 15 mm in 24 Stunden verdaut. Es steht natürlich nichts im Wege, sich aus irgendeinem anderen käuflichen Pepsinpräparat eine Verdauungslösung von entsprechender Stärke herzustellen.

3. Methode von Volhard[1]).

Prinzip. Kasein in saurer Lösung bindet eine ganz bestimmte Menge Salzsäure. Wird nun Kasein verdaut, so wird die an das verdaute Kasein gebunden gewesene Salzsäure frei. Der Anteil der ungebundenen Salzsäure ist demnach um so größer, je mehr Kasein verdaut ist. Dieser Zuwachs an frei gewordener Salzsäure gegenüber der Ausgangslösung kann titrimetrisch festgestellt werden und bietet so einen Maßstab für die Größe der Fermentmenge.

Erforderliche Lösungen:

1. Kaseinlösung. 100 g feinkörniges oder gemahlenes Kasein werden in einem 2½—3 Liter-Kolben mit 1 Liter destilliertem Wasser unter Schütteln aufgeweicht. Sodann gibt man 80 ccm $^1/_1$ normal-Natronlauge zu und ergänzt das gesamte Volumen mit destilliertem Wasser (920 ccm) auf 2 Liter. Danach erwärmt man langsam bis zu vollkommener Lösung und erhitzt

---

[1]) Volhard, Über das Alkalibindungsvermögen und die Titration des Magensaftes. Münch. med. Wochenschr. 1903, Nr. 49. — Löhlein, Über die Volhardsche Methode der quantitativen Pepsin- und Trypsinbestimmung durch Titration. Hofmeisters Beitr. 7, 120. 1906.

dann rasch auf 85—90° C. Nach dem Abkühlen setzt man etwas Toluol (1—2 ccm) zu und verkorkt den Kolben gut. Die Lösung hält sich in dieser Weise unbegrenzt lange.

2. $1/1$ normal-Salzsäure.
3. 20 %ige Natriumsulfatlösung.
4. $1/10$ normal-Natronlauge.
5. 1%ige Phenolphthaleinlösung.

Außerdem eine langhalsige Flasche, welche mit zwei Marken von 300 und 400 ccm versehen ist; erhältlich bei Wallach Nachf. in Cassel.

Ausführung. Man mißt aus einer Bürette genau 11 ccm $1/1$ nHCl in die Volhardsche Flasche, füllt mit Aq. dest. auf etwa 150 ccm auf und gibt dann unter Schütteln 100 ccm der Kaseinlösung zu, wobei keine Kaseinausscheidung bleiben darf. Dann wird eine beliebige, aber genau zu bestimmende Menge des zu untersuchenden Magensaftes resp. Mageninhaltes mit einer Pipette zugefügt, am besten nachdem die Mischung vorher schon im Wasserbad auf 40° C erwärmt wurde, und mit auf ca. 40° C erwärmtem destilliertem Wasser bis zur Marke 300 aufgefüllt. Nun wird das Gemisch beliebige, aber genau zu bestimmende Zeit hindurch — z. B. eine Stunde lang — der Digestion im Wasserbad von 40° C ausgesetzt.

Nach Ablauf der Frist wird die Verdauung unterbrochen, indem man 100 ccm Natriumsulfatlösung (Nr. 3) bis zur Marke 400 zusetzt. Dabei fällt das unverdaut gebliebene Kasein in Flocken aus, während die unter dem Einflusse des Pepsins entstandenen Peptone in Lösung bleiben. Danach wird filtriert und in 100 oder 200 ccm Filtrat durch Titration mit $1/10$ nNaOH gegen Phenolphthalein als Indikator die Azidität bestimmt.

Berechnung. Von der Gesamtazidität des Filtrates ist zu subtrahieren 1. die ein für allemal bestimmte, auf ihre Konstanz von Zeit zu Zeit zu prüfende Azidität der Stammlösung, 2. der Säurewert des zugesetzten Magensaftes. Die Differenz ist der Säurezuwachs des Filtrates, der auf die Bildung salzsaurer Peptone zurückzuführen ist.

Durch den Versuch erhält man in dem Quotienten aus dem Aziditätszuwachs (v), dividiert durch das Produkt t.f (Verdauungszeit und Anzahl der angewandten ccm Saft), den Verdauungswert, den 1 ccm Saft in 1 Stunde liefern würde. Dieser Wert ist mit 2 oder 4 zu multiplizieren, je nachdem 200 oder 100 ccm Filtrat zur Titration verwandt wurden. Da der so erhaltene Wert der Aziditätszunahme für das Filtrat des gesamten Verdauungsgemisches (400 ccm) dem Schütz-Borrissowschen Fermentgesetz unterliegt, so muß man ihn, wenn man die Konzentration des Saftes an Pepsineinheiten ausdrücken will, ins Quadrat erheben. Für die Pepsineinheit x gilt somit die Formel $x = \left(\dfrac{f \cdot t}{v^2}\right)^2$.

Beispiel. Die Azidität von 200 ccm der Stammlösung nach Fällung und Filtration sei = 18,0, folglich in 400 ccm = 36,0 $^1/_{10}$ n NaOH. Die Azidität des Saftes sei = 20 ccm $^1/_{10}$ n NaOH für 100 ccm Saft. In dem Versuch wurde bei Digestion von 100 ccm Kaseinlösung auf 300 mit 3 ccm Saft in 3 Stunden nach Auffüllung mit Na_2SO_4 auf 400 und Filtration in 200 ccm Filtrat eine Azidität von 32,7, somit in 400 = 65,4 $^1/_{10}$ n NaOH ermittelt. Davon sind abzuziehen für die

Stammlösung = 36,0 $^1/_{10}$ n NaOH
für 3,0 ccm Magensaft = 0,6 $^1/_{10}$ n NaOH
somit v = 28,8 $^1/_{10}$ n NaOH

Folglich ergibt sich für $x = \left(\dfrac{28,8}{3 \cdot 3}\right)^2 = 10,24$ Pepsineinheiten.

Als Pepsineinheit bezeichnet Volhard diejenige Fermentmenge, welche das Filtrat der ganzen angewandten Kaseinmenge um 1 ccm $^1/_{10}$ normal-HCl saurer machen würde.

4. Methode von Jacoby[1]).

Prinzip. Eine Reihe von Reagenzgläsern wird mit absteigenden Mengen Ferment beschickt, zu jeder Portion ein bestimmtes Quantum einer trüben Eiweißlösung zugefügt und nun die Gläschen in den Thermostaten gestellt. Dabei hellen sich die Gläschen, sofern die in ihnen vorhandene Fermentmenge imstande ist, die Eiweißflocken zu verdauen, auf, und man kann aus dem kleinsten Fermentquantum, das noch befähigt ist, eine Aufhellung zu bewirken, die Pepsinstärke berechnen.

Erforderliche Lösungen.

1. Rizinlösung. 0,5 g Rizin — zu beziehen durch die Vereinigten chemischen Werke Charlottenburg-Berlin, Salzufer 16 — werden in einem Becherglas unter Erwärmen in 50 ccm einer 5 %igen Kochsalzlösung aufgelöst und filtriert. Das Filtrat sieht mäßig trübe aus, wird jedoch durch Zusatz von $^1/_{10}$ normal-Salzsäure milchig trüb.

---

[1]) Jacoby-Solms, Über eine neue Methode der quantitativen Pepsinbestimmung. Zeitschr. f. klin. Med. **64**, Heft 1 u. 2. 1907.

2. $^1/_{10}$ normal-Salzsäure.
3. Gekochter Magensaft.
4. Verdünnter Magensaft. 1 ccm Saft wird mit 100 ccm Aq. dest. verdünnt.

Ausführung. In 5 mit fortlaufenden Zahlen versehene Reagenzgläser füllt man mit einer graduierten Pipette je 2 ccm der Rizinlösung. Dann setzt man mit einer anderen Pipette zu jedem Glas 0,5 ccm $^1/_{10}$ nHCl hinzu, worauf sich sämtliche Portionen stark trüben. Nun füllt man in das erste Gläschen 1 ccm gekochten Magensaft, in das zweite 0,9, in das dritte 0,8, in das vierte 0,5 und in das fünfte 0 ccm. Dann bringt man von dem verdünnten Magensaft in Gläschen 1 : 0,0 ccm, in 2: 0,1 ccm, in 3: 0,2 ccm, in 4: 0,5 ccm und in 5: 1,0 ccm, so daß mithin in jedem Reagenzglas 3,5 ccm Flüssigkeit enthalten sind. Hierauf werden die Gläser mit Korkstopfen versehen und in den Brutschrank gestellt. Nach 3 Stunden werden sie herausgenommen und festgestellt, bei welcher Verdünnung das Gemisch eine vollkommen klare Lösung darstellt.

Berechnung. 100 Pepsineinheiten enthält ein Magensaft, bei dem nach 3 Stunden Aufenthalt im Brutschrank 1 ccm einer 100fachen Magensaftverdünnung die Rizinlösung gerade aufhellt. Sind beispielsweise 0,5 ccm der 100fachen Verdünnung dazu imstande, so würde sich für diesen Magensaft der Pepsingehalt berechnen auf $P = \frac{1}{0,5} \cdot 100 = 200$.

Die Werte für den normalen Magensaft schwanken für diese Methode zwischen 100 und 200 Pepsineinheiten.

5. Methode von Fuld[1]).

Prinzip. Sie beruht auf dem Prinzip, daß aus einer sauren Lösung von Edestin durch Zusatz von Kochsalz das nichtverdaute Edestin gefällt wird, während die Abbauprodukte des Edestins durch Kochsalz nicht niedergeschlagen werden.

Erforderliche Lösungen.

1. Salzsäure von der Azidität 30 (ca. 0,1%), die man sich in der Weise herstellt, daß man 30 ccm $^1/_{10}$ normal-Salzsäure versetzt mit 70 ccm dest. Wasser.

2. 1 $^0/_{00}$ige Edestinlösung. 0,1 g Edestin werden in einem Becherglas auf freiem Feuer mit 100 ccm Salzsäure von der Azi-

---
[1]) Fuld und Levison, Die Pepsinbestimmung mittelst der Edestinprobe. Biochem. Zeitschr. 6, 473. 1907.

dität 30 bis zum Sieden erhitzt, wobei das Edestin sich, falls es ein reines Präparat ist, glatt löst. Bei unreinen Präparaten schwimmen häufig kleine Partikelchen in der Lösung, von denen abfiltriert werden muß. Die auf Zimmertemperatur (15—17° C) abgekühlte Lösung ist dann fertig zum Gebrauch. Das Edestin ist erhältlich bei Merck in Darmstadt.

3. **Gesättigte (ca. 33%ige) Kochsalzlösung.**

Ausführung. Eine Reihe mit fortlaufenden Zahlen versehener Reagenzgläsern wird mit absteigenden Mengen des zu untersuchenden, vorher filtrierten Probefrühstücks oder Magensaftes beschickt in der Weise, daß in das erste Gläschen 1,0 ccm, in das zweite 0,5, in das dritte 0,25, in das vierte 0,125 ccm usw. kommen, und daß für die hierbei notwendigen Verdünnungen ausschließlich Salzsäure von der Azidität 30 (Lösung 1) verwandt wird. Dann füllt man in jedes Gläschen, beginnend mit dem am wenigsten Ferment enthaltenden, also am Ende der Reihe stehenden, je 2 ccm Edestinlösung (2) und läßt nun die Gläschen im Reagenzglasgestell eine halbe Stunde bei Zimmertemperatur (15—17° C) stehen. Während dieser Zeit kann das Pepsin auf das in Lösung befindliche Eiweiß einwirken. Nach Ablauf der 30 Minuten gibt man zu jedem Gläschen 0,5 ccm (10 Tropfen) konz. Kochsalzlösung (3) zu und stellt dann fest, wo das Eiweiß verdaut und wo es unverdaut geblieben ist. Diejenigen Gläschen, die sich auf Zusatz von Kochsalzlösung nicht getrübt haben, enthalten kein Eiweiß mehr, während sich in denen, wo eine Trübung eingetreten ist, noch unverdautes Eiweiß befindet. Dasjenige Gläschen mit der kleinsten Pepsinmenge, das noch klar geblieben ist, gilt als Grenze und aus ihm wird der Pepsingehalt des Probefrühstücks berechnet.

Da die Edestinprobe in neuester Zeit mit Vorliebe angewandt wird, stelle ich zur besseren Übersicht die einzelnen Phasen derselben in nachfolgender Tabelle 11 zusammen.

Bei der in dieser Tabelle angeführten Reihe differieren die in den einzelnen Gläschen enthaltenen Fermentmengen um 100%. Will man aber mehrere Magensaftportionen miteinander vergleichen und kommt es auf sehr feine Unterschiede an, so führt man die Reihe dementsprechend enger aus. In diesem Falle empfiehlt es sich, von den Säften zunächst eine 20fache Verdünnung zu bereiten — natürlich stets unter Verwendung der Salzsäure mit der Azidität 30 — und mit dieser Verdünnung ein sechs- oder achtgliedrige geometrische Reihe (s. näheres darüber S. 17) anzustellen.

1. Pepsin.

Tabelle 12.

Phase I	Phase II	Phase III	Absolute Fermentmenge	Phase IV	Phase V	Phase VI	Phase VII
Numerierung d. Gläschen	Fermentverteilung			Verteilung d. 1 °/₀₀ igen Edestinlösung			Feststellung des Resultates
	Verteilung der Salzsäure (Ac. 30)	Verteilung des Magensaftes					
1	0 ccm	1,0 ccm	1,0 ccm	2,0 ccm			+ klar
2	1,0 ccm	1,0 ccm	0,5 ccm	2,0 ccm			+ klar
3	1,0 ccm	↘ 1 ccm	0,25 ccm	2,0 ccm	Stehenlassen ½ Stunde bei Zimmertemperatur (15–17° C)	Zusatz von 10 Tropfen gesättigt. Kochsalzlösung zu jedem Gläschen	+ klar
4	1,0 ccm	und so jedesmal 1 ccm von der Mischung in das folgende Gläschen.	0,125 ccm	2,0 ccm			+ klar
5	1,0 ccm		0,062 ccm	2,0 ccm			+ klar
6	1,0 ccm		0,031 ccm	2,0 ccm			+ klar
7	1,0 ccm		0,016 ccm	2,0 ccm			+ klar
8	1,0 ccm		0,008 ccm	2,0 ccm			− trüb
9	1,0 ccm		0,004 ccm	2,0 ccm			− trüb
10	1,0 ccm		0,002 ccm	2,0 ccm			− trüb

Berechnung. Sie sei an dem obigen Beispiel demonstriert. Der Versuch hat ergeben, daß die in Gläschen Nr. 7 enthaltene Fermentmenge (0,016) die kleinste ist, welche imstande war, 2 ccm Edestinlösung innerhalb einer halben Stunde glatt zu verdauen. Wir wollen wissen, wie stark 1,0 ccm der Fermentlösung ist, d. h. wieviel Kubikzentimeter der Edestinlösung von 1,0 ccm Fermentlösung innerhalb einer halben Stunde glatt verdaut werden. Es verhält sich demnach 0,016 (ccm Fermentl.) : 2 (ccm Edestinl.) = 1 (ccm Fermentl.) : x (ccm Edestinl.) mithin

$$x = \frac{2 \times 1}{0,016} = 125.$$

Hiernach ist der untersuchte Mageninhalt bezüglich seines Pepsingehaltes 125 fach, oder mit anderen Worten, er enthält 125 Pepsin-Einheiten. Unter einer Pepsineinheit hat man diejenige Menge Pepsin zu verstehen, die imstande ist, 1 ccm Edestinlösung innerhalb einer halben Stunde bei Zimmertemperatur glatt zu verdauen.

Mit der Edestinmethode gemessen, schwanken die Werte für einen normalen Mageninhalt zwischen 100 und 200, bei Subazidität erreichen sie mitunter kaum den Wert 10.

Unverdünnte Magensäfte, von Hunden mit Pawlowschem Magenblindsack stammend, enthalten Pepsinmengen, die zwischen 400 und 1600 schwanken.

Nachweis von Pepsin im Urin.

a) qualitativ. Eine Fibrinflocke wird auf 1—2 Stunden in den zu untersuchenden Urin gebracht, danach herausgenommen, mit destilliertem Wasser gründlichst abgewaschen und in ein Gläschen übertragen, in dem sich 5 ccm ca. 0,1 %iger Salzsäure (Azidität 30) befinden. Bei Brutschranktemperatur wird, wenn Pepsin im Urin vorhanden war, die Flocke in wenigen Stunden aufgelöst.

b) quantitativ nach Fuld und Hirayama[1]). Da sich das Pepsin im Urin stets als Proferment findet, muß man es vor Anstellung des Versuches aktivieren. Dies geschieht am zweckmäßigsten in der Weise, daß man 9 ccm Urin mit 1,0 ccm $^1/_1$ normal-Salzsäure versetzt und ein paar Minuten zuwartet; dann ist sämtliches Propepsin in Pepsin übergegangen und der Urin für den Versuch gebrauchsfertig.

Nun führt man mit dem Urin die Edestinprobe aus in der oben angegebenen Weise. Da sie aber von der ursprünglichen etwas differiert, sei sie hier mit ihren Einzelheiten kurz skizziert:

Erforderliche Lösungen s. o.

Ausführung. Eine Reihe mit fortlaufenden Zahlen numerierter Reagenzgläschen wird beschickt mit absteigenden Mengen des vorher mit Salzsäure behandelten Urins, beginnend mit 2,0 ccm und fortfahrend mit 1,0, 0,8, 0,6, 0,4, 0,2 ccm. Weiter die Reihe auszudehnen, ist nicht erforderlich, da der Pepsingehalt im Urin kein sehr großer ist. Hiernach werden die Volumina mit Salzsäure von der Azidität 30 auf 1 ccm ausgeglichen, zu jedem Gläschen 2 ccm der 1⁰/₀₀igen Edestinlösung zugefügt und alle Gläschen in ein Wasserbad von 38—40⁰ C auf 1 Stunde übertragen. Nach Verlauf 1 Stunde werden sie in kaltes Wasser gestellt, um die Fermentwirkung in allen gleichzeitig abzubrechen, und nun in jedes 10 Tropfen — in die beiden ersten Gläschen 15 Tropfen — konzentrierte Kochsalzlösung hineingegeben. Wo auf Zusatz von Kochsalz die Lösung klar geblieben ist, ist das Edestin voll-

---

[1]) E. Fuld und K. Hirayama, Die Ausscheidung der Magenfermente (Lab und Pepsin) durch den Urin. Zeitschr. f. experim. Pathologie u. Therapie 10, 2, 1912 u. Berlin. klin. Wochenschr. 1910. Nr. 25.

kommen verdaut, wo eine Trübung eintritt, ist noch unverdautes Edestin vorhanden.

Die Berechnung geschieht in der gleichen Weise wie oben angegeben (s. S. 149).

6. Methode von Groß [1]).

Prinzip. Aus einer sauren Kaseinlösung wird durch Zusatz von essigsaurem Natron das Kasein ausgefällt, während die Abbauprodukte des Kaseins in Lösung bleiben.

Erforderliche Lösungen.

1. 1⁰/₀₀ige saure Kaseinlösung. 1,0 g Caseinum purissimum Grübler (nach Hammarsten) wird mit 16 ccm einer 25%igen Salzsäure (spez. Gew. 1,124) in 1 Liter-Meßkolben auf dem Wasserbad gelöst und mit destilliertem Wasser auf 1 Liter aufgefüllt.

2. Konzentrierte (20%) Lösung von essigsaurem Natron.

Ausführung. Eine Reihe von Reagenzgläsern wird mit absteigenden Mengen des zu untersuchenden, vorher filtrierten Mageninhaltes beschickt (s. näheres darüber bei der Edestinprobe S. 148). Die einzelnen Verdünnungen brauchen hier aber nicht mit einer bestimmt konzentrierten Salzsäure ausgeführt zu werden wie bei der Edestinprobe von Fuld, sondern man kann hierfür destilliertes Wasser verwenden. Alsdann werden zu jedem Gläschen 10 ccm der Kaseinlösung, die man vorher zweckmäßig auf 39—40⁰ C angewärmt hat, zugegeben und die ganze Reihe auf 15 Minuten in ein Wasserbad von 38—40⁰ C übertragen. Nach ¼ stündigem Verweilen darin werden zu jedem Gläschen ein paar Tropfen der konzentrierten Lösung von essigsaurem Natron zugefügt. Dabei fällt das unverdaut gebliebene Kasein aus, während die Abbauprodukte in Lösung bleiben, und man erkennt so die geringste Menge an Magensaft, die in 15 Minuten alles Kasein verdaut hat.

Berechnung. Als Pepsineinheit gilt diejenige Menge Magensaft, die noch imstande ist, 10 ccm Kaseinlösung in 15 Minuten so zu verdauen, daß auf Zusatz von Natriumazetatlösung keine Trübung mehr auftritt, und man berechnet hieraus die Zahl der Einheiten für 1 ccm Magensaft.

Hat also beispielsweise der Versuch ergeben, daß 0,025 ccm Magensaft 10 ccm Kaseinlösung noch glatt verdauen, so enthält der Magensaft $\frac{1}{0,025} = 40$ Einheiten.

Als normale Werte gibt Groß 30—50 Einheiten an.

---

[1]) O. Groß, Die Wirksamkeit des Pepsins und eine einfache Methode zu ihrer Bestimmung. Berl. klin. Wochenschr. 1908. Nr. 13. S. 643.

Darstellung von Pepsinpräparaten.

1. Bereitung einer Pepsinstandardlösung.

Will man eine große Reihe von Versuchen mit Pepsin anstellen, so ist es zweckmäßig, sich eine Pepsinlösung herzustellen, die gut wirksam ist und sich in ihrer Wirksamkeit nicht wesentlich ändert.

Für eine solche Standardlösung ist das Filtrat eines Probefrühstücks oder reiner Magensaft nicht geeignet, da diese Lösungen beim längeren Stehen, auch wenn man sie im Eisschrank hält, sehr bald an Wirksamkeit verlieren. Nur wenn man sie in gefrorenem Zustand aufbewahrt, bleibt ihr Pepsingehalt lange unverändert. Wo aber ein Gefrierschrank nicht zur Verfügung steht, ist man gezwungen, sich eine Pepsinstandardlösung selber herzustellen. Das geschieht am zweckmäßigsten unter Verwendung eines der vielen in dem Handel vorkommenden Pepsinpräparate. Das wirksamste ist das von Apotheker Langenbek in Kopenhagen dargestellte; auch das Pepsin von Dr. Grübler-Dresden und Witte-Rostock liefert sehr wirksame Lösungen.

Die Herstellung der Pepsinstandardlösung gestaltet sich folgendermaßen:

1 g käufliches Pepsin wird in 50 ccm destilliertem Wasser aufgeschwemmt, gründlich durchgeschüttelt und 24 Stunden im Eisschrank unter häufigem Schütteln aufbewahrt. Danach wird die wässerige Lösung von dem noch ungelöst gebliebenen Rückstand abfiltriert, oder, wenn die Trennung schnell vor sich gehen soll, abzentrifugiert und die so vollkommen geklärte Lösung mit dem gleichen Volumen (50 ccm) Glycerinum purissimum versetzt. Das Extrakt ist dann sofort gebrauchsfertig. Da es sehr stark wirksam ist, arbeitet man meist mit 10 resp. 100 fachen Verdünnungen. Diese Verdünnungen stellt man sich am besten her unter Verwendung einer Salzsäure von der Azidität 30 (ca. 0,1 % HCl). Darstellung s. S. 147.

Das glyzerinhaltige Extrakt hält sich wochenlang unverändert wirksam; man bewahrt es am besten im Eisschrank auf. Zusatz eines Antiseptikum ist nicht erforderlich, da die Gegenwart von Glyzerin die Lösung vor Fäulnis schützt.

Kommt es darauf an, mit möglichst reinem Pepsin zu arbeiten, so bedient man sich zur Herstellung desselben folgender von Pekelharing angegebenen Verfahren:

2. Darstellung reinen Pepsins nach Pekelharing[1]).

a) aus Magenschleimhaut vom Schwein.

Die Schleimhäute des Fundusteiles von 10 Schweinemagen werden zerhackt und mit 6 Liter 0,5 %iger Salzsäure 5 Tage lang bei 37° C digeriert. Die Filtration der Flüssigkeit wird dann in der Weise ausgeführt, daß man in einen auf eine Saugflasche gestellten Trichter eine mit zahlreichen Öffnungen versehene Porzellanplatte legt, diese mit angefeuchtetem Filtrierpapier bedeckt, darauf einen dünnen Brei von in Wasser fein zerriebenem Filtrierpapier bringt und diese durch eine Wasserstrahlpumpe fest ansaugt. Durch die so erhaltene 2—3 cm dicke feste Schicht wird die zu filtrierende Flüssigkeit hindurchgesogen. Die auf diese Weise völlig geklärte Verdauungsflüssigkeit wird in Pergamentpapierschläuche gefüllt, diese in ein großes Reservoir mit strömendem Leitungswasser gestellt und 24 Stunden dialysiert. Dabei tritt in den Schläuchen ein Niederschlag auf. Derselbe wird durch Zentrifugieren von der Flüssigkeit getrennt und beide, Niederschlag und Flüssigkeit, gesondert weiter verarbeitet.

a) Niederschlag. Der Niederschlag wird etwa 1 Stunde mit 30—40 ccm 0,2 %iger Salzsäure bei 37° C digeriert und die Lösung warm filtriert. Das vollkommen klare, gelblich gefärbte Filtrat wird 15—20 Stunden gegen destilliertes Wasser dialysiert, wobei sich ein feinkörniger Niederschlag absetzt, und der Dialysatorinhalt filtriert. Der Niederschlag wird wieder in 0,2 %iger Salzsäure gelöst und die filtrierte klare Lösung abermals 15 bis 20 Stunden gegen destilliertes Wasser dialysiert. Dann wird der Niederschlag abfiltriert, mit wenig destilliertem Wasser gewaschen, zwischen Filtrierpapier abgepreßt, vom Filter genommen und über Schwefelsäure getrocknet.

β) Flüssigkeit. Die beim Zentrifugieren zurückbleibende Verdauungsflüssigkeit ist noch sehr reich an Pepsin. Zur Abscheidung desselben wird sie mit basischem Bleiazetat und Ammoniak behandelt, wobei sich ein voluminöser Niederschlag bildet. Er wird abfiltriert, vom Filter genommen und mit einer gesättigten Oxalsäurelösung verrieben. Hiernach wird der dicke Brei filtriert und das daraus resultierende gelbbraune, stark saure Filtrat gegen strömendes Leitungswasser 24—38 Stunden dialysiert. Der hierbei sich abscheidende Niederschlag wird mittelst Zentrifugieren von der Flüssigkeit getrennt, bei 37° C in 0,2 % HCl gelöst, filtriert, durch Dialyse gegen destilliertes Wasser wieder gefällt,

---

[1]) C. A. Pekelharing, Über eine neue Bereitungsweise des Pepsins. Zeitschr. f. physiol. Chemie. **22**, 233. 1896/97.

abermals in Salzsäure gelöst etc. (s. o.) und schließlich über Schwefelsäure im Exsikkator getrocknet. Die beiden so bereiteten Pepsinpräparate sind vollkommen gleichartig und können vereint werden. Sie stellen ein außerordentlich wirksames Präparat dar.

b) aus reinem Hundemagensaft.

Reiner filtrierter Hundemagensaft wird 20 Stunden lang bei einer nicht weit über 0^0 C gelegenen Temperatur gegen destilliertes Wasser dialysiert. Dann wird die trübe Flüssigkeit zentrifugiert und der Bodensatz mit einem geringen Quantum der Flüssigkeit auf ein kleines Filter gebracht, mit wenig destilliertem Wasser gewaschen, abgepreßt vom Filter abgehoben und im Exsikkator getrocknet. Ebenso wie das Pepsin aus der Magenschleimhaut des Schweines setzt auch hier der Stoff sich in durchsichtigen Kügelchen im Dialysator ab. Sie sind vollkommen farblos, wenn dem Magensaft keine Galle beigemischt war. Enthielt er auch nur Spuren von Galle, so schlägt sich der Farbstoff auf die Kügelchen nieder und kann nicht mehr von ihnen getrennt werden.

Die von dem ausgefallenen Pepsin durch Zentrifugieren und Filtrieren getrennte Flüssigkeit enthält noch beträchtliche Mengen von Pepsin. Um dies zu isolieren wird die Flüssigkeit mit Ammonsulfat halb gesättigt. Der entstandene, nicht unbeträchtliche Niederschlag wird abfiltriert, in der sub a beschriebenen Weise mittelst Dialyse vom Salz befreit, in 0,2 %iger Salzsäure gelöst, durch Dialyse wieder gefällt, abfiltriert und im Exsikkator getrocknet.

Außer Pekelharing hat noch Schrumpf[1]) eine Methode der Pepsindarstellung angegeben, welche vor der von Pekelharing angegebenen keinen besonderen Vorzug besitzt, und auf die hier deshalb nur hingewiesen werden soll.

Reaktivierung von Pepsin nach Tichomirow[2]).

Pepsin ist gegen freies Alkali außerordentlich empfindlich. Wenn man einen pepsinhaltigen sauren Mageninhalt durch Zusatz von einem kleinen Überschuß von Natronlauge oder Sodalösung alkalisch macht, so gelingt es nicht mehr, Pepsin in der Lösung nachzuweisen, auch wenn man sofort wieder mit HCl

---

[1]) Schrumpf, Darstellung des Pepsinfermentes aus Magenpreßsaft. Hofmeisters Beitr. **6**, 396. 1905.

[2]) N. P. Tichomirow, Zur Frage nach der Wirkung der Alkalien auf das Eiweißferment des Magensaftes. Zeitschr. f. physiol. Chemie. **55**, 107. 1908.

ansäuert. Das Pepsin ist unwirksam geworden; es ist aber nicht zerstört, sondern nur in einen inaktiven Zustand übergegangen. Aus diesem kann das Pepsin wieder in die aktive Form zum kleinen Teil übergeführt werden, wenn man nach Tichomirow folgendermaßen vorgeht:

Die alkalische Lösung, die man auf Pepsin untersuchen soll, wird nicht vollkommen, sondern nur zu $^4/_5$ mit $^1/_{10}$ normal-Salzsäure neutralisiert und bleibt so 4—6 Stunden bei Zimmertemperatur stehen. Darauf wird das Gemisch mit Salzsäure bis zu einer Azidität von 0,2 % Salzsäure angesäuert und nun die Pepsinbestimmung nach einer der oben beschriebenen Methoden ausgeführt. Nur wenn man die Vorschrift bezüglich der Neutralisation ($^4/_5$) und der Zeit genau innehält, kann man sicher sein, das Optimum der Pepsinwirkung zu erreichen. Im günstigsten Falle gelingt es aber mit dieser Methode nicht mehr als $^1/_4$ bis $^1/_3$ der ursprünglichen Pepsinmenge zu reaktivieren.

2. Propepsin.

Eigenschaften. Propepsin ist Eiweiß gegenüber wirkungslos; erst wenn es durch Salzsäure aus seinem Zymogenzustand in Pepsin übergeführt ist, vermag es Eiweiß bis zur Albumosenresp. Peptonstufe abzubauen. Es hat viele Eigenschaften mit Pepsin gemein. So wird es von Fibrin gebunden, ist indiffusibel und wird durch freies Alkali schnell unwirksam, dagegen nicht durch schwache Sodalösung.

Vorkommen. Es findet sich in der Magenschleimhaut, und zwar in den Körnchen der Hauptzellen, und im Urin.

Nachweis. Der Nachweis des Propepsins in einer Lösung oder in einem Extrakt verlangt zunächst, daß man etwa gleichzeitig vorhandenes Pepsin vor der Untersuchung gänzlich ausschaltet. Das erreicht man am besten dadurch, daß man die zu untersuchende Lösung mit 1 %iger Sodalösung alkalisch macht und kurze Zeit bei Zimmertemperatur stehen läßt. Dabei wird das gegen Alkali außerordentlich empfindliche Pepsin abgetötet resp. unwirksam gemacht, während das gegen Alkali verhältnismäßig viel resistentere Propepsin nur wenig geschädigt wird. Hiernach wird das Gemisch mit Salzsäure wieder neutralisiert und enthält nunmehr nur noch wirksames Propepsin.

Die Aktivierung des Propepsins geschieht nun in der Weise, daß man die Lösung unmittelbar nach dem Neutralisieren mit Salzsäure schwach ansäuert, indem man beispielsweise 2 ccm der Propepsinlösung mit 2 ccm $^1/_{10}$ normal-Salzsäure versetzt. Ist viel Eiweiß in der Propepsinlösung, so überzeugt man sich mit

Hilfe von Kongopapier, daß freie Salzsäure in dem Gemisch vorhanden ist, fügt eventuell, falls die Blaufärbung eine sehr schwache ist, noch ein paar Tropfen $1/10$ normal-Salzsäure hinzu und läßt 15 Minuten bei Zimmertemperatur stehen. Danach prüft man mittelst einer Fibrinflocke oder eines Eiweißwürfels, ob die Lösung bei Brutschrankwärme verdauende Kraft besitzt. Sie muß das gleiche Verhalten zeigen wie eine Pepsinlösung.

Es steht natürlich nichts im Wege, in einer solchen Lösung auch quantitativ das aktivierte Propepsin nach einer der oben beschriebenen Pepsinmethoden zu bestimmen.

Über den Nachweis von Propepsin im Urin s. Bestimmung des Harnpepsins S. 150.

Darstellung einer Propepsinlösung nach Glaeßner[1]).

Schweinemägen werden abgespült und sorgfältig von Schleim und Nahrungsresten befreit. Dann wird die Schleimhaut des Fundusteiles von der Muskulatur abpräpariert, nochmals mit fließendem Wasser mehrere Stunden lang gewaschen, danach mittelst der Fleischhackmaschine zu einem feinen Brei zerhackt. Der Schleimhautbrei wird abgewogen, mit der doppelten Gewichtsmenge destillierten Wassers und mit Natriumkarbonatlösung bis zu deutlich alkalischer Reaktion versetzt. Nach Zusatz von Toluol wird das Gefäß geschlossen, längere Zeit geschüttelt und in den Thermostaten (40° C) gestellt. Hier bleibt die Mischung 3—4 Wochen und während dieser Zeit wird häufig geschüttelt. Dabei ist das Lab sowohl wie das Pepsin gänzlich in ihr vernichtet. — Nun wird der alkalische Auszug filtriert, mit Kochsalz bis zu einem Gehalt von 1 % und mit so viel Essigsäure versetzt, daß ein flockiger Niederschlag, bestehend hauptsächlich aus Muzin, ausfällt. Der Niederschlag wird abfiltriert, das Filtrat mit Natronlauge oder Natriumkarbonat genau neutralisiert, mit einem Überschuß von Natriumkarbonat eben schwach alkalisch gemacht und dann tropfenweise mit verdünnter Uranylazetatlösung versetzt. Dabei entsteht ein voluminöser dickflockiger Niederschlag, der durch Zentrifugieren von der Flüssigkeit getrennt und mit kleinen Mengen schwach mit Soda alkalisch gemachten Wassers ausgezogen wird. Durch nochmaliges Fällen mit Uranylazetat und Ausziehen des entstandenen Niederschlages mit sehr verdünnter Sodalösung können noch die letzten Eiweißreste entfernt werden. Die so erhaltene farblose, wasserhelle Flüssigkeit

---

[1]) K. Glaeßner, Über die Vorstufe der Magenfermente. Hofmeisters Beitr. **1**, 1. 1902.

kann in großen Kristallisierschalen bei 40° C weiter eingeengt werden. Sie enthält Propepsin und Prochymosin.

Um die beiden Profermente voneinander zu trennen, wird die Flüssigkeit nacheinander mit aufeinander eingestellten Lösungen von Uranylazetat und Natriumphosphat versetzt, so daß ein feinflockiger Niederschlag entsteht. Im Filtrat findet sich das Prochymosin, nur mit Spuren von Propepsin verunreinigt, und aus dem Niederschlag kann das Propepsin durch Extrahieren mit schwach alkalischem Wasser frei von Prochymosin erhalten werden.

3. Antipepsin.

Vorkommen. Es findet sich im Magensaft, in der Magenschleimhaut, in der Darmschleimhaut, im Serum vom Menschen, vom Pferd, Hund, Kaninchen etc. und ist auch in Ödemflüssigkeiten nachgewiesen worden. In Extrakten von Hefen, Pilzen und Bakterien wurde ebenfalls ein Antipepsin gefunden.

Nachweis.
a) qualitativ.

Der qualitative Nachweis geschieht mittelst einer Fibrinflocke, am besten einer Karminfibrinflocke, weil so selbst ganz minimale Verdauung durch Rötung und Trübung der Flüssigkeit ganz leicht und genau beobachtet werden kann.

Ein Beispiel mag das illustrieren:

0,5 ccm einer 0,1 %igen Pepsinlösung (Grübler) werden in einem Reagenzglas mit 1,0 ccm Pferdeserum versetzt und 30 Minuten lang bei Zimmertemperatur gehalten, zur Kontrolle in einem zweiten Reagenzglas ebenfalls 0,5 ccm Pepsinlösung mit 1,0 ccm 0,85 %iger Kochsalzlösung. Danach wird zu beiden Gläschen je eine Karminfibrinflocke zugesetzt und darin eine halbe Stunde belassen. Hiernach nimmt man die Flocken heraus, wäscht sie mit destilliertem Wasser, bringt sie gesondert in Reagenzgläschen und fügt zu jedem etwa 3 ccm $^{1}/_{30}$ normal-Salzsäure zu. Alsdann stellt man die Gläschen auf 1 Stunde in den Brutschrank. Man beobachtet dann, daß, während in der Kontrolle schon nach wenigen Minuten eine deutliche Rötung und Trübung auftritt und nach einer Stunde die Flocke vollkommen verdaut ist, die mit Serum behandelte Flocke noch nach 10 Stunden keine Spur einer Verdauung zeigt.

b) quantitativ.

Der quantitative Nachweis des Antipepsins kann, wie bei der Diastase gelegentlich der Hemmungsversuche ausführlich dargelegt wurde (s. S. 49), auf zweierlei Weise geschehen, entweder mittelst des Kontrollverfahrens oder mittelst des Einreihenverfahrens.

1. Kontrollreihenverfahren.

Erforderliche Lösungen.

1. Pepsinstandardlösung, hergestellt aus einem der käuflichen Pepsinpräparate (s. S. 152). Aus ihr bereitet man sich eine 10fache Verdünnung, indem man dazu physiologische (0,85 %ige) Kochsalzlösung verwendet.
2. 1%$_{00}$ige Edestinlösung, Herstellung S. 147.
3. $^1/_{10}$ normal-Salzsäure.
4. Gesättigte Kochsalzlösung.
5. Physiologische (0,85 %ige) Kochsalzlösung.
6. Serum (Antipepsin), auf das 10fache verdünnt mit 0,85 %iger Kochsalzlösung.

Ausführung. Zwei Reihen von Reagenzgläsern, die mit fortlaufenden Zahlen numeriert sind, werden mit absteigenden Mengen der auf das 10fache verdünnten Pepsinlösung beschickt, indem man für die Herstellung sämtlicher Fermentverdünnungen physiologische Kochsalzlösung benutzt. Hiernach fügt man zu der einen Reihe (Hauptreihe) in jedes Gläschen 1,0 ccm verdünntes Serum, zu der anderen Reihe (Kontrollreihe) in jedes Gläschen 1,0 ccm physiologische Kochsalzlösung und stellt beide Reihen auf eine halbe Stunde entweder in ein Wasserbad von 38° oder in einen Thermostaten. Dabei bindet das Antipepsin die entsprechende Menge Pepsin.

Nach Verlauf von 30 Minuten werden sämtliche Gläschen herausgenommen und zur Abkühlung in Wasser von Zimmertemperatur gestellt. Alsdann setzt man zu sämtlichen Gläschen beider Reihen je 1,0 ccm $^1/_{10}$ normal-Salzsäure zu und beschickt darauf alle Gläschen mit 2,0 ccm Edestinlösung. Nun bleiben beide Reihen eine halbe Stunde bei Zimmertemperatur stehen, um das Pepsin seine Wirkung entfalten zu lassen, und werden nach Ablauf der Frist mit je 10 Tropfen der konzentrierten Kochsalzlösung versetzt.

Man stellt nunmehr fest, wo in beiden Reihen die erste Trübung aufgetreten ist und hat so einen Maßstab für die antipeptische Kraft des untersuchten Serums. Auf diese Weise kann man eine Reihe von verschiedenen Sera bequem miteinander vergleichen.

Je nachdem es darauf ankommt, grobe oder feine Unterschiede zu machen, wendet man eine weite oder enge Reihe (s. geometrische Reihentabelle S. 17) beim Versuch an.

Ich habe hier als Beispiel für die quantitative Antipepsinbestimmung die Edestinmethode gewählt. Es sei aber darauf

3. Antipepsin.

hingewiesen, daß sich die meisten anderen für das Pepsin angegebenen Reihenverfahren, wie beispielsweise die Karminfibrinmethode und die Rizinprobe, ebenfalls hierfür eignen.

2. Einreihenverfahren.

Zur Illustration dieses Verfahrens verwende ich die Rizinmethode von Jacoby (s. S. 146).

Erforderliche Lösungen.

1. Pepsinstandardlösung (s. S. 152). Aus ihr bereitet man sich eine 10fache Verdünnung, indem man dazu physiologische (0,85%ige) Kochsalzlösung verwendet.
2. Rizinlösung (1 : 500). Herstellung s. S. 146.
3. $^1/_{10}$ normal-Salzsäure.
4. Physiologische (0,85%ige) Kochsalzlösung.
5. Serum (Antipepsin) auf das 10fache mit physiologischer Kochsalzlösung verdünnt.

Ausführung. Man ermittelt in einem besonderen Reihenversuch (Vorversuch) zunächst diejenige kleinste Pepsinmenge, die imstande ist, 2 ccm Rizinlösung innerhalb einer halben Stunde bei 38°C vollkommen zu verdauen (aufzuhellen).

Alsdann stellt man den Hauptversuch an, indem man eine Reihe von Reagenzgläsern mit der in dem Vorversuch ermittelten Pepsinmenge beschickt, steigende Mengen des 10fach verdünnten Serums zugibt und die Volumdifferenzen mit physiologischer Kochsalzlösung ausgleicht. Hiernach kommen sämtliche Gläschen auf 30 Minuten in ein Wasserbad von 38°C.

Nach Ablauf der Frist werden sie herausgenommen, mit je 0,5 ccm $^1/_{10}$ normal-Salzsäure versetzt, zu jedem Gläschen 2,0 ccm Rizinlösung zugefügt und dann wieder in die Wärme gebracht. Nach 1 Stunde oder nach 2 Stunden, je nachdem man den Versuch abbrechen will, stellt man fest, bis zu welchem Gläschen die Verdauung vorgeschritten ist, und hat in der Aufhellung der Gläschen einen Maßstab für die antipeptische Kraft des untersuchten Serums.

Will man den Fortgang der Verdauung weiter beobachten, so stellt man die Gläschen wieder in den Brutschrank zurück und kontrolliert nach einer bestimmten Zeit wieder, wie weit die Aufhellung vor sich gegangen ist.

Ein solcher Versuch stellt sich dann mit seinem Resultat folgendermaßen dar[1]):

---

[1]) Dieses Beispiel ist entnommen der Arbeit von Y. Oguro, Über eine Methode zum quantitativen Nachweis des Antipepsins im Serum. Biochem. Zeitschr. **22**, 275, 1909.

160 C. Eiweißspaltende Fermente.

Tabelle 13.

Nummer der Gläschen	Pepsin-lösung 1:100	Serum 1:10	0,85% Kochsalz-lösung	$^1/_{10}$ n HCl	Rizin-lösung 1:500	Nach 30 Minuten	Nach 1 Stunde	Nach 2 Stunden	Nach 4 Stunden
1	0,4 ccm	0 ccm	1,0 ccm	0,5 ccm	2,0 ccm	klar	klar	klar	klar
2	0,4 „	0,1 „	0,9 „	0,5 „	2,0 „	„	„	„	„
3	0,4 „	0,2 „	0,8 „	0,5 „	2,0 „	fast klar	„	„	„
4	0,4 „	0,3 „	0,7 „	0,5 „	2,0 „	Spur Trübung	fast klar	„	„
5	0,4 „	0,4 „	0,6 „	0,5 „	2,0 „	deutlich getrübt	mäßig getr.	etwas getr.	etwas getr.
6	0,4 „	0,5 „	0,5 „	0,5 „	2,0 „	„	„	getrübt	trüb
7	0,4 „	0,6 „	0,4 „	0,5 „	2,0 „	„	„	„	„
8	0,4 „	0,7 „	0,3 „	0,5 „	2,0 „	„	„	„	„
9	0,4 „	0,8 „	0,2 „	0,5 „	2,0 „	„	„	„	„
10	0,4 „	0,9 „	0,1 „	0,5 „	2,0 „	„	„	„	„
11	0,4 „	1,0 „	0	0,5 „	2,0 „	„	„	„	„

3. Antipepsin.

Alle diese Versuchsanordnungen sind nur dann brauchbar, wenn das Antipepsin mit dem Pepsin eine so feste Bindung eingeht, daß sie während des Versuches nicht wieder gesprengt wird. Dies vermag nun nicht jedes Antipepsin. So enthält beispielsweise das Pferdeserum ein Antipepsin, das nach Morgenroth[1]) mit dem Pepsin nur eine lockere Verbindung eingeht, die so wenig resistent ist, daß sie schon bei Gegenwart geringer Mengen von Salzsäure alsbald wieder zerfällt. Wollte man also im Pferdeserum das Antipepsin mit der Fuldschen oder Jakobyschen Methode bestimmen, so würde man zu dem Resultat kommen, daß im Pferdeserum wenig oder kein Antipepsin enthalten ist, obwohl es sehr reich an Antipepsin ist, weil eben in salzsaurer Lösung die Antipepsin-Pepsinbindung sofort gesprengt wird. In einem solchen Falle hätte man demnach die Versuchsanordnung so zu gestalten, daß ein Zusammentreffen der Pepsin-Antipepsinverbindung mit Salzsäure vermieden und so eine nachträgliche Trennung der Verbindung verhütet wird. Das kann man nach Morgenroth am leichtesten in der Weise erreichen, daß man das antipepsinhaltige Serum bestimmte Zeit auf Pepsin einwirken, das nicht gebundene Pepsin sich auf Fibrin niederschlagen läßt und nun die mit Pepsin beladene Fibrinflocke gesondert weiter untersucht.

Die quantitative Bestimmung des Antipepsins im Pferdeserum würde sich demnach folgendermaßen gestalten:

Eine Reihe mit fortlaufenden Zahlen versehener Reagenzgläser wird mit absteigenden Mengen einer gut wirksamen, neutralen Pepsinlösung in der Weise beschickt, daß in Gläschen 1 1,0 ccm, in 2 0,5 ccm, in 3 0,25 ccm usw. kommen, wobei die Verdünnungen stets mit physiologischer Kochsalzlösung vorzunehmen sind. Hiernach fügt man zu jedem Gläschen 1,0 ccm Serum — bei starkem Antipepsingehalt stellt man sich eine 10fache Verdünnung derselben her — und läßt die Pepsin-Serummischung eine halbe Stunde bei Zimmertemperatur stehen. Danach bringt man in jedes Gläschen eine Karminfibrinflocke (Herstellung s. S. 137) und hält sie unter häufigem Schütteln wieder $\frac{1}{2}$ Stunde bei Zimmertemperatur. Während dieser Zeit hat das durch das Serumantipepsin nicht gebundene Pepsin sich auf das Fibrin niedergeschlagen. Nun gießt man aus sämtlichen Gläschen das Pepsin-Serumgemisch aus, so daß die Fibrinflocken allein zurückbleiben, wäscht die Gläschen drei- bis fünfmal gründlichst nach, indem man sie bis fast zum Rande mit destilliertem Wasser füllt und stark schüttelt, und erreicht auf diese Weise, daß nur die gewaschenen Fibrinflocken in den Gläschen zurückbleiben, während von dem Pepsin-

---

[1]) J. Morgenroth, Zur Kenntnis der Antifermente, Vort. Charité-Ges. Sitzg. vom 25. Febr. 1909, Berl. klin. Wochenschr. 1909. Nr. 16, S. 758.

Antipepsin alles bis auf die letzten Spuren entfernt ist. Um nun festzustellen, welche Fibrinflocken Pepsin adsorbiert haben und welche frei von Pepsin geblieben sind, setzt man zu jeder Flocke 3 ccm einer $1/_{30}$ normal-Salzsäure (ca. 0,12%) zu und bringt sämtliche Gläschen auf zwei Stunden in den Brutschrank. Nach Ablauf der Frist nimmt man die Gläschen heraus und kontrolliert, wo Fibrin verdaut ist, d. h. in welchen Gläschen die Lösung sich rot gefärbt hat und in welchen die Färbung ausgeblieben ist. In denjenigen Gläschen, die keine Rotfärbung zeigen, war kein Pepsin von den Flocken adsorbiert worden, war also sämtliches Pepsin durch Antipepsin gebunden. Man stellt nun fest, welche größte Pepsinmenge noch durch 1 ccm Serum vollkommen neutralisiert wurde, und hat so einen Maßstab für den Antipepsingehalt des untersuchten Serums.

Natürlich kann man auch die Versuchsanordnung so wählen, daß man eine Reihe von Reagenzgläsern mit absteigenden Mengen Serum (Antipepsin) beschickt, zu jedem Gläschen die gleiche, noch ausreichend wirkende Menge Pepsin zufügt und nun den Versuch in der oben beschriebenen Weise zu Ende führt. Man kann so die kleinste Menge Serum ermitteln, die noch imstande ist eine ausreichend wirkende Pepsinmenge zu neutralisieren.

Um Antipepsin im Magensaft nachzuweisen, muß man das Pepsin aus ihm entfernen. Das kann man auf zweierlei Weise erreichen. Entweder man kocht den Magensaft, wobei das Pepsin zerstört, das kochbeständige Antipepsin nicht geschädigt wird, oder man neutralisiert den Magensaft, trägt Fibrin oder koaguliertes Eiweiß aus Hühnereiern bzw. aus Serum ein und digeriert ihn 1—2 Tage im Eisschrank, wobei man öfters das Eiweiß wechselt. Auf diese Weise erreicht man, daß sich das Pepsin auf das geronnene Eiweiß niederschlägt und der Saft nur noch Antipepsin enthält. Der Nachweis des Antipepsins geschieht dann entweder mit Hilfe von Karminfibrin oder Mettschen Röhrchen (Blum und Fuld[1]) oder einer der andern oben beschriebenen Methoden.

4. Lab.

Eigenschaften. Das Labferment hat die Fähigkeit, unter bestimmten Bedingungen Milch zur Gerinnung zu bringen, wobei das Kasein — unter Abspaltung einer Albumose — eine Umwandlung in Parakasein erfährt. Diese Umwandlung des Kaseins in Parakasein kann als die erste, die Bildung des Gerinnsels als

---

[1] L. Blum und E. Fuld, Über das Vorkommen eines Antipepsins im Magensaft, Zeitschr. f. klin. Medizin 58, Heft 5 u. 6.

die zweite Phase des Gerinnungsprozesses gelten. Das Optimum der Labwirkung liegt bei 37°. Gegen Alkalien und Alkalikarbonat ist es sehr empfindlich; es wird schon durch 0,025 % Natronlauge und 1 % Sodalösung zerstört resp. unwirksam gemacht.

Vorkommen. Es findet sich im Magensaft des Menschen und sämtlicher Tiere, auch der Avertebraten (Cephalopoden, Würmern, Crustaceen etc.), und im Pankreassaft, ferner in der Pankreasdrüse und in verschiedenen anderen tierischen Organen. Auch höhere und niedere Pflanzen enthalten Labferment vielfach in großen Mengen.

Nachweis.

a) qualitativ.

Die zu untersuchende Lösung wird zunächst auf ihre Reaktion geprüft, und falls sie nicht neutral ist, mit Salzsäure resp. Natriumkarbonat genau neutralisiert. Ein Überschuß von Säure ist ebenso sorgfältig zu vermeiden, wie ein Überschuß von Alkali. Zu 2—4 ccm dieser Lösung werden dann 10 ccm frische Milch hinzugefügt und die Mischung in den Brutschrank gestellt. Bei Anwesenheit großer Mengen Lab ist die Milch nach 5 resp. 10, spätestens nach 30 Minuten vollkommen geronnen.

b) quantitativ.

Bevor die Methoden im einzelnen beschrieben werden, sei auf folgende sehr wichtige Punkte noch besonders hingewiesen.

1. Die zu untersuchende Lablösung muß vollkommen neutral sein. Denn Alkali schädigt das Lab sehr beträchtlich, und Säure, speziell Salzsäure, kann zwar in kleinen Mengen die Labwirkung stark aktivieren, in großen Quantitäten aber leicht zu einer Säuregerinnung führen und so eine Labwirkung vortäuschen.

2. Die Milch wird am zweckmäßigsten in ganz frischem Zustand zum Versuch verwandt, soll aber möglichst frei von Fett sein. Ihre Reaktion muß ebenfalls neutral sein. Längeres Kühlen der Milch bewirkt eine Abnahme der Labfähigkeit[1]), während andererseits längeres Stehen bei Zimmertemperatur die Labfähigkeit steigert.

Vor der Verwendung von Magermilch muß gewarnt werden, da ihre Herstellung in den landwirtschaftlichen Betrieben so lange Zeit in Anspruch nimmt, daß sie, wenn sie auf den Markt kommt, meist schon mehr oder weniger stark sauer reagiert. Sauer reagierende Milch darf aber in keinem Falle zu einem quantitativen Versuch verwandt werden.

---

[1]) W. Müller, Über den Einfluß der Behandlung der Milch auf ihre Labfähigkeit. Biochem. Zeitschr. **46**, 94. 1912.

Die Gerinnungsfähigkeit der Milch ist, selbst wenn die Milch von ein und demselben Tier stammt, in jeder Portion verschieden, und ändert auch ständig beim Aufbewahren ihre Gerinnungsfähigkeit. Braucht man also für eine Reihe von Versuchen mehrere Tage hintereinander eine Milch, die stets die gleiche Gerinnungsfähigkeit zeigt, so empfiehlt es sich, je nachdem der Bedarf ist, mehrere Liter Mischmilch auf einmal zu beschaffen und der Milch Chloroform (5 ccm pro Liter) zuzusetzen. Diese Chloroformmilch wird in einer großen Flasche aufbewahrt, gründlich geschüttelt und in den Eisschrank gestellt. Dort hält sie sich viele Tage, ohne die Gerinnungsfähigkeit erheblich zu ändern.

Das hier über die Milch Gesagte bezieht sich ausschließlich auf Kuhmilch. Ebensogut gerinnbar wie diese sind Ziegenmilch und Schafsmilch, während Stuten- und Eselsmilch weit schlechter gerinnen. Am schlechtesten gerinnt Frauenmilch. Man kann aber ihre Gerinnungsfähigkeit fördern, wenn man nach **Fuld** und **Wohlgemuth**[1]) die Milch gefrieren läßt und dann wieder auftaut.

3. **Künstliche Milch nach Fuld.** Zur Herstellung derselben wird neuerdings Magermilch-Pulver von **Gabler-Saliter** (Obergünsberg im Allgäu) empfohlen. 10 g dieses Pulvers werden mit 100 ccm destilliertem Wasser von 50° C zunächst ohne Kalkzusatz verrührt, wobei sich das Milchpulver fast vollkommen auflöst; der später auftretende Bodensatz kann vernachlässigt werden. Zu 100 ccm der fertigen Milch setzt man 0,5 ccm einer 20%-igen Kalziumchloridlösung zu. Die so hergestellte künstliche Milch ist dann gleich gebrauchsfertig. **Sie ist für Serienversuche die ideale Milch.** Denn die Labfähigkeit dieser Milch bleibt, wenn die Herstellungsbedingungen stets gleichmäßig innegehalten werden, immer die gleiche, und man hat jederzeit die Möglichkeit, sie sich innerhalb einiger Minuten ohne jede Mühe herzustellen.

4. Handelt es sich darum, die Labversuche möglichst exakt auszuführen und jede Schädigung des Labfermentes durch äußere Einflüsse zu vermeiden, so muß man für diese Versuche Reagenzgläser von Jenenser Glas verwenden. Denn jede andere Glassorte gibt mitunter nicht unbeträchtliche Mengen Alkali an die Lösung ab, so daß das Lab mehr oder weniger geschädigt werden kann.

Stets ist darauf zu achten, daß sämtliche Reagenzgläschen tadellos gereinigt sind und vor dem Versuch sterilisiert werden. Das Gleiche gilt für die zum Versuch notwendigen Pipetten.

Die zur quantitativen Labbestimmung dienenden Methoden

---

[1]) E. **Fuld** und J. **Wohlgemuth**, Über eine neue Methode zur Ausfällung des reinen Kaseins aus der Frauenmilch durch Säure und Lab sowie über die Natur der labhemmenden Wirkung der Frauenmilch. Biochem. Zeitschr. 5, 118, 1907.

kann man in Wärme- und Kältemethoden sondern. Bei der Wärmemethode spielt sich der ganze Labungsprozeß bei Brutschranktemperatur ab, während bei den Kältemethoden die erste Phase der Labung, also die Umwandlung des Kaseins in Parakasein, sich in der Kälte (Eisschrank- resp. Zimmertemperatur) und erst die Ausfällung des Gerinnsels in der Wärme vollzieht.

Die beiden Kältemethoden sind der Wärmemethode unbedingt vorzuziehen. Denn das Labferment ist gegen Wärme sehr empfindlich; dieser schädigende Wärmefaktor ist aber bei den erstgenannten völlig ausgeschaltet.

1. Wärmemethode.

Prinzip. Sie ist eine Reihenmethode und gestattet die kleinste Menge Lab zu ermitteln, die noch imstande ist, eine bestimmte Menge Milch innerhalb einer bestimmten Zeit zur Gerinnung zu bringen.

Erforderliche Lösungen:
1. Lablösung. Als solche kann das neutralisierte Filtrat eines normalen Probefrühstücks dienen oder eine besonders hergestellte Lablösung (s. weiter unten S. 179).
2. Frische Milch oder künstliche Milch nach Fuld (s. S. 164).
3. Destilliertes Wasser.

Ausführung. Man beschickt eine Reihe von Reagenzgläsern, die man mit fortlaufenden Zahlen versehen hat, mit absteigenden Mengen der Lablösung (s. Reihenversuch S. 17) in der Weise, daß man in das erste Gläschen 1,0 ccm, in das zweite 0,5 ccm, in das dritte 0,25, in das vierte 0,125 ccm usf. bringt unter Verwendung von destilliertem Wasser zum Ausgleich der Volumdifferenzen, zu jedem Gläschen 10 ccm Milch hinzufügt, umschüttelt und sämtliche Gläschen zu gleicher Zeit in den Brutschrank stellt. Dort läßt man sie, je nachdem man den Versuch über längere oder kürzere Zeit ausdehnen will, 1 bis 2 bis 3 Stunden stehen und kontrolliert nach Ablauf der Frist durch vorsichtiges Neigen der Gläschen, in welchem Gläschen mit der kleinsten Fermentmenge noch ein Gerinnsel aufgetreten ist. Dies gilt als unterste Grenze, und man berechnet aus ihm die Stärke der Lablösung. Man kann aber auch dasjenige Gläschen als unterste Grenze gelten lassen, in dem der ganze Inhalt vollkommen erstarrt ist und hieraus die Labmenge berechnen. Meist gilt dieses Gläschen für das ausschlaggebende.

Berechnung. Es soll festgestellt werden, wieviel Labeinheiten in der angewandten Fermentlösung enthalten sind. Unter einer Labeinheit versteht man diejenige Labmenge, die imstande ist 1,0 ccm Milch innerhalb der angewandten Zeit zur Gerinnung zu bringen. Nehmen wir einmal an, daß der Versuch ergeben hat, daß noch 0,008 ccm der Fermentlösung 10 ccm Milch dickzulegen vermochten, so ergibt sich daraus für die Berechnung der Labeinheiten folgende Gleichung:

$$0{,}008 : 10{,}0 = 1 : x.$$

Hieraus berechnet sich für $x = \dfrac{10{,}0 \cdot 1}{0{,}008} = 1250.$

Das würde heißen: 1 ccm der Fermentlösung besitzt 1250 Labeinheiten, oder mit anderen Worten: Die Fermentlösung ist bezüglich ihres Labgehaltes 1250fach.

2. Kältemethoden.

1. Methode von Morgenroth[1]).

Prinzip. Die Methode setzt sich, entsprechend dem Labungsprozeß, aus 2 Phasen zusammen, aus der Kälte-Phase, bei welcher die Umwandlung des Kaseins in Parakasein vor sich geht, und aus der Wärme-Phase, bei welcher die Abscheidung des Parakasein-Gerinnsels stattfindet.

Erforderliche Lösungen.
1. Lablösung (s. Wärmemethode).
2. Frische Milch oder künstliche Milch nach Fuld (s. S. 164).
3. Destilliertes Wasser.

Ausführung. Eine Reihe von Reagenzgläsern, die mit fortlaufenden Zahlen versehen werden, beschickt man mit absteigenden Mengen der Lablösung in der Weise, daß in das erste Gläschen 1,0 ccm, in das zweite 0,5, in das dritte 0,25, in das vierte 0,125 ccm usf. kommen, und daß für die hierbei notwendigen Verdünnungen destilliertes Wasser verwandt wird. Dann füllt man in jedes Gläschen 10 ccm Milch, sorgt durch Umschütteln für eine gründliche Mischung und stellt sämtliche Gläschen auf 24 Stunden in den Eisschrank.

Nach Ablauf der Frist nimmt man die Gläschen aus dem Eisschrank heraus und kontrolliert, ob der Inhalt sämtlicher Gläschen noch flüssig ist. Ist trotz des Aufenthaltes in der Kälte in dem einen oder dem anderen Röhrchen die Milch bereits geronnen, so ist der Versuch mißglückt, und man muß einen neuen Versuch sofort anstellen. — Waren alle Gläschen flüssig geblieben, so setzt man sie sämtlich gleichzeitig in ein bereit gehaltenes Wasserbad von 37° C und beläßt sie darin 15 Minuten. Danach nimmt

---

[1]) J. Morgenroth, Über den Antikörper des Labenzyms. Zentralbl. f. Bakt. **26**, 349. 1899 u. E. Fuld, Zur Theorie und Technik des sog. Morgenroth-Versuches. Biochem. Zeitschr. **4**, 54. 1907.

man sie heraus und prüft nun durch Bedecken der Gläschen mit dem Daumen und durch seitliches Neigen der Gläschen, wo die Milch geronnen ist, und wo die Gerinnung ausgeblieben ist.
Berechnung. Genau wie bei der Wärmemethode.

2. Methode von Blum und Fuld[1]).

Prinzip. Sie beruht auf dem gleichen Prinzip wie die Morgenrothsche Methode, ist also auch zweiphasig, nur daß hier die erste Phase sich im Wasserbad von Zimmertemperatur (16 bis 17° C) abspielt und nur 2 Stunden dauert.

Erforderliche Lösungen wie vorhin.

Ausführung. Eine Reihe von Reagenzgläsern wird mit absteigenden Mengen der zu untersuchenden Lablösung in der vorhin beschriebenen Weise beschickt, zu jedem Gläschen 10 ccm Milch zugefügt und sämtliche Gläschen in ein Wasserbad von Zimmertemperatur (16—17° C) gestellt. Nach 2 Stunden werden die Gläschen herausgenommen und sofort in ein bereit gehaltenes Wasserbad von 38° C übertragen. Darin bleiben sie nur 10 Minuten stehen, werden dann abgekühlt und auf eine eingetretene Gerinnung geprüft.

Berechnung genau wie beim Kälteversuch.

Für alle drei Methoden sind noch folgende Punkte zu berücksichtigen:

1. Die Fermentreihen können natürlich viel enger ausgeführt werden, als bei dem Wärmeversuch angegeben ist. Sie müssen stets viel enger sein, wenn es darauf ankommt, kleine Differenzen beispielsweise zwischen zwei oder mehreren Lablösungen festzustellen. Man bedient sich dann, wie bei der Diastasemethode ausgeführt wurde, am zweckmäßigsten einer geometrischen Reihe von 6 oder 8 Gliedern (s. S. 17).

2. Statt jedem Gläschen, wie die Vorschrift verlangt, 10 ccm Milch zuzusetzen, genügt es, nur je 5 ccm zu verwenden. Nur muß man dies natürlich bei der Berechnung berücksichtigen.

Labbestimmung im Mageninhalt.

Bezüglich der qualitativen und quantitativen Bestimmung sei auf das Voranstehende verwiesen.

Zu beachten ist nur, daß, wenn der Mageninhalt sauer reagiert, er vor der Untersuchung mit $^1/_{10}$ normal-Natronlauge unter Verwendung von sehr empfindlichem Lackmuspapier genau neutralisiert werden muß.

---

[1]) L. Blum und E. Fuld, Über eine neue Methode der Labbestimmung und über das Verhalten des menschlichen Magenlabs unter normalen und pathologischen Zuständen. Berl. klin. Wochenschr. 1905. Nr. 44a.

Ist der Mageninhalt nur ganz schwach sauer und enthält keine freie Salzsäure (Subazidität, Achylie), so liegt die Möglichkeit vor, daß das in ihm vorhandene Lab als Proferment, nicht als Ferment zugegen ist. In diesem Falle muß man das Lab, bevor man den Versuch ausführt, zunächst aktivieren. Das geschieht am besten mit Hilfe von $^1/_{10}$ normal-Salzsäure (0,36 %), und zwar so, daß man beispielsweise 2 ccm Mageninhaltfiltrat versetzt mit 1,0 ccm $^1/_{10}$ normal-Salzsäure, die Mischung 15 Minuten lang bei Zimmertemperatur stehen läßt und dann mit $^1/_{10}$ normal-Natronlauge genau neutralisiert. War Prolab in dem Mageninhalt zugegen, so ist es jetzt in Lab übergeführt und kann nun mit Hilfe der einen oder der anderen Methode nachgewiesen werden.

Labbestimmung im Urin nach Fuld und Hirayama[1]).

Das Labferment findet sich im Urin als Zymogen, muß also zunächst vor der Ausführung der Bestimmung aktiviert werden. Zu diesem Zwecke säuert man den Urin an und neutralisiert dann nach einiger Zeit. Sodann muß das Kalkbindungsvermögen des Urins abgesättigt werden, damit der Urin nicht der Milch das für die Labungs- und Gerinnungsvorgänge förderliche resp. nötige Kalksalz entzieht. Das geschieht in der Weise, daß man zum Urin Calciumchlorid zusetzt. Nach diesen vorbereitenden Prozeduren ist dann der Urin für den Versuch gebrauchsfertig.

Erforderliche Lösungen.
1. $^1/_1$ normal-Salzsäure.
2. $^1/_1$ normal-Natronlauge.
3. 20 %ige Calciumchloridlösung.
4. Milch.

Ausführung. 9 ccm Urin werden mit 1,0 ccm $^1/_1$ normal-Salzsäure versetzt und bleiben 15 Minuten bei Zimmertemperatur stehen. Nach Ablauf der Frist fügt man zur Neutralisation der Salzsäure 1,0 ccm $^1/_1$ normal-Natronlauge zu. Den so aktivierten Urin versetzt man mit 1,0 ccm Calciumchloridlösung, wobei ein ziemlich voluminöser Niederschlag entsteht. Man läßt ihn absitzen und benützt die darüber stehende klare Flüssigkeit zum Versuch.

Die Urinverteilung geschieht so, daß man 6 Reagenzgläschen nacheinander beschickt mit 2,0, 1,0, 0,8, 0,6, 0,4, 0,2 ccm Urin, dann die Volumina mit destilliertem Wasser ausgleicht und nun zu jedem Gläschen 5 ccm Milch hinzufügt. Die Reihe bleibt 1 Stunde bei Zimmertemperatur stehen, wird dann auf 5 Minuten in ein Wasserbad von 36—38° C übertragen und nun wieder ab-

---

[1]) E. Fuld und K. Hirayama, Die Ausscheidung der Magenfermente (Lab und Pepsin) durch den Urin. Zeitschr. f. exper. Pathol. u. Ther. **10**, 2. 1912.

gekühlt. Damit ist der Versuch beendet und man kontrolliert, in welchen Gläschen die Milch geronnen und wo sie flüssig geblieben ist. Normaliter bewirken die Portionen 0,6, 0,8 und 1,0 komplette Gerinnung; bei Carcinoma ventriculi scheint Lab im Urin zu fehlen.

Labbestimmung im Pankreassaft resp. -extrakt nach Wohlgemuth[1]).

Im tryptisch aktiven Pankreassaft ist auch das Labferment wenn auch nur in geringer Menge in wirksamer Form enthalten, im inaktiven Pankreassaft dagegen findet sich auch das Lab in Zymogenform. Ein solcher Saft muß darum, bevor man ihn auf seinen Labgehalt prüft, in den aktiven Zustand übergeführt werden (s. hierüber Kapitel Trypsin, S. 191).

Auch dann ist der Saft noch nicht direkt für den Versuch zu verwenden, sondern er ist, da das Alkali die Labwirkung stark beeinträchtigt, zuvor zu neutralisieren. Das geschieht am besten mit $^1/_{10}$ normal-Salzsäure unter Verwendung von sehr empfindlichem Lackmuspapier. Ein Überschuß von Säure ist zu vermeiden.

Die zur Verwendung kommende Milch muß einen nicht zu kleinen Überschuß an Kalk besitzen, da ein nicht unbeträchtlicher Anteil des Kalkes durch die im Saft enthaltene Kohlensäure und Phosphorsäure der Wirkung entzogen wird. Es empfiehlt sich deshalb, der Milch vorher Calciumchlorid zuzusetzen, und zwar 1 ccm 20 %ige Calciumchloridlösung auf 100 ccm Milch.

Für den Nachweis des Pankreaslabs eignet sich am allerbesten die Kältemethode von Morgenroth. Denn auf diese Weise wird die Trypsinwirkung möglichst zurückgedrängt. Arbeitet man mit einer der anderen Methode, so tritt sofort das Trypsin in Tätigkeit und verdaut das Kasein der Milch in kürzester Zeit so weit, daß eine Parakaseinbildung gar nicht mehr zustande kommen kann.

Aus diesem Grunde, um die Trypsinwirkung im geeigneten Momente zu kupieren, empfiehlt es sich, bevor man die Gläschen aus dem Eisschrank in das warme Wasserbad überträgt, einem jeden von ihnen 0,5 ccm eines Gemisches von Serum und Calciumchlorid (10 ccm Serum + 1 ccm 20 % CaCl$_2$) zuzusetzen. Man kann hierfür jedes beliebige Serum verwenden, denn alle Sera enthalten große Mengen an Antitrypsin.

Die Ausführung des Versuches gestaltet sich hiernach folgendermaßen:

Eine Reihe von Reagenzgläsern wird mit absteigenden Mengen des nach obiger Vorschrift behandelten Saftes beschickt, indem

---

[1]) J. Wohlgemuth, Untersuchungen über den Pankreassaft des Menschen. VI. Mitteilung Biochem. Zeitschr. **39**, 302. 1912.

man für die Verdünnungen stets destilliertes Wasser benutzt, und zu jedem Gläschen 5 ccm der gekalkten (s. o.) Milch zugefügt. Hiernach kommt die Reihe auf 24 Stunden in den Eisschrank. Nach Ablauf der Frist setzt man zu jedem Gläschen 0,5 ccm des oben beschriebenen Serum-Calciumgemisches hinzu, schüttelt gründlichst durch und bringt nun alle Gläschen auf 15 Minuten in ein Wasserbad von 38⁰ C. Hiernach kühlt man sie wieder ab und stellt nun fest, in welchen Gläschen komplette Gerinnung eingetreten ist.

Berechnung s. Wärmeversuch S. 165.

Labbestimmung in tierischen Organen.

Sie geschieht nach den gleichen Prinzipien wie in den Säften. Nur muß man sich aus den einzelnen Organen entsprechende Extrakte herstellen.

a) **Magen.** Man präpariert vom frischen Magen die Schleimhaut ab, zerreibt sie in einer Reibeschale gründlichst mit Glassplittern oder Quarzsand, setzt zu dem Brei die doppelte Gewichtsmenge 0,2 %iger Salzsäure, verreibt wieder kräftig und läßt das Gemisch in einem Kolben verschlossen 24 Stunden bei Zimmertemperatur stehen. Danach wird abfiltriert, das Filtrat neutralisiert und die Labbestimmung mit Hilfe einer der beiden oben genannten Methoden ausgeführt.

Mit getrockneten Mägen verfährt man so, daß man sie fein pulverisiert und dann mit 0,2 %iger Salzsäure in dem Verhältnis 1 : 10 gründlichst extrahiert. Nach 24 Stunden filtriert man ab, neutralisiert das Filtrat und bestimmt nun die Labmenge.

b) **Andere Organe** (Milz, Leber, Niere etc.). Von fast allen tierischen Organen hat Nürnberg[1]) Extrakte mit physiologischer Kochsalzlösung hergestellt, unter Verwendung von 1 Teil Organ und 2 Teilen Kochsalzlösung, dieselben 4—24 Stunden der Autolyse überlassen und die Filtrate auf ihren Labgehalt untersucht. In fast allen ließ sich Lab nachweisen.

Vielleicht empfiehlt es sich auch hier, statt der Kochsalzlösung eine dünne Salzsäurelösung (0,2 %) zur Extraktion zu verwenden. Es ist möglich, daß man so zu weit wirksameren Lösungen kommt, als Nürnberg sie erhalten hat.

Für die Untersuchung von **Pflanzenextrakten** gelten die gleichen Vorschriften wie beispielsweise für den Magen.

---

[1]) A. Nürnberg, Über die koagulierende Wirkung autolytischer Organextrakte auf Albumosenlösungen und Milch. Hofmeisters Beitr. 4, 543. 1904.

5. Prolab (Labzymogen, Prochymosin).

Es findet sich ebenso wie das Propepsin in dem Sekret der Fundusdrüsen und geht beim Zusammentreffen mit Salzsäure sofort in den aktiven Zustand über. Gegen Alkalien sowie gegen hohe Temperaturen ist es beständiger als das Lab.

Aus der Magenschleimhaut kann man Extrakte von Prolab gewinnen, indem man sie mit Glyzerin behandelt. Will man den Prolabgehalt der Magenschleimhaut möglichst anreichern, so geht man nach Przibram und Stein[1]) am besten so vor, daß man dem betreffenden Tier, beispielsweise einem Kaninchen mittelst Schlundsonde eine Lablösung in den Magen gießt und 4—6 Stunden wartet. Danach tötet man das Tier, nimmt den Magen heraus, reinigt ihn, schabt die Schleimhaut herunter und extrahiert sie mit Glyzerin. Man erhält so ein Extrakt, das reich an Prolab ist. — Dieser Vorgang der Bildung von Prolab unter dem Einfluß von Lab ist nicht aufzufassen als eine Reaktion der Schleimhaut auf das eingeführte Ferment, sondern als eine Adsorption des Labs und Inaktivierung desselben durch die lebende Magenschleimhaut.

Über den Nachweis von Prolab s. Mageninhalt S. 167.

Über Darstellung und Trennung von Propepsin und Prochymosin s. S. 156.

6. Antilab.

Eigenschaften. Es hat die Fähigkeit, die Milchgerinnung durch Lab zu verhindern, und zwar hemmt das natürlich vorkommende Antilab weit stärker tierisches Lab als pflanzliches. Durch künstliche Immunisierung von Tieren mit pflanzlichem Lab gelingt es aber, ein Antilab zu erzeugen, welches das betreffende pflanzliche Lab weit stärker hemmt als das tierische (Morgenroth).

Vorkommen. Es findet sich vornehmlich im Serum der verschiedensten Tierarten, ferner im Harn und in der Frauenmilch.

Nachweis.

a) qualitativ.

Man beschickt 2 Reagenzgläschen mit so viel Lablösung, daß man innerhalb 10—15 Minuten eine Gerinnung erwarten kann. Dann setzt man zu dem einen Gläschen 1,0 ccm Serum,

---

[1]) H. Przibram und Stein, Die Vorstufe des Labfermentes. Zentralbl. f. Physiol. **24**, 823. 1910.

zu dem anderen 1,0 ccm physiologische Kochsalzlösung und läßt beide Gläschen ca. 10 Minuten bei Zimmertemperatur stehen. Hiernach füllt man in jedes Gläschen 10 ccm Milch und setzt beide in ein Wasserbad oder einen Brutschrank von 38°C. Während das eine mit Kochsalzlösung beschickte Gläschen schon nach 10 resp. 15 Minuten eine Gerinnung erkennen läßt, bleibt in dem anderen noch nach mehreren Stunden die Milch flüssig.

b) quantitativ.

Der quantitative Nachweis des Antilab kann, wie bei dem Antipepsin, auf zweierlei Weise geschehen, entweder mittelst des Kontrollreihenverfahrens oder mittelst des Einreihenverfahrens.

1. Kontrollreihenverfahren.

Erforderliche Lösungen.

1. Labstandardlösung, hergestellt aus einem käuflichen Labpräparate (s. S. 179). Aus ihr bereitet man sich eine 10 fache Verdünnung, indem man physiologische Kochsalzlösung dazu verwendet.

2. Serum (Antilab), auf das 10 fache verdünnt mit physiologischer Kochsalzlösung.

3. Physiologische Kochsalzlösung (0,85 %).

4. Milch (s. darüber S. 163).

Ausführung. Zwei Reihen von Reagenzgläsern, die mit fortlaufenden Zahlen numeriert sind, werden in ganz gleicher Weise mit absteigenden Mengen der auf das 10 fache verdünnten Lablösung beschickt, indem man für die Herstellung sämtlicher Fermentverdünnungen physiologische Kochsalzlösung benutzt. Hiernach fügt man zu der einen Reihe (Hauptreihe) in jedes Gläschen 1,0 ccm verdünntes Serum, zu der anderen Reihe (Kontrollreihe) in jedes Gläschen 1,0 ccm physiologische Kochsalzlösung und läßt, damit die Bindung Lab-Antilab sich vollziehen kann, beide Reihen in den Reagenzglasgestellen 15 Minuten bei Zimmertemperatur stehen.

Nach Verlauf einer Viertelstunde werden zu jedem Gläschen beider Reihen 5,0 ccm Milch zugefügt, durch Schütteln der Gläschen für eine gründliche Durchmischung gesorgt und sämtliche Gläschen zu gleicher Zeit in ein Wasserbad von Zimmertemperatur (16—17° C) auf die Dauer von 2 Stunden gestellt.

Nach Ablauf der Frist werden sie herausgenommen, in ein Wasserbad von 38° C übertragen und darin 10 Minuten belassen.

Hiernach werden sie wieder abgekühlt, in dem Reagenzglasgestell in der früheren Reihenfolge geordnet, und nun wird festgestellt, in welchem Gläschen mit der kleinsten Fermentmenge noch eine komplette Gerinnung eingetreten ist.

Auf diese Weise vergleicht man beide Reihen untereinander und hat so einen Maßstab für die in dem verwandten Serum enthaltene Antilabmenge. So kann man zu gleicher Zeit mehrere Sera auf ihren Antilabgehalt prüfen.

Je nachdem es darauf ankommt, die Unterschiede zwischen verschiedenen Sera grob oder feiner zu differenzieren, wendet man weite oder enge Labreihen an (s. geometrische Reihentabelle S. 17).

2. Einreihenverfahren.

Prinzip. Man ermittelt zunächst in einem besonderen Reihenversuch (Vorversuch) diejenige kleinste Labmenge, welche noch imstande ist, 5 ccm Milch bei einer Digestionsdauer von 2 Stunden im Wasserbad von Zimmertemperatur (16—17° C) und nach 10 Minuten langem Verweilen im Wasserbad von 38° C komplett zur Gerinnung zu bringen.

Sodann ermittelt man in einem zweiten Reihenversuch (Hauptversuch) diejenige kleinste Serum- (Antilab-)menge, welche noch imstande ist, die Wirkung der vorhin festgestellten kleinsten Labmenge zu hemmen.

Erforderliche Lösungen.

1. Labstandardlösung, hergestellt aus einem der käuflichen Labpräparate (s. S. 179).
2. Serum (Antilab).
3. Physiologische (0,85 %ige) Kochsalzlösung.
4. Milch (s. darüber S. 163).

Ausführung. a) Vorversuch. Eine Reihe mit fortlaufenden Zahlen numerierter Reagenzgläser wird mit absteigenden Mengen der Labstandardlösung beschickt, wobei man die hierfür nötigen Verdünnungen stets mit physiologischer Kochsalzlösung ausführt, jedes Gläschen mit 5 ccm Milch versetzt und nun die Reihe auf 2 Stunden in ein Wasserbad von Zimmertemperatur (16—17° C) gestellt. Nach Ablauf der 2 Stunden werden die Glästhen in ein warmes Wasserbad von 38° C auf 10 Minuten übertragen, danach wieder abgekühlt, und nun wird festgestellt, in welchem Gläschen noch komplette Gerinnung eingetreten ist. Hiernach stellt man sich aus der Labstandardlösung eine solche Verdünnung mit physiologischer Kochsalzlösung her, daß 1,0 resp. 0,5 ccm dieser Verdünnung der vorher ermittelten kleinsten Labmenge entspricht.

b) **Hauptversuch.** Eine Reihe mit fortlaufenden Zahlen versehener Reagenzgläser wird mit absteigenden Mengen des zu untersuchenden Serums beschickt, wobei man sich bei den Verdünnungen stets der physiologischen Kochsalzlösung bedient, und zu jedem Gläschen 1,0 resp. 0,5 ccm der vorher ermittelten Verdünnung der Lablösung zugefügt. Hiernach bleiben die Gläschen im Reagenzglasgestelle 15 Minuten bei Zimmertemperatur stehen, damit die Bindung Lab-Antilab sich vollziehen kann.

Alsdann füllt man in jedes Gläschen 5 ccm Milch, stellt sämtliche Gläschen auf 2 Stunden in ein Wasserbad von Zimmertemperatur, überträgt sie danach auf 10 Minuten in ein Wasserbad von 38º C, kühlt wieder ab und stellt nunmehr fest, in welchen Gläschen die Milch ungeronnen geblieben ist. Das unterste Gläschen, das noch keine Gerinnung zeigt, gilt als Maß für die hemmende Kraft des Serums.

Auf diese Weise kann man eine ganze Reihe von Sera zu gleicher Zeit auf ihr Antilabvermögen prüfen.

Kommt es darauf an, möglichst feine Unterschiede zu erkennen, so muß man sich bei der Verteilung des Serums einer entsprechend engen Reihe bedienen (s. geometrische Reihentabelle S. 17).

7. Chymosin — Parachymosin.

Nach Bang[1]) existieren zwei Arten von Lab in der Natur. Chymosin und Parachymosin. Das Chymosin findet sich im Magen vom Kalb, Rind und Fisch, das Parachymosin beim Menschen, beim Schwein und bei allen labhaltigen Pflanzen.

Der Unterschied zwischen Chymosin und Parachymosin beruht im wesentlichen auf drei Punkten:

1. Das Chymosin folgt dem Labgesetz, wonach das Produkt aus Fermentmenge und Gerinnungszeit ein konstantes ist ($k = L . t$). Das Parachymosin dagegen nimmt bei zunehmender Verdünnung an Wirksamkeit sehr viel schneller ab und wird bei starker Verdünnung gleich Null. Für das Parachymosin hat demnach das Labgesetz keine Gültigkeit.

2. Das Parachymosin wird in seiner Wirkung durch Chlorcalcium sehr energisch gefördert, während das Chymosin so gut wie unbeeinflußt bleibt.

---

[1]) J. Bang, Über Parachymosin, ein neues Labferment. Pflügers Arch. **79**, 425. 1900.

3. Das Parachymosin ist gegen Hitze sehr widerstandsfähig, das Chymosin dagegen außerordentlich empfindlich.

Man hat demnach drei Möglichkeiten festzustellen, ob eine Lösung resp. ein Extrakt Chymosin oder Parachymosin enthält. Die eine besteht darin, daß man mit verschiedenen Fermentmengen bei stets gleichen Milchquantitäten die Gerinnungszeiten bestimmt, d. h. daß man das Labgesetz ermittelt, die zweite darin, daß man feststellt, ob Chlorcalcium die Wirkung der Lösung beschleunigt oder unbeeinflußt läßt, und die dritte darin, daß man ermittelt, wie sich die Fermentlösung hohen Temperaturen gegenüber verhält. Auf alle Fälle tut man gut, wenn man vor die Aufgabe gestellt ist, zu entscheiden, ob ein Lab chymosin- oder parachymosinartiger Natur ist, sich nicht mit einer der drei Methoden zu begnügen, sondern stets alle drei Methoden anzuwenden. — Bang fand noch ein viertes Kriterium um Chymosin von Parachymosin zu unterscheiden, das auf der großen Empfindlichkeit von Parachymosin gegenüber schwachen Alkalimengen beruht, doch ist dies nicht immer ganz zuverlässig. Es sei deshalb nur darauf hingewiesen.

1. Ermittelung der Gerinnungszeit nach Fuld[1]).
Erforderliche Lösungen.
1. Lablösung.
2. Frische Kuhmilch.

Ausführung. In einem Vorversuch ermittelt man annähernd diejenige Menge der Lablösung, welche 5 ccm Milch bei 40° C innerhalb von 2—3 Minuten zur Gerinnung bringt.

Hiernach beschickt man eine Reihe von Reagenzgläsern mit je 5 ccm frischer Kuhmilch und wärmt sie im Ostwaldschen Thermostaten auf 40° C vor. Gleichzeitig füllt man in mehrere Reagenzgläschen die im Vorversuch ermittelte Fermentmenge und wärmt auch diese im Thermostaten vor.

Nach diesen Vorbereitungen beginnt der eigentliche Versuch in der Weise, daß man in die eine Hand ein mit Milch beschicktes Gläschen, in die andere Hand ein Ferment enthaltendes Gläschen nimmt, ohne das Fermentgläschen aus dem warmen Wasser herauszunehmen, und nun mit einem Schlage die Milch quantitativ in die Fermentlösung hineingießt. Das geleerte Gläschen wird schnell beiseite getan und mit dem das Gemisch enthaltenden hin und her schwankende Bewegungen im Wasserbad ausgeführt, damit das Ferment in ständig gleichmäßiger

---
[1]) E. Fuld, Über die Milchgerinnung durch Lab. Hofmeisters Beiträge **2**, 169. 1902.

Verteilung sich in der Milch findet. Dabei beobachtet man scharf, wann die Gerinnselbildung eintritt. In einem bestimmten Moment sieht man die Milch mit einem Schlage grießig werden. Am besten erkennt man den Moment, wenn man auf die an der Innenwand des Gläschens herunterlaufende Milch, die sich dort durch das rhythmische Schwenken des Glases in ständiger Bewegung findet, achtet. Solange noch keine Gerinnung eingetreten ist, sieht die an der Glaswand herabfließende Milch vollkommen homogen aus, sobald aber die Gerinnung einsetzt, beobachtet man an der Wand feine Flöckchen, die teilweise am Glase haften bleiben. Das Bild ist so charakteristisch, daß es gar nicht zu verkennen ist.

Die Zeit, welche die Milch zur Gerinnung braucht, also die Zeit, welche verfließt zwischen dem Moment, in dem die Milch in die Fermentlösung hineingegossen wird und dem Moment, wo die Gerinnung eintritt, ist die Gerinnungszeit. Man mißt sie am besten mit Hilfe einer Rennuhr, die in dem Augenblick der Vereinigung von Milch und Fermentlösung in Gang gesetzt und in dem Augenblick des Eintrittes der Gerinnung arretiert wird.

Es ist klar, daß zur Feststellung der Gerinnungszeit ein einziger Versuch in keinem Falle genügt. Man hat stets mindestens drei und noch mehr Versuche mit ein und derselben Fermentmenge anzustellen und berechnet dann aus den ermittelten Zeiten den Durchschnittswert.

Hiernach kommt die Feststellung der Gerinnungszeit für eine Fermentmenge, die nur halb so groß als die in der ersten Versuchsreihe benutzte ist.

Sie geschieht in der nämlichen Weise wie vorhin, daß zunächst mehrere Reagenzgläser mit je 5 ccm Milch, andere wiederum mit der halben Fermentmenge beschickt und sämtliche im Ostwaldschen Thermostaten auf 40° C vorgewärmt werden. Danach werden mehrmals hintereinander die Gerinnungszeiten wie oben bestimmt und aus den gefundenen Werten das Mittel berechnet.

Alsdann folgt die Feststellung der Gerinnungszeit für eine nur den vierten Teil enthaltende Fermentmenge und hiernach die Ermittelung der Gerinnungszeit für eine nur den achten Teil enthaltende Fermentmenge, bei beiden ebenfalls stets in der Weise, daß man in mehreren besonderen Portionen die Gerinnungszeiten bestimmt und aus ihnen das Mittel berechnet.

Und nun vergleicht man zur Feststellung, ob es sich um ein Chymosin oder Parachymosin handelt, die gefundenen Gerinnungszeiten miteinander. Hat beispielsweise der Versuch folgendes Ergebnis gehabt

$$L \times t = k$$
Labmenge × Gerinnungszeit = Produkt

I. Versuchsreihe	0,4 ccm	90″	36,0
II. Versuchsreihe	0,2 ccm	190″	38,0
III. Versuchsreihe	0,1 ccm	372″	37,2
IV. Versuchsreihe	0,05 ccm	738″	36,9

so wäre das Produkt aus Labmenge und Gerinnungszeit stets ein annähernd konstantes. Wir hätten es in diesem Falle demnach mit Chymosin zu tun.

Würde dagegen der Versuch mit einer andern Lablösung folgendes Resultat ergeben haben

$$L \times t = k$$
Labmenge × Gerinnungszeit = Produkt

I. Versuchsreihe	0,4 ccm	102″	40,8
II. Versuchsreihe	0,2 ccm	311″	62,2
III. Versuchsreihe	0,1 ccm	1243″	124,3
IV. Versuchsreihe	0,05 ccm	8741″	437,5

so hätten wir, da das Produkt aus $L \times t$ ganz unregelmäßig ist, die Gegenwart eines Parachymosins ermittelt.

2. **Ermittelung des Einflusses von Chlorcalcium auf die Gerinnungszeit.**

Erforderliche Lösungen.

1. Lablösung.
2. Frische Kuhmilch.
3. 10 %ige Chlorcalciumlösung.

Ausführung. Der Versuch wird in der gleichen Weise durchgeführt wie vorhin, nur daß zu jeder Milchportion (5 ccm), bevor sie im Ostwaldschen Thermostaten vorgewärmt wird, 1 Tropfen der Chlorcalciumlösung hinzugefügt wird.

Man stellt also zunächst die Gerinnungszeit fest für die in der ersten Versuchsreihe angewandte Fermentmenge, dann die Gerinnungszeit für die in der zweiten Versuchsreihe, ferner für die in der dritten und endlich für die in der vierten Versuchsreihe angewandte Fermentmenge, aber stets unter Benutzung der mit Chlorcalcium versetzten Milch.

Und nun vergleicht man, ob die Werte für die Chlorcalcium-Milch wesentlich andere sind als für die ohne Kalkzusatz verwandte Milch. Sind keine erheblichen Differenzen zu beobachten, so spricht dieser Befund für die Gegenwart von Chymosin.

Hat sich dagegen herausgestellt, daß unter dem Einflusse des Chlorcalciums die Gerinnungszeiten sich beträchtlich geändert haben in dem Sinne, daß das Chlorcalcium eine Beschleunigung der Gerinnung verursacht hat, so folgt daraus, daß das verwandte Lab ein Parachymosin ist.

Für die unter 1 und 2 angegebenen Verfahren sind noch folgende gemeinsame Punkte zu berücksichtigen:

1. Es ist zweckmäßig, mit nicht zu engen Reagenzgläschen zu arbeiten.

2. Die Vorwärmung der Fermentlösung, besonders aber der Milch, beansprucht mindestens 3 Minuten. Est wenn diese nach dem Hineinstellen der Gläschen in den Thermostaten verstrichen sind, darf man mit dem Versuch beginnen.

3. Man hat die Fermentverdünnungen für die einzelnen Versuchsreihen so zu wählen, daß man stets mit den gleichen Flüssigkeitsmengen arbeitet. Diese Forderung ist sehr leicht zu erfüllen, wenn man von der Fermentlösung der ersten Versuchsreihe sich eine doppelte, eine vierfache und eine achtfache Verdünnung macht. Dann hat man in stets den gleichen Flüssigkeitsmengen $1/2$, $1/4$ und $1/8$ der für die erste Versuchsreihe verwandten Fermentmenge.

3. Einfluß der Hitze auf die Labkraft.

Die zu untersuchende Lösung wird nach der Vorschrift von Bang genau auf 70° C erhitzt und 1 Minute lang bei dieser Temperatur gehalten. Dann ist das Chymosin zerstört, während das Parachymosin nichts von seiner Wirksamkeit eingebüßt hat. Erhitzt man dagegen die Lösung auf 75° C, so ist auch das Parachymosin zerstört.

Hierbei ist von großer Wichtigkeit, daß die Lösung vorher neutralisiert wird, und zwar muß man gegen Lackmoid nicht gegen Lackmus genau neutralisieren.

Nach dem Erhitzen auf genau 70° C kühlt man die Fermentlösung wieder ab und prüft, ob sie von ihrem anfänglichen Labgehalt etwas eingebüßt hat oder nicht. Ist das Lab zum größten Teil oder total zerstört, so war in der Lösung Chymosin vorhanden. — Diese Methode eignet sich somit auch, um aus einem Gemisch von Chymosin und Parachymosin das Chymosin zu eliminieren.

7. Chymosin — Parachymosin.

Darstellung von Lablösungen.

1. Herstellung einer haltbaren Standardlablösung.
Man kann hierzu sämtliche käufliche Labpräparate verwenden. Das beste, weil wirksamste, ist das von Witte in Rostock in Mecklenburg.

Die haltbare Lösung stellt man sich in der Weise her, daß man 0,1 g Wittesches Labpulver mit 50 ccm destilliertem Wasser 24 Stunden unter häufigem Schütteln im Eisschrank digeriert. Starkes Schütteln, beispielsweise in der Schüttelmaschine, ist unzweckmäßig, da hierdurch das Präparat an Wirksamkeit verliert. Hiernach wird das Ungelöste scharf abzentrifugiert, so daß die überstehende Flüssigkeit vollkommen klar ist, und die klare Lösung mit gleichem Volumen reinsten Glyzerins versetzt. Eine solche Lösung ist, in einer dunklen Flasche und im Eisschrank aufbewahrt, lange Zeit gut haltbar.

Statt der käuflichen Labpräparate kann man auch getrocknete Magenschleimhaut zur Herstellung einer wirksamen Lablösung benutzen, indem man sie mit Glyzerin oder verdünnter Salzsäure extrahiert und dann neutralisiert.

Darstellung pepsinfreier Chymosinlösung nach Hammarsten[1]).

Labmägen von Saugkälbern werden geöffnet, der Pylorusteil weggeschnitten, die Schleimhaut durch Spülen mit Wasser gründlichst von Speiseresten und Schleim befreit und von der Muskulatur heruntergeschabt. Ein Gewichtsteil der Drüsenmasse wird mit 10—20 ccm 0,2 %iger Salzsäure 12 bis 24 Stunden bei stark abgekühlter Temperatur (etwas über 0^0) unter häufigem Durchschütteln digeriert. Danach wird filtriert, 100 ccm der Infusion mit etwa 1 g Magnesia versetzt und einige Minuten wiederholt geschüttelt. Dann wird rasch filtriert und auf Pepsin und Chymosin geprüft. Man wiederholt so lange die Behandlung des Filtrates mit Magnesia, bis dasselbe nur noch sehr schwach auf Pepsin wirkt, dagegen kräftig Milch koaguliert. Gewöhnlich erreicht man dieses Resultat nach dreimaliger Behandlung mit Magnesia und im Laufe von weniger als $1\frac{1}{2}$ Stunden. Wenn man so weit gekommen ist, daß das letzte Filtrat die Milch in 1 Minute koaguliert, während das Fibrin nach 1 Stunde zwar stark gequollen, aber sonst kaum sicher angegriffen ist, so ist das Filtrat für die weitere Verarbeitung brauchbar.

---

[1]) O. Hammarsten, Zur Frage nach der Identität der Pepsin- und Chymosinwirkung. Zeitschr. f. physiol. Chemie. 56, 18. 1908.

Nunmehr wird das Filtrat schwach angesäuert, mit einer Lösung von Cholesterin in Alkohol und etwas Äther rasch vermischt und kräftig umgeschüttelt. Dann sammelt man das Cholesterin auf ein Filter, wäscht es mit Wasser, schlämmt es sehr fein in nicht zu viel Wasser auf, setzt Äther hinzu und schüttelt leise. Die untere wässerige Lösung wird rasch von der oberen ätherischen Cholesterinlösung getrennt und in eine große flache Schale hineinfiltriert, damit ein Verdunsten des Äthers erleichtert wird. Eine solche Lösung koaguliert Milch in dem Verhältnis von 1:5 in 5 Minuten oder weniger, während sie bei Gegenwart von 0,2 % Salzsäure gekochtes Fibrin im Laufe von 12 Stunden bei 37° C nicht merkbar verdaut.

Von Pawlow[1]) wird allerdings bestritten, daß solche Lösungen kein Pepsin mehr enthalten; es findet sich nach seiner Ansicht in ihnen stets noch Pepsin, das sich bei geeigneter Versuchsanordnung immer nachweisen lasse.

8. Metakaseinreaktion.

Sie ist eine Erscheinung, die in der Milch auftritt, wenn auf sie ein ganz schwaches Lab bei Gegenwart von wenig Kalksalzen eingewirkt hat. In einer solchen Milch beobachtet man bei der für die Labung sonst üblichen Erwärmung auf 40° C keine Gerinnselbildung. Erst wenn man die Milch stark erhitzt oder kocht, scheiden sich feine Gerinnsel (Metakasein) ab.

Man kann die Metakaseinreaktion jederzeit in der Weise demonstrieren, daß man auf frische Kuhmilch eine ganz kleine Labmenge kurze Zeit einwirken läßt und dann die Milch kocht. Während die nichtbehandelte Milch ihre Homogenität beim Erhitzen resp. Kochen nicht ändert, tritt in der mit Lab vorbehandelten Portion, falls sie Metakasein enthält, beim Erhitzen feine Gerinnselbildung ein.

9. Plasteinferment (Danilewsky[2])).

Eigenschaften. Es hat die Fähigkeit, in Peptonlösungen bei Brutschranktemperatur Niederschläge zu erzeugen („Plasteine" nach Danilewsky, „Koagulosen" nach Kurajeff[2]).

---

[1]) P. Pawlow und S. W. Parastschuk, Über die ein und demselben Eiweißfermente zukommende proteolytische und milchkoagulierende Wirkung verschiedener Verdauungssäfte. Zeitschr. f. physiolog. Chemie, **42**, 415, 1904.

[2]) Zit. nach Kurajeff, Über die koagulierende Wirkung des Papayotins auf Peptonlösungen. Hofmeisters Beitr. 1, 121. 1902.

9. Plasteinferment (Danilewsky).

Ob es sich hierbei um ein Ferment sui generis handelt, oder ob die Plasteinbildung eine Eigenschaft ist, die sämtlichen proteolytischen Fermenten zukommt, ist bis heute noch nicht sichergestellt. Ebensowenig ist man sich über die chemische Natur der Koagulosen im klaren. Die einen betrachten sie als neugebildetes Eiweiß, die andern als dem Eiweiß sich nähernde Stoffe, die dritten als besonders geartete Albumosen.

Vorkommen. Es findet sich in der Magenschleimhaut, im Magensaft, Pankreassaft, in der Pankreasdrüse selbst und in den verschiedensten anderen Organen. Auch bei verschiedenen Pflanzen (Papayotin) hat man es beobachtet und genauer untersucht und ebenso bei einigen Bakterien.

Nachweis.

Er geschieht in der Weise, daß man die zu untersuchende Lösung (2—4 ccm) zusammenbringt mit einer sehr konzentrierten Albumoselösung (10 ccm) und das Gemisch längere Zeit im Brutschrank bei 40° C stehen läßt. Meist zeigt sich da, wenn die Reaktion eine positive ist, in den ersten Stunden eine leichte Trübung, die sich immer mehr verdichtet, bis nach 3—4 Stunden ein beträchtlicher Niederschlag sich am Boden des Gefäßes angesammelt hat. Ist die Wirkung eine starke, so kann der ganze Inhalt des Gläschens sich in eine gallertige Masse, das Plastein, verwandeln. Am besten läßt man die Reaktion mindestens 24 Stunden im Brutschrank vor sich gehen, muß dann aber durch Zusatz eines Antiseptikums (Toluol) den Eintritt der Fäulnis zu verhüten suchen.

Von Wichtigkeit für das Gelingen der Reaktion ist die zum Versuch erforderliche Albumoselösung. Man kann sie sich aus jedem beliebigen Eiweißkörper selber darstellen, indem man ihn mehrere Tage mit Pepsin verdaut, den koagulablen Anteil abscheidet und die albumosehaltige Lösung stark einengt. Besonders verwandt worden sind hierzu Kasein, Ovalbumin, Fibrin, Muskelfleisch. Ebenso eignet sich für die Plasteinreaktion das im Handel vorkommende Wittepepton. Man hat nur hier, ebenso wie bei den anderen Präparaten, dafür zu sorgen, daß die Lösung eine beträchtliche Konzentration besitzt. Die geeignete Konzentration für eine solche Albumoselösung ist 10 bis 20% und darüber.

Das sicherste Mittel, um nachzuweisen, ob in einer Peptonlösung unter dem Einfluß von Pepsin oder Lab oder Trypsin etc. der regenerative Prozeß der Plasteinbildung stattgefunden hat, ist die Bestimmung der Aminogruppen nach Soerensen, wie sie neuerdings Henriques und Gjaldbäck[1]) und Glagolew[2]) beim Studium der Plasteinreaktion angewandt haben. Man geht dabei so vor, daß man unmittelbar nach der Vereinigung von Ferment und Peptonlösung die Aminogruppen nach der Methode von Soerensen bestimmt und nach beendigter Reaktion die gleiche Bestimmung ausführt. Eine Plasteinbildung hat sicherlich stattgefunden, wenn die Menge der vorhandenen Aminogruppen abgenommen hat. Ist aber eine Zunahme zu konstatieren, so muß man annehmen, daß sich ein proteolytischer Vorgang in der Lösung abgespielt hat. Über die Methode von Soerensen s. S. 229.

10. Trypsin.

Eigenschaften. Es ist imstande, fast alle Eiweißkörper bis zu ihren niedrigsten Spaltprodukten, den Aminosäuren, zu zerlegen. Sein Wirkungsoptimum liegt bei 37—39° C, durch Erhitzen auf 75—80° C wird es zerstört. Es wirkt am besten in schwach alkalischer Lösung, deren Optimalkonzentration aber für einzelne Präparate sehr verschieden ist. Durch stärkere Alkalien wird es schnell zerstört, besonders empfindlich ist es gegen Säuren.

Vorkommen. Es findet sich in der Pankreasdrüse und in dem von ihr produzierten Sekret, in Pankreaszysten und in den Fäzes. Trypsinähnliche Fermente sind außer bei sämtlichen Warmblütern und vielen Kaltblütern auch in verschiedenen Pflanzen, in der Hefe und zahlreichen Pilzen gefunden worden (Papayotin, Takadiastase).

Nachweis.
a) qualitativ.

Er geschieht am raschesten mit Hilfe einer Fibrinflocke, am besten mit der mit Kongorot gefärbten Fibrinflocke. Jede noch so kleine Verdauung macht sich sofort in einer mehr oder weniger starken Rotfärbung der Verdauungsflüssigkeit bemerkbar. Ist in der zu untersuchenden Lösung viel Trypsin zugegen, so ist die Flocke innerhalb einer halben Stunde glatt verdaut. Ist kein Trypsin oder nur Trypsinogen in ihr enthalten, so ist die Flocke noch nach 12 Stunden unverändert. **Stets ist eine Kontrolle mit einer gleichgroßen Fibrinflocke in einer Lösung anzustellen, welche die gleiche Reaktion besitzt wie die Verdauungsflüssigkeit.**

---

[1]) V. Henriques und J. K. Gjaldbäck, Untersuchungen über die Plasteinbildung. Zeitschr. f. physiol. Chem. **71**, 485. 1911; **81**, 439. 1912.
[2]) P. Glagolew, Über Plasteinbildung, I. Mitteil. Biochem. Zeitschr. **50**, 162. 1913.

10. Trypsin.

Zeigt die auf Trypsin zu untersuchende Lösung saure oder neutrale Reaktion, so muß man sie vor Anstellung des Versuches durch Zusatz von etwas Sodalösung ganz schwach alkalisch machen. Versäumt man dies, so kann durch Pepsinwirkung die Gegenwart von Trypsin vorgetäuscht werden; eine Verwechselung mit Pepsin ist aber bei alkalischer Reaktion vollkommen ausgeschlossen.

— Reagiert die zu untersuchende Lösung schon von vorneherein alkalisch, so ändert man nichts an ihrer Reaktion, auch wenn sie reich an Alkali ist, sofern dieser Alkaligehalt ein natürlicher ist wie beispielsweise beim Pankreassaft.

Liegt die Möglichkeit vor, daß die Lösung Trypsin in inaktiver Form, also als Zymogen enthält, so muß man versuchen, das Trypsin zu aktivieren, s. darüber S. 191.

b) quantitativ.

1. Methode von Grützner.

Sie findet sich ausführlich beschrieben auf S. 137.

Das dort Gesagte bezieht sich auch auf die Bestimmung des Trypsins, nur daß hier statt mit salzsauren Lösungen mit neutralen oder ganz schwach alkalischen gearbeitet werden muß, und daß das Fibrin statt mit Karmin mit Kongorot gefärbt und durch Erwärmen auf 80^0 fixiert werden muß (Roaf[1]).

2. Methode von Mett.

Auch hier muß man stets für eine neutrale oder ganz schwach alkalische Reaktion sorgen. Im übrigen wird die Methode sonst in der gleichen Weise ausgeführt wie mit Pepsinlösungen s. S. 139.

3. Methode von Volhard-Löhlein[2]).

Sie ist mit allen ihren Lösungen (Genaueres s. S. 144) ebenso wie für die Pepsinbestimmung auch für die Trypsinbestimmung verwendbar. Nur ändert sich die dort beschriebene Versuchsanordnung insofern, als der Zusatz von 11 ccm $^1/_1$ normal-Salzsäure nicht **vor** dem Versuch, sondern erst **nach** Beendigung der Verdauung zu erfolgen hat.

Es gestaltet sich demnach die Trypsinbestimmung kurz skizziert folgendermaßen:

---

[1]) H. E. Roaf, A new colorimetric method to show the activity of either „peptic" or „tryptic" enzymes. Biochem. Journ. 3, 188. 1908.
[2]) W. Löhlein, Über die Volhardsche Methode der quantitativen Pepsin- und Trypsinbestimmung durch Titration. Hofmeisters Beitr. 7, 120. 1906.

100 ccm Kaseinlösung werden in die mit Marken für 300 und 400 ccm versehenen Flaschen gefüllt, die trypsinhaltige Lösung hinzugegeben und mit destilliertem Wasser auf 300 aufgefüllt. Diese Mischung bleibt dann eine genau zu bestimmende Zeit im Wasserbad von 40^0.

Analog dem Pepsinverfahren wird dann durch **nachträglichen** Zusatz von 11,0 ccm $^1/_1$ normal-Salzsäure und 20%igem Natriumsulfat bis zur Marke 400 die Verdauung unterbrochen und das unverdaute Kasein ausgefällt. Die salzsauren Peptone gehen durch das Filter und der durch sie bedingte Säurezuwachs dient als Maß für den Grad der Fermentstärke.

Zur Titration verwendet man hier genau so wie bei der Pepsinbestimmung 100 oder 200 ccm Filtrat.

Berechnung. Sie erstreckt sich ausschließlich auf die Anzahl Kubikzentimeter von $^1/_{10}$ n NaOH, welche zur Neutralisation des gebildeten sauren Peptons notwendig waren.

Beispiel. Die vorher ermittelte Azidität von 200 ccm der Stammlösung nach Fällung und Filtration sei 8,5, in $400 = 17,0$.
Zur Neutralisation von 200 ccm Filtrat wurden gebraucht

$$= 25,8 \text{ ccm } \frac{n}{10} \text{ NaOH}$$

somit für 400 ccm (Gesamtfiltrat) $\quad = 51,6 \quad ,, \quad ,, \quad ,,$
Davon sind abzuziehen für die Stammlösung $= \underline{17,0}$
Somit waren zur Neutralisation des gebildeten sauren Peptons erforderlich $\quad = 34,6 \text{ ccm } \dfrac{n}{10} \text{ NaOH}$.

Ist der Versuch mit einem stark alkalischen Pankreassaft ausgeführt worden, so wäre der so berechnete Wert zu klein, weil ein Teil der durch das Filter gegangenen Säure durch das Alkali des Pankreassaftes neutralisiert worden ist. In einem solchen Falle hat man die dem Pankreassaft entsprechende Alkalimenge — ausgedrückt durch ccm $^1/_{10}$ n NaOH — zu dem gefundenen Werte hinzuzurechnen.

4. Methode von Fermi[1]).

Prinzip. Gelatine wird durch Trypsin so verändert, daß sie ihre Gerinnungsfähigkeit vollkommen verliert.

Erforderliche Lösungen.
1. Trypsinlösung.
2. 5%ige Chloroformgelatine.

---

[1]) Cl. Fermi, Die Leimgelatine als Reagens zum Nachweise tryptischer Enzyme. Arch. f. Hyg. **12**, 238. 1891 und **40**, 155. 1906.

10. Trypsin.

Man stellt sich dieselbe in der Weise her, daß man sich zunächst Chloroformwasser bereitet, und zwar so, daß man 1 Liter destilliertes Wasser mit 5 ccm Chloroform versetzt, längere Zeit schüttelt und nun das mit Chloroform gesättigte Wasser filtriert. Hierin löst man 50 g Goldblatt-Gelatine unter nicht zu starkem Erwärmen und bekommt eine gut haltbare 5%ige Gelatinelösung. Sie erstarrt in der Kälte und ist deshalb jedesmal vor dem Gebrauch auf Körpertemperatur zu erwärmen.

Ausführung. Eine Reihe fortlaufend numerierter Reagenzgläser wird mit absteigenden Mengen Fermentlösung beschickt, unter Benutzung von destilliertem Wasser zur Herstellung der Verdünnungen, und jedem Gläschen 2 ccm der vorher auf Körpertemperatur erwärmten Gelatinelösung zugefügt. Hiernach kommen sämtliche Gläschen auf 4 Stunden in den Thermostaten (38° C) und nach Ablauf der Frist auf 20 Stunden in den Eisschrank. Im Thermostaten wirkt das Trypsin auf die Gelatine und verflüssigt sie, in der Kälte gerinnt die Gelatine wieder, soweit sie nicht verändert wurde. Danach wird festgestellt, in welchen Gläschen die Gelatine durch das Ferment verflüssigt und in welchen sie unter dem Einfluß der Kälte wieder erstarrt ist. Auf diese Weise kann man mehrere trypsinhaltige Lösungen resp. Extrakte zu gleicher Zeit auf ihren Fermentgehalt prüfen und miteinander quantitativ vergleichen.

Diese Methode hat indes den großen Nachteil, daß die Gerinnungsfähigkeit der Gelatine schwankt mit dem Gehalt der Lösung an (H·). Bei vergleichenden Bestimmungen muß man deshalb stets für gleiche H-Ionenkonzentration Sorge tragen. Dies erreicht man am besten durch Zusatz eines „Puffers" zur Gelatinelösung. Als „Puffer" verwandten Palitzsch und Walbum[1]) Borsäure und stellten sich ihre Gelatinelösung folgendermaßen her: 700 g französischer Gelatine wurden in 1,5 Liter lauwarmem Wasser gelöst, die sehr zähe Flüssigkeit durch ein Sieb gegossen und ca. 1 g in Wasser emulsioniertes Thymol und 12,5 ccm ca. 5 n-Natriumhydroxydlösung zugesetzt. Die Lösung, die trotzdem auf Lackmuspapier noch schwach sauer reagierte, wurde dann mit warmem Wasser auf 2000 ccm aufgefüllt und auf 200 ccm fassende Medizinflaschen verteilt, die nach Zukorken im Eisschrank aufbewahrt wurden. — Kurz vor dem Versuch wurden 200 g dieser 35%igen Lösung abgewogen und mit Wasser, in dem 15,5 g reine Borsäure vorher gelöst waren, verdünnt. Zum Versuch wurden 40 ccm dieser Lösung auf 50 ccm verdünnt, so daß also die Versuchs-

---

[1]) S. Palitzsch und L. E. Walbum, Über die optimale Wasserstoffionenkonzentration bei der tryptischen Gelatineverflüssigung. Biochem. Zeitschr. **47**, 1. 1912.

flüssigkeit in 1 Liter 60 g Gelatine und 12,4 g Borsäure enthielt. Die verschiedenen Wasserstoffionenkonzentrationen der Mischungen wurden durch Zusatz verschiedener Mengen Natriumhydroxydlösung hervorgebracht. Hierfür und für die entsprechenden Neutralisationsmischungen (Salzsäurelösungen) werden zwei Tabellen angegeben (s. Original S. 10 und 11). — Der Versuch wird nun so ausgeführt, daß 40 ccm der verdünnten borsäurehaltigen Stammlösung mit 8 ccm der gewünschten Natriumhydroxydlösung versetzt und 20 Minuten in einem regulierten Wasserbad von 37° C vorgewärmt werden. Danach werden 2 ccm Trypsinlösung zugefügt und das Gemisch im Wasserbad gehalten. Nach bestimmten, beliebig gewählten Zeitintervallen werden der Mischung mittelst einer Pipette Proben von je 5 ccm entnommen, in dünnwandige Reagenzgläser übertragen, ihnen 1 ccm der entsprechenden salzsauren Neutralisationsmischung zugefügt und mindestens 10 Minuten in Eiswasser gehalten. Nach gutem Schütteln wird die neutralisierte Gelatinemischung 15 Minuten lang ohne Schütteln abgekühlt und danach die Konsistenz beurteilt. — Will man ganz exakte Vergleichswerte mit der Gelatinemethode erhalten, so empfiehlt es sich, nur nach den hier gegebenen Vorschriften zu arbeiten.

5. Methode von Müller-Jochmann[1]).

Prinzip. Trypsin und trypsinähnliche Fermente sind imstande, bei einer Temperatur von 50—60° C Löfflerplatten zu verdauen.

Unter den sogenannten Löfflerplatten versteht man bekanntlich Petrischalen, deren Boden mit erstarrtem Hammel- oder Rinderblutserum, das etwas Traubenzuckerbouillon enthält, bedeckt ist.

Ausführung. Von der zu untersuchenden Lösung stellt man sich mehrere Verdünnungen her, indem man dazu destilliertes Wasser verwendet, beispielsweise 5 Verdünnungen, und zwar 1 : 2, 1 : 4, 1 : 8, 1 : 16, 1 : 32. Alsdann beschickt man die erste Löfflerplatte an 6—8 Stellen mit je einer Platinöse der unverdünnten Fermentlösung, die zweite Platte in der gleichen Weise mit der Verdünnung 1 : 2, die dritte mit der Verdünnung 1 : 4, die vierte mit der Verdünnung 1 : 8, die fünfte mit der Verdünnung 1 : 16 und die sechste mit der Verdünnung 1 : 32 und bringt sämtliche Platten in einen auf 53° C eingestellten Brut-

---

[1]) E. Müller und G. Jochmann, Über eine einfache Methode zum Nachweis proteolytischer Fermentwirkungen. Münch. med. Wochenschr. Nr. 29. 1906.

schrank. Hier beläßt man sie 24 Stunden und kontrolliert nach Ablauf der Frist, ob die Platten Spuren von Verdauung zeigen oder nicht.

Enthielt das untersuchte Material kein Trypsin, so sind die aufgetragenen Tröpfchen verdunstet, ohne irgend eine Spur zu hinterlassen. War aber Trypsin vorhanden, so zeigt sich auf der Löfflerplatte an der Stelle der aufgebrachten Tröpfchen ein Substanzverlust in Gestalt von mehr oder minder tiefen Einsenkungen (Dellen). War die Menge des vorhandenen Trypsins groß, so wird man noch auf Platte Nr. 5 (1 : 16) oder gar auf Platte Nr. 6 (1 : 32) Dellen beobachten, war sie sehr gering, so wird nur Platte Nr. 1 schwache Dellenbildung zeigen.

So kann man mit ziemlicher Genauigkeit den Gehalt einer Lösung an Trypsin feststellen und vergleichende Untersuchungen an mehreren Lösungen zu gleicher Zeit vornehmen.

6. Methode von Fuld-Groß[1]).

Prinzip. Die Methode beruht darauf, daß gelöstes Kasein, solange es nicht verdaut ist, auf Zusatz von essigsaurem Alkohol niedergeschlagen wird, während die Abbauprodukte des Kaseins nach wie vor gelöst bleiben.

Erforderliche Lösungen.

1. 1 $^0/_{00}$ige Kaseinlösung. Man stellt sie sich in der Weise her, daß man 0,1 g reines Kasein — am besten das nach Hammarsten hergestellte, das überall käuflich zu haben ist — in einem 200 ccm fassenden Becherglas versetzt mit 5 ccm $^1/_{10}$ normal-Natronlauge und 25 ccm destilliertem Wasser und die Mischung auf dem Drahtnetz zum Sieden erhitzt. Nach einmaligem Aufkochen wird das Gläschen zur Abkühlung in ein Gefäß mit kaltem Wasser gestellt und dann die überschüssige Natronlauge durch vorsichtigen Zusatz von $^1/_{10}$ normal-Salzsäure (nicht Schwefelsäure) neutralisiert, wozu etwa 4,5 ccm $\frac{n}{10}$ HCl erforderlich sind. Hiernach wird noch die an 100 ccm fehlende Flüssigkeitsmenge durch destilliertes Wasser (65,5 ccm) ergänzt, und die Kaseinlösung ist dann gebrauchsfertig. Sie hält sich im Eisschrank etwa 48 Stunden; dann aber tritt meist schon Trübung ein. Ein Zusatz von Toluol zur Verhütung der Fäulnis ist nicht zu emp-

---

[1]) E. Fuld s. v. Bergmann und K. Meyer, Über die klinische Bedeutung der Antitrypsinbestimmung im Blute. Berl. klin. Wochenschr. 1908. Nr. 45. S. 1673. — G. Groß, Die Wirksamkeit des Trypsins und eine einfache Methode zu ihrer Bestimmung. Arch. f. experim. Pathologie und Pharmak. 58, 157. 1906.

fehlen, da das Toluol mitunter sehr schnell das Kasein ausflockt. Eine trübe Lösung darf aber nie zum Versuch verwandt werden. Die Herstellung der Kaseinlösung kann auch so geschehen, daß man 0,1 g Kasein in 100 ccm 0,1 %iger Sodalösung unter Erwärmen löst.

2. Destilliertes Wasser.
3. Essigsaure alkoholische Lösung.

Diese setzt sich zusammen aus 1 Teil Essigsäure, 49 Teilen Wasser, 50 Teilen 96 %igen Alkohol.

Ausführung. Eine Reihe von zehn mit fortlaufenden Zahlen numerierten Reagenzgläsern wird mit absteigenden Mengen der zu untersuchenden Fermentlösung beschickt in der Weise, daß in das erste Gläschen 1,0 ccm, in das zweite 0,5 ccm, in das dritte 0,25 ccm, in das vierte 0,125 ccm usf. kommen, und daß zur Herstellung der Verdünnung ausschließlich destilliertes Wasser verwandt wird. Sodann werden zu jedem Gläschen 2 ccm der 1‰igen Kaseinlösung zugesetzt und sämtliche Gläschen auf 1 Stunde in den Thermostaten oder in ein gut reguliertes Wasserbad von 38° C übertragen. Nach Ablauf der Frist werden die Gläschen abgekühlt, in das Reagenzglasgestell in der ursprünglichen Reihenfolge zurückgebracht und nun zu jeder Portion 6 Tropfen der essigsauren alkoholischen Lösung zugefügt. Dabei tritt in all den Gläschen, in denen noch unverändertes Kasein enthalten war, eine mehr oder weniger starke Trübung auf, während diejenigen, in denen das Kasein glatt verdaut wurde, vollkommen klar bleiben. Das unterste, noch völlig klare Gläschen gilt als Grenze, und aus ihm berechnet man die Trypsinmenge der untersuchten Lösung.

Berechnung. Man soll feststellen, wieviel Kubikzentimeter der Kaseinlösung von 1,0 ccm der untersuchten Fermentlösung innerhalb der angewandten Zeit verdaut werden können.

Hat beispielsweise der Versuch ergeben, daß noch 0,016 ccm imstande waren, 2 ccm Kaseinlösung glatt zu verdauen, so berechnet sich der Trypsinwert nach folgender Gleichung

0,016 : 2 (ccm Kaseinlsg.) = 1 (ccm Fermentlsg.) : x (ccm Kaseinlsg.)

$$\text{mithin } x = \frac{2 \cdot 1}{0,016} = 125.$$

Die Fermentlösung enthält somit 125 Trypsineinheiten, wobei man unter einer Trypsineinheit diejenige Fermentmenge zu verstehen hat, die innerhalb 1 Stunde bei einer Temperatur von 38° C 1,0 ccm Kaseinlösung glatt zu verdauen imstande ist.

Die hier angeführte Fermentverteilung gilt natürlich nur dann, wenn es darauf ankommt, grobe Unterschiede festzustellen.

10. Trypsin.

Soll man dagegen feine Differenzen ermitteln, so muß man sich einer entsprechend engeren Reihe bedienen. Siehe darüber S. 17.

Von **physikalischen Methoden** sind zur Verfolgung proteolytischer Vorgänge folgende Methoden in Gebrauch:

1. Methode der Viskositätsbestimmung.

Prinzip. Eine verdaute Eiweißlösung hat eine viel geringere Viskosität als eine native Eiweißlösung. Da sich mit fortschreitender Verdauung die Viskosität ändert, läßt sich der Fortgang einer proteolytischen Spaltung mit Hilfe der Viskositätsbestimmung ständig quantitativ verfolgen.

Erforderliche Lösungen:
1. Fermentlösung,
2. viskose Eiweißlösung.

500 g Rindfleisch, sorgfältig von Fett und Faszien befreit, werden zerkleinert und wiederholt mit Wasser gewaschen, bis dasselbe farblos abläuft. Der Rückstand wird in 2 Liter Wasser + 16 ccm konzentrierter Salzsäure aufgeschwemmt und 24 Stunden stehen gelassen. Das Filtrat hiervon ist stark viskös und kann direkt zum Versuch verwandt werden.

Ausführung. Man setzt zu einem bestimmten Quantum obiger Eiweißlösung eine bestimmte Menge Fermentlösung zu und bestimmt sofort die Viskosität dieses Gemisches im Ostwaldschen Viskosimeter, der sich in einem Thermostaten befindet. Dann wird in bestimmten Zeitintervallen wieder die Viskosität bestimmt und die Werte untereinander verglichen. Gewöhnlich ist die Abnahme der Viskosität in den ersten Stunden der Verdauung eine weit größere als später, dementsprechend verläuft die Kurve erst steil, dann langsamer und flacht sich schließlich ganz ab.

Diese Methode wurde zuerst von Spriggs[1]) zur Bestimmung der Pepsinwirkung angewandt. Nach Bayliss[2]) liefert sie aber lange nicht so zuverlässige Werte als die Methode der

2. Bestimmung der elektrischen Leitfähigkeit.

Prinzip. Unter der Einwirkung eines proteolytischen Fermentes nimmt die elektrische Leitfähigkeit einer Eiweißlösung zu. Dies beruht darauf, daß die Peptone, die Dikarbonsäuren und die Diaminosäuren eine höhere Leitfähigkeit besitzen als natives Eiweiß.

---

[1]) E. J. Spriggs, Eine neue Methode zur Bestimmung der Pepsinwirkung. Zeitschr. f. physiol. Chem. 35, 465. 1902.
[2]) W. M. Bayliss, Untersuchungen über das Wesen der Enzymwirkung. 1. Über die Ursache der Zunahme der Leitfähigkeit bei der Trypsinverdauung. Journ. of physiol. 36, 221. 1907.

Erforderliche Lösungen:
1. Fermentlösung,
2. Eiweißlösung.

Ausführung. Man setzt zu einem bestimmten Quantum Eiweißlösung eine bestimmte Fermentmenge zu, bestimmt unmittelbar darauf und dann in beliebig gewählten Zeitintervallen die Leitfähigkeit, indem man zur Messung sich der Methode von Kohlrausch bedient. Eine fortschreitende Eiweißspaltung macht sich bemerkbar durch eine Zunahme der Leitfähigkeit. Diese ist um so größer, je umfangreicher die Eiweißspaltung ist. Die Zunahme ist eine regelmäßige und folgt einer einfachen Kurve, die sich im Laufe der Verdauung allmählich abflacht.

Die Methode gestattet ebenso wie die vorhergehende, das Gemisch ständig auf den Fortgang der Verdauung zu prüfen, ohne daß die Fermentwirkung dabei unterbrochen wird.

3. Refraktometrische Methode.

Prinzip. In Gegenwart einer bestimmten Menge Alkali zeigt 1 g natives Kasein den gleichen refraktometrischen Index wie 1 g verdautes Kasein. Fällt man nun das unverdaute Kasein aus der Lösung aus, so kann man durch Bestimmung des Index direkt die Menge des verdauten Kaseins selbst messen.

Erforderliche Lösungen:
1. Fermentlösung,
2. Kaseinlösung,
    2 g Kasein Rhenania werden in 16 ccm $^1/_{10}$ n NaOH gelöst und auf 100 ccm aufgefüllt,
3. $^1/_{40}$ n-Essigsäure.

Ausführung. Nach Robertson[1]) geht man so vor, daß man zu 100 ccm Eiweißlösung ein bestimmtes Quantum der Fermentlösung zufügt und bei 37° digeriert. In bestimmten Zeitintervallen entnimmt man dem Gemisch je 10 ccm, fällt mit 10 ccm Essigsäure das unverdaute Eiweiß aus und untersucht das Filtrat im Refraktometer. Gleichzeitig wird der Index einer Mischung aus der gleichen Menge Essigsäure und der zur Herstellung der Kaseinlösung verwandten Natronlauge bestimmt und von dem ersten Werte abgezogen. Die Differenz ergibt den durch die Kaseinabbauprodukte bewirkten refraktometrischen Index.

4. Optische Methode.

Ausführlich beschrieben bei Kapitel „Peptolytische Fermente", s. S. 208.

---

[1]) B. T. Robertson, Eine schnelle Methode zur Bestimmung der relativen Wirksamkeit einer Trypsinlösung. Journ. of Biolog. chem. 12, 23. 1912.

Nachweis von Trypsin im Pankreassaft und im Inhalt von Pankreaszysten.

Man hat scharf zu unterscheiden zwischen Pankreassaft, der aus einer Fistel fließt, ohne mit dem Darm in Berührung gekommen zu sein, und zwischen einem solchen, dem Darmsaft beigemischt ist. Während letzterer das Trypsin in aktiver Form enthält, so daß es sofort zur quantitativen Bestimmung benutzt werden kann, enthält ersterer das Trypsin ausschließlich in Zymogenform und muß darum erst einer besonderen Vorbehandlung, der Aktivierung, unterzogen werden.

Die Aktivierung des Trypsins kann in verschiedener Weise ausgeführt werden, entweder verwendet man hierzu 1. die im Darm sich findende Enterokinase (Pawlow) oder 2. Calciumchlorid (Delezenne).

1. Enterokinase ist enthalten im Darmsaft und in der Darmschleimhaut. Steht Darmsaft aus einer Thiry-Vellaschen Fistel nicht zur Verfügung, so kann man sich ein enterokinasehaltiges Extrakt aus Darmschleimhaut in folgender Weise herstellen:

Die Darmschleimhaut eines Hundes, der mehrere Stunden vor dem Entbluten mit Fleisch gefüttert war, wird nach gründlichem Reinigen des Darmes abgeschabt, in einer Reibeschale mit Glassplittern oder Quarzsand verrieben und mit dem dreifachen Volumen einer $1^0/_{00}$igen Natriumkarbonatlösung etwa eine halbe Stunde lang bei Zimmertemperatur mazeriert. Danach wird die Mazeration mit verdünnter Essigsäure vorsichtig neutralisiert — ein etwaiger Überschuß an Essigsäure wird sofort wieder durch Zusatz von Natriumkarbonat abgestumpft —, das ganze Gemisch auf ein Filter gebracht und der Rückstand mit schwach essigsaurem Wasser gewaschen. Das Filtrat und das Waschwasser werden vereinigt und unter Toluol im Eisschrank aufbewahrt. Sie enthalten ganz beträchtliche Mengen an Enterokinase — ohne Beimengung von Erepsin — und können ihre Wirksamkeit lange Zeit bewahren. Vor dem Gebrauch ist die zur Verwendung kommende Portion mit Natriumkarbonat ganz schwach alkalisch zu machen.

Die Aktivierung mit diesem Extrakt resp. Darmsaft geschieht dann so, daß man zu je 1 ccm Pankreassaft 0,2 ccm des Extraktes resp. Saftes mischt und die Mischung $1/2$—1 Stunde bei Zimmertemperatur stehen läßt. Meist hat dann der Saft das Maximum seiner tryptischen Wirksamkeit erreicht.

2. Mit Calciumchlorid aktiviert man nach Delezenne[1]) und Zunz[2]) in der Weise, daß man zu 2 ccm Saft 0,2 ccm einer 2 normal-Calciumchloridlösung (22 %) zugibt und die Mischung 1 Stunde bei Zimmertemperatur stehen läßt.

Nach der Aktivierung stellt man dann mit Hilfe einer der vorher angegebenen Methoden den Trypsingehalt fest. Am besten hat sich mir bei meinen Studien über Pankreassaft die Fuld-Großsche Methode bewährt.

Die mit ihr ermittelten Werte für reinen menschlichen Pankreassaft schwanken zwischen 125—250, für reinen Hundepankreassaft ebenfalls zwischen 125—250.

Für die Untersuchung von Pankreaszysteninhalt gilt das gleiche wie für den Pankreassaft.

Von größter Wichtigkeit ist es für beide, daß Beimengungen von Blut auf das Sorgfältigste vermieden werden müssen wegen der stark antitryptischen Wirkung des Blutes, das jeden Aktivierungsversuch vereitelt. In einem solchen Falle also, wo wegen der Gegenwart von Blut die Untersuchung auf Trypsin nicht ausführbar ist, kann man die Frage, ob in einer Flüssigkeit Pankreassaft enthalten ist, so entscheiden, daß man in ihr quantitativ die Diastase bestimmt (s. S. 53), da die Diastasewirkung durch die Gegenwart von Blut eher verstärkt wird. Ergibt der Versuch einen hohen Diastasegehalt, so kann man sicher sein, daß Pankreassaft zugegen ist. Die Bestimmung der Diastase ist entschieden am bequemsten, da hierbei eine Aktivierung sich vollkommen erübrigt.

Untersuchung des mittelst Ölprobefrühstücks gewonnenen Pankreassaftes.

Das Ausgeheberte nach einem Ölprobefrühstück stellt ein Gemisch von Öl, Magensaft und Darminhalt dar, das sich schon nach kurzem Stehen in zwei Schichten trennt, in die obere Ölschicht und in die untere wässerige Schicht. Die beiden Schichten trennt man mit Hilfe eines Scheidetrichters oder durch Abhebern sorgfältig voneinander und prüft den wässerigen Anteil zunächst auf seine Reaktion.

Ist sie alkalisch, so filtriert man und bestimmt nach einer der oben angegebenen Methoden quantitativ das Trypsin.

Reagiert sie neutral, so genügt ein Zusatz von 1—2 Tropfen schwacher Sodalösung zu etwa 5 ccm Filtrat, um die Lösung schwach alkalisch zu machen.

---

[1]) C. Delezenne, Activation du suc pancréatique par les sels de calcium. Compt. rend. des scéances de la Soc. de biol. **59**, 476. 1905.

[2]) E. Zunz, Recherches sur l'activation du suc pancréatique par les sels, III communication. Bruxelles 1907, 108.

10. Trypsin.

Zeigt dagegen das Gemisch saure Reaktion, so ist möglichst unmittelbar nach dem Ausheben mit Soda zu neutralisieren und schwach alkalisch zu machen. Denn schon ein ganz kurzes Verweilen des Trypsins in saurer Lösung schädigt es aufs schwerste. Aus diesem Grunde empfiehlt es sich nach Kudo[1]), zusammen mit dem Öl gleichzeitig Magnesia usta dem Patienten zu verabfolgen, weil man so schon im Magen eine Neutralisation erzielt. Besonders wichtig ist das in Fällen von Hyperazidität. Man erreicht damit, daß die Salzsäure des Magens sofort neutralisiert und von dem Trypsin wenig oder gar nichts zerstört wird, und außerdem spart man so gleichzeitig die spätere Neutralisation. Trotz der gleichzeitigen Verabfolgung von Magnesia usta darf nie verabsäumt werden, das Ausgeheberte sorgfältig auf seine Reaktion zu prüfen, um gegebenenfalls sofort eine Korrektur anzubringen.

Verwendet man zur Gewinnung von Pankreassaft das Einhornsche Eimerchen, so ist ein Zusammentreffen von Trypsin mit Salzsäure meist nicht zu befürchten. Trotzdem ist auch hier in jedem Falle die Reaktion genau zu prüfen.

Über die quantitative Bestimmung des Trypsins s. o.

Bestimmung des Trypsins in den Fäzes.

Ebenso wie das Ölprobefrühstück ist auch der Nachweis des Trypsins in den Fäzes für die Diagnostik der Pankreaserkrankungen von Wichtigkeit.

Er geschieht in der Weise, daß man sich zunächst ein Extrakt aus den Fäzes darstellt und mit diesem die qualitative resp. quantitative Trypsinbestimmung durchführt.

Das Extrakt bereitet man sich so, daß man 5 g Fäzes mit 50 ccm destilliertem Wasser in einer Reibeschale gründlichst verreibt, nach kurzem Stehen scharf abzentrifugiert und das Zentrifugat filtriert. Das Filtrat muß vollkommen klar sein; man erreicht absolute Klarheit am besten bei Verwendung von dichtem Filtrierpapier (Schleicher u. Schüll Nr. 589). Hiernach prüft man die Reaktion. Ist sie von vornherein alkalisch, so ändert man am besten nichts daran. Ist sie neutral, so macht man sie durch Zusatz von ein paar Tropfen dünner Sodalösung schwach alkalisch. Reagiert sie sauer, so neutralisiert man mit ca. 10 %iger Sodalösung und gibt einen ganz minimalen Überschuß von Alkali zu. Ein größerer Überschuß von Alkali ist zu vermeiden, da er ganz beträchtlich die Trypsinwirkung hemmt.

In dem klaren Filtrat bestimmt man dann mit der Fuld-Großschen Methode (s. S. 187) den Trypsingehalt, indem man

---
[1]) T. Kudo, Einfluß von Säuren, Alkalien und Salzen auf Trypsin. Biochem. Zeitschr. **15**, 473. 1909.

aber nicht schon nach einer Stunde die Verdauung unterbricht, sondern dieselbe 24 Stunden bei Brutschranktemperatur durchführt und erst dann durch Zusatz von essigsaurem Alkohol den Versuch beendet.

Nun gelingt es aber nicht immer, ein klares Filtrat zu bekommen, oft geht das Filtrat außerordentlich langsam durch das Filter und filtriert ganz trüb. Das ist stets dann der Fall, wenn die Fäzes Fett enthalten. In einem solchen Falle ist man gezwungen, auf die Anordnung der Kaseinmethode zu verzichten und bedient sich am zweckmäßigsten der Müller-Jochmannschen Plattenmethode (s. S. 186). Letztere scheint nach den neuesten Erfahrungen überhaupt weit sichereren Aufschluß darüber zu geben, ob in den Fäzes Trypsin enthalten ist oder nicht, als die Kaseinmethode (Schlecht und Wittmund[1])).

11. Antitrypsin.

Eigenschaften. Es hemmt die Wirkung des Trypsins und auch die des Leukozytenfermentes. Bei 56° C wird es geschwächt, bei 64° C vernichtet.

Vorkommen. Es findet sich im Serum, in Exsudaten und Transsudaten, in Organextrakten, überhaupt in fast allen eiweißhaltigen Lösungen und kann immunisatorisch durch Injektion von sterilen Pankreaslösungen oder durch Implantation von Pankreasstücken erzeugt werden. Auch genuine Eiweißkörper, wie Eieralbumin, können antitryptisch wirken.

Nachweis.
a) qualitativ.

Der qualitative Nachweis geschieht am schnellsten in der Weise, daß man zwei Reagenzgläschen mit je einem gut wirksamen Quantum einer Trypsinlösung beschickt, zu der einen Portion einen aliquoten Teil der Antitrypsinlösung, zu der anderen, der Kontrollportion, das entsprechende Lösungsmittel für Antitrypsin — also beispielsweise bei Verwendung von Serum physiologische Kochsalzlösung — zugibt und beide Mischungen ca. 15 Minuten bei Zimmertemperatur stehen läßt. Danach fügt man zu jeder Portion zwei gleich große, gefärbte Fibrinflocken und stellt die Gläschen in einen Brutschrank von Körpertemperatur. Von Zeit zu Zeit kontrolliert man in beiden Portionen, ob die Gemische sich färben und die Fibrinflocken sich verändern. Während in der Kontrollprobe die Flocke in kurzer Zeit zerfällt, und die

---

[1]) H. Schlecht und G. Wittmund, Fermentuntersuchungen an einer isolierten Dünndarmschlinge und deren Bedeutung für einige neuere Pankreasfunktionsproben. Deutsches Archiv f. klin. Medizin **106**, 517. 1912, daselbst Literatur.

11. Antitrypsin.

Lösung stark rot gefärbt ist, hält sich in der Antitrypsinprobe die Flocke und die Farbe noch stundenlang unverändert.

b) quantitativ.

Der quantitative Nachweis geschieht am besten entweder mit Hilfe der Fuld-Großschen Methode oder mit Hilfe des Müller-Jochmannschen Plattenverfahrens in der von Brieger und Trebing angegebenen Modifikation.

1. Fuld-Großsche Methode.

Erforderliche Lösungen.
1. Serum oder Organextrakt etc. (Antitrypsinlösung) (1 : 100).
2. Trypsinstandardlösung.

Man stellt sie her, indem man 1 g Pankreatin (Rhenania) in 50 ccm destilliertes Wasser einträgt, öfters schüttelt und über Nacht im Eisschrank hält. Danach wird von dem Ungelösten abfiltriert resp. scharf abzentrifugiert und die klare Lösung mit dem gleichen Volumen Glycerin. puriss. versetzt. Diese Standardlösung ist wochenlang im Eisschrank haltbar, ohne an ihrer Wirksamkeit erheblich einzubüßen.

Von dieser Standardlösung stellt man sich für jeden Versuch eine 50fache Verdünnung mit physiologischer Kochsalzlösung frisch her.

3. Physiologische (0,85 %ige) Kochsalzlösung.
4. 1 %₀₀ige Kaseinlösung.

Herstellung s. S. 187. Doch ist für ihre Bereitung statt des destillierten Wassers hier physiologische Kochsalzlösung zu verwenden.

5. Essigsaure alkoholische Lösung.

Zusammensetzung s. S. 188.

Die Fuld-Großsche Methode kann in zweierlei Weise zur Antitrypsinbestimmung verwandt werden a) als Kontrollreihenverfahren, b) als Einreihenverfahren.

a) Kontrollreihenverfahren.

Zwei Reihen von je 10 mit fortlaufenden Zahlen versehenen Reagenzgläsern werden mit absteigenden Mengen der Trypsinlösung (1 : 50) beschickt, und zwar so, daß in das erste Gläschen 1,0 ccm, in das zweite 0,9 ccm, in das dritte 0,8 ccm, in das vierte 0,7 usw. und in das zehnte 0,1 ccm kommen, sämtliche Gläschen mit physiologischer Kochsalzlösung auf 1,0 ccm aufgefüllt und nun zu den Gläschen der einen Reihe je 1,0 ccm des 100 fach verdünnten Serums zugefügt, zu der anderen (Kontrollreihe) je 1,0 ccm physiologische Kochsalzlösung. Nunmehr läßt man beide Reihen 15 Minuten bei Zimmertemperatur stehen, um so dem Antitrypsin Zeit zu lassen, mit dem Trypsin in Bindung zu gehen. Nach Ablauf der Frist werden zu sämtlichen Gläschen beider Reihen je 2 ccm Kaseinlösung zugesetzt und alle Gläschen auf einmal in ein Wasserbad von 38—40° C übertragen. Darin bleiben sie 30 Minuten stehen, werden dann herausgenommen und abgekühlt und nun mit je 6 Tropfen der essigsauren alkoholischen Lösung versetzt. Dabei tritt in all den Gläschen, wo das Kasein teilweise oder ganz unverdaut geblieben ist, eine Trübung auf, während die anderen klarbleiben. — Beim Vergleich der beiden Reihen untereinander beobachtet man dann, daß in der Hauptreihe in weit mehr Gläschen eine Trübung eingetreten ist als in der Kontrollreihe. Je stärker die antitryptische Kraft des Serums ist, um so mehr Gläschen zeigen Trübung.

Berechnung. Bisher ist man meist so verfahren, daß man den Grad der antitryptischen Wirkung durch ein oder mehrere +-Zeichen ausdrückte. Es dürfte aber doch wohl empfehlenswert sein, sich schon wegen des bequemeren Vergleiches einer zahlenmäßigen Ausdrucksweise zu bedienen, wie dies bereits Fürst[1]) getan hat.

Wie sie durchgeführt wird, mag an folgendem Beispiel demonstriert werden.

Tabelle 14.

Hauptreihe				Kontrollreihe		
Trypsinlösung (1 : 50)	Serum (1 : 100)	1 °/₀₀ Kaseinlösung	nach Zusatz von essigs. Alkohol	0,85 °/₀ Kochsalzlös.	1 °/₀₀ Kaseinlösung	nach Zusatz von essigs. Alkohol
1 = 1,0	1,0 ccm	2,0 ccm	klar	1,0 ccm	2,0 ccm	klar
2 = 0,9	1,0 „	2,0 „	trüb	1,0 „	2,0 „	„
3 = 0,8	1,0 „	2,0 „	„	1,0 „	2,0 „	„
4 = 0,7	1,0 „	2,0 „	„	1,0 „	2,0 „	„
5 = 0,6	1,0 „	2,0 „	„	1,0 „	2,0 „	„
6 = 0,5	1,0 „	2,0 „	„	1,0 „	2,0 „	„
7 = 0,4	1,0 „	2,0 „	„	1,0 „	2,0 „	„
8 = 0,3	1,0 „	2,0 „	„	1,0 „	2,0 „	„
9 = 0,2	1,0 „	2,0 „	„	1,0 „	2,0 „	trüb
10 = 0,1	1,0 „	2,0 „	„	1,0 „	2,0 „	„

---

[1]) V. Fürst, Zur Kenntnis der antitryptischen Wirkung des Blutserums. Berl. klin. Wochenschr. 1909. Nr. 2.

11. Antitrypsin.

Wenn der Versuch in der geschilderten Weise ausgefallen wäre, so würde sich aus der Kontrollreihe zunächst ergeben, daß noch 0,3 ccm Trypsin imstande sind, 2 ccm der Kaseinlösung in einer halben Stunde bei 38° glatt zu verdauen. Aus der Hauptreihe würde sich ergeben, daß bei Gegenwart von 1,0 ccm 100fach verdünntem Serum, also bei 0,01 ccm Serum erst 1,0 ccm der Trypsinlösung imstande sind, 2 ccm der nämlichen Kaseinlösung glatt zu verdauen, d. h. durch 0,01 ccm Serum werden $1{,}0 - 0{,}3$ ccm $= 0{,}7$ ccm der Trypsinlösung gebunden. Mithin werden durch 1,0 ccm Serum $= 70$ ccm der Trypsinlösung neutralisiert, oder kurz ausgedrückt, für das vorliegende Serum ist der Antitrypsingehalt Anti $- T_{30'}^{38°} = 70$, wobei Anti-T der Antitrypsinwert für 1 ccm natives Serum, 38° die beim Versuch angewandte Temperatur und 30' die angeordnete Digestionszeit bedeuten.

b) Einreihenverfahren.

Dieses Verfahren unterscheidet sich insofern von dem Kontrollreihenverfahren, als es ermöglicht, die kleinste noch hemmende Antitrypsinmenge, beispielsweise im Serum resp. in Extrakten zu ermitteln.

Dieses Verfahren verlangt zunächst, daß man in einem Vorversuch die kleinste Menge der Trypsinstandardlösung ermittelt, welche gerade noch imstande ist, 2 ccm einer 1°/$_{00}$igen Kaseinlösung innerhalb einer halben Stunde bei einer Temperatur von 38° C im Wasserbad glatt zu verdauen.

α) Vorversuch. Er wird in der Weise ausgeführt, daß man eine Reihe von Reagenzgläsern mit absteigenden Mengen Ferment beschickt, wobei man die Verdünnungen stets mit physiologischer Kochsalzlösung herstellt, zu jedem Gläschen 2 ccm Kaseinlösung zufügt und sämtliche Gläschen auf 30 Minuten in ein Wasserbad von 38° C stellt. Nach Ablauf der Frist werden die Gläschen herausgenommen, mit je 6 Tropfen der essigsauren alkoholischen Lösung versetzt, und nun wird festgestellt, welches Gläschen mit der kleinsten Fermentmenge noch vollkommen klar geblieben ist. Hiernach richtet sich die Stärke der Verdünnung der Trypsinstandardlösung für den Hauptversuch.

Beispiel. Hat der Vorversuch ergeben, daß die kleinste noch wirksame Fermentmenge 0,008 ccm beträgt, so braucht man für den Hauptversuch eine Trypsinlösung, die in 1 ccm die ermittelte Menge enthält. Demnach hätte man in dem vorliegenden Falle 1 ccm Trypsinstandardlösung zu verdünnen auf $\dfrac{1{,}0}{0{,}008} = 125$ unter Benutzung von physiologischer Kochsalzlösung.

β) **Hauptversuch.** Von dem zu untersuchenden Serum stellt man sich zunächst eine 100fache Verdünnung mit physiologischer Kochsalzlösung her, beschickt nun eine Reihe von 10 fortlaufend numerierten Reagenzgläsern mit absteigenden Mengen des verdünnten Serums in der Weise, daß man in das erste Gläschen 1,0 ccm, in das zweite — 0,9, in das dritte — 0,8, in das vierte —0,7 usw. und in das zehnte— 0,1 ccm bringt, und ergänzt mit physiologischer Kochsalzlösung in allen das Volumen auf 1,0 ccm. Hiernach setzt man zu jedem Gläschen 1,0 ccm der Trypsinverdünnung hinzu, die man, wie oben beschrieben, vorher ermittelt hat, und läßt die Reihe 15 Minuten bei Zimmertemperatur stehen.

Nach Ablauf der Frist gibt man in jedes Gläschen 2 ccm Kaseinlösung, stellt die ganze Reihe in ein Wasserbad von 38⁰ C und beläßt sie darin 30 Minuten.

Hiernach nimmt man sie heraus, kühlt sie durch Leitungswasser ab, stellt sie in der ursprünglichen Reihenfolge in das Reagenzglasgestell zurück und ermittelt nun durch Zusatz von 6 Tropfen der essigsauren alkoholischen Lösung, in welchen Gläschen die Verdauung gehemmt worden ist.

Berechnung. Die Antitrypsinmenge berechnet man aus demjenigen Gläschen, das die kleinste, die Verdauung noch hemmende Serummenge enthält.

Hat beispielsweise der Versuch ergeben, daß noch 0,4 ccm des 100fach verdünnten Serums, also 0,004 eine Hemmung bewirkten, so setzt man diese Antitrypsinmenge als Einheit und berechnet nun, wieviel solcher Einheiten 1,0 ccm Serum enthält. Für den vorliegenden Fall würde sich ergeben $\frac{1}{0,004} = 250$ Antitrypsineinheiten.

2. Plattenverfahren von Brieger und Trebing[1]).

Es ist eine Modifikation der von Müller und Jochmann angegebenen Methode, die auf S. 186 ausführlich beschrieben ist.

Brieger und Trebing verfahren so, daß sie je 1 Platinöse des zu untersuchenden Serums vermischen mit je ½, 1, 2, 3, 4, 5, 6, 7, 8, 9, 10, in manchen Fällen sogar bis zu 20 Platinösen einer 1%igen Trypsinlösung. Von dieser Mischung kommen 6—8 Ösen getrennt auf eine Serumplatte. Die Platten, für eine Untersuchung mit der Testplatte in der Regel 11 an der Zahl,

---

[1]) Brieger und Trebing, Über die antitryptische Kraft des menschlichen Blutserums, insbesondere bei Krebskranken. Berl. klin. Wochenschr. 1908. Nr. 22.

werden dann für 21 Stunden im Brutschrank bei 55° C gehalten. Nach Ablauf der Frist wird festgestellt, auf welchen Platten eine Verdauung (Dellenbildung) stattgefunden hat.

Normales Serum besitzt so viel Hemmungskraft, daß schon bei einer Mischung mit Trypsin im Verhältnis von 1 : 3 und 1 : 4 jegliche Dellenbildung auf der Serumplatte ausbleibt. Bei Karzinom und perniziöser Anämie beobachtet man noch Hemmungen bei 1 : 10.

Es ist besonderer Wert darauf zu legen, daß stets nur gut abgelagerte, d. h. einige Tage alte Platten hierbei zur Verwendung kommen, die eine glatte und spiegelnde Oberfläche zeigen.

12. Erepsin.

Eigenschaften. Es ist befähigt, Peptone und verschiedene Albumosen zu abiureten Produkten abzubauen, nicht aber auf genuines Eiweiß zu wirken. Eine Ausnahme macht das Kasein, das von ihm angegriffen und abgebaut wird.

Vorkommen. Es findet sich im Darmsaft und im Pankreassaft und in den Preßsäften fast aller tierischen Organe, ebenso in zahlreichen Pflanzen, in der Hefe, in Schimmelpilzen (Takadiastase) und in Bakterien.

Nachweis.

Hierfür kommen ausschließlich zwei Methoden in Betracht, die Biuretprobe von Cohnheim und die Phosphorwolframsäuremethode von Salaskin. Beide Methoden können sowohl für den qualitativen wie für den quantitativen Nachweis Verwendung finden.

a) qualitativ.

1. Biuretmethode von Cohnheim[1]).

Erforderliche Lösungen.
1. Fermentlösung (Saft resp. Extrakt).
2. Peptonlösung.

Entweder stellt man sich aus dem im Handel vorkommenden Amphopepton (Kühne) eine 1 %ige wässerige Lösung her, oder man bereitet sich nach Cohnheim[1]) folgendermaßen eine Peptonlösung:

Fein gehacktes Rindfleisch, das von Fett und Sehnen vorher möglichst befreit war, wird 2 Tage mit warmem Wasser unter Zusatz von Chloroform und Toluol digeriert, das Wasser abge-

---

[1]) Cohnheim, Die Umwandlung des Eiweißes durch die Darmwand. Zeitschr. f. physiol. Chem. 33, 453. 1901.

preßt und der Rückstand mit Alkohol und Äther wiederholt behandelt. Man erhält so ein lufttrockenes, stäubendes, gelbliches Pulver, das fast ausschließlich aus den Eiweißkörpern der Muskeln besteht. 100 g dieses Pulvers werden mit 2 Liter Oxalsäure von 2 % angesetzt, 6 g Pepsinum purissimum von Grübler zugefügt, kräftig geschüttelt und 8 Tage bei Brut-, dann noch 14 Tage bei Zimmertemperatur der Verdauung überlassen. Dabei geht das Pulver bald in Lösung, doch bleibt meist ein reichlicher, schmieriger Bodensatz zurück, von dem abfiltriert werden muß. Das Filtrat wird mit kohlensaurem Kalk von Oxalsäure befreit, wieder filtriert, auf ca. 300 ccm eingeengt und falls dabei noch ein Niederschlag auftritt, von diesem wieder abfiltriert. Man erhält so eine ganz klare Lösung, etwa von der Farbe dunklen Bieres, die eine sehr schöne, rein rote Biuretreaktion gibt.

3. ca. 10 %ige Essigsäure.
4. Konzentrierte Kochsalzlösung.
5. ca. 20 %ige Natronlauge.
6. Stark verdünnte Kupfersulfatlösung (ca. 0,1 %).

In gut wirksamen Säften (Darmsaft, Pankreassaft) resp. Extrakten gestaltet sich der Nachweis des Erepsins höchst einfach.

Zwei Reagenzgläser beschickt man mit je 5—10 ccm der zu untersuchenden Lösung und mit je 2—4 ccm Peptonlösung, kocht das eine zur Kontrolle dienende Gläschen, gibt dann zu beiden Toluol zu, um den Eintritt von Fäulnis zu verhüten, und stellt sie gut verschlossen in den Brutschrank. Nach 24 Stunden entnimmt man dem Hauptgläschen einen aliquoten Teil (ca. 2 ccm), fällt das Eiweiß durch Erhitzen mit etwas Essigsäure und konzentrierter Kochsalzlösung aus und prüft nun, ob das Filtrat noch Biuretprobe gibt. Genau so verfährt man mit einem aliquoten Teil (ca. 2 ccm), den man dem Kontrollröhrchen entnommen hat, und vergleicht nun die Biuretproben miteinander. Ist ein Teil des Peptons verschwunden, so fällt die Probe mit der nicht erhitzten Portion schwächer aus als mit der Kontrollprobe; ist sämtliches Pepton in abiurete Produkte verwandelt worden, so fällt sie negativ aus. — Bisweilen bemerkt man auch erst nach 48 stündiger Digestionsdauer ein Schwächerwerden der Biuretprobe, mitunter auch noch später. Jedenfalls darf man nicht, wenn man noch nach 24 Stunden keinen Effekt bemerkt, daraus schließen, daß kein Erepsin in der untersuchten Lösung vorhanden ist, und den Versuch dann schon abbrechen.

Bezüglich des Anstellens der Biuretprobe muß man recht vorsichtig mit dem Zusatz von Kupfersulfatlösung sein, da ein Überschuß von Kupfersulfat bei starker Verdünnung der Pepton-

12. Erepsin.

lösung den roten Farbenton durch das eigene Blau leicht verdecken kann. Man darf also nur tropfenweise von der stark verdünnten Kupfersulfatlösung zusetzen.

2. Phosphorwolframsäuremethode von Salaskin[1]).

Diese Methode findet am besten in den Fällen Anwendung, wo man voraussichtlich schwach wirksame Extrakte zu untersuchen hat. Man verfährt folgendermaßen:

Von dem Extrakt resp. Sekret werden 10 ccm mit 40 ccm Peptonlösung gemischt, die Mischung wird in zwei Portionen eingeteilt und die als Kontrolle dienende vor dem Versuch aufgekocht. Alsdann werden beide Portionen mit Toluol beschickt und kommen auf 48 Stunden in den Brutschrank. Nach Ablauf der Frist werden sie herausgenommen und in jeder Portion bestimmt: 1. der N-Gehalt des koagulabeln Eiweißes, 2. der N-Gehalt des Filtrates, III. der N-Gehalt der durch Phosphorwolframsäure fällbaren Substanzen, IV. der N-Gehalt des Filtrates der Phosphorwolframsäurefällung.

Ist Erepsin in dem untersuchten Extrakt zugegen, so muß der Wert für Nr. III abgenommen und der für Nr. IV zugenommen haben.

Zur Illustration des Gesagten führe ich ein Resultat aus der Arbeit von Salaskin an (Versuch 4, S. 422).

	1. Portion (nicht aufgekocht)	2. Portion (aufgekocht)
Quantitäten der Portionen	25 ccm	20 ccm
I. N-Gehalt des koagulierenden Eiweißes	0,0093 g	0,0088 g
II. N-Gehalt des Filtrates	0,1047 g	0,0824 g
III. N-Gehalt der durch Phosphorwolframsäure fällbar. Substanzen	0,0502 g	0,0748 g
IV. N-Gehalt des Phosphorwolframsäurefiltrates	0,0530 g	0,0054 g
Derselbe N-Gehalt in Prozenten ausgedrückt	50,6	6,5

In diesem Versuche ist somit der durch die Zerlegung des Peptons frei gewordene Stickstoff in der 1. Portion fast 8 mal so groß wie der in der 2. Portion (Kontrolle).

---

[1]) S. Salaskin, Über das Vorkommen des Albumosen resp. Pepton spaltenden Fermentes (Erepsin von Cohnheim) in reinem Darmsafte von Hunden. Zeitschr. f. physiol. Chem. 35, 419. 1902.

b) quantitativ.

Die eben geschilderte, von Salaskin angewendete Methode kann ebenso wie für qualitative auch für quantitative Zwecke verwandt werden, desgleichen die Biuretmethode. Während an der ersteren sich bei einem quantitativen Versuch nichts ändert, gestaltet sich die

Biuretmethode

zwecks quantitativer Bestimmung des Erepsins folgendermaßen:
Erforderliche Lösungen s. o.

Ausführung. Eine Reihe von 8 Reagenzgläsern wird mit absteigenden Mengen der Fermentlösung in der Weise beschickt, daß man in die erste Gläschen 2,0 ccm, in das zweite 1,5 ccm, in das dritte 1,0, in das vierte 0,8, in das fünfte 0,6, in das sechste 0,4, in das siebente 0,2 und in das achte 0,1 ccm bringt. Danach gleicht man die Volumina auf 1 ccm mit destilliertem Wasser resp. mit physiologischer Kochsalzlösung aus, gibt zu jedem Gläschen 0,5 ccm Peptonlösung etwas Toluol und verschließt sie fest durch einen Stopfen. Hiernach kommt die ganze Reihe auf 24 Stunden in den Brutschrank. Nach Ablauf der Frist werden sie herausgenommen und mit sämtlichen die Biuretprobe ausgeführt[1]). Das unterste Gläschen, das nur eine ganz minimale Rotfärbung noch aufzuweisen hat, gilt als unterste Grenze und aus ihm kann man die Erepsinmenge quantitativ berechnen.

Berechnung. Sie gestaltet sich genau so wie bei der Berechnung der Amylase. Als Erepsineinheit gilt diejenige Menge Erepsin, die noch imstande ist, 0,5 ccm Peptonlösung innerhalb 24 Stunden glatt zu zerlegen. Hätte beispielsweise der Versuch ergeben, daß noch Gläschen Nr. 7 (0,2) keine Biuretprobe mehr gab, während Gläschen 8 (0,1) sich auf Zusatz von Alkali und Kupfersulfat noch deutlich rot färbte, so hätte die Fermentlösung an Erepsineinheiten $\frac{1,0}{0,2} = 5$.

Mir[2]) hat sich dies Verfahren als sehr bequem erwiesen.

13. Polypeptide spaltende Fermente (peptolytische Fermente).

Eigenschaften. Wie schon ihr Name sagt, haben sie die Fähigkeit, Peptide in ihre einzelnen Bausteine (Aminosäuren) zu

---

[1]) War die Fermentlösung sehr eiweißhaltig, so muß man das Eiweiß vor der Anstellung der Biuretprobe durch Erhitzen mit etwas Essigsäure und ein paar Körnchen Kochsalz und durch Filtration entfernen.

[2]) J. Wohlgemuth, Untersuchungen über den Pankreassaft des Menschen. 6. Mitteilung. Biochem. Zeitschr. 39, 302. 1912.

13. Polypeptide spaltende Fermente (peptolytische Fermente).

zerlegen. Diese ganz charakteristische Spaltung sei an dem Dipeptid Glycyl-alanin illustriert.

$$\begin{array}{c} \text{CH}_2\,.\,\text{NH} - \text{COOH} \\ | \\ \text{CH}_3 - \text{CH}\,.\,\text{NH}_2 - \text{CO} \\ \text{Glycyl-Alanin} \end{array} + \text{H}_2\text{O} = \begin{array}{c} \text{CH}_2\,.\,\text{NH}_2 - \text{COOH} \\ \text{Glykokoll} \\ \text{CH}_3 - \text{CH}\,.\,\text{NH}_2 - \text{COOH} \\ \text{Alanin} \end{array}$$

Vorkommen. Sie finden sich im ganzen tierischen Organismus verbreitet. Man hat sie gefunden im Blut, Pankreassaft, Darmsaft, Speichel, in sämtlichen Organen, in Trans- und Exsudaten, in Leukozyten, ferner in vielen pflanzlichen Geweben, in verschiedenen Hefearten und Bakterien.

Nachweis.

Um den qualitativen wie quantitativen Nachweis von peptolytischem Ferment möglichst einfach zu gestalten, hat man sich in der Mehrzahl der Fälle solcher Peptide bedient, deren Endprodukt besonders charakteristische Eigenschaften besitzen. Am meisten sind bevorzugt worden das Glycyl-l-tryptophan und das Glycyl-l-tyrosin. Das Glycyl-l-tryptophan deshalb, weil das freie Tryptophan durch sein Verhalten gegen Brom (violette Bromreaktion) schon in ganz starken Verdünnungen leicht zu erkennen ist. Das Glycyl-l-tyrosin deshalb, weil das abgespaltene Tyrosin außerordentlich schwer löslich ist und, sobald die Verbindung zwischen ihm und dem Glykokoll gesprengt ist, in typischen Kristallen aus der Lösung ausfällt. — Statt des Glycyl-l-tyrosins, dessen Herstellung recht umständlich ist, empfehlen Abderhalden und Schittenhelm[1]) tyrosinreiches Seidenpepton, das von der Firma La Roche in Basel aus Seidenabfällen nach Vorschrift von Abderhalden hergestellt wird.

a) qualitativ.

1. unter Verwendung von Glycyl-l-tryptophan.

Erforderliche Lösungen.
1. Fermentlösung.
2. ca. 10%ige Glycyl-l-tryptophanlösung.

Statt ihrer kann man auch das „Fermentdiagnostikum" von der Firma Kalle & Co. A.-G. in Biebrich am Rhein verwenden, welche das Peptid in gebrauchsfertigem Zustand abgibt.
3. ca. 3%ige Essigsäure.
4. Brom oder Bromwasser.

---

[1]) E. Abderhalden und A. Schittenhelm, Über das Vorkommen von peptolytischen Fermenten im Mageninhalt und ihr Nachweis. Zeitschr. f. physiol. Chem. **59**, 230. 1909.

3—6 ccm der zu untersuchenden Lösung (Serum, Drüsensaft, Extrakt etc.) werden mit 0,5 ccm einer ca. 10 %igen Glycyl-l-tryptophanlösung und etwas Toluol (ca. 1 ccm) versetzt, gründlichst durchgeschüttelt und in den Brutschrank (38⁰ C) gesetzt. Nach 24 Stunden oder noch früher entnimmt man dem Gemisch eine Probe von 1—2 ccm und stellt mit ihr die für Tryptophan typische Bromreaktion in folgender Weise an:

Man säuert mit verdünnter (3 %iger) Essigsäure schwach an, läßt aus einer Flasche, die reines Brom enthält, Bromdämpfe zunächst in geringer Menge in das Reagenzglas hineinfallen und schüttelt nun so, daß die Flüssigkeit sich mit den Bromdämpfen innig mischt. Schon bei Gegenwart ganz geringer Mengen freien Tryptophans tritt eine rosarote Färbung ein, die sich um so mehr einer dunkelvioletten Farbe nähert, je mehr Tryptophan abgespalten worden ist. Ein Überschuß von Brom ist dabei sorgfältig zu vermeiden, denn es bringt die Färbung momentan wieder zum Verschwinden.

Zeigt sich bei dem ersten Zusatz von Bromdämpfen keine Rosafärbung, so fährt man in der eben beschriebenen Weise mit dem Zusatz von Bromdämpfen vorsichtig fort und beobachtet weiter, ob Rosafärbung eintritt. Man tut das so lange, bis schließlich auf weitere Bromzugabe der Inhalt des Reagenzglases eine leicht gelbliche Färbung annimmt. Dann ist sicher genügend Brom vorhanden und die Probe ist als negativ zu bezeichnen. — Verwendet man statt Bromdämpfen Bromwasser für die Probe, so muß man mit dessen Zusatz ebenso vorsichtig verfahren.

Ist die Probe nach 24 Stunden negativ ausgefallen, so kann man nach weiteren 24 Stunden nochmals die Lösung auf freies Tryptophan kontrollieren. Je schneller ein Gemisch eine positive Bromreaktion gibt, je schneller also freies Tryptophan in ihm auftritt, um so mehr peptolytisches Ferment ist in ihm vorhanden.

2. unter Verwendung von Glycyl-l-tyrosin resp. Seidenpepton.

3—6 ccm der zu untersuchenden Lösung werden mit 1 ccm einer 10 %igen Glycyl-l-tyrosinlösung resp. einer 10 %igen Seidenpeptonlösung versetzt und unter Zugabe von etwas Toluol in den Brutschrank gestellt. Von Zeit zu Zeit kontrolliert man nun, ob Tyrosinkristalle aus dem Gemisch ausgefallen sind oder nicht.

Sehr häufig schwimmen die Tyrosinnadeln, wenn ihre Menge noch eine spärliche ist, in der Lösung und sind mit bloßem Auge schwer zu erkennen. Durch kurzes Zentrifugieren und durch mikroskopische Untersuchung des Bodensatzes aber kann man

13. Polypeptide spaltende Fermente (peptolytische Fermente).

sich jederzeit von ihrer Anwesenheit resp. Abwesenheit überzeugen. Es empfiehlt sich darum, den Versuch von vorneherein in einem Zentrifugierröhrchen anzustellen. Man braucht dann nicht erst jedesmal umzufüllen, wenn man zentrifugieren will.

Die Tyrosinkristalle haben ein ganz charakteristisches Aussehen. Es sind lange dünne Nadeln, die meist rosettenförmig angeordnet sind, mitunter auch zerstreut liegen. Bei stark wirksamen Fermentlösungen, wie beispielsweise Pankreassaft, treten sie bereits nach wenigen Stunden in beträchtlichen Mengen auf und sind dann schon mit bloßem Auge sofort zu erkennen. Meist beobachtet man aber die ersten Ausscheidungen von freiem Tyrosin nach 24 Stunden. Das gilt hauptsächlich für Sera und Organextrakte. Ist noch nach 48 Stunden kein freies Tyrosin nachweisbar, so darf man mit Sicherheit annehmen, daß in der betreffenden Lösung kein peptolytisches Ferment enthalten ist.

Nun kann es aber — allerdings nur ausnahmsweise — vorkommen, daß etwas Tyrosin abgespalten worden ist, ohne daß es zu einer Ausfällung des Tyrosins gekommen ist. Dieser Fall kann eintreten, wenn die zu untersuchende Lösung schwach wirksam und gleichzeitig alkalisch ist. Man trifft dann die Entscheidung, ob von dem Dipeptid ein Teil zerlegt worden ist oder nicht, so, daß man das Gemisch stark ansäuert, die dabei entstehende Fällung abfiltriert und sofort mikroskopisch auf Tyrosinnadeln untersucht, das klare Filtrat aber gesondert auf dem Wasserbad einengt und den dabei entstehenden Niederschlag ebenfalls mikroskopisch prüft. War freies Tyrosin in Lösung, so kann es sich hierbei nicht mehr dem Nachweis entziehen. — In jedem Falle also, wo nach 48 Stunden kein Tyrosin in der Lösung sichtbar geworden ist, hat man die Pflicht, durch Ansäuern und Einengen der Lösung sich davon zu überzeugen, daß tatsächlich kein freies Tyrosin in ihr enthalten war.

Ganz schwache Wirkungen von peptolytischem Ferment kann man am besten mit Hilfe der

3. optischen Methode von Abderhalden[1])

erkennen. Sie erfordert ganz klare Lösungen und einen besonders fein arbeitenden Polarisationsapparat mit dreiteiligem Gesichtsfeld.

Man setzt der klar filtrierten Fermentlösung gelöstes Glycyltyrosin zu und bringt das Gemisch in eine Polarisationsröhre, die durch warmes Wasser, das in ihrem Metallmantel zirkuliert, konstant auf Brutschranktemperatur gehalten werden

---

[1]) E. Abderhalden, Die Anwendung der „optischen Methode" auf dem Gebiete der Immunitätsforschung. Medizin. Klinik 1909. Nr. 41.

kann. Nun kontrolliert man von Zeit zu Zeit, ob das anfängliche Drehungsvermögen des Gemisches sich gegen früher ändert, oder ob es konstant das gleiche bleibt. Ist peptolytisches Ferment in der Lösung vorhanden, so dokumentiert sich das alsbald durch eine Änderung des Drehungsvermögens. Diese tritt um so schneller ein, je wirksamer die Lösung ist.

Die optische Methode kann auch für quantitative Zwecke verwandt werden. Darüber s. weiter unten.

b) quantitativ.

1. unter Verwendung von Glycyl-l-tryptophan.

Erforderliche Lösungen s. o.

Ausführung. Man beschickt eine Reihe von Reagenzgläsern mit absteigenden Mengen der zu untersuchenden Lösung in der Weise, daß man in das erste Gläschen 2 ccm, in das zweite 1,5, in das dritte 1,0, in das vierte 0,5, in das fünfte 0,25 usw. bringt, zu jedem Gläschen 0,5 ccm einer 5%igen Glycyl-l-tryptophanlösung und etwas Toluol zufügt und nun die Gläschen verschlossen in einem Brutschrank aufbewahrt. Nach 24 Stunden nimmt man sie heraus und führt mit jedem Gläschen die Bromreaktion in der oben beschriebenen Weise aus. Dort wo Tryptophan abgespalten ist, fällt die Bromreaktion positiv aus, wo eine Zerlegung des Dipeptids nicht stattgefunden hat, negativ. Das unterste, noch eine positive Bromreaktion liefernde Gläschen kann als Grenze dienen und aus ihm läßt sich dann die Fermentstärke in derselben Weise wie für Erepsin berechnen. Auf diese Weise ist man in der Lage, mehrere Lösungen bezüglich ihres Gehaltes an peptolytischem Ferment untereinander zu vergleichen.

Der Versuch läßt sich auch so ausführen, daß man in verschiedenen Lösungen die Zeit feststellt, wann die erste positive Bromreaktion auftritt und nun die Zeiten untereinander vergleicht. In diesem Falle hat man folgendermaßen zu verfahren.

Von den zu untersuchenden Fermentlösungen werden je 5—10 ccm mit 1 ccm der Glycyl-l-tryptophanlösung und etwas Toluol versetzt und in den Brutschrank gestellt. Nun werden stündlich kleine Proben (1—2 ccm) aus den einzelnen Gemischen entnommen und die Bromreaktion mit ihnen ausgeführt. Tritt beispielsweise in einer Portion bereits nach einer Stunde positive Bromreaktion auf, in einer zweiten erst nach fünf Stunden, in einer dritten noch später, etwa nach 20 Stunden, so läßt sich mit Sicherheit sagen, daß Lösung I etwa fünfmal so wirksam ist als Lösung II und Lösung II ungefähr viermal so wirksam als Lösung III.

13. Polypeptide spaltende Fermente (peptolytische Fermente).

Für den Nachweis des peptolytischen Fermentes mit Hilfe von Glycyl-l-tryptophan ist zu beachten, daß viele Fermentlösungen wohl die Fähigkeit haben, dieses Dipeptid zu spalten, daß sie aber anderen Peptiden, wie beispielsweise dem Glycyl-l-tyrosin gegenüber, wirkungslos sein können. Ist dagegen eine Lösung imstande, Glycyl-l-tyrosin zu zerlegen, so kann man sicher sein, daß sie auch Glycyl-l-tryptophan anzugreifen vermag. Man darf also, wenn man mit Glycyl-l-tryptophan arbeitet, die mit diesem Dipeptid gewonnenen Resultate nicht verallgemeinern.

2. unter Verwendung von Glycyl-l-tyrosin.

Die Ausführung gestaltet sich, wie oben beschrieben, nur begnügt man sich hier nicht mit der bloßen Feststellung, daß Tyrosin abgespalten ist, sondern filtriert das ausgeschiedene Tyrosin ab, wäscht es mit etwas destilliertem Wasser, absolutem Alkohol und Äther, trocknet es im Exsikkator und stellt genau das Gewicht fest. Die durch das Gewicht festgestellten Mengen Tyrosin sind ein ungefährer Maßstab für die Größe der Fermentmenge.

Ganz zuverlässig ist diese Methode aber, wie Abderhalden und Kölker[1]) ausführen, nicht, weil die Menge des ausgeschiedenen Tyrosins nicht ausschließlich von der Wirksamkeit des Fermentes abhängig ist, sondern auch die Lösungsbedingungen eine große Rolle spielen. Denn es können mitunter ganz beträchtliche Tyrosinmengen in Lösung gehalten werden. Diese Fehlerquelle ließe sich nur so ausschalten, daß man das Tyrosin quantitativ zu isolieren versucht.

Zu dem Zweck muß nach Abderhalden und Kölker die Verdauungsflüssigkeit am besten so stark mit Wasser verdünnt werden, daß etwa eine 1%ige Lösung an Tyrosin vorhanden ist, und mit Phosphorwolframsäure gefällt werden. Aus dem Filtrat des sorgfältig gewaschenen und abgepreßten Niederschlages kann dann nach Entfernung der überschüssigen Phosphorwolframsäure mit Baryt und nach der genauen Fällung von dessen Überschuß mit Schwefelsäure durch Eindampfen das Tyrosin abgeschieden und seine Menge recht genau bestimmt werden.

So gestaltet sich aber die Methode zu einer recht umständlichen. Viel einfacher dagegen ist die

---

[1]) Abderhalden und Kölker, Die Verwendung optisch-aktiver Polypeptide zur Prüfung der Wirksamkeit peptolytischer Fermente. Zeitschr. f. phys. Chemie. **51**, 294. 1907.

3. optische Methode von Abderhalden.

Diese Methode verlangt erstens ganz klare und zum Polarisieren geeignete Fermentlösungen, zweitens optisch aktive Peptide, deren Herstellung auch heute noch nicht ganz einfach ist, und drittens einen Polarisationsapparat mit dreiteiligem Gesichtsfeld.

Ausführung. Das betreffende optisch-aktive Peptid wird in der Fermentlösung gelöst, und zwar am besten gleich in dem Rohr, das eine sofortige Ablesung der Drehung gestattet. Abderhalden benutzt dazu ein Rohr, das von einem Metallmantel umgeben ist. Durch dieses kann man während der Ablesung Wasser von 37° durchleiten oder wenigstens durch Einfüllen von warmem Wasser (40°) die Verdauungsflüssigkeit beständig auf 37° halten. Das Innenrohr, das die Verdauungsflüssigkeit enthält, besitzt einen Tubus, durch den ein Thermometer eingeführt wird. Dieser Tubus gestattet zugleich Toluol aufzuschichten, um dem Entritt von Fäulnis vorzubeugen, ohne daß die Bestimmung des Drehungsvermögens behindert wird. — Nun liest man mit Hilfe eines Polarisationsapparates mit dreiteiligem Gesichtsfeld nach Einfüllung des Fermentpolypeptidgemisches und Erwärmung auf 37° sofort die Drehung ab und bringt dann das Rohr in einen Wärmeschrank zurück, der die Temperatur der Verdauungsflüssigkeit ganz gleichmäßig auf 37° hält. In bestimmten Zeitintervallen werden die Ablesungen wiederholt. Man kann so in sehr übersichtlicher Weise den allmählichen Abbau der Polypeptide verfolgen und die Wirksamkeit einer bestimmten Fermentlösung genau feststellen. Zu vergleichenden Untersuchungen mehrerer Fermentlösungen untereinander ist diese Methode sehr geeignet. — Neuerdings beschreibt Abderhalden[1]) einen Apparat mit einer elektrischen Heizvorrichtung, der die Ablesung und Beobachtung des Drehvermögens bei konstanter Temperatur gestattet.

Von Peptiden empfiehlt Abderhalden für diesen Zweck in erster Reihe das d-Alanyl-d-Alanin, weil dieses ein sehr starkes Drehungsvermögen besitzt, während das d-Alanin fast optisch inaktiv ist.

Als Beispiel führe ich einen Versuch von Abderhalden und Kölker mit Hefepreßsaft und d-Alanyl-d-Alanin an:

0,6 g d-Alanyl-d-Alanin in 7,6 ccm Hefepreßsaft + 0,4 ccm physiologischer Kochsalzlösung gelöst.

---

[1]) E. Abderhalden, Über eine mit dem Polarisationsapparat kombinierte elektrisch heizbare Vorrichtung zur Ablesung und Beobachtung des Drehvermögens bei konstanter Temperatur. Zeitschr. f. physiolog. Chemie 84, 300. 1913.

13. Polypeptide spaltende Fermente (peptolytische Fermente).

Drehung nach 5 Minuten — 1,08°
„ „ 12 „ — 0,85°
„ „ 19 „ — 0,59°
„ „ 26 „ — 0,23°
„ „ 30 „ — 0,09°
„ „ 35 „ + 0,05°
„ „ 40 „ + 0,10°

Die Schnelligkeit der Drehungsänderung ist ein Maßstab für die vorhandene Fermentmenge. Das d-Alanyl-d-Alanin eignet sich vorwiegend für die Untersuchung von Hefepreßsäften; Pankreassaft ist weniger befähigt, dieses Dipeptid zu spalten. Darum verwendet man bei Pankreassaft, Darmsaft, Serum etc. besser Glycyl-l-tyrosin resp. Seidenpepton.

Für die Untersuchung von Blut auf peptolytisches Ferment mit Hilfe der optischen Methode gibt Abderhalden[1]) genaue Vorschriften 1. bezüglich des Seidenpeptons und 2. bezüglich des herzustellenden Plasmas resp. Serums.

Was zunächst das Seidenpepton anbetrifft, so soll es so beschaffen sein, daß es wasserklare farblose Lösungen liefert. Ein so beschaffenes Seidenpepton erhält man bei der Firma La Roche in Basel. Will man das Präparat noch besonders reinigen, so kocht man es mit Methylalkohol aus, filtriert und gießt die methylalkoholische Lösung in Äthylalkohol. Dabei fällt das Pepton in weißen Schuppen aus. Das reine Seidenpepton wird, gelöst in physiologischer Kochsalzlösung, in 10%iger Konzentration angewandt, die vollkommen klar und farblos sein soll. Etwaige Trübungen beseitigt man durch Filtration unter Benutzung von feinem Filtrierpapier oder einer Chamberlandkerze. Man kann sich, wenn man eine Reihe von Versuchen anzustellen beabsichtigt, gleich ein größeres Quantum 10%iger Peptonlösung in physiologischer Kochsalzlösung herstellen und diese unter Toluol aufbewahren. Sie ist lange Zeit haltbar, doch ist sie für den Versuch nur so lange verwendbar, als sie ihre ursprüngliche Klarheit bewahrt. Ist Trübung eingetreten, so ist sie zu verwerfen.

Bei der Bereitung des Plasmas und des Serums hat man strengstens darauf zu achten, daß sie vollkommen frei von Formelementen sind, sonst bekommt man beim Mischen mit der Peptonlösung Trübungen, die den Versuch vollkommen zerstören. Man muß deshalb äußerst scharf zentrifugieren. Das Plasma stellt man sich am zweckmäßigsten so her, daß man das Blut aus der

---

[1]) E. Abderhalden, Die optische Methode und ihre Verwendung bei biologischen Fragestellungen. Abderhaldens Handb. der biochem. Arbeitsmethoden. 5, 575. 1911.

Ader direkt in ein mit Ammonoxalat beschicktes Zentrifugierröhrchen einfließen läßt, ca. 5 Minuten schüttelt und nun scharf zentrifugiert.

Von dem klaren Plasma resp. Serum nimmt man 1 ccm, mischt mit 1 ccm Peptonlösung und setzt, um das Polarisationsröhrchen zu füllen, physiologische Kochsalzlösung zu. Diese Mischung nimmt man am zweckmäßigsten im Reagenzglas vor, da man so Trübungen am ehesten erkennen kann. Für die Serum- resp. Plasmauntersuchung verwendet Abderhalden zur Polarisation ein nach seinen Angaben konstruiertes $\frac{1}{4}$ Dezimeterrohr mit Mantel, das durch Einfüllen von warmem (45°) Wasser den Mantel auf die Temperatur von 37° C bringt. Man liest nun im Polarisationsapparat mit dreiteiligem Gesichtsfeld die Drehung ab, sobald das Gemisch die Temperatur von 37° erreicht hat, was sicher nach 5 Minuten der Fall ist, und kontrolliert dann in bestimmten Zeitintervallen wieder das Drehungsvermögen. Länger als zwei Tage den Versuch fortzusetzen ist nicht ratsam.

Jeder einzelne Versuch verlangt Kontrollversuche a) mit Peptonlösung allein, b) mit Peptonlösung und Plasma resp. Serum von einem normalen Tier, c) mit Peptonlösung und Plasma resp. Serum, das durch Erwärmen auf 60° vorher inaktiviert worden war.

Wird das Pepton-Serumgemisch während des Versuches trüb, so ist der Versuch sofort abzubrechen.

Will man Organpreßsäfte mit der optischen Methode untersuchen, so muß man zunächst dafür sorgen, daß sie vollkommen klar und steril sind. Abderhalden[1]) empfiehlt hierfür die Anwendung eines sorgfältig steril gemachten Uhlenhut-Weidanzschen Abfüllapparates. Mit dem geklärten Preßsaft wird dann der Versuch in der gleichen Weise ausgeführt, wie er für Serum beschrieben ist.

Schwangerschaftsdiagnostik nach Abderhalden[2]).

Prinzip. Das Verfahren beruht darauf, daß im Gegensatz zum Normalserum das Serum von Schwangeren imstande ist, aus Plazentareiweiß eine dialysierbare biuretgebende Substanz abzuspalten. Diese Eigenschaft verdankt das Serum der Gegenwart von proteolytischen Fermenten, welche auf den Reiz hin,

---

[1]) E. Abderhalden, Zur Kenntnis des Vorkommens der peptolytischen Fermente. Zeitschr. f. physiol. Chemie 78, 344. 1912.
[2]) E. Abderhalden und Miki Kiutsi, Biologische Untersuchungen über Schwangerschaft. Die Diagnose der Schwangerschaft mittelst der optischen Methode und dem Dialysierverfahren. Zeitschr. f. physiol. Chemie 77, 249. 1912 und 81, 126. 1912.

13. Polypeptide spaltende Fermente (peptolytische Fermente).

der von dem befruchteten Ei ausgeht, bald nach der Befruchtung im Blute auftreten, und deren Wirksamkeit gerade gegen das Plazentareiweiß gerichtet ist.

Für die Methode sind erforderlich:

1. **Koaguliertes Plazentareiweiß.**

Die frische Plazenta wird entweder als Ganzes oder nach erfolgter Entfernung der mütterlichen Anteile in ca. markgroße Stücke zerschnitten. Diese werden in einer Schale so lange in strömendem Wasser gewaschen, bis alles Blut entfernt ist. Der ganze Prozeß nimmt 5, höchstens 10 Minuten in Anspruch. Während des Spülens hat man bereits in einem Topf oder in einer Schale ca. 2 l Wasser, denen man 2 Tropfen Eisessig zugesetzt, zum Sieden erhitzt. In das kochende Wasser wirft man nun die Plazentastücke und kocht 1 Minute lang. Das Kochwasser wird dann abgegossen, abdekantiert oder durch ein Filter gegossen und die koagulierten Plazentastückchen nochmals mit Eisessig enthaltendem Wasser 5 Minuten lang gekocht. Man prüft nun das Kochwasser mittelst der Biuretreaktion (zu 10 ccm des Kochwassers gibt man 5 ccm 33%ige Natronlauge, schüttelt durch und überschichtet mit einer 0,4%igen Kupfersulfatlösung). Die Reaktion ist, wenn man sich genau an die Vorschrift gehalten hat, immer negativ. Sollte sie noch positiv sein, dann müßte man das Kochwasser nochmals wechseln. Ist die Biuretreaktion negativ, dann gießt man das Kochwasser nebst den Plazentastückchen in eine weithalsige Flasche. Nach erfolgtem Aufgießen einer Schicht von Toluol wird die Flasche sorgfältig verschlossen. Das so vorbereitete Material ist sehr lange, fast unbegrenzt haltbar.

2. **Blutserum.**

Man kann zu den Dialysierversuchen Blutplasma oder -serum verwenden. Der einfacheren Gewinnung wegen zieht man das Serum vor. Das aus der Vene entnommene Blut wird direkt in ein sterilisiertes Zentrifugierröhrchen aufgefangen. Man läßt es unter Watteverschluß gerinnen. Preßt sich nicht in kurzer Zeit genügend Serum aus, dann wird zentrifugiert. Das Serum darf unter keinen Umständen hämoglobinhaltig sein. Hämolytisches Serum ist immer zu verwerfen. Es genügen 2—3 ccm Serum. Das Serum muß ganz frisch sein. Alles Schütteln ist zu vermeiden.

3. **Dialysierschläuche.**

Als Dialysierschlauch hat sich die Diffusionshülse Nr. 579 von Schleicher und Schüll, Duren (Rheinland), am besten bewährt. Man prüft zunächst alle Hülsen einmal mit Eiereiweiß oder

Serum auf ihre Undurchlässigkeit der Kolloide. Dann stellt man mittelst Pepton Witte bei jeder einzelnen Hülse fest, ob sie Peptone durchläßt. Diese Prüfung ist sehr wichtig, denn manche Hülsen sind zu dicht. Vor dem Gebrauch werden die Hülsen in Wasser gelegt. Am besten bewahrt man sie in Wasser auf, das mit einer Schicht Toluol überdeckt wird. Die Hülsen können zu vielen Versuchen gebraucht werden.

4. 1%ige wässerige Lösung von Triketohydrindenhydrat.

Ausführung. In eine nach obiger Vorschrift vorbereitete und geprüfte Hülse gibt man ca. 1 g des koagulierten Plazentagewebes. Dieses wird der Aufbewahrungsflasche entnommen und darauf in ca. linsengroße Stücke zerrissen und diese in die Hülse geworfen. Dann gibt man 2—3 ccm Serum hinzu. Das Plazentagewebe muß am Grunde des Schlauches ruhen und vom Serum durchtränkt sein. Eine wesentliche Fehlerquelle liegt in dem Umstande, daß beim Einfüllen des Plazentagewebes resp. des Serums etwas am Rande der Hülse oder an der Außenseite hängen bleiben kann. Aus diesem Grunde mache man es sich zur Regel, den Schlauch nach erfolgter Beschickung tüchtig mit Wasser abzuspülen. Am einfachsten hält man den Schlauch am offenen Ende mit zwei Fingern zu und hält ihn dann unter den geöffneten Wasserhahn. Jetzt wird der Schlauch in ein geeignetes Gefäß gestellt, das 15—20 ccm Wasser enthält. Das Gefäß muß so eng sein, daß die Außenflüssigkeit mindestens so hoch steht, wie der Schlauchinhalt im Innern des Schlauches reicht.

Nunmehr fügt man dem Schlauchinhalt und der Außenflüssigkeit so viel Toluol zu, daß eine dünne Schicht davon die Flüssigkeiten bedeckt. Man läßt nun bei 37° 16 Stunden dialysieren.

Prüfung auf eingetretene Spaltung mittelst Triketohydrindenhydrat:

Vom Dialysat entnimmt man mit einer Pipette 10 ccm, wobei man zu vermeiden hat, daß Toluol mitgenommen wird. Jetzt gibt man 0,2 ccm einer 1%igen wässerigen Lösung von Triketohydrindenhydrat hinzu und ferner einen Siedestab. Man erhitzt rasch zum Kochen und unterhält dieses genau eine Minute. Ist die Reaktion negativ, dann bleibt die Lösung entweder farblos, oder sie färbt sich hellgelb. Bei positiver Reaktion tritt entweder sofort oder nach kurzem Stehen eine mehr oder weniger tiefblaue Färbung ein.

Früher hatte Abderhalden die Prüfung einer eingetretenen Spaltung des Plazentareiweißes so vorgenommen, daß er mit dem Dialysat die Biuretprobe anstellte und im Polarisationsapparat feststellte, ob in der Außenflüssigkeit Linksdrehung eingetreten war. Beide Reaktionen werden aber von der neuerdings empfohlenen Probe mit Triketohydrindenhydrat bei weitem übertroffen.

14. Autolyse.

Eigenschaften. Sie ist ein von E. Salkowski entdeckter fermentativer Vorgang, der sich in allen Organen abspielt, sobald sie aus dem Blutkreislauf ausgeschaltet sind, und der darin besteht, daß das betreffende Organ sich selbst verdaut, d. h. sein Eiweiß bis zu den niedrigsten Eiweißspaltprodukten aufspaltet. Ganz schwache Säuren befördern die Autolyse, Alkalien hemmen sie.

Vorkommen. Das autolytische Ferment findet sich in fast sämtlichen Organen. Bei Karzinom, in der Phosphorleber und in der pneumonischen Lunge ist es besonders stark vorhanden.

Nachweis.

Der Nachweis geschieht nach Salkowski und seinen Schülern[1]) in der Weise, daß man das zu untersuchende Organ zunächst von den ihm anhaftenden Blutmengen befreit, dann zu einem feinen Brei unter Benutzung einer Fleischmahlmaschine verarbeitet und diesen Brei unter Zusatz von Toluol und Chloroform im Brutschrank sich selbst überläßt. Nach Verlauf von beliebig lang gewählten Zeiträumen untersucht man, wieviel von dem Organeiweiß in Lösung gegangen ist. Zu dem Zwecke bestimmt man in der Lösung 1. den Gesamtstickstoff, 2. den Monoaminosäurenstickstoff, 3. den Albumosenstickstoff, 4. den Purinbasenstickstoff. Die Differenz zwischen Gesamtstickstoff und der Summe von 2, 3 und 4 ergibt den Stickstoff der Diaminosäuren + Peptonen + Ammoniak.

Erforderliche Lösungen.

1. Organbrei.
2. Gesättigtes Chloroformwasser.

Man stellt dasselbe in der Weise her, daß man 5 ccm reines Chloroform mit 1 Liter destilliertem Wasser gründlichst schüttelt und nach einiger Zeit filtriert. Dabei bleibt das ungelöste Chloroform auf dem Filter zurück und das gesättigte Chloroformwasser geht klar durch das Filter hindurch.

---

[1]) E. Salkowski, Bemerkungen über Autolyse und Konservierung. Zeitschr. f. physiolog. Chemie **63**, 136. 1909. A. v. Drjewecki, Über den Einfluß der alkalischen Reaktion auf die autolytischen Vorgänge in der Leber. Biochem. Zeitschr. **1**, 229. 1906.

214   C. Eiweißspaltende Fermente.

3. Monokaliumphosphat.
4. Salzsäure von 1,124 D.
5. 10%ige Phosphorwolframsäurelösung.
6. Verdünnte Schwefelsäure (ca. 10%).
7. Zinksulfat,
Dasselbe muß vollkommen frei von Ammonsalzen sein.
8. Ammoniak.
9. 3%ige ammoniakalische Silbernitratlösung.

Ausführung. 100 g Organbrei werden mit 1 l gesättigtes Chloroformwasser in ein breithalsiges Glasstöpselgefäß gebracht und beispielsweise 72 Stunden im Thermostaten bei 38° C digeriert. Darauf wird der Inhalt des Gefäßes in eine große Porzellanschale entleert und zur Entfernung des gelösten Eiweißes unter Zusatz von 10 g Monokaliumphosphat zum Sieden erhitzt. Nach völligem Erkalten überträgt man die Autolysenflüssigkeit (einschließlich des Niederschlages) in einen Meßzylinder resp. Meßkolben, füllt auf 1 l auf und filtriert durch ein trockenes Filter. 800 ccm dieses Filtrates werden auf dem Wasserbad auf weniger als 400 ccm eingedampft, nach dem Erkalten auf 400 ccm wieder aufgefüllt und durch ein trockenes Filter filtriert. Auf diese Weise erhält man eine von koagulierbaren Eiweißkörpern freie verdünnte Lösung. In ihr bestimmt man

1. den Gesamtstickstoff.

Je 20 ccm der Lösung werden unter Anwendung von Quecksilberoxyd und Kupfersulfat mit konzentrierter Schwefelsäure nach Kjeldahl (s. S. 233) oxydiert und der Stickstoff titrimetrisch bestimmt. Das Mittel aus beiden Bestimmungen wird auf 1 kg Leber umgerechnet.

2. den Monoaminosäurenstickstoff.

50 ccm der Lösung werden in ein Meßkölbchen von 100 ccm übertragen, mit 5 ccm Salzsäure von 1,124 D angesäuert, so lange mit Phosphorwolframsäurelösung versetzt, bis kein Niederschlag mehr entsteht und der Inhalt des Kölbchens bis zur Marke mit destilliertem Wasser aufgefüllt. Danach wird durch ein trockenes Filter filtriert und in je 20 ccm des Filtrates der Stickstoff nach Kjeldahl (s. S. 233) bestimmt. Das Mittel aus beiden Bestimmungen wird auf 1 kg Leber umgerechnet.

3. den Albumosenstickstoff.

50 ccm des Filtrates werden mit 1 ccm verdünnter Schwefelsäure angesäuert, mit gepulvertem Zinksulfat gesättigt und 24 Stunden stehen gelassen. Danach wird filtriert, der so erhaltene Albumosenniederschlag mit angesäuerter Zinksulfatlösung gut ausgewaschen und an der Luft getrocknet. Alsdann überträgt man.

den Niederschlag mitsamt dem Filter in einen Oxydationskolben, bestimmt den Stickstoff nach Kjeldahl (s. S. 233) und berechnet den gefundenen Wert auf 1 kg Leber. — Die Oxydation geht glatt von statten, wenn man dafür sorgt, daß der Niederschlag nicht mehr zu viel Flüssigkeit enthält.

4. den **Purinbasenstickstoff**.

100 ccm des Filtrates werden mit einigen Tropfen Ammoniak leicht alkalisch gemacht. Von den ausgefällten Phosphaten wird abfiltriert und nachgewaschen. Nun wird das Filtrat unter weiterem Zufügen von Ammoniak so lange mit 3% ammoniakalischer Silbernitratlösung versetzt, bis kein Niederschlag mehr entsteht. Nach etwa 10—12stündigem Stehen im Dunkeln wird abfiltriert, der Niederschlag mit ammoniakalischem Wasser so lange gewaschen, bis im Waschwasser keine Silberreaktion mehr vorhanden ist, und das Filter mitsamt dem Rückstand an der Luft getrocknet. Dann wird das Filter in einen Oxydationskolben übertragen und der Stickstoff nach Kjeldahl (s. S. 233) bestimmt. Der gefundene Wert wird auf 1 kg Leber umgerechnet.

Als Beispiel führe ich aus der Arbeit von Yoshimoto[1]) das Resultat eines Versuches mit normaler menschlicher Leber und eines anderen Versuches mit Karzinomleber an.

Tabelle 15.

Leberbrei	Chloroformwasser ccm	Spaltungsprodukte des Eiweißes in der Autolyseflüssigkeit	Normale Leber		Karzinomleber	
			N in g auf 1 kg Leber berechnet	% des Gesamt-N	N in g auf 1 kg Leber berechnet	% des Gesamt-N
100 g	1000	1. Gesamt-N	4,536		7,280	
		2. Monoaminosäuren-N	2,480	54,68	3,750	51,51
		3. Albumosen-N	0,944	20,81	0,9856	13,54
		4. Purinbasen-N	0,672	14,82	0,3584	4,92
		5. Diaminosäuren- Pepton- und NH$_3$-N	0,440	9,71	2,1860	30,03

Vergleicht man die mitgeteilten Zahlen untereinander, so sieht man, daß unter den gleichen Bedingungen bei der Karzinomleber weit mehr N in Lösung gegangen ist als bei der normalen,

---

[1]) S. Yoshimoto, Beitrag zur Chemie der Krebsgeschwülste. Biochem. Zeitschr. 22, 302. 1909.

und daß der Hauptanteil Diaminosäuren — Pepton und Ammoniak — N ist.

Es ist natürlich nicht notwendig, jeden Autolyseversuch in der oben beschriebenen Weise durchzuführen. Obige Versuchsanordnung gilt eben nur für den Fall, wo es darauf ankommt, den Gesamtstickstoff in seine einzelnen Fraktionen zu zerlegen und gesondert zu bestimmen.

Handelt es sich darum, nur den autolytischen Prozeß in einem Gemisch schrittweise zu verfolgen, so genügt es vollkommen, einem solchen Autolysegemisch einen aliquoten Teil zu entnehmen und in ihm den in Lösung gegangenen Stickstoff quantitativ zu bestimmen. Für ein solches abgekürztes Verfahren sind nur erforderlich:

1. Organbrei.
2. Gesättigtes Chloroformwasser (s. S. 213).
3. Monokaliumphosphat.

Ausführung. 50 g Organbrei werden in einem breithalsigen Glasstöpselgefäß mit 500 ccm Chloroformwasser gründlichst durchgeschüttelt und im Brutschrank bei Körpertemperatur aufbewahrt. Nach 24 Stunden schüttelt man wieder durch, läßt den Organbrei absitzen und hebert von der darüber stehenden klaren Flüssigkeit 100 ccm mit der Pipette ab. Die abgeheberte Flüssigkeit wird in einem Becherglas unter Zusatz von 1,0 g Monokaliumphosphat gekocht, wobei das Eiweiß auskoaguliert, nach dem Abkühlen in ein Meßkölbchen von 100 ccm Inhalt filtriert, das Filter nachgewaschen und bis zur Marke mit destilliertem Wasser aufgefüllt. In je 20 ccm dieser Lösung wird der Gesamt-N nach Kjeldahl (s. S. 233) unter Anwendung von Quecksilberoxyd und Kupfersulfat bei der Oxydation mit Schwefelsäure quantitativ bestimmt.

Genau so verfährt man nach 2 Tagen, 4 Tagen und 8 Tagen und hat in den gefundenen Stickstoffwerten einen Maßstab für das Fortschreiten des Autolyseprozesses.

Hat man die Aufgabe, zu entscheiden, ob irgend eine Substanz, beispielsweise Alkali oder Säure oder irgend ein neutrales Salz, die Autolyse in irgend einer Weise beeinflußt, so stellt man eine Kontrolle in der obigen Weise an und ersetzt im Hauptversuch einen Teil des Chloroformwassers durch Alkali oder Säure, oder man löst, wenn es sich um ein leicht lösliches Salz handelt, dieses zuvor in einer kleinen Menge Chloroformwasser. In jedem Falle muß unbedingt dafür gesorgt werden, daß in sämtlichen

Portionen sich die gleichen Flüssigkeitsmengen finden wie in dem Kontrollgemisch. Hiernach wird der Versuch nach dem zuletzt geschilderten Verfahren durchgeführt (s. dieses).

Dabei ist darauf zu achten, daß, wenn der Hauptportion Alkali oder Säure zugesetzt war, die entnommene Probe vor dem Erhitzen mit Monokaliumphosphat genau mit verdünnter Essigsäure resp. Natriumkarbonatlösung neutralisiert werden muß.

Auch mit dem Verfahren von Soerensen (s. S. 229) und von van Slyke (s. S. 232) kann man sehr bequem den autolytischen Prozeß schrittweise verfolgen.

Bezüglich der Frage, welches Antiseptikum man bei den Autolyseversuchen verwenden solle, verdient hervorgehoben zu werden, daß nach den Arbeiten von Yoshimoto[1]) und Kikkoji[2]) Chloroform das autolytische Ferment schädigt, während Salizylsäure ($1/_2 \%$), die Borsäure (1%) und $1/_8$ gesättigtes Senfölwasser fördernd auf die Autolyse wirken. Salkowski[3]) empfiehlt deshalb in all den Fällen, wo es sich um die Entscheidung handelt, ob überhaupt autolytisches Ferment vorhanden ist oder nicht, keinesfalls Chloroform, sondern die weniger störenden Antiseptika anzuwenden. Das Chloroformwasser ist nur in solchen Versuchen am Platze, in denen störender oder befördernder Einfluß von Temperaturen oder chemischen Körpern, wie Alkalien, Säuren und Salzen festgestellt werden soll.

Aseptische Autolyse nach Conradi[4]).

Der Vollständigkeit halber sei hier noch die Methode der aseptischen Autolyse beschrieben. Sie dürfte nur ausnahmsweise zur Anwendung kommen, und zwar ausschließlich in den Fällen, wo es unbedingt darauf ankommt, den durch kein Antiseptikum gehinderten Prozeß kennen zu lernen. In jedem anderen Falle tut man besser, von ihr Abstand zu nehmen. Denn das Verfahren bietet bei dem überaus günstigen Boden, den gerade tierische Organe für das Bakterienwachstum schaffen, außerordentliche Schwierigkeiten. — Conradi beschreibt das Verfahren folgendermaßen:

---

[1]) S. Yoshimoto, Beiträge zur Kenntnis der Autolyse. Zeitschr. f. physiolog. Chemie 58, 341. 1908/9.
[2]) T. Kikkoji, Beiträge zur Kenntnis der Autolyse. Zeitschr. f. physiolog. Chemie 63, 109. 1909, l. c. S. 139.
[3]) E. Salkowski, Bemerkungen über Autolyse und Konservierung.
[4]) H. Conradi, Über die Beziehung der Autolyse der Leber. Hofmeisters Beitr. 1, 136. 1902.

Außer dem Operateur ist für den Versuch ein Assistent erforderlich. Das Versuchstier (Hund oder Kaninchen), das 24 Stunden gefastet hat, wird durch Chloroform oder Genickschlag getötet. Von dem Assistenten wird unmittelbar nach erfolgtem Tode die Haut von der Symphyse bis zum Jugulum freigelegt und möglichst weit zurückpräpariert. Die freigelegte Fläche wird mit Sublimat überspült und mit Sublimat durchtränkten Tüchern ringsum bedeckt. Der Operateur, der besser der Keimfreiheit seiner Hände mißtraut und sich der mit Sublimat sorgfältigst behandelten Gummihandschuhe bedient, eröffnet sogleich mit sterilisiertem Messer die Bauchhöhle und holt das betreffende Organ in toto heraus. Dieses wird sofort in ein bereit gehaltenes Gefäß mit kochendem Wasser geworfen, der Deckel geschlossen und das Organ 1—2 Minuten lang im kochenden Wasser gehalten. Mittelst einer großen sterilen Pinzette wird dann das Organ in ein ca. 10 Liter fassendes Gefäß mit sterilisiertem, erkaltetem Wasser übertragen und von hier in eine große sterile Doppelschale eingebracht. Vor der Sterilisation war in dieselbe ein kleines Glasgefäß mit sublimatbefeuchteter Watte hineingestellt worden. Diese „sterile, feuchte Kammer" wird im Brutschrank bei 37° bis zum Ende der Autolyse verwahrt.

Beabsichtigt man statt an Laboratoriumstieren die aseptische Autolyse an Organen der Schlachttiere vorzunehmen, so verfährt man zweckmäßig folgendermaßen. Das betreffende Organ wird in toto herausgeschnitten und in ein verschließbares, mit 1%iger Sublimatlösung gefülltes Gefäß gebracht. Im Laboratorium wird das im Sublimat befindliche Organ mit sterilem Messer, wenn nötig, in kleinere Teile zerschnitten. Das Organ wird dann mittelst steriler Pinzette in ein neues Gefäß gebracht, welches ca. 10 Liter kochendes Wasser enthält. Nach 1 bis 2 Minuten langem Aufenthalt in kochendem Wasser kommt das Organ in steriles Wasser, dem vor dem Kochen Schwefelammonium oder Schwefelnatrium zugesetzt wurde; erneute Übertragung in sterilisiertes, kaltes Wasser usw., wie oben.

Nach Beherrschung dieser Methode gelang es in den meisten Fällen, eine aseptische Autolyse der meisten tierischen Organe durchzuführen. Nur bei aseptischer Autolyse der Leber trat wiederholt eine Bakterienentwickelung auf, ohne daß hier methodische Fehler unterlaufen wären.

Bezüglich der weiteren Verarbeitung aseptisch autolysierter Organe sei auf die entsprechende Arbeit von Magnus-Levy[1]) verwiesen.

---

[1]) A. Magnus-Levy, Über die Säurebildung bei der Autolyse der Leber. Hofmeisters Beitr. **2**, 261. 1902.

Sonst wird der Versuch in der gleichen Weise, wie oben (s. S. 216) geschildert, angesetzt und die Stickstoffbestimmung in einem aliquoten Teil der Autolysenflüssigkeit in der bekannten Weise durchgeführt. Bezüglich der erforderlichen Lösungen und der Versuchstechnik s. ebendaselbst.

Heterolyse nach Jacoby[1]).

Unter Heterolyse versteht man die Fähigkeit der Fermente eines Organes, auf Material, das einem anderen Organ entstammt, im Sinne einer hydrolytischen Spaltung einzuwirken.

Jacoby hat diese Erscheinung speziell bei der Einwirkung des Leberfermentes auf Lungenalbumosen beobachtet und genauer studiert. Der Nachweis der Heterolyse gelang ihm in folgender Weise:

Leber und Lungen eines durch Verbluten getöteten Hundes wurden sofort fein zerhackt.

Der Leberbrei wurde mit destilliertem Wasser oder 0,9 %iger Kochsalzlösung unter Toluolzusatz so versetzt, daß auf 100 g Leber 100 ccm Flüssigkeit genommen wurden. Dann wurde durchgerührt und nach kurzer Zeit filtriert. Man erhält so einen dünnen Lebersaft, der neben anderen Substanzen Eiweißkörper und Fermente, darunter auch das lebereiweißspaltende Ferment enthält.

Vom Lungenbrei wurden Portionen (in den einzelnen Versuchen von 10—100 g schwankend) abgewogen. Zu jeder Portion wurde die gleiche Menge Kochsalzlösung und Toluol zugefügt, bei einem Teil der Proben wurden einige Kubikzentimeter der Kochsalzlösung (in den einzelnen Versuchen schwankte das zwischen 10 und 25 ccm) durch Lebersaft ersetzt.

Von dem Lebersaft wurde außerdem eine Reihe entsprechender Proben besonders abgemessen.

Alles kam dann auf 24—48 Stunden in den Brutschrank bei 37°. Dann wurden die Proben ohne Lebersaft mit den besonders digerierten Lebersaftproben vereinigt, einige Lebersaftproben auch besonders verarbeitet.

In einem Teil der Versuche wurde nun mit Hilfe von gesättigter Lösung von stickstofffreiem Zinksulfat und unter Zufügung des Salzes in Substanz Sättigung mit Zinksulfat hergestellt, dann so viel stickstofffreie Schwefelsäure zugesetzt, daß die Konzentration etwa 0,4 % betrug. Nach einigen Stunden wurde filtriert; die Niederschläge wurden mit gesättigter Zinksulfatlösung, der

---

[1]) M. Jacoby, Zur Frage der spezifischen Wirkung der intrazellulären Fermente. Hofmeisters Beitr. 3, 446. 1903.

Schwefelsäure zugefügt war, ausgewaschen und große Anteile der gemessenen Filtrate auf einmal zur Stickstoffbestimmung nach Kjeldahl verwandt. Vertreibt man das Wasser auf dem Wasserbade und Sandbade und zersetzt im Jenenser Kolben, so macht der große Salzgehalt keine Schwierigkeiten. — Bei den Koagulationsversuchen wurde Mononatriumphosphat verwandt. Die Versuche hatten folgendes Ergebnis:

Tabelle 16.

Lungenmenge pro Portion	Lungenbrei und Lebersaft		Differenz	
	Nach der Autolyse vereinigt	Vor der Autolyse vereinigt		
20 g	0,255 g	0,289 g	+ 34 mg	⎫
50 „	0,584 „	0,658 „	+ 74 „	⎬ Aussalzung
10 „	0,069 „	0,113 „	+ 44 „	⎭
10 „	0,071 „	0,073 „	+ 2 „	⎫ Koagulation
15 „	0,104 „	0,103 „	− 1 „	⎭

Zusatz von Leber vermehrt also nicht den nichtkoagulablen Stickstoff bei der Spaltung des Lungengewebes, wohl aber den nichtaussalzbaren Stickstoff. Es wird also infolge Einwirkung des Lebersaftes nicht mehr Eiweiß gespalten, wohl aber das abgespaltene Eiweiß weiter abgebaut.

Isolierung von autolytischen (proteolytischen) Fermenten aus tierischen Organen.

Autolytische resp. proteolytische Fermente finden sich, wie bereits oben auseinandergesetzt, in fast sämtlichen tierischen Organen. Man hat sich bemüht, sie in möglichst reiner und wirksamer Form aus ihnen zu gewinnen. Am besten gelungen ist das bisher bei der Leber und den Leukozyten. Deshalb sollen nur die hierbei verwandten Methoden Berücksichtigung finden.

a) Leber.

1. Verfahren von Rosell[1].

Die Leber wird mit der Fleischhackmaschine in einen feinen Brei verwandelt, der Brei mit Quarzsand verrieben und mit Wasser

---

[1] M. Rosell, Über Nachweis und Verbreitung intrazellulärer Fermente. Diss. Straßburg i. E. 1901. Josef Singer.

im Verhältnis von 1 : 4 angesetzt. Darauf wird die Masse zwei Stunden auf der Schüttelmaschine geschüttelt und danach koliert. Die hieraus resultierende Flüssigkeit ist trüb. Ohne daß man sie klärt, versetzt man sie mit einer gesättigten Lösung von Uranylazetat und hält sie durch Zusatz einer Mischung von Natriumkarbonat und Natriumphosphat alkalisch. Mit dem Zufügen von Uranylazetat fährt man so lange fort, bis sich grobe Flocken absetzen. Diese sinken sofort zu Boden, so daß man unmittelbar die überstehende Flüssigkeit abgießen und den Niederschlag abfiltrieren kann. Der Niederschlag wird vom Filter in eine Reibeschale übertragen, mit 0,2 %iger Sodalösung fein verrieben und bleibt so über Nacht im Eisschrank stehen. Danach wird filtriert. Das klare, eiweißarme Filtrat enthält das proteolytische Leberferment und kann direkt zum Versuch verwandt werden. Mit Toluol versetzt und im Eisschrank aufbewahrt, behält die Lösung lange Zeit ihre Wirkung.

Handelt es sich darum, eine möglichst reine Fermentlösung zu bekommen, so wiederholt man die Behandlung mit Uranylazetat in genau der gleichen Weise, wie oben beschrieben.

In jedem Falle tut man gut, den Uranylazetat-Niederschlag möglichst rasch weiter zu verarbeiten, da durch längeres Stehen das Ferment stark geschädigt wird.

2. Verfahren von Hata[1]).

100 g fein gehackte Pferdeleber werden in der Reibeschale gründlichst verrieben, in eine weithalsige Flasche übertragen und mit 100 ccm $1/20$ normal-Salzsäure versetzt, die 0,85 % Kochsalz enthält. Nachdem man noch 10 ccm Chloroform beigefügt hat, schüttelt man das Gemisch gründlichst durch und läßt es 7 Tage bei Zimmertemperatur stehen, wobei man öfters durch Schütteln für eine gründliche Durchmischung sorgt. Nach Ablauf der Frist wird das Gemisch durch Gaze koliert, mit Normal-Sodalösung neutralisiert und filtriert. Das Filtrat enthält ein die Chloroformgelatine gut verflüssigendes Ferment. — Will man dieses noch weiter isolieren, so versetzt man die Fermentlösung mit einer gesättigten, mit einem Tropfen Ammoniak neutralisierten und filtrierten Ammonsulfatlösung, bis 33 %ige Sättigung erreicht ist. Von dem entstehenden Niederschlag wird abfiltriert, das Filtrat durch weiteren Zusatz von Ammonsulfat auf 70 %ige Sättigung gebracht und der das Ferment enthaltende Niederschlag wieder abfiltriert. Der Niederschlag wird in destilliertem

---

[1]) S. Hata, Zur Isolierung der Leberfermente, insbesondere des gelatinolytischen Leberfermentes. Biochem. Zeitschr. 16, 383. 1909.

Wasser gelöst und kann so zum Versuch sofort verwandt werden. — Natürlich kann man das Salz durch Dialysieren, wenn es nötig ist, beseitigen; man muß sich aber klar darüber sein, daß man dadurch viel wirksames Ferment verliert.

Eine solche Fermentlösung vermag indes nur Gelatine zu verflüssigen. Braucht man aber ein Extrakt, das noch andere Eiweißkörper spaltet, wie beispielsweise Fibrin, so benutzt man am besten

3. das Verfahren von Hedin und Rowland[1]).

Die Leber wird in einer Fleischmaschine ganz fein zerkleinert, in einer Reibeschale mit Quarzsand oder Kieselgur gründlichst verrieben und dann mittelst einer hydraulischen Presse der Saft ausgepreßt. Dieser Preßsaft wird mit 0,25 %iger Essigsäure angesäuert und hat so die Fähigkeit, Fibrin bei Brutschranktemperatur vollkommen aufzulösen. Neutraler Saft ist weit weniger wirkungsvoll und mit Soda alkalisch gemachter Saft noch weniger.

Mit dieser Methode gelang es Hedin und Rowland außer aus Leber, auch aus Milz, Niere und Drüsen proteolytisch gut wirksame Lösungen zu bekommen.

b) Leukozyten.

Verfahren von Jochmann und Lockemann[2]).

Man verwendet entweder Knochenmark, das durch Auspressen von menschlichen Rückenwirbeln am Schraubstock leicht gewonnen werden kann, oder Eiter, der von Kokkenabszessen stammt oder steril durch Terpentininjektion beim Menschen erzeugt werden kann.

Dieses Ausgangsmaterial wird vor der weiteren Verarbeitung 24—48 Stunden der Autolyse im Brutschrank bei 55° ausgesetzt, das Autolysat mit der mehrfachen (ungefähr fünffachen) Menge eines Gemisches von zwei Teilen Alkohol und einem Teil Äther verrührt, um die fettartigen Stoffe herauszulösen, bzw. die eiweißartigen Verbindungen zu fällen, und einen Tag bei Zimmertemperatur stehen gelassen. Danach wird filtriert, der Rückstand

---

[1]) Hedin und Rowland, Über ein proteolytisches Enzym in der Milz. Zeitschr. f. physiol. Chem. **32**, 341. 1901 und Untersuchungen über das Vorkommen von proteolytischen Enzymen im Tierkörper. Ebenda **32**, 531. 1901.

[2]) G. Jochmann und G. Lockemann, Darstellung und Eigenschaften des proteolytischen Leukozytenfermentes. Hofmeisters Beitr. **11**, 449. 1908.

zunächst zur Verdunstung von Alkohol und Äther auf Ton ausgebreitet und dann mit einer entsprechenden Menge (bei flüssigem Ausgangsmaterial mit etwa $\frac{1}{4}$ Volumen) Glyzerin und der gleichen Menge Wasser innig verrieben. Nach 1—2 tägigem Stehen im Dunkeln wird auf einem Büchnerschen Trichter abgesaugt und das klare Filtrat in die 5—6fache Menge eines Alkohol-Äthergemisches (2 : 1) unter Umrühren langsam eingegossen. Der dabei entstehende weißliche Niederschlag, welcher sich allmählich an dem Boden des Becherglases ziemlich fest ansetzt, wird nach dem Abgießen der darüber stehenden Alkoholätherlösung auf Ton gebracht und im Vakuumexsikkator über konzentrierter Schwefelsäure getrocknet. Dabei färbt er sich gelbbraun und geht, besonders in dickeren Schichten, nur sehr allmählich in einen trockenen, zerreibbaren Zustand über. Das so gewonnene Produkt, welches das Enzym enthält, ist etwas hygroskopisch. Es löst sich beim Zerreiben mit Wasser oder physiologischer Kochsalzlösung mit bräunlicher Farbe.

Die Verdauungskraft des so erhaltenen Präparates kann geprüft werden mit der Müller-Jochmannschen Plattenmethode (s. S. 186) und mit der Fuld-Großschen Kaseinmethode (s. S. 187).

Das Leukozytenferment verdaut Fibrinflocken, erstarrte Gelatine, Eiweißscheibchen, sowie die erstarrten Sera der verschiedensten Tierarten (Rind, Hammel, Pferd, Hund, Kaninchen, Meerschweinchen) und vermag aus Pepton Tyrosin, Tryptophan und Ammoniak abzuspalten. Sein Wirkungsoptimum liegt bei 55⁰ C.

15. Proteolytische Pflanzenfermente.

Eigenschaften. Sie sind imstande, ihr eigenes Eiweiß und das anderer Pflanzen zu verdauen und es teilweise bis zu den Aminosäuren abzubauen. Einige von ihnen haben auch die Fähigkeit, die Eiweißkörper der Milch und auch tierisches Eiweiß anzugreifen und verschiedene Peptide in ihre Spaltungsprodukte zu zerlegen.

Meist ist ihre Wirkung bei saurer Reaktion eine viel intensivere als bei neutraler oder alkalischer.

Vorkommen. Sie sind im Pflanzenreich weit verbreitet. Vornehmlich finden sie sich in den Samen der verschiedensten Pflanzen und in den entsprechenden Keimpflanzen, in verschiedenen Früchten, in fast allen Hefearten, in Pilzen und Bakterien.

Besonders eingehend untersucht sind bisher eine Reihe von Futtermitteln, wie Hafer, Gerste, Wicken, Pferdebohnen, gekeimter Samen, ferner Hefepreßsaft, dann speziell das in den Früchten des Melonenbaumes vorkommende Papayotin und die aus dem Pilz Saccharomyces oryzae stammende Takadiastase.

1. Die Proteasen der Samen.

Sie sind besonders eingehend studiert worden von Grimmer[1]) und von Aron und Klempin[2]), und zwar bedienten sie sich bei ihren Studien vorwiegend der autolytischen Methode.

Als Beispiel sei ein Versuch von Grimmer mitgeteilt.

Je 100 g der zu untersuchenden Futtermittel (Pferdebohnen, Wicken, Gerste, Hafer) wurden mit 1000 ccm 0,2%iger Salzsäure, oder Wasser, oder 0,2%iger Sodalösung, also bei entsprechender saurer, neutraler und alkalischer Reaktion 6, 12 und 24 Stunden im Thermostaten bei Körpertemperatur (37° C) belassen. Nach dieser Zeit wurden durch Kolieren und Filtrieren die festen und flüssigen Anteile des Digestionsgemisches voneinander getrennt und das Filtrat auf 1500 ccm gebracht. In 25 ccm des Filtrates wurde die Gesamtmenge des gelösten Stickstoffes bestimmt, in weiteren 50 ccm durch Aufkochen mit Essigsäure und nachfolgendes Neutralisieren koagulables Eiweiß und Syntonin entfernt und im Filtrat die Menge des übrigen gelösten Stickstoffes bestimmt. Zur Ermittelung des an Albumosen gebundenen Stickstoffes wurden 1000 ccm nach Entfernung des koagulablen Eiweißes auf 200 ccm eingeengt und die Albumosen in schwefelsaurer Lösung durch Zinksulfat nach Zunz[3]) gefällt. Ein Teil des Filtrates wurde zur Bestimmung des nunmehr darin verbliebenen Stickstoffes benutzt, während in einem anderen die mit Phosphorwolframsäure fällbaren Anteile gefällt und deren Stickstoffgehalt ermittelt wurde. Um die Menge des in dem Futtermittel ursprünglich enthaltenen löslichen Stickstoffes festzustellen, wurden 100 g mit eiskaltem Wasser ca. 10 Minuten in Berührung gelassen, dann im Eisschrank filtriert und das Filtrat in der oben beschriebenen Weise untersucht. Zieht man die Menge des ursprünglich vorhandenen löslichen Stickstoffes von

---

[1]) W. Grimmer, Zur Kenntnis der Wirkung der proteolytischen Enzyme der Nahrungsmittel. Biochem. Zeitschr. **4**, 80. 1907.

[2]) H. Aron und P. Klempin, Studien über die proteolytischen Enzyme in einigen pflanzlichen Nahrungsmitteln. Biochem. Zeitschr. **9**, 163. 1908.

[3]) E. Zunz, Die fraktionierte Abscheidung der peptischen Verdauungsprodukte mittelst Zinksulfat. Zeitschr. f. physiol. Chem. **27**, 219. 1899.

der Menge des bei den Digestionsversuchen gefundenen ab, so erhält man die Menge des durch die Enzyme gelösten Stickstoffes.

Von den erhaltenen Resultaten teile ich das Ergebnis eines Versuches in folgender Tabelle mit:

Tabelle 17.

Die Verteilung des bei der Autodigestion sich lösenden Stickstoffs bei Pferdebohnen. 100 g Pferdebohnen enthalten 4,367 g N.

Dauer der Auto- digestion in Stunden	Art der Reaktion	Menge des gelösten N		Die Menge d. gelösten Stickstoffs verteilt sich auf						
				Koagulables Eiweiß		Albumosen		durch Phosphorwolframsäure		
								fällbare Substanzen		nicht fällbare Substanzen
		g	%	g	%	g	%	g	%	g	%
6	sauer	1,028	23,54	0,421	9,65	0,224	5,26	0,071	1,49	0,312	7,14
12	,,	1,499	34,34	0,674	15,40	0,400	9,20	0,113	2,60	0,312	7,14
24	,,	1,588	36,37	0,712	16,31	0,459	10,51	0,114	2,60	0,303	6,95
6	neutral	0,781	17,88	0,165	3,77	0,247	5,66	0,088	2,01	0,281	6,44
12	,,	0,824	18,86	0,112	2,57	0,237	5,40	0,066	1,53	0,409	9,36
24	,,	1,303	29,84	0,562	12,86	0,255	5,70	0,069	1,73	0,417	9,55
6	alkalisiert	0,800	18,33	0,185	4,24	0,316	7,24	0,063	1,45	0,236	5,40
12	,,	0,809	18,52	0,177	4,05	0,320	7,33	0,059	1,35	0,253	5,79
24	,,	0,986	22,56	0,242	5,59	0,180	4,04	0,118	2,71	0,446	10,22
Menge und Art des in Pferdebohnen ursprünglich enthaltenen lösl. N		0,762	17,44	0,472	10,80	0,074	1,66	0,046	1,08	0,170	3,90

Die Versuchsanordnung von Aron und Klempin war stets kurz folgende:

Kolben a (Kontrolle): Hafer (30 g) + Lösungsmittel (300 Wasser) gekocht, x Stunden im Brutschrank, dann wieder gekocht: ergibt den vorhandenen löslichen Stickstoff.

Kolben b: Hafer (30 g) + Lösungsmittel (300 Wasser), x Stunden im Brutschrank, dann gekocht: ergibt den vorhandenen löslichen Stickstoff, vermehrt um den durch das Enzym des Hafers gelösten Stickstoff.

Darstellung einer wirksamen Proteasenlösung aus Hafer.

Man verfährt nach Aron und Klempin folgendermaßen:

Geschroteter Hafer — Hafermehl ist weniger geeignet — wird 10—12 Stunden in der Kugelmühle in einem Gemisch gleicher

Teile Wasser und Glyzerin gründlich zermahlen, der feste Rückstand in einer Filterpresse abgepreßt und das ablaufende Filtrat in hohen Zylindern durch Sedimentieren geklärt. Die braungelbe Flüssigkeit wird dann abgehebert und mehrmals filtriert. Das so gewonnene Glyzerinextrakt ist sehr wirksam und behält, im Eisschrank aufbewahrt, noch wochenlang seine proteolytische Wirksamkeit fast unverändert bei.

2. Die Proteasen der gekeimten Samen.

Mit ihnen hat sich außer Schultze[1]) besonders eingehend Butkewitsch[2]) beschäftigt. Er bediente sich dabei ausschließlich des autolytischen Verfahrens in folgender Weise:

Ganz junge Keimpflanzen wurden getrocknet, zu einem feinen Pulver zerrieben, mit Äther extrahiert, dann mit Wasser übergossen und der Autolyse im Brutschrank längere Zeit überlassen. Nach Beendigung des Versuches wurde der in Lösung gegangene N, der Stickstoff im Phosphorsäurewolframniederschlag und der leicht abspaltbare Ammoniak-N bestimmt.

Bei der Darstellung eines Enzympräparates schlug Butkewitsch folgenden Weg ein:

Als Material verwandte er bei 35—40° getrocknete und gepulverte Kotyledonen sechstägiger Keimpflanzen von Lupinus luteus.

300 g dieses Materials wurden mit 800 ccm wässerigen Glyzerins (500 ccm Glyzerin + 300 ccm Wasser) durchgemischt und die Mischung zwei Tage stehen gelassen. Darauf wurde das Extrakt mit der Presse durch Filtriertuch abgepreßt und hierauf durch Papier filtriert. Das vollständig klare, dunkelgefärbte Filtrat wurde unter stetigem Umrühren in ein großes Volumen (3 Liter) Alkohol von 95 % gegossen. Es bildete sich dabei ein leicht zu Boden sinkender, flockiger Niederschlag. Nach einer Stunde wurde die Flüssigkeit abgegossen, der Niederschlag auf einer Nutsche abgesogen, zuerst mit 95 %igem, hierauf mit absolutem Alkohol und Äther gewaschen und im Exsikkator über Schwefelsäure getrocknet. Die getrocknete Substanz wurde im Mörser fein zerrieben und war so lange Zeit gut haltbar. Mit Wasser extrahiert, lieferte sie eine stark wirksame Enzymlösung.

---

[1]) E. Schulze, Über den Umsatz der Eiweißstoffe in der lebenden Pflanze. Zeitschr. f. physiol. Chem. **24**, 18. 1898 und **30**, 24. 1900.
[2]) Wl. Butkewitsch, Über das Vorkommen eines proteolytischen Enzyms in gekeimten Samen und über seine Wirkung. Zeitschr. f. physiol. Chem. **32**, 1. 1901.

3. Die Endotryptase der Hefe.

Eigenschaften. Sie vermag das eigene Hefeeiweiß teilweise bis zu den Aminosäuren zu zerlegen, aus der Nukleinsäure Purinbasen, wie Xanthin, Guanin und Adenin abzuspalten und ist auch imstande, fremdes Eiweiß, wie Fibrin, Eieralbumin, Kasein und Gelatine zu verdauen. Auch verschiedene Peptide werden von ihr zerlegt. Am besten wirkt sie bei schwach saurer Reaktion (0,2 %ige Salzsäure) und bei einer Temperatur von 40—45°. Durch einstündiges Erhitzen auf 60° wird sie vernichtet.

Vorkommen. Sie findet sich in den verschiedensten Hefesorten und geht beim Auspressen der Hefe in den Preßsaft über. Über die Darstellung von Hefepreßsaft nach Buchner siehe S. 97 und von Hefenextrakt nach Lebedew siehe S. 100.

Nachweis.

Nach Buchner[1]) geschieht derselbe am zweckmäßigsten mit Hilfe der Fermischen Chloroformgelatinemethode bei einer Temperatur von 22° C.

Bezüglich der Herstellung der hierfür notwendigen 5 %igen Chloroformgelatine wie der Ausführung des Versuches siehe S. 184.

Auch Milch vermag Hefepreßsaft zur Koagulation zu bringen. Über die Bestimmung der Labwirkung s. S. 162.

Für den Nachweis der peptolytischen Fermente in der Hefe hat sich die optische Methode von Abderhalden sehr bewährt s. S. 208.

4. Das proteolytische Ferment der Takadiastase.

Die Takadiastase ist ein Produkt des die Kojihefe liefernden Pilzes Aspergillus Oryzae und ist im Handel erhältlich (Parke, Davis & Co.).

Ihre wässerige Lösung hat stark proteolytische und labende Eigenschaft. Sie verdaut Kasein und Fibrin und verflüssigt Gelatine in kürzester Zeit. Auch Albumosen, Peptone und einige Peptide werden von ihr abgebaut. Im Gegensatz zur Endotryptase der Hefe wirkt sie weit besser bei alkalischer als bei saurer Reaktion.

---

[1]) E. Buchner und R. Hoffmann, Einige Versuche mit Hefepreßsaft. Biochem. Zeitschr. 4, 217. 1907. — Derselbe und F. Klatte, Adsorption von Tryptase durch feste Körper. Biochem. Zeitschr. 9, 436. 1907.

Nachweis.

Nach meinen Erfahrungen[1]) geschieht der qualitative Nachweis am besten mit Hilfe der Fibrinflocke, der quantitative Nachweis mit der Fuld-Großschen Kaseinmethode (siehe S. 187). Auch die Fermische Gelatinemethode ist hierfür sehr geeignet (siehe S. 184).

Für die Untersuchung der Labwirkung gilt das auf S. 208 Gesagte.

5. Papayotin (Papain).

Eigenschaften. Es ist imstande, tierische und pflanzliche Eiweißkörper bis zu den Aminosäuren zu zerlegen und Milch zur Koagulation zu bringen. Seine proteolytischen Eigenschaften sind sehr kräftige. Indes widersprechen sich die Angaben über das Optimum der Reaktion. Während die einen eine Förderung durch schwache Säuren, eine Hemmung durch Alkali fanden, konnten andere keinen Unterschied bei neutraler, schwach saurer und schwach alkalischer Reaktion konstatieren. — Sein Wirkungsoptimum liegt bei 80—90° C.

Vorkommen. Es findet sich in den Blättern, Früchten und dem Milchsaft des Melonenbaumes, Carica papaya. Von den im Handel erhältlichen Präparaten ist das von Merck-Darmstadt das wirksamste.

Nachweis.

Man bereitet sich aus dem käuflichen Papain resp. Papajotin mit Hilfe von physiologischer Kochsalzlösung eine 2%ige Lösung und bringt 5 ccm dieser Lösung mit 50 ccm einer auf das Dreifache verdünnten Hühnereiweißlösung resp. Serumlösung zusammen, säuert das Gemisch mit 2 Tropfen Essigsäure schwach an und erhitzt kurze Zeit auf 100°. Dabei wird der größte Teil des Eiweißes verdaut und nur ein kleiner, unverdaut gebliebener koaguliert aus. Von diesem filtriert man ab und untersucht das Filtrat auf die Anwesenheit von Albumosen und Peptonen, indem man die Biuretprobe anstellt oder feststellt, ob das Filtrat mit Ammonsulfat oder Zinksulfat einen Niederschlag gibt. — Läßt man dagegen das Papain auf Eiweißlösungen bei Brutschranktemperatur einwirken ohne zu erhitzen, so wird man kaum eine nennenswerte Verdauung konstatieren können.

---

[1]) J. Wohlgemuth, Zur Kenntnis der Takadiastase. Biochem. Zeitschr. **39**, 324. 1912 u. O. Szantó, Zur Kenntnis der proteolytischen Wirkung der Takadiastase. Biochem. Zeitschr. **43**, 31. 1912.

Diese von Delezenne[1]) und seinen Mitarbeitern gemachte Beobachtung wurde von Jonescu[2]) vollkommen bestätigt.

Am Ende dieses Kapitels über eiweißspaltende Fermente seien noch zwei Methoden beschrieben, die ganz besonders dafür geeignet sind, jede hydrolytische Eiweißspaltung quantitativ zu messen, das ist das Verfahren der Formoltitration von Soerensen und die Methode von Donald D. van Slyke, und außerdem folgt eine Darstellung, die Stickstoffbestimmung nach Kjeldahl.

Formoltitration von Soerensen[3]).

Prinzip. Eine proteolytische Spaltung kann aufgefaßt werden als eine Hydrolyse unter Bildung von Karboxyl- und Aminogruppen. Setzt man zu einer Lösung mit proteolytischen Spaltprodukten Formaldehyd zu, so werden die Aminogruppen fixiert, indem sie mit dem Formol sich zu Methylenverbindungen umsetzen nach der Gleichung

$$\underset{\underset{COOH}{|}}{R.CH.NH_2} + CH_2O = \underset{\underset{COOH}{|}}{R.CH.N:CH_2} + H_2O$$

Hierdurch nimmt die anfänglich fast neutrale Lösung, je nach der Zahl der vorhandenen Karboxylgruppen, mehr oder weniger saure Reaktion an, und man kann nun deren Stärke quantitativ durch Titration mit Alkali bestimmen.

Erforderliche Lösungen.
1. $1/5$ normal-Barytlauge.
2. $1/5$ normal-Salzsäure.
3. Phenolphthalein.

0,5 g Phenolphthalein werden in 50 ccm Alkohol + 50 ccm Wasser gelöst.

4. Formolmischung.

50 ccm käufliches Formol (30—40 %ig) werden mit 1 ccm Phenolphthalein versetzt; alsdann wird so lange $1/5$ normal-Barytlauge zugegeben, bis die Lösung einen ganz schwach rosa Farbenton angenommen hat.

---

[1]) C. Delezenne, Mouton et Pozerski, Sur l'allure anomale de quelques Protéolyses produites par la Papaine. Compt. rend. soc. biolog. **142**, 177. 1906.

[2]) D. Jonescu, Über eine eigenartige Verdauung des Hühner- und Serumeiweiß durch Papain. Biochem. Zeitschr. **2**, 177. 1907.

[3]) S. P. L. Soerensen, Enzymstudien. Biochem. Zeitschr. **7**, 45. 1908; Soerensen u. Jessen-Hausen, Über die Ausführung der Formoltitration in stark farbigen Flüssigkeiten, Biochem. Zeitschr. **7**, 407. 1908.

5. Ausgekochtes (CO_2-freies) destilliertes Wasser.

Ausführung.

a) **Titration mit destilliertem Wasser (Kontrolltitration).**
20 ccm ausgekochtes destilliertes Wasser werden versetzt mit 10 ccm Formolmischung und 5 ccm $^1/_5$ normal-Barytlauge. Danach wird mit $^1/_5$ normal-Salzsäure in der Weise zurücktitriert, daß man die Säure tropfenweise unter Schütteln zugibt, bis die Flüssigkeit nur noch einen schwach rosa Farbenton hat (erstes Stadium), und dann wird 1 Tropfen Barytlauge zugesetzt, wodurch die Kontrollösung eine deutlich rote Farbe annimmt (zweites Stadium).

b) **Titration des Aminosäurengemisches (Haupttitration).**
Von dem in der üblichen Weise angestellten Verdauungsgemisch (Ferment + Eiweißlösung) werden 20 ccm versetzt mit 10 ccm der Formollösung (Nr. 4). Unmittelbar darauf fügt man $\frac{n}{5}$ Barytlauge bis zur Rotfärbung zu und dann noch einen Überschuß von einigen Kubikzentimetern (etwa 2—4 ccm), um die etwa anwesenden Karbonate und Phosphate vollständig zu fällen. Hiernach wird, wie bei der Kontrolltitration, mit $^1/_5$ normal-Salzsäure durch tropfenweisen Zusatz unter Schütteln zurücktitriert, bis die Farbe der Lösung schwächer als die der Kontrollösung erscheint, und schließlich wird Barytlauge zugetröpfelt, bis die Farbe der Kontrollösung wieder erreicht worden ist.

Wenn die Titration soweit erfolgt ist (zweites Stadium), werden der Kontrollösung (a) weiter 2 Tropfen $^1/_5$ normal-Barytlauge zugesetzt, wodurch dieselbe eine starke rote Farbe annimmt. Hiernach wird die Hauptlösung zu Ende titriert, indem ihr so lange $^1/_5$ normal-Barytlauge tropfenweise zugegeben wird, bis die stark rote Farbe der Kontrollösung erreicht ist (drittes Stadium).

Berechnung. Der Zuwachs der Karboxylgruppen bietet ein Maß für den Umfang der Proteolyse. Sie kann demnach ausgedrückt werden durch die entsprechende Anzahl Kubikzentimeter $^1/_5$ normal-Baryumhydroxydlösung. Für die Berechnung der verbrauchten Menge an Barytlauge ein

Beispiel:

a) **Kontrolltitration.**

Der Kontrollösung wurden zugesetzt = 5,20 ccm $\frac{n}{5}$-Bar.

Zur Rücktitration waren erforderlich = 5,10 ,, $\frac{n}{5}$-Salzsäure

mithin wurden verbraucht = 0,10 ccm $\frac{n}{5}$-Bar.

b) **Haupttitration.**

20 ccm der Hauptlösung wurden zugesetzt $= 13{,}05$ ccm $\frac{n}{5}$-Bar.

zur Rücktitration waren erforderlich $= 3{,}05$,, $\frac{n}{5}$-Salzsäure

mithin wurden verbraucht $= 10{,}00$ ccm $\frac{n}{5}$-Bar.

hiervon ist für die Kontrolle zu subtrahieren $= 0{,}10$,, $\frac{n}{5}$-Bar.

Es sind somit tatsächlich verbraucht $= 9{,}90$ ccm $\frac{n}{5}$-Bar.

Geht man von der Voraussetzung aus, daß jede während der Proteolyse gebildete Karboxylgruppe einer Aminogruppe entspricht, so läßt sich die Ausdehnung der Proteolyse auch in Milligrammen Stickstoff ausdrücken, was meist sehr zweckmäßig ist. Die Anzahl der verbrauchten Kubikzentimeter $\frac{n}{5}$ Baryt mit 2,8 multipliziert, gibt einfach die Stickstoffmenge in Milligrammen an.

Für obiges Beispiel würde sich also ergeben, daß 20 ccm des Aminosäurengemisches enthalten $9{,}90 \times 2{,}8 = 27{,}72$ mg abgespaltenen N.

Besondere Beachtung verdienen noch folgende Punkte:

1. Es empfiehlt sich, alle Titrierungen in konischen Kochflaschen vorzunehmen, die gestöpselt werden können, um den Zutritt der Kohlensäure der Luft zu verhindern. Aus demselben Grunde ist es auch wichtig, die Vorräte an Titrierflüssigkeiten in Wulffschen Flaschen aufzubewahren, die mit der üblichen Apparatur versehen sind, um eine Füllung der Bürette ohne Zutritt kohlensäurehaltiger Luft zu gestatten.

2. Schlechte Resultate liefert die Methode dann, wenn es sich bei der Spaltung um prolin- oder tyrosinhaltige Polypeptide handelt, da α-Pyrrolidinkarbonsäure (Prolin) und Tyrosin sich mit der Formoltitration höchst ungenau bestimmen lassen. Unter den Spaltungsprodukten der gewöhnlichen Proteine kommen diese Verbindungen aber gewöhnlich in so geringer Menge vor, daß ihre Anwesenheit die Genauigkeit der Methode nur in geringem Maße beeinträchtigt.

3. Die natürlichen Proteinlösungen haben oft eine mehr oder weniger stark gelbe oder bräunlichgelbe Farbe, was mitunter die Erkennung der einzelnen roten Farbentöne erschweren kann. Es ist daher mitunter zweckmäßig, wenn auch gewöhnlich nicht

notwendig, die Kontrollösung ähnlich zu färben. Dies wird einfach erreicht durch Zusatz einiger Tropfen von schwachen (0,2 $^0/_{00}$igen) Lösungen passender Farbstoffe, wie Tropaeolin 0, Tropaeolin 00 und Bismarckbraun. Wenn die Proteinlösung einen grauen oder noch dunkleren Schein hat, kann ein weiterer Zusatz von ein paar Tropfen einer ganz schwachen Methylviolettlösung (0,02 g in 1 Liter Wasser) zur Kontrollösung von guter Wirkung sein. — Das Färben der Kontrollösung ist im allgemeinen nicht notwendig, es macht aber den Vergleich der Farbintensität leichter und daher das Analysenresultat zuverlässiger. Die geringfügigen Mengen zugesetzter Farbstoffe sind ganz ohne Bedeutung für die Titrationswerte.

Die Formoltitration eignet sich ebenso für Proteolyse tierischer Fermente wie für die Proteolyse pflanzlicher Fermente. Für letztere hat sie aber meines Wissens bisher noch keine Verwendung gefunden.

Methode von Donald D. van Slyke[1]).

Diese Methode ist besonders dafür geeignet, aliphatische Aminogruppen quantitativ zu bestimmen.

Prinzip. Aliphatische Aminogruppen reagieren mit salpetriger Säure nach der Gleichung

$$R \cdot NH_2 + HNO_2 = R \cdot OH + N_2 + H_2O.$$

Wenn man also beispielsweise eine Aminosäure mit salpetriger Säure zersetzt in einem Apparat, der außer reinem Stickoxyd kein Gas enthält, so mischt sich der in Freiheit gesetzte Stickstoff mit dem Stickoxyd. Dieses Gasgemisch wird mit alkalischer Permanganatlösung geschüttelt, dabei wird sämtliches Stickoxyd absorbiert, und der zurückbleibende reine Stickstoff kann mittelst einer besonderen Gasbürette genau gemessen werden.

Der für diese Methode erforderliche Apparat wird von dei Firma Robert Goetze, Leipzig, Haertelstraße 4 und von Emil Greiner, New York, Cliffstraße 45 zum Preise für 10 Dollar geliefert.

Auf die Beschreibung des Apparates, die nur an der Hand einer Zeichnung möglich ist, muß hier verzichtet werden. Sie findet sich ausführlich an den zitierten Stellen.

Das Verfahren setzt sich aus drei Phasen zusammen: 1. Vertreibung der Luft aus dem Apparat durch Entwickeln von Stickoxyd, 2. Zersetzung der zu untersuchenden Substanz, 3. Absorption des Stickoxyds und Messen des reinen Stickstoffes.

---

[1]) Donald D. van Slyke, Eine Methode zur qualitativen Bestimmung der aliphatischen Aminogruppen; einige Anwendungen derselben in der Chemie des Proteins, des Harns und der Enzyme. Berichte der deutschen chem. Gesellsch. Jahrg. **43**, 3170. 1910 und Journ. Biol. Chem. **9**, 185. 1911.

15. Proteolytische Pflanzenfermente.

Hierfür sind folgende Lösungen erforderlich
1. **Die zu analysierende Substanz.**
Sie soll nicht mehr als 20 mg N enthalten. Handelt es sich um einen schwer löslichen Körper, so kann man zur Lösung ein paar Tropfen Natronlauge verwenden.
2. 30 %ige **Natriumnitritlösung.**
3. **Eisessig.**
4. **Oktylalkohol** (sekundär I, **Kahlbaum**).
5. **Alkalische Permanganatlösung**, die 50 g Kaliumpermanganat und 25 g Kaliumhydrat in 1 Liter enthält.

Ausführung. Zunächst muß man aus der Flasche, in welcher die Zersetzung vorgenommen werden soll, sämtliche Luft durch Stickoxyd vertreiben. Zu dem Zweck bringt man in das Gefäß 28 ccm Natriumnitritlösung, gibt $\frac{1}{4}$ des Volumen (7 ccm) Eisessig zu und schüttelt. Dabei entwickelt sich Stickoxyd, dieses mischt sich mit der Luft, und man läßt nun das mit Luft gemischte Stickoxyd aus der Flasche austreten. Dies wiederholt man so lange, bis keine Luft mehr in dem Gefäß vorhanden ist. — Nun läßt man in die Flasche die zu analysierende Lösung eintreten und schüttelt 5—10 Minuten. Dabei zersetzt sich die Substanz nach der obigen Gleichung und der frei werdende Stickstoff mischt sich mit dem Stickoxyd. Um starkes Schäumen zu verhindern, setzt man ein paar Tropfen Oktylalkohol zu. — Das Gemisch von Stickstoff und Stickoxyd wird nun in ein anderes Gefäß übergeleitet, in dem sich alkalische Permanganatlösung findet, und mit dieser 2 Minuten lang geschüttelt. Dabei wird das Stickoxyd sofort absorbiert. Nun führt man den reinen Stickstoff in eine Meßbürette über und mißt genau seine Menge.

Die Methode zeichnet sich aus durch Einfachheit, Schnelligkeit in der Ausführung und Genauigkeit. Sie ist nicht allein dazu geeignet, die Aminogruppen in Eiweißspaltprodukten zu messen, sondern man kann mit ihr, was hier besonders interessiert, den Grad einer fermentativen Eiweißspaltung jederzeit genau bestimmen. Sie verdiente deshalb bei proteolytischen und peptolytischen Versuchen eine weit größere Anwendung, als man ihr bisher hat zuteil werden lassen.

Stickstoffbestimmung nach Kjeldahl[1]).

In den vorhergehenden Kapiteln spielt die quantitative Stickstoffbestimmung nach **Kjeldahl** eine außerordentlich wichtige Rolle. Sie sei deshalb hier in Kürze auseinandergesetzt.

---
[1]) **Kjeldahl**, Eine neue Methode zur Bestimmung des Stickstoffes in organischen Körpern. Zeitschr. f. analyt. Chem. **22**, 366. 1883.

Prinzip der Methode. Durch Erhitzen mit konzentrierter Schwefelsäure in Gegenwart eines Katalysators werden organische Verbindungen völlig zerstört und der in ihnen enthaltene Stickstoff quantitativ in Ammoniak übergeführt. Das Ammoniak geht mit Schwefelsäure in Bindung, wird aus ihr durch Alkalien wieder ausgetrieben, in eine bestimmte Menge Normalsäure aufgefangen und kann nun durch Titration quantitativ gemessen werden.

Erforderliche Lösungen.
1. Konzentrierte stickstofffreie Schwefelsäure.
2. Kristallisiertes Kupfersulfat.
3. Kristallisiertes stickstofffreies Kaliumsulfat.
4. $^1/_{10}$ normal-Schwefelsäure.
5. $^1/_{10}$ normal-Natronlauge.
6. 33 %ige Natronlauge.
7. Talkum.
8. Lackmoid-Malachitgrün-Lösung.

Man stellt sie sich nach Salaskin und Zaleski[1]) in der Weise her, daß man 10 g Lackmoid in 150 ccm Alkohol löst, die Lösung filtriert und mit 10—15 ccm einer Lösung von 1 g Malachitgrün in 50 ccm Alkohol vermischt.

Statt der Lackmoid-Malachitgrünlösung kann man auch eine 1% alkoholische Lösung von Rosolsäure als Indikation benutzen. Doch ist bei dieser der Umschlag nicht so scharf wie bei der erstgenannten Lösung.

Ausführung. Das Verfahren setzt sich aus drei Phasen zusammen:
1. Oxydation der zu analysierenden Substanz mittelst konzentrierter H_2SO_4,
2. Destillation des in Ammoniak übergeführten Stickstoffs,
3. Titration der durch Ammoniak gebundenen Säuremenge.

Im einzelnen gestaltet sich das Verfahren folgendermaßen:
1. Phase (Oxydation).

Die zu analysierende Flüssigkeit resp. Substanz wird quantitativ in einen aus Jenenser Glas bestehenden Rundkolben von ca. 700 ccm Inhalt eingetragen, dazu werden 10 ccm konzentrierte Schwefelsäure und ca 0,2 g Kupfersulfat zugefügt und der Kolben in schräger Stellung auf einem Drahtnetz unter dem Abzug erhitzt. Sobald weiße Schwefelsäuredämpfe sich entwickeln, setzt man 5 g Kaliumsulfat hinzu und hält das Oxydationsgemisch weiter im Sieden, bis es farblos oder grünlich geworden ist. Ist

---

[1]) S. Salaskin und J. Zaleski, Über die Harnstoffbestimmung im Harne. Zeitschr. f. physiol. Chem. **28**, 76. 1899.

noch ein gelblicher Ton vorhanden, so ist die Oxydation noch nicht beendet, und es muß weiter erhitzt werden. Nach dem Erkalten der Flüssigkeit werden ca. 300 ccm destilliertes Wasser vorsichtig zugesetzt, wobei das Gemisch sich wieder erwärmt. Sobald es sich wieder abgekühlt hat, beginnt man mit der

2. Phase (Destillation).

Der zur Aufnahme des Ammoniaks dienende Vorlegekolben wird mit 50 ccm $^1/_{10}$ normal-Schwefelsäure und ein paar Tropfen der Lackmoid-Malachitgrün-Lösung beschickt. Danach bringt man in den Oxydationskolben 1 Eßlöffel Talkum, sodann 40—50 ccm 33 %ige Natronlauge, stellt die Verbindung mit der Destilliervorrichtung her, sorgt durch vorsichtiges Umschütteln des Kolbens für eine innige Durchmischung und steckt sofort die Flamme an. Man erhitzt etwa ½ Stunde, prüft durch Lösen der Verbindung zwischen Kühler und Einflußrohr mit rotem Lackmuspapier, ob das Destillat noch alkalisch reagiert, und unterbricht die Destillation, sobald die Prüfung neutrale Reaktion ergeben hat. Hiernach spült man das Einflußrohr innen und außen mit destilliertem Wasser gründlichst ab und beginnt nunmehr mit der

3. Phase (Titration).

Die Titration geschieht in der Weise, daß man aus einer Bürette $^1/_{10}$ normal-Natronlauge tropfenweise in die die Schwefelsäure enthaltende Vorlage so lange einfließen läßt, bis der anfänglich rote Farbenton in einen blauen umschlägt. Dieser Umschlag ist bei der Anwendung der Lackmoid-Malachitgrün-Lösung außerordentlich scharf.

Berechnung. Die für die Titration verbrauchte Natronlauge zieht man von der Menge der vorgelegten Schwefelsäure ab und berechnet aus der sich ergebenden Differenz den Stickstoff in Milligrammen, indem man die Anzahl der verbrauchten Kubikzentimeter $^1/_{10}$ normal-Schwefelsäure mit 1,4 multipliziert. Hierfür ein Beispiel:

Es wurden vorgelegt	50,0 ccm $^1/_{10}$ n H_2SO_4
„ „ zurücktitriert	45,4 ccm $^1/_{10}$ n H_2SO_4
folglich waren an Ammoniak gebunden	4,6 ccm $^1/_{10}$ n H_2SO_4

Mithin sind in der untersuchten Substanz an Stickstoff enthalten
$$= 4,6 \cdot 1,4$$
$$= 6,44 \text{ mg N}$$

Hieraus berechnet sich der Prozentgehalt an N nach der Gleichung $\qquad a : 6,44 = 100 : x$,
worin a die für die Analyse verwandte Menge an Substanz resp. Lösung bedeutet.

D. Die Nuklein und Nukleinbasen spaltenden Fermente.

1. Nuklease.

Eigenschaften. Sie hat die Fähigkeit, thymonukleinsaures Natrium zu verflüssigen und das Nukleinsäuremolekül weiterhin in seine einzelnen Bausteine zu zerlegen. Sie wirkt am besten bei schwach saurer Reaktion, während größere Mengen von Säure oder Alkali ihre Wirksamkeit wesentlich beeinträchtigen.

Vorkommen. Sie findet sich in der Pankreasdrüse, aber nicht im Pankreassaft, weder in dem des Hundes, noch in dem des Menschen, ferner in der Darmschleimhaut und im Darmsaft des Hundes, in der Kalbsthymus und Kalbsniere. Man hat sie auch in verschiedenen Pflanzen gefunden, außerdem in der Hefe und in einer Reihe von Bakterien.

Nachweis. Er erstreckt sich auf die Feststellung, ob eine Lösung oder ein Extrakt imstande ist, die gelatinierende Fähigkeit von a-thymonukleinsaurem Natrium aufzuheben und aus der Nukleinsäure Purinbasen abzuspalten. Der Nachweis der verflüssigenden Wirkung allein berechtigt noch nicht zu der Annahme einer Nukleinwirkung, erst die Feststellung der Abspaltung von Purinbasen beweist ihre Gegenwart.

a) Nachweis der Nukleinsäure verflüssigenden Eigenschaften eines Extraktes.

Zur Verwendung kommt nach F. Sachs[1]) am zweckmäßigsten eine 4%ige wässerige Lösung von a-thymonukleinsaurem Natrium, die in der Wärme flüssig ist, bei Zimmertemperatur aber eine vollkommen starre Masse bildet. Hefenukleinsäure hat diese Eigenschaft nicht und ist deshalb auch für diesen Versuch nicht zu verwenden.

---

[1]) F. Sachs, Über die Nuklease. Zeitschr. f. physiol. Chem. **46**, 337. 1905.

1. Nuklease.

Die Lösung wird in warmem Zustande auf kleine Schälchen oder Gläschen verteilt, ähnlich der Fermischen Chloroformgelatine, von dem zu untersuchenden Extrakt ein aliquoter Teil und etwas Toluol hinzugefügt und nun das Gemisch in den Brutschrank gestellt. Nach 24 Stunden oder später nimmt man das Gefäß heraus, kühlt es ab und stellt nun fest, ob das Gemisch flüssig geblieben oder fest geworden ist.

Gilt es den Nachweis zu führen, daß noch ein Teil des verwandten a-thymonukleinsauren Natriums unverändert gelatinierfähig geblieben ist, so geht man nach Sachs und Abderhalden und Schittenhelm[1]) in der Weise vor, daß man das Versuchsgemisch mit wenig Essigsäure schwach ansäuert und heiß filtriert. Das abgekühlte Filtrat wird dann unter Zugabe von etwas (5 %iger) Natriumazetatlösung mit 96 %igem Alkohol so lange versetzt, bis kein Niederschlag von a-thymonukleinsaurem Natrium mehr entsteht. Der Niederschlag wird mit wenig heißem Wasser aufgenommen und nun festgestellt, ob beim Erkalten der Lösung noch Gelatinisierung eintritt oder nicht.

b) **Nachweis der Nukleinsäure spaltenden Eigenschaft eines Extraktes.**

Erforderliche Lösungen.

1. **Organextrakt.**
Darstellung s. weiter unten.

2. **4%ige Lösung von a-thymonukleinsaurem Natrium.**

Hier kann hefenukleinsaures Natrium gleichfalls verwandt werden.

3. **ca. 10%ige Schwefelsäure.**

4. **Quecksilbersulfatlösung nach Kossel[2]).**

Man bereitet sie in der Weise, daß man 500 ccm 15 volumprozentiger Schwefelsäure erhitzt und 75 g Quecksilberoxyd in der heißen Flüssigkeit löst.

5. **Ammoniakalische Silberlösung.**

Man löst 26 g Silbernitrat in überschüssigem Ammoniak und füllt die Lösung mit destilliertem Wasser auf 1 Liter auf.

6. **ca. 10%ige Salzsäure.**

---

[1]) E. Abderhalden und A. Schittenhelm, Der Ab- und Aufbau der Nukleinsäuren im tierischen Organismus. Zeitschr. f. physiol. Chem. **47**, 452. 1906.

[2]) A. Kossel und A. J. Pathen, Zur Analyse der Hexonbasen. Zeitschr. f. physiol. Chemie. **38**, 39. 1903.

Ausführung. 50 ccm Organextrakt werden mit 50 ccm einer 4%igen Lösung des a-nukleinsauren Natriums versetzt und unter Zugabe von Toluol auf 2—3 Tage in den Brutschrank bei 37—38° gebracht. Nach Ablauf der Frist wird das Gemisch filtriert und das Filtrat zur Beseitigung etwa noch vorhandener Nukleinsäure mit Schwefelsäure versetzt. Der dabei ausfallende Niederschlag wird abfiltriert und aus dem Filtrat werden die Purinbasen mit Quecksilbersulfatlösung gefällt. Der so entstandene Niederschlag wird abgesaugt, in Wasser aufgeschwemmt und unter Zusatz von etwas Salzsäure mit Schwefelwasserstoff zerlegt. Dann wird wiederum filtriert und das Filtrat durch Durchleiten von Luft vom Schwefelwasserstoff befreit. Hiernach wird es mit ammoniakalischer Silberlösung gefällt, der entstandene Silberniederschlag abfiltriert, gut ausgewaschen, in Wasser aufgeschwemmt und unter Zusatz von Salzsäure in der Wärme zersetzt. Das Chlorsilber wird abfiltriert, durch das Filtrat noch einige Blasen Schwefelwasserstoff geleitet und dann wiederum filtriert. Das letzte Filtrat wird zwecks Abscheidung von Kristallen (salzsaure Purinbasen) eingedampft. Die etwa ausgeschiedenen Kristalle werden samt dem Rückstand in salzsäurehaltigem Wasser gelöst, die Lösung filtriert und wiederum bis zum völligen Auskristallisieren eingedampft. Alsdann werden die Kristalle mit Alkohol und Äther getrocknet und gewogen.

Daß die so erhaltenen Kristalle Purinbasen sind, beweist nach Burian[1]) die für sie charakteristische Diazoreaktion, die man am zweckmäßigsten in der Paulyschen Modifikation[2]) ausführt.

Statt dieses zwar genauen, aber umständlichen Verfahrens kann man, wie dies Tschernorutzki[3]) getan hat, den frei gewordenen anorganischen Phosphor bestimmen. Man geht dann so vor, daß man eine bestimmte Menge fermenthaltigen Materials mit einer bestimmten Menge nukleinsauren Natrons und einer bestimmten Quantität Flüssigkeit und etwas Toluol mischt, das Gemisch auf 24—48 Stunden in den Brutschrank stellt, dann dasselbe ungefähr bei 80—90° trocknet und nun seinen Gehalt an anorganischem Phosphor bestimmt. Jeder Versuch erfordert einen entsprechenden Kontrollversuch. Der-

---

[1]) R. Burian, Diazoaminoverbindungen der Amidazole und der Purinsubstanzen. Ber. d. Deutsch. chemisch. Gesellsch. **38**, 696. 1904.
[2]) H. Pauly, Über die Konstitution des Histidins. I. Mitteilg. Zeitschr. f. physiol. Chem. **52**, 516, 1904.
[3]) M. Tschernorutzki, Über die gegenseitige Wirkung von Nukleinsäure und nukleinspaltendem Ferment im tierischen Organismus. Biochem. Zeitschr. **44**, 353. 1912.

selbe wird mit dem gleichen Material ausgeführt, nur mit dem Unterschied, daß dasselbe durch Kochen auf freiem Feuer während 10 Minuten seiner fermentativen Fähigkeit beraubt wird. Die Differenz zwischen der Menge des anorganischen Phosphors im Experiment und im Kontrollversuch gibt einen Maßstab für die fermentative Kraft.

Die Bestimmung des anorganischen Phosphors führt man am besten nach einer kombinierten Methode aus, und zwar bedient man sich sowohl der von Stutzer[1]) für die Trennung der anorganischen von den organischen Phosphorverbindungen vorgeschlagenen wie der alkalimetrischen Methode zur Bestimmung der Phosphorsäure nach A. Neumann[2]), ferner wendet man zweckmäßig die Korrektur von Gregersen[3]) auf Kohlensäure an und benutzt die von Bang[4]) modifizierte Methode zur Entfernung des Ammoniaks.

c) Optische Methode von Pighini[5]).

Die Anwendungsmöglichkeit dieser Methode ist nur eine begrenzte, da sie ausschließlich dann Verwendung finden kann, wenn man mit klaren Fermentlösungen, wie beispielsweise Serum, zu arbeiten hat.

Prinzip. Sie beruht darauf, daß die reine Nukleinsäure die Ebene des polarisierten Lichtes nach rechts dreht, und daß unter der Wirkung der Nuklease die Nukleinsäure nach und nach abgebaut wird und so allmählich ihre optische Eigenschaft verliert.

Erforderliche Lösungen.
1. Absolut klare Fermentlösungen (Serum, Extrakt).
2. Nukleinsäurelösung.

1,60 g Nukleinsäure Merck werden in 100 ccm physiologischer Kochsalzlösung (0,85 %) gelöst und 12 Tropfen Ammoniak zugefügt. An Stelle von Ammoniak kann man auch 25—30 Tropfen 5%ige Natronlauge zusetzen, ohne daß die Resultate sich viel ändern.

---

[1]) A. Stutzer, Untersuchungen über den Gehalt vegetabilischer Stoffe an Stickstoff, Phosphor und Schwefel in organischer Bindung. Biochem. Zeitschr. **7**, 471. 1908.

[2]) A. Neumann, Einfache Veraschungsmethode (Säuregemisch-Veraschung). Zeitschr. f. physiol. Chem. **37**, 114, 1902.

[3]) J. P. Gregersen, Über die alkalimetrische Phosphorsäurebestimmung nach A. Neumann. Zeitschr. f. physiol. Chemie. **53**, 453, 1907.

[4]) J. Bang, Methodologische Notizen. Biochem. Zeitschr. **32**, 443. 1911.

[5]) G. Pighini, Über die Bestimmung der enzymatischen Wirkung der Nuklease mittelst „optischer Methode". Zeitschr. f. physiol. Chem. **70**, 85. 1910.

240   D. Die Nuklein und Nukleinbasen spaltenden Fermente.

Ausführung. Von der Nukleinsäurelösung werden 20 ccm mit 2 ccm Serum gemischt und sofort bei Zimmertemperatur polarisiert. Das Polarisationsrohr wird dann in einen Ostwaldschen Thermostaten bei 37° hineingetaucht und nach bestimmten Zeiten wieder polarimetrisch untersucht, nachdem man es auf Zimmertemperatur abgekühlt hat. Die Untersuchung gelingt aber besser, wenn man die Temperatur des Rohres im Polarimeter selber auf 37° hält. Hierfür dürfte das von Abderhalden angegebene Polarisationsrohr sich am besten eignen (s. S. 210).

Jeder Versuch muß gleichzeitig von einem Kontrollversuch begleitet sein, bei dem das Serum durch ein gleiches Quantum physiologischer Kochsalzlösung ersetzt ist.

Die Abnahme des Drehungswinkels im Verhältnis zur Zeit bei konstanter Temperatur gibt ein genaues Maß der Wirkung der in einer bestimmten Flüssigkeit oder in einem Extrakt enthaltenen Nuklease.

Auch für die Untersuchnng der Hefennuklease ist nach Neuberg[1]) diese Methode sehr geeignet.

Darstellung von nukleasehaltigen Extrakten.

a) aus tierischen Organen.

Das zu untersuchende Organ wird gründlichst zerkleinert, der Organbrei mit dem doppelten Volumen Wasser unter Zusatz von Toluol resp. Chloroform versetzt, das Gemisch gründlichst geschüttelt und mehrere Stunden bei Zimmertemperatur stehen gelassen. Längeres (1—2stündiges) Stehen schwächt die Wirkung wesentlich ab. Danach wird der Brei koliert und durch ein Faltenfilter filtriert. Das so erhaltene Extrakt enthält wirksame Nuklease.

Statt den Organbrei zu extrahieren, kann man auch so vorgehen, daß man ihn mit Hilfe einer Handpresse oder einer hydraulischen Presse auspreßt, den Preßsaft mit der doppelten Menge Wasser verdünnt und filtriert. Das Filtrat enthält dann die Nuklease in wirksamer Form.

Auch Trockenpräparate von Organen lassen sich zu diesen Versuchen verwenden. Sachs stellte ein solches aus Pankreas in der Weise her, daß er 570 g Pankreas mit Sand und Kieselgur zerrieb und mit der Buchnerschen Presse auspreßte. Der gewonnene Saft (100 ccm) wurde sofort mit Ammonsulfat bis zur Sättigung versetzt, der entstandene Niederschlag abfiltriert und mit Alkohol und Äther getrocknet. Der getrocknete

---

[1]) C. Neuberg, Über die Erkennung von enzymatischer Nukleinsäurespaltung durch Polarisation, Biochem. Zeitschr. **30**, 505. 1911.

Niederschlag verflüssigte, in destilliertem Wasser gelöst, nukleinsaures Natrium vollkommen in einigen Stunden (Probe auf Gelatinieren fiel nachher negativ aus). Das Pulver zeigte noch nach zweimonatlichem Aufbewahren unverändert seine Wirkung.

b) aus pflanzlichem Material.

Nach Iwanoff[1]) wird das sporentragende Myzel eines Schimmelpilzes mit Wasser gewaschen, bei 30° getrocknet und dann im Mörser mit etwas Wasser und Kieselgur zerrieben. Die abfiltrierte Flüssigkeit enthält die Nuklease und kann sogleich zum Versuch verwandt werden.

In der gleichen Weise verfährt man mit Pflanzenkeimlingen.

Die Darstellung eines Extraktes aus Schimmelpilzen und Bakterien kann man sich ersparen, wenn man statt dessen die Schimmelpilze und Bakterien direkt zum Versuch verwendet. Man impft dann eine erstarrte Lösung von a-thymonukleinsaurem Natrium mit ihnen und beobachtet, ob eine Verflüssigung eintritt oder nicht.

Noch besser verwendet man statt einer Nukleinsäuregelatine nach Schittenhelm und Schroeter[2]) eine Nährlösung von folgender Zusammensetzung: Nukleinsaures Natrium 15,0 g, Chlornatrium 6 g, Chlorcalcium 0,1 g, Magnesiumsulfat 0,3 g, Wasser 1000 ccm. Man sterilisiert diese Lösung im Dampftopf, impft sie täglich mit den entsprechenden Kulturen und untersucht sie nach 4—5 tägigem Aufenthalt im Brutschrank auf Purinbasen und eventuell auf deren Zersetzungsprodukte.

2. Purinbasen spaltende Fermente.

Diese Gruppe umfaßt zwei Fermenttypen, bei denen man zu unterscheiden hat zwischen desamidierenden und oxydierenden. Man spricht deshalb auch von Purindesamidasen und von Xanthinoxydasen. Die Purindesamidasen führen das Adenin in Hypoxanthin und das Guanin in Xanthin über, die Xanthinoxydasen oxydieren das Hypoxanthin zu Xanthin und das Xanthin zu Harnsäure.

---

[1]) L. Iwanoff, Über die fermentative Zersetzung der Thymonukleinsäure durch Schimmelpilze. Zeitschr. f. physiol. Chem. **39**, 31. 1903.

[2]) A. Schittenhelm und F. Schroeter, Über die Spaltung der Hefenukleinsäure durch Bakterien. Zeitschr. f. physiol. Chem. **39**, 203. 1903 u. **40**. 62. 1904.

a) Purindesamidasen.
1. Guanase.

Eigenschaften. Sie führt das Guanin unter Abspaltung der NH_2-Gruppe in das Xanthin über. Dieser desamidierende Vorgang wird am besten klar an dem Bilde der Strukturformeln

$$NH_2\cdot\underset{\underset{\text{Guanin}}{}}{\underset{N-C-N}{\overset{NH-CO}{\overset{|\ \ \ \ |}{C\ \ \ C-NH}}}\!\!\!\!\!\!\!\!\!\!\!\!\!\!>\!\!CH} \quad \rightarrow \quad OH\underset{\underset{\text{Xanthin}}{}}{\underset{N-C-N}{\overset{NH-CO}{\overset{|\ \ \ \ |}{C\ \ \ C-NH}}}\!\!\!\!\!\!\!\!\!\!\!\!\!\!>\!\!CH}$$

Vorkommen. Sie findet sich in der Rinderleber und Rindermilz, Kaninchenleber, Kaninchenlunge, Katzenleber, Hundemilz und in allen daraufhin untersuchten menschlichen Organen, fehlt aber in der Milz des Schweines.

Nachweis. Man läßt ein die Guanase enthaltendes Organextrakt (Darstellung s. weiter unten) auf Guanin mehrere Tage bei Brutschranktemperatur einwirken und isoliert nachher aus dem Verdauungsgemisch das aus dem Guanin gebildete Xanthin.

Am zweckmäßigsten geht man nach Schittenhelm[1]) folgendermaßen vor.

0,5 g Guanin werden in möglichst wenig Normalnatronlauge gelöst, mit 500 ccm des die Guanase enthaltenden Organextraktes (s. unten) versetzt und unter Zugabe von Chloroform und Toluol 5—10 Tage im Brutschrank bei 37⁰ C gehalten. Der Zusatz von Toluol zu dem Gemisch ist von großer Wichtigkeit, weil auf diese Weise für Luftabschluß gesorgt wird; denn bei Zutritt von Luft wird das aus dem Guanin gebildete Xanthin zum größten Teil weiter zu Harnsäure oxydiert. Nach Beendigung des Versuches wird die Mischung mit 15 ccm konzentrierter Schwefelsäure am Rückflußkühler 3 Stunden lang gekocht, dann mit Natronlauge alkalisch, mit Essigsäure wieder schwach sauer gemacht, kurz aufgekocht und vom Eiweißniederschlag abfiltriert. Der Niederschlag wird nochmals in Wasser suspendiert, durch Natronlauge in der Hitze gelöst und wieder mit Essigsäure ausgefällt. Aus den vereinigten Filtraten werden die Purinkörper mit der Kupfersulfat-Bisulfitmethode gefällt, abfiltriert und mit heißem Wasser gut ausgewaschen. Danach werden die Kupferoxydulverbindungen in heißem Wasser suspendiert, mit Schwefelwasserstoff zerlegt, aufgekocht, filtriert

---

[1]) A. Schittenhelm, Über die Fermente des Nukleinstoffwechsels. Zeitschr. f. physiol. Chem. **43**, 228. 1904 und Über die Harnsäurebildung und Harnsäurezersetzung in den Auszügen der Rinderorgane. Zeitschr. f. physiol. Chem. **45**, 121. 1905.

und das Filtrat bei salzsaurer Reaktion eingeengt. Zur weiteren Reinigung nimmt man die salzsaure Lösung wieder in Wasser auf, erhitzt sie unter Zugabe von etwas Natronlauge, damit wieder alles in Lösung geht, neutralisiert mit Essigsäure und fällt nun wiederum mit der Kupfersulfat-Bisulfidmethode. Die Zerlegung des Kupferniederschlages geschieht dann wie vorhin und die salzsaure Lösung wird bis zur Trockne auf dem Wasserbad eingeengt. Nach möglichster Beseitigung der überschüssigen Salzsäure durch wiederholtes Abdampfen wird der Rückstand in ca. 100 ccm verdünntem Ammoniak digeriert und mehrere Stunden im Eisschrank stehen gelassen. Dabei fallen Harnsäure und Guanin aus, während das Xanthin in Lösung bleibt. Durch Einengen der Lösung wird es in typischen Schollen erhalten und kann nun mit Hilfe der Elementaranalyse identifiziert werden.

2. Adenase.

Eigenschaften. Sie führt das Adenin in Hypoxanthin über unter Abspaltung der NH_2-Gruppe.

$$\begin{array}{cc} \text{N=C.NH}_2 & \text{N=C.OH} \\ | \quad | & | \quad | \\ \text{CH} \quad \text{C—NH} & \text{CH} \quad \text{C—NH} \\ || \quad || \quad \rangle\text{CH} \;\to\; & || \quad || \quad \rangle \\ \text{N—C—N} & \text{N—C—N} \\ \text{Adenin} & \text{Hypoxanthin} \end{array}$$

Vorkommen. Sie findet sich meist in Gesellschaft der Guanase. Nur in der Schweinemilz findet sie sich allein, während wiederum in der Rindermilz beide Fermente vorhanden sind. (Jones und Winternitz[1]).

Nachweis. Zu 500 ccm Organextrakt resp. Fermentlösung (Darstellung s. weiter unten) werden 0,5 g Adeninsulfat[2]) zugesetzt und dem Gemisch außer Chloroform noch Toluol zugefügt, um den Zutritt von Luft und damit eine weitere Umsetzung des zu erwartenden Hypoxanthins zu vermeiden. Diese Mischung läßt man 5—10 Tage im Brutschrank bei 37° C stehen. Nach Ablauf der Frist wird mit Essigsäure schwach angesäuert, aufgekocht und sofort von den abgeschiedenen Eiweißsubstanzen abfiltriert. Um Verluste an Purinbasen zu vermeiden, kocht

---

[1]) W. Jones u. M. C. Winternitz, Über die Adenase, Zeitschr. f. physiol. Chem. 44, 1. 1905; Dieselben, Über den Nukleinstoffwechsel mit besonderer Berücksichtigung der Nukleinfermente in den menschlichen Organen, ebendort, 60, 180. 1909.

[2]) Hat man reines Adenin, so löst man 0,5 g in wenig Normalnatronlauge und setzt die Lösung dem Organextrakt zu.

man den Rückstand mehrmals mit verdünnter Essigsäure aus, vereinigt die Filtrate, macht sie nach dem Abkühlen mit Ammoniak alkalisch und filtriert von den etwa entstehenden Niederschlägen (phosphorsaure Ammoniakmagnesia) ab. Das klare Filtrat wird mit einem Überschuß von ammoniakalischer Silberlösung versetzt, der Niederschlag ein paar Stunden später abfiltriert, gründlichst mit verdünntem Ammoniak gewaschen, in Wasser aufgeschwemmt und mit Salzsäure zersetzt. Falls notwendig, wird dann die saure Lösung mit Tierkohle behandelt, das Filtrat bis zur Trockne eingeengt und das Eindampfen des Trockenrückstandes unter Ersatz des verdampfenden Wasser so lange wiederholt, bis nur noch schwach saure Reaktion vorhanden ist. Der Rückstand wird dann mit wenig (50 bis 80 ccm) Wasser in der Wärme digeriert und 3—4 Stunden in der Kälte stehen gelassen. Der nicht in Lösung gegangene Anteil wird abfiltriert und gesondert auf Xanthin resp. Harnsäure verarbeitet. Das Filtrat wird dann zunächst auf die Anwesenheit von unverändert gebliebenem Adenin untersucht, indem einige Tropfen der Lösung auf einem Uhrschälchen mit ein paar Tropfen einer 1 %igen alkoholischen Pikrinsäurelösung versetzt werden. Bei Gegenwart von Adenin tritt deutliche Trübung ein. In diesem Falle wird die gesamte Lösung mit einer gerade ausreichenden Menge von Pikrinsäurelösung versetzt, der entstandene Niederschlag sofort abgesaugt und mit kaltem Wasser gewaschen. Das Adeninpikrat wird, falls erforderlich, aus heißem Wasser umkristallisiert, wobei es sich in Form von dunkelgelben makroskopischen Prismen abscheidet. — Das Filtrat des Adeninpikrates wird mit H_2SO_4 angesäuert und durch Ausschütteln mit Benzol oder Toluol von der überschüssigen Pikrinsäure entfernt. Danach wird mit Ammoniak alkalisch gemacht und die in Lösung enthaltene Base mit ammoniakalischer Silberlösung gefällt. Der Niederschlag wird mit Schwefelwasserstoff zersetzt, filtriert und eingeengt, der Rückstand in 20 ccm heißer Salpetersäure (90 ccm H_2O + 10 ccm konz. HNO_3) gelöst und stehen gelassen. Beim Erkalten scheidet sich Hypoxanthinnitrat in reinem Zustande in wetzsteinförmigen Kristallen ab.

Darstellung von Guanase resp. Adenase haltigen Lösungen resp. Extrakten.

In der Mehrzahl der Fälle genügt ein wässeriges Extrakt des zu untersuchenden Organes. Man stellt sich dasselbe nach Schittenhelm[1]) in der Weise her, daß man das betreffende

---

[1]) A. Schittenhelm, Über die Harnsäurebildung in Gewebsauszügen. Zeitschr. f. physiol. Chem. 42, 254. 1904.

2. Purinbasen spaltende Fermente.

Organ in möglichst frischem Zustande ganz fein zerkleinert, den Brei durch ein feines Sieb preßt oder noch mit Kieselgur oder Quarzsand in einer Reibeschale fein zerreibt. Dann werden zu je 1 Teil Organbrei 2—3 Teile Wasser zugesetzt, das Gemisch unter Zugabe von Chloroform gründlichst durchgerührt und geschüttelt und schließlich mehrere Stunden stehen gelassen. Die durch mehrstündiges Stehen abgesetzte Flüssigkeit wird koliert und durch aufgeschwemmtes Filtrierpapier filtriert. Das so erhaltene Extrakt ist zwar noch beträchtlich trüb, enthält aber keine gröberen Organbestandteile mehr. Auf eine Filtration durch Faltenfilter, wobei absolute Klarheit des Filtrates erzielt werden kann, darf in den meisten Fällen wegen der Langwierigkeit des Filtrationsprozesses verzichtet werden. — Von einem solchen Extrakt verwendet man meist 500 ccm zu einem Versuch. Derartige Extrakte behalten, im Eisschrank unter Toluol und Chloroform aufbewahrt, wochenlang ihre Wirksamkeit.

Man hat dann ein solches Extrakt weiter zu reinigen versucht, indem man es mit Alkohol gefällt, den Niederschlag mit Wasser extrahiert und das wässerige Extrakt abfiltriert hat. Die Wirkung eines solchen Extraktes ist aber eine weit schwächere als die des direkt aus dem Organ gewonnenen Extraktes.

Braucht man für seine Versuche eine möglichst reine Fermentlösung, so verfährt man nach der Vorschrift von Jacoby-Schittenhelm[1]) in der Weise, daß man das möglichst fein zerkleinerte Organ mit Quarzsand gründlichst verreibt, mit der doppelten Menge destilliertes Wasser versetzt und nach Zugabe von Toluol einige Stunden unter häufigem Schütteln stehen läßt. Dann wird das Extrakt vom Rückstand durch Kolieren und Filtrieren (Faltenfilter) getrennt und mit so viel gesättigter Ammonsulfatlösung versetzt, daß 25 %ige Sättigung erreicht wird. Dabei hat man ständig darauf zu achten, daß stets so viele Tropfen verdünnter Sodalösung zuzufügen sind, daß die Flüssigkeit schwach alkalisch reagiert und deutlich nach Ammoniak riecht. Nach 24 Stunden wird von dem meist geringen Niederschlag abfiltriert, das Filtrat in der gleichen Weise mit gesättigtem Ammonsulfat auf $33\frac{1}{3}$ %ige Sättigung gebracht und der Niederschlag wiederum nach 24 Stunden durch Filtration entfernt. Das so erhaltene wasserklare, meist aber dunkle Filtrat wird auf 66 %ige Sättigung mit Ammonsulfat gebracht; dabei entsteht eine mäßige Fällung, von der nach abermals 24 Stunden abfiltriert wird. Dieser das Ferment enthaltende Niederschlag wird in 500 bis 800 ccm Wasser suspendiert, mit etwas Chloroform versetzt und

---

[1]) A. Schittenhelm, l. c. **42**, 229. 1904.

das Ganze ½—1 Stunde auf der Schüttelmaschine geschüttelt. Dann wird so lange gegen fließendes Wasser dialysiert, bis kein Ammoniak mehr nachweisbar ist, was meist 6—8 Tage erfordert. Nunmehr wird filtriert, und die so erhaltene, leicht gelblichbraune Fermentlösung kann direkt zu den Versuchen benutzt werden. Von Purinkörpern ist eine solche Lösung so gut wie frei. Sie ist stets außerordentlich wirksam.

Ein lange Zeit haltbares Präparat kann man gewinnen, wenn sich aus dem betreffenden Organ nach der Vorschrift von Wiechowski (s. S. 21) ein Pulver herstellt. Dies extrahiert man dann mit Wasser und stellt mit dem wässerigen Extrakt seine Versuche an.

b) Xanthinoxydasen.

Eigenschaft. Sie haben die Fähigkeit, Hypoxanthin zu Xanthin und Xanthin zu Harnsäure zu oxydieren. Ob hierbei zwei verschiedene Fermente mitwirken, von denen das eine Hypoxanthin in Xanthin, das andere Xanthin in Harnsäure umsetzt, ist bisher noch nicht entschieden. Deshalb sollen beide Fermentwirkungen zusammen besprochen werden.

$$\begin{array}{c}NH-CO\\|\quad\;\;|\\CH\;\;C-NH\\\|\;\;\;\|\quad\diagdown\\\quad\quad\quad\;\;CH\\|\;\;\;\|\quad\diagup\\N-C-N\end{array}\;\to\;\begin{array}{c}NH-CO\\|\quad\;\;|\\CO\;\;C-NH\\|\;\;\;\|\quad\diagdown\\\quad\quad\quad\;\;CH\\|\;\;\;\|\quad\diagup\\NH-C-N\end{array}\;\to\;\begin{array}{c}NH-CO\\|\quad\;\;|\\CO\;\;C-NH\\|\;\;\;\|\quad\diagdown\\\quad\quad\quad\;\;CO\\|\;\;\;\|\quad\diagup\\NH-C-NH\end{array}$$

Hypoxanthin   Xanthin   Harnsäure

Vorkommen. Sie finden sich in Milz, Lunge, Darm, Leber und Muskel vom Rinde, in Milz, Darm und Lunge vom Hunde, in der menschlichen Leber, in der Pferdemilz und in der Schweineleber; nur in der Niere und der Thymus der daraufhin untersuchten Tiere fehlen sie. Doch ist nicht ausgeschlossen, daß sie auch hier vorhanden sind, daß sie nur deshalb zu fehlen scheinen, weil die von ihnen gebildete Harnsäure sofort weiter zerstört wird.

Nachweis. Er geschieht in der Weise, daß man zu dem zu untersuchenden Organextrakt Hypoxanthin oder Xanthin zusetzt, durch das Gemisch stark Luft durchleitet, um für die Gegenwart von Sauerstoff zu sorgen, und nach Ablauf einer bestimmten Frist die gebildete Harnsäure bestimmt. — Statt des Hypoxanthins und Xanthins kann man auch Adenin und Guanin für diese Versuche verwenden, da die meisten Organextrakte neben der Oxydase auch die Desamydase enthalten. — Besondere Aufmerksamkeit verlangen die Versuche mit Organextrakten, die außer der Oxydase gleichzeitig auch die Urikolyse enthalten,

2. Purinbasen spaltende Fermente.

weil durch sie die gebildete Harnsäure sehr schnell weiter oxydiert wird. Das ist besonders bei der Rinderleber und den Rindermuskeln der Fall. Vollkommen frei dagegen von Urikolyse ist das Rindermilzextrakt. — Im einzelnen gestaltet sich der Versuch nach Schittenhelm[1]) folgendermaßen:

Man löst 0,5 g Hypoxanthin oder Xanthin (resp. Adenin oder Guanin) in möglichst wenig Normalnatronlauge und setzt diese Lösung zu ca. 500 ccm Organextrakt (Darstellung s. unten). Zu dem Gemisch fügt man Chloroform und Toluol hinzu, bringt es in einen Brutschrank und läßt es, indem man Luft in kräftigem Strome durchleitet, dort mehrere Tage stehen. Bei Verwendung von Rindermilz ist die Umwandlung der Purinbase in Harnsäure bereits nach wenigen Stunden beendet. Andere Organe erfordern eine Digestion von 3—5 Tagen. In diesem Falle muß man täglich das durch die Luft herausgetriebene Chloroform durch neues ersetzen. — Nach Beendigung der Digestion wird das Gemisch natronalkalisch kurz aufgekocht, mit Essigsäure schwach angesäuert und von dem entstandenen Niederschlag abfiltriert. Es empfiehlt sich, den Niederschlag mehrmals mit verdünnter Essigsäure auszukochen und die verschiedenen Extrakte mit dem Hauptfiltrat zu vereinigen. In den vereinigten Filtraten werden nach Alkalisierung mit Ammoniak und, falls erforderlich, nach abermaliger Filtration die Purinbasen mitsamt der Harnsäure mit ammoniakalischer Silberlösung[2]) ausgefällt, nach einigen Stunden abfiltriert und der Rückstand mit schwach ammoniakalischem Wasser gut ausgewaschen. Der Niederschlag wird mit Schwefelkaliumlösung zersetzt, zu dem Gemisch nach Wieners[3]) Angaben einige Kubikzentimeter einer gesättigten Aluminiumazetatlösung zugesetzt, ganz schwach essigsauer gemacht und filtriert. Man erzielt auf diese Weise stets ein klares Filtrat. Der dicke Niederschlag wird nochmals ausgekocht und die vereinigten Filtrate salzsauer auf wenige Kubikzentimeter eingedampft und einige Stunden stehen gelassen. Dabei scheidet sich die Harnsäure ab. Sie wird auf ein vorher gewogenes gehärtetes Filter gebracht, mit schwach salzsaurem Wasser gewaschen, mit heißem Alkohol zur Entfernung der Fettsäuren und mit Schwefelkohlenstoff zur Entfernung des anhaftenden Schwefels gereinigt, mit Äther getrocknet und endlich gewogen. Ist die erhaltene Menge

---

[1]) A. Schittenhelm, Über die Fermente des Nukleinstoffwechsels. Zeitschr. f. physiol. Chem. 43, 232. 1904/05.
[2]) Statt der Silberfällung kann man sich ebensogut der Natriumbisulfit-Kupfersulfat-Fällung nach Krüger bedienen.
[3]) H. Wiener, Über Zersetzung und Bildung von Harnsäure im Tierkörper. Arch. f. exper. Pathol. u. Pharm. 42, 373. 1899.

zur Analyse zu gering, so wird sie nach Horbaczewski[1]) aus konzentrierter Schwefelsäure (0,20 ccm auf 0,1 g Substanz und Wiederausfällung durch das 4fache Volumen Wasser) umkristallisiert und die so erhaltene Harnsäure durch die Murexidprobe und ihre Kristallform identifiziert. Soll eine Analyse der Harnsäure vorgenommen werden, so wird die Harnsäure 2—3 mal in Natronlauge gelöst, mit Tierkohle entfärbt und durch Salzsäure aus dem Filtrat wieder ausgefällt. Das mit Alkohol und Äther gewaschene Endprodukt wird nach Trocknen · bei 100° bis zur Gewichtskonstanz getrocknet.

Das salzsaure Filtrat der Harnsäure wird zwecks Untersuchung auf unveränderte Purinbasen zur Trockne eingedampft, der Rückstand in Natronlauge gelöst, die Lösung mit Essigsäure neutralisiert und nun eine nochmalige Silberfällung resp. Kupferfällung vorgenommen.

Bezüglich der Verarbeitung auf Xanthin s. S. 242.

Hat man den Versuch mit Hypoxanthin angesetzt und will man feststellen, ob sich noch unverändertes Hypoxanthin in dem Gemisch befand, so wird der Silberniederschlag mit Schwefelwasserstoff zersetzt, filtriert, eingeengt, der Rückstand in heißer Salpetersäure (90 Teile Wasser, 10 Teile konz. Salpetersäure) gelöst und stehen gelassen. Beim Erkalten scheidet sich das Hypoxanthinnitrat in reinem Zustande in wetzsteinförmigen Kristallen ab und kann getrocknet und gewogen werden.

Darstellung von Xanthinoxydasen enthaltenden Lösungen.

Da Lösungen resp. Extrakte von Xanthinoxydasen weit weniger haltbar sind als Lösungen von Purindesamidasen, so ist es ratsam, die Extrakte stets frisch zu bereiten. Die wirksamsten Lösungen liefern nach Schittenhelm wässerige Extrakte aus Rindermilz.

Burian[2]) empfiehlt für die Herstellung gut wirksamer Xanthinoxydase die Rinderleber. Das Organ wird fein zerkleinert und 1 Gewichtsteil des Leberbreies mit 2 Gewichtsteilen Chloroformwasser versetzt. Dieses Gemisch bleibt 1—2 Tage unter dauernd guter Eiskühlung stehen. Dauerndes Schütteln oder Rühren des Breies ist durchaus überflüssig. Danach wird koliert und durch ein Faltenfilter filtriert. Ein solches Extrakt enthält nur sehr geringe Quantitäten von Purinbasen und nur

---

[1]) J. Horbaczewski, Über die Trennung der Harnsäure von den Xanthinbasen. Zeitschr. f. physiol. Chem. 18, 341. 1894.

[2]) R. Burian, Über die oxydative und die vermeintliche synthetische Bildung von Harnsäure im Rinderleberauszug. Zeitschr. f. physiol. Chem. 43, 498. 1904/05.

Spuren von Nukleoproteiden. Sie liefert ohne Xanthinkörperzusatz bei Digestion unter O_2-Zufuhr so gut wie keine Harnsäure; sie hat deshalb vor den purinbasenreichen Extrakten den Vorzug, die Einwirkung der Oxydase auf zugesetztes Xanthin oder Hypoxanthin fast ganz rein hervortreten zu lassen und eignet sich ganz besonders zur · Entscheidung der Frage, ob neben der oxydativen auch noch eine synthetische Harnsäurebildung in den Rinderleberextrakten vor sich gehen kann.

Oxydaselösungen, die sicher vollkommen frei von Nukleoproteiden und Purinbasen sind, erhält man mit Hilfe der Jacoby-Schittenhelmschen Aussalzmethode mit Ammonsulfat. Genaueres darüber s. S. 245.

Herstellung von Trockenpräparaten aus den Organen nach der Methode von Wiechowski sind weniger geeignet, da die Wirksamkeit der Oxydase sehr bald erlischt.

c) Harnsäureoxydase (urikolytisches Ferment, Urikase).

Eigenschaften. Sie hat die Fähigkeit, Harnsäure in Gegenwart von Sauerstoff unter Entwicklung von Kohlensäure zu oxydieren, und zwar geht die Harnsäure dabei vermutlich quantitativ in Allantoin über.

$$\begin{array}{c}HN-CO\\|\quad|\\OC\quad C-NH\\|\quad\|\quad\rangle CO\\HN-C-NH\end{array} + H_2O + O = OC\begin{array}{c}NH-CH-HN\\|\\NH-CO\quad H_2N\end{array}\rangle CO + CO_2$$

Harnsäure — Allantoin

Das Optimum ihrer Wirkung liegt zwischen 50 und 55° C.

Vorkommen. Das Ferment ist weit verbreitet. Bisher konnte man es nachweisen beim Rind in Niere, Leber und Muskeln, in der Leber vom Hund, vom Schwein, von der Katze und dem Kaninchen, in der Niere vom Pferd und Kaninchen. In menschlichen Organen ist der Nachweis bisher noch nicht mit Sicherheit gelungen.

Nachweis. Zu der das Ferment enthaltenden Lösung setzt man 0,3—0,5 g Harnsäure zu, die man zuvor in möglichst wenig $\frac{n}{n}$ Natronlauge gelöst hat, und läßt das Gemisch nach Zugabe von Chloroform oder Toluol mehrere Stunden im Brutschrank bei 37° C unter ständiger Luftdurchleitung stehen. Wiechowski[1])

---

[1]) W. Wiechowski, Die Produkte der fermentativen Harnsäurezersetzung durch tierische Organe. Hofmeisters Beitr. d. chem. Physiol. u. Pathol. **9**, 295. 1907.

schüttelte 8 Stunden lang auf der Schüttelmaschine bei 40°. Danach wird mit Essigsäure schwach angesäuert, aufgekocht und filtriert, der Filterrückstand wiederholt mit Essigsäure extrahiert und die Extrakte mit dem ersten Filtrat vereinigt. Die gesamte Flüssigkeit wird auf ein kleineres Volumen gebracht und mit Ammoniak leicht alkalisch· gemacht; danach wieder filtriert und mit dem Filtrat nun eine Silberfällung vorgenommen. Die Fällung wird gewaschen, mit Salzsäure zersetzt und bis zum nächsten Tage stehen gelassen. Dabei scheidet sich die unzersetzt gebliebene Harnsäure aus. Diese wird nach Horbascewski (s. S. 247) aus konzentrierter Schwefelsäure umkristallisiert und nach dem Trocknen ihr Gewicht festgestellt. Aus der Differenz zwischen der angewandten und der zurückgewonnenen Menge berechnet sich die Menge der zersetzten Harnsäure.

Will man das nächste Abbauprodukt der Harnsäure, das Allantoin, bestimmen, so entfernt man aus dem Filtrat der Silberfällung das überschüssige Silber durch H_2S, vertreibt den Schwefelwasserstoff, engt die Lösung ein und prüft in einer kleinen Probe, ob man mit Phosphorwolframsäure einen Niederschlag bekommt. Ist das der Fall, so gibt man zu der ganzen Lösung die gerade ausreichende Menge Phosphorwolframsäure (10 %ige Lösung) zu und läßt mindestens 1 Stunde stehen. Danach filtriert man ab, entfernt die überschüssige Phosphorwolframsäure durch die entsprechende Menge Baryt, säuert mit Essigsäure an und setzt von einer 0,5%igen Quecksilberazetatlösung, die mit Natriumazetat gesättigt ist, so viel zu, bis kein Niederschlag mehr entsteht. Nach einer Stunde wird der Niederschlag abfiltriert, so lange mit Wasser gewaschen, bis sich im Wasser kein Quecksilber mehr mit Schwefelnatrium nachweisen läßt, und dann der Niederschlag mit H_2S zersetzt. Aus dem vom Quecksilbersulfid und H_2S befreiten Filtrat scheidet sich beim Einengen das Allantoin in kleinen glänzenden Prismen ab. Sind die Kristalle gefärbt, so löst man sie in wenig 3%iger H_2O_2, engt auf dem Wasserbad zur Trockne ein und bekommt auf diese Weise ein absolut farbloses Produkt.

Statt die unzersetzt gebliebene Harnsäure resp. das gebildete Allantoin quantitativ zu bestimmen, kann man auch, wie dies Batelli und Stern[1]) getan haben, die Menge der bei der Harnsäureoxydation entstandenen Kohlensäure quantitativ ermitteln.

Darstellung von urikolytischen Fermentlösungen.

Am raschesten gewinnt man ein wirksames Extrakt, wenn man das zu untersuchende Organ gründlichst zerkleinert und

---

[1]) F. Batteli und L. Stern, Untersuchungen über die Urikase in den Tiergeweben. Biochem. Zeitschr. **19**, 219. 1909.

2. Purinbasen spaltende Fermente.

mit Chloroformwasser extrahiert, etwa in der Weise, wie Burian das für die Herstellung der Xanthinoxydase angibt (s. S. 248). Ein besonders wirksames Extrakt liefert die Rinderniere.

Ebenso wirksame Lösungen, die noch den Vorzug haben, daß sie vollkommen eiweißfrei sind, erhält man nach der Vorschrift von Wiechowski[1]). Zu dem Zweck bereitet man aus dem zu untersuchenden Organ zunächst ein feingemahlenes trockenes Pulver, für dessen Herstellung er genau Vorschriften gibt (s. Originalarbeit). Aus diesem Pulver wird die Fermentlösung in der Weise gewonnen, daß man das Pulver in 0,05 %ige Sodalösung bringt, gegen eine ebenso starke Sodalösung mehrere (5—6) Tage bei Gegenwart von Toluol dialysiert und hinterher in der Wärme bei 37° C extrahiert und abzentrifugiert. Das Zentrifugat kann man weiter reinigen, indem man es mit $^1/_{10}$ bis $^1/_{20}$ Volumen einer Kaliumazetatlösung (in Wasser āā) versetzt. Der Niederschlag wird abfiltriert und wieder in Karbonatlösung gelöst. Auf diese Weise erhält man schließlich eine farblose und eiweißfreie Fermentlösung.

Schittenhelm[2]) empfiehlt zur Isolierung des urikolytischen Fermentes aus Organen folgendes Verfahren:

Man zerkleinert das betreffende Organ, beispielsweise Rinderniere, möglichst fein, verreibt gründlich mit Quarzsand, setzt zu dem Brei eine der Hälfte seines Volumens entsprechende Menge Wasser und schüttelt mehrere Stunden auf der Schüttelmaschine. Dann wird koliert und die erhaltene Kolatur nach der Vorschrift von Rosell[3]) mit einer gesättigten Lösung von Uranylazetat unter gleichzeitiger Zufügung einer Mischung von Natriumkarbonat und Natriumphosphat, so daß die Lösung stets alkalisch bleibt, so lange versetzt, bis sich grobe Flocken bilden. Nachdem diese sich abgesetzt haben, dekantiert man und filtriert. Der Filterrückstand wird in 500—800 ccm 0,2 %iger Sodalösung fein verrieben oder besser, einige Stunden geschüttelt und bleibt dann ca. 12 Stunden stehen. Alsdann wird durch ein Faltenfilter filtriert. Das Filtrat, welches das Ferment enthält, kann dann direkt zum Versuch verwandt werden.

Ein sehr wirksames Extrakt erhält man auch, wenn man nach Battelli und Stern (l. c. S. 233) folgendermaßen vorgeht: Das betreffende Organ wird gründlich zerkleinert und fein

---

[1]) W. Wiechowski, Eine Methode zur chemischen und biologischen Untersuchung überlebender Organe. Hofmeisters Beitr. **9**, 232. 1907.

[2]) A. Schittenhelm, Über das urikolytische Ferment. Zeitschr. f. physiol. Chem. **45**, 161. 1905.

[3]) Rosell, Über Nachweis und Verbreitung intrazellulärer Fermente. Inaug.-Diss. Straßburg 1901.

zerrieben, mit 2,5 Volumen leicht alkalisch gemachten Wassers versetzt und während 15 Minuten umgerührt, dann durch ein Tuch gepreßt und zentrifugiert. Die trübe Flüssigkeit wird mit dem 2½ fachen Volumenalkohol versetzt, der dabei entstehende Niederschlag rasch abzentrifugiert, mit Äther gewaschen und an der Luft getrocknet. Da die Urikase gegenüber Alkohol außerordentlich empfindlich ist, so muß man die Trennung des Niederschlages vom Alkohol außerordentlich schnell bewerkstelligen; je schneller man arbeitet, ein um so wirksameres Produkt bekommt man. — 2 bis 3 g eines solchen Präparates können in 1 Stunde 0,20 g Harnsäure zersetzen, wenn der Versuch in Gegenwart von Luft ausgeführt wird; bei Verwendung von reinem Sauerstoff ist die Menge der zersetzten Harnsäure zwei- bis dreimal so groß.

3. Kreatase, Kreatinase.

Sie zerstören Kreatin und Kreatinin, doch ist über die Abbaustufen beider Körper bisher nichts Genaueres bekannt. Sicher gestellt ist nur, daß das Kreatin durch Anhydrierung in das Kreatinin übergeführt werden kann. Die Reaktion verläuft nach folgender Gleichung:

$$C\begin{array}{l}\diagup NH_2 \\ =NH \\ \diagdown N(CH_3)-CH_2 \cdot COOH\end{array} \quad -H_2O \rightarrow \quad C\begin{array}{l}\diagup NH-\!\!\!-\!\!\!-CO \\ =NH \qquad\qquad | \\ \diagdown N(CH_3)-CH_2\end{array}$$

Kreatin   Kreatinin

Vorkommen. Sie finden sich in Leber, Niere, Muskeln, Milz, Lunge und Schilddrüse.

Nachweis.

Gottlieb und Stangassinger[1]) empfehlen folgendes Verfahren:

20—50 g Organextrakt (Darstellung s. unten) werden mit 50—100 mg Kreatin resp. Kreatinin versetzt und nach Zugabe von Toluol in den Brutschrank bei 37⁰ C gestellt. Nach Verlauf von 3—6 Tagen wird die eiweißhaltige Lösung in 150 bzw. 300 ccm 5%ige siedende Chlornatriumlösung eingegossen, bis zum Auftreten eben saurer Reaktion mit verdünnter Essigsäure versetzt und rasch aufgekocht. Das auskoagulierte Eiweiß wird abfiltriert und mit siedendem Wasser gut nachgewaschen; das Filtrat davon

---

[1]) R. Gottlieb und R. Stangassinger, Über das Verhalten des Kreatins bei der Autolyse. Zeitschr. f. physiol. Chem. **52**, 1. 1907 und Zeitschr. f. physiol. Chem. **55**, 295. 1908.

wird in einem Maßkolben auf ein bestimmtes Volumen gebracht und in zwei Teile geteilt. In der einen Hälfte wird das Kreatinin, in der anderen die Gesamtmenge von Kreatin + Kreatinin bestimmt.

Zur Bestimmung des Kreatinins wird die eine Portion auf dem Wasserbad unter Zusatz von Baryumkarbonat — zur Neutralisation der zugesetzten verdünnten Essigsäure — rasch zur Trockne gebracht und dann die Jafésche Probe mit Pikrinsäure und Alkali angestellt.

Zur Bestimmung des Kreatins + Kreatinins wird die zweite Portion ohne Zusatz von Baryumkarbonat eingeengt und auf 100 ccm mit dem Gehalte von 2,2 % Salzsäure gebracht. Die salzsaure Lösung wird nun zur Umsetzung des vorhandenen Kreatins drei Stunden auf einem lebhaft siedenden Wasserbad erhitzt und dann zur Trockne in einer Porzellanschale eingedampft. Der so erhaltene Trockenrückstand wird in wenig Wasser gelöst, bei Zimmertemperatur mit der erforderlichen Menge natronalkalischer Pikrinsäure versetzt, nach 5 Minuten dauernder Einwirkung derselben in einen Maßkolben gespült und auf das erforderliche Volumen verdünnt; von den ausgeschiedenen kohligen Zersetzungsprodukten wird abfiltriert und die klare Lösung auf den Gesamtgehalt von Kreatinin nach Folin untersucht.

Statt mit Essigsäure und Kochsalz zu koagulieren, empfiehlt es sich, nach Mellanby[1]) das Gemisch mit Alkohol zu koagulieren, das Filtrat bei einer 37° nicht übersteigenden Temperatur einzudampfen, nochmals mit 75 %igem Alkohol zu extrahieren und weiter abzudampfen. Dieses Verfahren ist zwar umständlicher, es gebührt ihm aber nach Rothmann[2]) vor dem anderen entschieden der Vorzug, weil bei der Hitzekoagulation das Kreatin sehr leicht in Kreatinin übergeführt werden kann.

Herstellung von wirksamen Organextrakten.

Gottlieb und Stangassinger empfehlen, die zur Untersuchung bestimmten Organe möglichst frisch zu verarbeiten. Sie werden fein zerhackt, mit Quarzsand innig verrieben und mit physiologischer Kochsalzlösung eine halbe Stunde durchgerührt. Durch Zentrifugieren werden dann Sand und Gewebsteile von der Lösung getrennt und diese, ohne daß man sie weiter zu filtrieren braucht, zu obigen Versuchen verwendet.

---

[1]) E. Mellanby, Kreatin und Kreatinin. Journ. of physiol. **36**, 447. 1908.
[2]) A. Rothmann, Über das Verhalten des Kreatins bei der Autolyse. Zeitschr. f. physiol. Chem. **57**, 131. 1908.

Verzögert sich die Bereitung oder Verwendung der Extrakte aus äußeren Gründen, so können sie mit Toluolzusatz bei Eistemperatur aufbewahrt werden.

Statt mit Extrakten kann man auch mit Preßsäften arbeiten. Man braucht dann nur den Organbrei, wenn man ihn mit Quarzsand oder Kieselgur innig verrieben hat, mit der Buchnerschen Presse auszupressen und kann den Preßsaft dann sofort zum Versuch verwenden.

4. Arginase.

Sie hat die Fähigkeit, Arginin in Harnstoff und Ornithin zu zerlegen. Ihre Wirkung erfolgt nach dem Schema

$$NH_2 . CNH . NH . C_3H_6 . CHNH_2 . COOH + H_2O =$$
Arginin
$$NH_2 . CO . NH_2 + C_3H_6 . CHNH_2 . COOH$$
Harnstoff — Ornithin

Vorkommen. Koßel und Dakin[1]) entdeckten sie zunächst in der Leber und fanden sie dann weiter in Darmschleimhaut, Niere, Thymus, Lymphdrüsen, Muskeln. Dagegen enthalten Nebennieren, Milz und Pankreasfistelsaft keine Arginase.

Nachweis.

Je nachdem man das zu untersuchende Organ direkt oder ein aus ihm besonders bereitetes Pulver (Darstellung s. unten) zu dem Versuch verwenden will, geht man nach Koßel und Dakin in folgender Weise vor:

a) Versuch mit Organbrei resp. Organpreßsaft.

Eine Lösung von Argininkarbonat — 1 bis 2 g Substanz enthaltend —, deren Stickstoffgehalt man vorher genau festgestellt hat, wird mit ca. 25 g Leberbrei vom frisch getöteten Hund oder mit 20 ccm frisch bereitetem Leberpreßsaft unter Toluolzusatz 5—10 Tage im Brutofen digeriert. Nach Ablauf der Frist wird das Eiweiß in der Siedehitze koaguliert, das frische Koagulum abfiltriert, sorgfältig mit heißem Wasser ausgewaschen und in einer kleinen gemessenen Menge des auf ein bekanntes Volumen aufgefüllten Filtrates die Stickstoffmenge nach Kjeldahl (s. S. 233) bestimmt. Der größere, ebenfalls genau gemessene Teil des Filtrates wird mit Phosphorwolframsäure gefällt und im Filtrat des Phosphor-

---

[1]) A. Koßel und H. D. Dakin, Über die Arginase. Zeitschr. f. physiol. Chem. **41**, 321. 1904. — Dieselben, Weitere Untersuchungen über die fermentative Harnstoffbildung. Zeitschr. f. physiol. Chem. **42**, 181. 1904.

wolframsäureniederschlages wiederum eine Stickstoffbestimmung ausgeführt. Diese ist für die Menge des Harnstoffes maßgebend.

Der Phosphorwolframsäureniederschlag wird jetzt mit Baryt zerlegt, die vom phosphorwolframsauren Baryt abfiltrierte Lösung mit Schwefelsäure angesäuert und sodann mit Silbersulfat und Ätzbaryt in der für die Argininfällung gebräuchlichen Weise ausgefällt. Im Silberniederschlag und in dessen Filtrat wird dann der Stickstoff bestimmt. Ersterer entspricht ungefähr der unzersetzt gebliebenen Argininmenge, letzterer ist zum größten Teil auf das gebildete Ornithin zu beziehen.

Selbstverständlich gibt nicht die ganze im Phosphorwolframsäurefiltrat vorhandene Stickstoffmenge ohne weiteres den bei der Digestion gebildeten Harnstoff an, und ebensowenig darf die durch Phosphorwolframsäure fällbare und durch Silbersalz mit Baryt nicht fällbare stickstoffhaltige Substanz ohne weiteres als neugebildetes Ornithin angesprochen werden. Denn bei der Digestion der Lebersubstanz selber bilden sich Produkte, welche sich wie Arginin, Ornithin und Harnstoff verhalten und von diesen Zahlen in Abzug gebracht werden müssen. Daher muß jedesmal ein Kontrollversuch ausgeführt werden, in der Weise, daß man die gleiche Gewebsmenge ohne Arginin ansetzt und ebenso wie im Hauptversuch verarbeitet. Die im Kontrollversuch gefundenen Werte sind dann von den entsprechenden im Hauptversuch ermittelten abzuziehen.

b) Versuch mit Organpulver.

0,5—1,0 g Organpulver wird in 50 ccm Wasser aufgeschwemmt, mit 1,0—2,0 g Arginin, das vorher gelöst wird, versetzt und unter Zugabe von Toluol mehrere Tage im Brutschranke gehalten. Nach Ablauf der Frist wird filtriert, das Filtrat mit Phosphorwolframsäure gefällt und in dem Phosphorwolframsäurefiltrat der Stickstoff quantitativ bestimmt. Der so ermittelte Wert darf ohne weiteres auf den gebildeten Harnstoff bezogen werden, da die Fermentlösung keinen durch Phosphorwolframsäure nicht fällbaren Stickstoff oder höchstens Spuren davon enthält; er bietet also gleichzeitig einen Anhaltspunkt für das umgesetzte Arginin.

Zur Bestimmung des unverändert gebliebenen Arginins und Ornithins wird der Phosphorwolframsäureniederschlag mit Baryt zerlegt, das Filtrat davon mit Schwefelsäure angesäuert und sodann mit Silbersulfat und Baryt in der für die Argininfällung gebräuchlichen Weise ausgefällt. Der Stickstoffgehalt des Silbersalzes gibt die Menge des unzersetzt gebliebenen Arginins, der des Filtrates der Silberfällung die Menge des entstandenen Ornithins. — Da in der Fermentlösung selber noch stickstoffhaltige Substanzen — wenn auch nur in sehr geringer Menge — vorhanden sind, so empfiehlt es sich, wenn man absolut genaue Werte bekommen will, mit dem Organpulver selber einen blinden Versuch auszuführen, in der gleichen Weise mit Phosphorwolframsäure und Silbersulfat + Baryt zu behandeln und die hierbei gefundenen Werte von den entsprechenden im Hauptversuch ermittelten in Abzug zu bringen.

Darstellung von arginasehaltigen Organpulvern resp. -Extrakten.

Koßel und Dakin empfehlen folgendes Verfahren:

Die Leber eines durch Entbluten getöteten Hundes wird mittelst einer Fleischmaschine zerkleinert, der Brei mit Kieselgur gründlich verrieben und die Masse so lange ausgepreßt, bis etwa 45 % der Leber an Preßsaft gewonnen sind. Die Flüssigkeit wird sodann mit einer Mischung von zwei Volumen Alkohol und einem Volumen Äther gefällt, der entstandene Niederschlag abfiltriert, mit Äther gewaschen und im Exsikkator über Schwefelsäure getrocknet. Aus 200 g Leber erhält man auf diese Weise ungefähr 5 g Arginasepulver, welches nur teilweise in Wasser löslich ist.

Dieses Präparat erwies sich noch nach 2 Monaten wirksam; denn 0,1 g dieses Pulvers waren imstande, 2 g Arginin während eines Tages völlig zu zerlegen. — Auch in wässeriger Lösung ist die Arginase ziemlich beständig. Eine filtrierte Lösung dieses Pulvers, welche 6 Wochen bei Zimmertemperatur gestanden hatte und deren Menge 0,01 g des Pulvers entsprach, wurde zu 0,1 g Arginin hinzugefügt und zersetzte innerhalb 6 Stunden $^3/_4$ dieser Menge.

Statt Leber auszupressen, kann man auch die fein zerhackte Leber mit der 4 fachen Menge 0,2 %iger Essigsäure extrahieren, indem man das Gemisch 12—20 Stunden im Brutofen digeriert, und dann filtrieren. Das Filtrat wird nun in der oben beschriebenen Weise entweder mit Ätheralkohol gefällt und aus dem Niederschlag ein wässeriges Extrakt bereitet, oder man fällt das Filtrat mit Ammonsulfat und befreit den Niederschlag durch Dialyse vom Salz. Die filtrierte Lösung des Niederschlages wirkt ebenfalls kräftig zersetzend auf Arginin ein.

5. Urease.

Sie zerlegt Harnstoff in Kohlensäure und Ammoniak.

$$OC\!\!<\!\!{}^{NH_2}_{NH_2} + H_2O = CO + 2\,NH_3$$

Harnstoff   Kohlensäure   Ammoniak

Vorkommen. Sie findet sich im ammoniakalischen Zystitisharn, ferner in verschiedenen Pilzen und Bakterien und ist neuerdings auch in den Samen zahlreicher Papilionaceen gefunden worden.

Nachweis.

Er beruht auf der Feststellung, daß durch die Fermentlösung aus dem Harnstoff Ammoniak in Freiheit gesetzt worden ist, und auf der quantitativen Bestimmung des gebildeten Ammoniaks.

Der Nachweis geschieht in der Weise, daß man das die Urease enthaltende Material (Darstellung s. unten) mit 50—100 ccm 1 %iger Harnstofflösung und etwas Toluol in ein Kölbchen bringt und das Gemisch mehrere Tage bei Zimmertemperatur oder im Brutschrank bei 37⁰ C aufbewahrt. Zur Kontrolle wird ein zweites Kölbchen mit der gleichen Menge Fermentmaterial, 50—100 ccm Wasser und Toluol beschickt und die nämliche Zeit unter den gleichen Bedingungen gehalten. Nach Ablauf der Frist werden beide Gemische filtriert und in beiden Filtraten das gebildete Ammoniak nach Schloesing bestimmt. Zu dem Zwecke mischt man das Filtrat mit der gleichen Menge alkalifreier Kalkmilch und bringt das Gemisch sofort in einen luftdicht armierten Schloesingschen Apparat. Dort bleibt es 3—4 Tage lang bei 10—15⁰ C stehen. Während dieser Zeit wird das freie Ammoniak aus dem Gemisch ausgetrieben und von der unter der Glasglocke befindlichen, genau gemessenen $^1/_{10}$ normal-Schwefelsäure absorbiert. Man stellt nun durch Titration mit $^1/_{10}$ n NaOH fest, wieviel von der Schwefelsäure durch Ammoniak gebunden worden ist.

Berechnung. Die Differenz zwischen der vorher genau abgemessenen Menge $^1/_{10}$ n H_2SO_4 und der nach Beendigung des Versuches noch ungebundenen, welche durch Titration mit $^1/_{10}$ n NaOH gegen Lackmoid-Malachitgrün (s. S. 234) als Indikator festgestellt ist, ist das Maß für das gebildete Ammoniak. Aus ihr berechnet man das Ammoniak, indem man die ermittelte, durch Ammoniak gebundene Menge $^1/_{10}$ normal-Schwefelsäure mit 1,7034 multipliziert. Auf diese Weise erhält man die Menge Ammoniak in Milligrammen.

Beispiel:

Vorgelegt = 20 ccm $^1/_{10}$ n H_2SO_4
mit $^1/_{10}$ n NaOH zurücktitriert = 13,7 ccm $^1/_{10}$ n H_2SO_4
mithin waren durch NH_3 gebunden = 6,3 ccm $^1/_{10}$ n H_2SO_4
Folglich betrug die gebildete Menge Ammoniak
6,3 . 1,7034 = 10,721 mg.

Statt des etwas lange dauernden und auch nicht ganz zuverlässige Werte liefernden Schloesingschen Verfahrens kann man sich zur Bestimmung des Ammoniaks noch besser der Krüger-Reichschen Methode [1]) bedienen.

Darstellung von ureasehaltigen Trockenpräparaten.

Musculus [2]) verarbeitete zwecks Darstellung der Urease aus Harn dickflüssigen schleimigen, ammoniakalischen Zystitisharn in der Weise, daß er ihn mit Alkohol versetzte. Der dabei entstandene Niederschlag wurde schnell abfiltriert und mit Äther gewaschen. Er enthält das Enzym und kann in wirksamem Zustand lange aufbewahrt werden.

Shibata [3]) kultivierte Aspergillus niger in Pepton-Zucker-Nährlösung (Pepton 1—3 %, Zucker 0,5—3 %, Nährsalz 0,2 %) und hob nach 3—5 wöchentlicher Kulturdauer die Myzelmassen von der Kulturflüssigkeit ab. Dann wurden sie in ein feinmaschiges Sieb gebracht, kurze Zeit einem starken Wasserstrom ausgesetzt, um sie möglichst von den Konidien zu befreien und die letzten Spuren von Kulturflüssigkeit zu entfernen, durch Pressen entwässert und zu einem groben Pulver zerrieben. Hiernach wurden sie in das mehrfache Volumen reinen Azetons eingetragen und unter häufigem Umrühren und einmaligem Wechsel der Flüssigkeit 15 Minuten lang darin belassen. Die vom Azeton abfiltrierte Pilzsubstanz wurde durch Pressen zwischen Filtrierpapier vom Rest der Flüssigkeit befreit und dann mit Äther wiederholt gewaschen. Nach Verdunsten des Äthers wurde die Masse zu feinstem Pulver zerrieben und über Nacht im Thermostaten gehalten. Von diesem Pulver, das die Urease in sehr wirksamer Form enthielt, wurden 0,5—1,0 g zu jedem Versuch verwandt.

---

[1]) M. Krüger und O. Reich, Zur Methodik der Bestimmung des Ammoniaks im Harn. Zeitschr. f. physiol. Chem. **39**, 165. 1903.
[2]) Musculus, Über die Gärung des Harnstoffs. Pflügers Arch. **12**, 214. 1874.
[3]) K. Shibata, Über das Vorkommen von Amide spaltenden Enzymen bei Pilzen. Hofmeisters Beitr. zur chem. Physiol. u. Pathol. **5**, 384. 1904.

Zemplén[1]) stellte aus frischen Samen von Papilionaceen durch Zermahlen ein Pulver her und benutzte es direkt zu seinen Versuchen, indem er es mit 200 ccm einer 1—2—3 %igen Harnstofflösung und etwas Toluol zusammenbrachte, nach Verlauf von mehreren Tagen Kalkmilch zusetzte und das übergehende Ammoniak titrimetrisch bestimmte.

6. Histozym.

Es zerlegt Hippursäure in seine beiden Komponenten Benzoesäure und Glykokoll.

$$\text{Hippursäure} + H_2O = \text{Benzoesäure} + CH_2-NH_2\text{ (Glykokoll)}$$

Vorkommen. Es ist von Schmiedeberg[2]) zuerst in der Leber entdeckt worden, später hat man es in fast allen Organen gefunden und ferner auch im Myzel einiger Pilze und in verschiedenen Bakterien.

Nachweis.

Er beruht darauf, daß das Histozym die Benzoesäure aus der Hippursäure abspaltet und die Benzoesäure im Gegensatz zur Hippursäure in Ligroin leicht löslich ist. Der Nachweis wird folgendermaßen geführt:

Preßsaft oder Extrakt des zu untersuchenden Organs (Darstellung s. unten) wird mit ein paar Tropfen dünner Sodalösung alkalisch gemacht und 0,5 g benzoesäurefreie Hippursäure zugesetzt. Hiernach gibt man etwas Toluol zu und hält das Gemisch 5—10 Tage im Brutschrank bei 37º C. Alsdann wird das Verdauungsgemisch zur Isolierung der abgespaltenen Benzoe-

---

[1]) G. Zemplén, Über die Verbreitung der Urease bei höheren Pflanzen. Zeitschr. f. physiol. Chem. **79**, 229. 1912.
[2]) O. Schmiedeberg, Über Spaltungen und Synthesen im Tierkörper. Arch. f. exper. Pathol. u. Pharm. **14**, 288. 1881.

D. Die Nuklein und Nukleinbasen spaltenden Fermente.

säure mit Ligroin 4—6 mal ausgeschüttelt, die einzelnen Ligroinfraktionen werden vereinigt und in einer Porzellanschale auf dem Wasserbad verdampft. War in dem Gemisch freie Benzoesäure vorhanden, so bleiben nach dem Abdampfen des Ligroins in der Schale plättchenförmige Kristalle zurück, deren Schmelzpunkt bei 121° liegt.

Darstellung von hystozymhaltigen Extrakten.

Die zu untersuchenden Organe werden möglichst fein zerkleinert und in einer Reibeschale mit Kieselgur gründlichst verrieben. Danach wird entweder aus dem Gemisch mit Hilfe der Buchnerschen Presse ein Preßsaft hergestellt, oder man rührt den Brei mit der doppelten Menge Wasser an, läßt ihn einige Zeit bei Zimmertemperatur stehen und koliert dann. Preßsaft sowohl wie wässeriges Extrakt sind dann sofort für den Versuch verwendbar.

Über die Wirkung von Organpulvern liegen bisher noch keine Erfahrungen vor.

Shibata[1] verwandte bei der Untersuchung von Pilzen auf etwa vorhandenes Histozym deren getrocknetes Myzel direkt zu seinen Versuchen. Über die Vorbehandlung des Myzels s. bei Urease S. 258.

---

[1] K. Shibata, Über das Vorkommen von amidspaltenden Enzymen bei Pilzen. Hofmeisters Beitr. f. physiol. u. pathol. Chem. 5, 385. 1904.

E. Oxydasen.

1. Tyrosinase.

Sie besitzt die Fähigkeit, Tyrosin und andere hydroxylierte Benzolderivate zu oxydieren und sie zu einem dunklen Farbstoff (Melanin) zu kondensieren. Man nimmt an, daß sie die genannten Produkte am Benzolkern angreift, und die verschiedenen Seitenketten nur die Art der Färbung beeinflussen. Über die dabei stattfindenden chemischen Umsetzungen ist bisher noch nichts Sicheres bekannt. Jedenfalls stehen diese Vorgänge in engem Zusammenhang mit der Bildung der Pigmente, speziell der Melanine.

Vorkommen. Die Tyrosinase ist im Tier- wie im Pflanzenreich weit verbreitet. Beim Menschen hat man sie bisher nur in melanotischen Tumoren beobachtet. Sonst hat man sie normaliter gefunden in der Haut von Ratten, Kaninchen, Fischen, Amphibien und Fröschen. Besonders weit verbreitet scheint sie bei Insekten und Würmern zu sein. So findet sie sich im Darmsaft hungernder Mehlwürmer, bei Regenwürmern, in der Hämolymphe von Lepidopteren und in der Puppe von Deiliphilia (Wolfsmilchschwärmer). Auch im Pflanzenreich ist ihre Verbreitung eine große. Besonders reich an Tyrosinase sind Pilze, speziell die Russulaarten und Agaricus. Dann findet sie sich auch in der Kleie und in Kartoffeln.

Nachweis.

a) qualitativ.

Er geschieht in der Weise, daß man aus dem Material, welches man auf Tyrosinase untersuchen will, einen Preßsaft unter Benutzung einer Handpresse oder besser noch der Buchnerschen Presse bereitet oder ein wässeriges Extrakt herstellt, dasselbe, falls es notwendig ist, mit Soda neutralisiert und dazu ganz wenig Tyrosin in Lösung zusetzt; wenn Tyrosin nicht zur Verfügung steht, kann man auch 1,0—0,1%ige p-Kresollösung zum Versuch verwenden. Ist Tyrosinase vorhanden, so färbt sich die

Lösung, je nachdem ihr Fermentgehalt ein großer oder kleiner ist, in wenigen Stunden resp. im Verlauf einiger Tage orangegelb bis dunkelbraun bis schwarz. Es ist ratsam, den Versuch bei Brutschrankwärme auszuführen, weil die Melaninbildung bei 37° C weit schneller vor sich geht als bei Zimmertemperatur.

Erzielt man bei dieser Versuchsanordnung kein positives Resultat, so stellt man den gleichen Versuch noch einmal an und fügt zu dem Ferment-Tyrosin (p-Kresol)-Gemisch Wasserstoffsuperoxyd hinzu. Meist wirkt dieses katalysatorisch und fördert den fermentativen Prozeß ganz bedeutend. Doch darf die zugesetzte Menge eine nur ganz geringe sein (Bach[1]), da schon ein kleiner Überschuß von H_2O_2 stark hemmend wirken kann. Am zweckmäßigsten verwendet man eine 0,05 %ige H_2O_2-Lösung und setzt zu etwa 10 ccm Fermentlösung 0,5 ccm dieser stark verdünnten Lösung zu. Auch der Zusatz einer Spur von Glykokoll kann fördernd auf die Reaktion wirken.

Von metallischen Katalysatoren empfehlen Fürth und Jerusalem[2]) Mangansulfat in 1%iger Lösung und Durham[3]) Ferrosulfat; dieses darf aber, wie Wasserstoffsuperoxyd, nur in einer sehr schwachen Konzentration (0,02 %) verwandt werden.

Statt des Tyrosins und p-Kresols kann man zum Nachweis von Tyrosinase auch tyrosinhaltige Polypeptide verwenden, falls solche vorrätig sind. Bisher sind diese Körper zwar nur bei pflanzlichen Tyrosinasen angewandt worden (Abderhalden und Guggenheim[4])), es unterliegt aber keinem Zweifel, daß sie sich auch für den Nachweis von Tyrosinasen tierischer Herkunft eignen würden. Von folgenden Peptiden ist ihr Verhalten gegenüber Tyrosinase festgestellt: Glycyl-l-tyrosin (Grün- und Blaufärbung), d-Alanyl-glycyl-l-tyrosin (dunkelrot), l-Leucyl-glycyl-l-tyrosin (bismarckbraun), l-Leucyl-triglycyl-l-tyrosin (bismarckbraun). — Besonders schnell wird auch von Tyrosinase oxydiert Adrenalin (Suprarenin). Fügt man ein paar Tropfen der käuflichen (1 promille) Adrenalinlösung zu Tyrosinaselösung zu, so geht sofort die Oxydation vor sich, die

---

[1]) A. Bach, Zur Kenntnis der in der Tyrosinase tätigen Peroxydase. Berichte d. deutsch. chem. Gesellsch. 41. Jahrg. 216. 1908.

[2]) O. v. Fürth und E. Jerusalem, Zur Kenntnis der melanotischen Pigmente und der fermentativen Melaninbildung. Hofmeisters Beitr. 10, 131. 1907.

[3]) Fl. M. Durham, On the presence of tyrosinases in the Skins of some pigmented animals. Proc. Royal. Soc. 74, 310. 1904.

[4]) E. Abderhalden und M. Guggenheim, Versuche über die Wirkung der Tyrosinase aus Russula delica auf Tyrosin, tyrosinhaltige Polypeptide und einige andere Verbindungen. Zeitschr. f. physiolog. Chemie 54, 331. 1907 und 57, 329. 1908.

Lösung wird alsbald hellrot, der rote Farbenton wird immer dunkler und hat bereits nach einer Stunde das Maximum an Intensität erreicht. Bei mehrstündigem Stehen geht die rote Farbe allmählich in eine bräunliche über, und es resultiert schließlich eine dunkelbraune Lösung. Der Versuch mit Adrenalin ist besonders für Demonstrationszwecke geeignet.

b) quantitativ.

Fürth und Jerusalem empfehlen zwei quantitative Methoden: 1. die Methode der Sedimentierung und 2. die Methode der spektrophotometrischen Messung.

1. Methode der Sedimentierung.

Sie beruht darauf, daß der bei der Einwirkung von Tyrosinase auf Tyrosin entstehende schwarze Pigmentniederschlag in graduierten Spitzgläschen abzentrifugiert und so die Menge des gebildeten Niederschlages gemessen wird. Sie hat indes den Nachteil, daß sie nur dann angewandt werden kann, wenn ausreichend große Melaninmengen gebildet werden. Von einer genaueren Beschreibung des Verfahrens sei deshalb Abstand genommen.

2. Methode der spektrophotometrischen Messung.

Sie ist viel genauer und bietet außerdem die Möglichkeit, auch sehr geringe Melaninmengen in einer und derselben Probe zu verschiedenen Zeiten messend miteinander zu vergleichen. Die Messung geschieht in folgender Weise:

Die zu messende Flüssigkeit wird in einem Troge mit planparallelen Wänden und von 1 cm lichter Weite vor die untere Hälfte der Spalte eines Glanschen Spektrophotometers älterer Konstruktion (von Schmidt und Hänsch in Berlin) gebracht. Als Spektralausschnitt, der selbstverständlich innerhalb derselben Serie keine Änderung erfahren darf, wurde meist der Grenzbezirk zwischen Gelb und Grün, bisweilen auch Orange, gewählt. Zur Beleuchtung dient ein Auerbrenner. Die Berechnung des Extinktionskoeffizienten erfolgt nach der Formel $E = -2$ (log $\cotg \alpha + \log \tg \beta$), wobei α jene Winkelstellung des Nikols bedeutet, bei der Maximum der Helligkeit besteht, also keine verdunkelnde Flüssigkeit vorgeschaltet ist, β jene Winkelstellung, auf die nach Vorlage des Troges mit der melaninhaltigen Flüssigkeit vor die untere Spalthälfte eingeschaltet wird. Die Nullstellung wird bei maximaler Verfinsterung des von der oberen Spalthälfte entworfenen Spektrums durch Drehung des Nikols und bei vollständiger Abblendung des anderen Spektrums bestimmt. Da bekanntlich zwischen der Konzentration einer Farbstofflösung und ihrem Extinktionskoeffizienten für einen bestimmten Spektralbezirk Proportionalität besteht, so gestattet die Bestimmung von E einen Rückschluß auf die relative Menge des gebildeten Melanins. Bezüglich zahlreicher Einzelheiten der Messung verweisen Fürth und Jerusalem auf die Originalbeschreibung des Apparates (Wiedemanns Annalen d. Physik 1, 351) sowie auf die ausführlichen Vorschriften in Hupperts Analyse des Harnes (9. Aufl. S. 441).

3. Titrationsmethode von Bach[1]).

Diese Methode ist zurzeit die bequemste und genaueste. Sie beruht darauf, daß das aus dem Tyrosin gebildete Melanin durch Permanganatlösung wieder entfärbt wird, und daß auf diese Weise dessen Menge titrimetrisch bestimmt werden kann.

Erforderliche Lösungen.
1. Fermentlösung (Darstellung s. unten).
2. Tyrosinlösung.

Sie wird hergestellt, indem man 0,05 g Tyrosin in 100 ccm einer 0,04 %igen Natriumkarbonatlösung durch Erhitzen löst.
3. 10%ige Schwefelsäure.
4. 0,002 normal-Permanganatlösung.

Ausführung. Man bringt 10 ccm Fermentlösung mit 10 ccm Tyrosinlösung zusammen, gibt 30 ccm Wasser zu und stellt das Gemisch auf 24 Stunden in den Brutschrank. Nach Ablauf der Frist wird das Gemisch mit 1 ccm 10 %iger Schwefelsäure angesäuert und mit Permanganatlösung bis zur Entfärbung titriert. Zur Kontrolle setzt man 10 ccm Fermentlösung ohne Tyrosin mit der entsprechenden Menge Sodalösung und Wasser an und titriert sie nach Zusatz von 1 ccm Schwefelsäure in der gleichen Weise mit Permanganatlösung bis zur Entfärbung. Die hierbei verbrauchte Permanganatmenge zieht man von der im Hauptversuch verbrauchten ab; die so gefundene Permanganatmenge ist ein genaues Maß für das gebildete Melanin.

Darstellung von Tyrosinaselösungen.

a) Tierische Tyrosinase.

Soll tierisches Material auf seinen etwaigen Gehalt an Tyrosinase untersucht werden, so stellt man sich, wie bereits oben auseinandergesetzt, entweder einen Preßsaft mit Hilfe der Buchnerschen Presse aus ihm her, nachdem man das Organ zuvor gründlichst zerkleinert hat, oder man extrahiert es mit Wasser, dem man Toluol oder Chloroform zugesetzt hat. Zu einem solchen Preßsaft resp. Extrakt setzt man etwas gelöstes Tyrosin zu, stellt das Gemisch in den Brutschrank und beobachtet, ob sich seine Farbe im Laufe der Zeit ändert. Die Gegenwart von Tyrosinase ist

---
[1]) A. Bach, l. c. 217.

erwiesen, wenn die Lösung eine hellbraune und schließlich dunkelbraune Farbe annimmt.

Für die Darstellung solcher Organpreßsäfte resp. -extrakte eignen sich in erster Reihe melanotische Geschwülste vom Menschen und vom Tier (Schimmel). Sie liefern aber keineswegs sämtliche Lösung, die Tyrosin zu verändern vermögen. So fand Neuberg[1]), daß ein Extrakt aus Lebermetastasen eines von Orth beobachteten und beschriebenen Melanosarkoms der Nebenniere nicht imstande war, Tyrosin, wohl aber Adrenalin und p-Oxyphenyläthylamin in einen schwarzen Farbstoff umzusetzen. Desgleichen stellte Alsberg[2]) aus einem Melanom der Leber eine Fermentlösung her, die stark auf Brenzkatechin, aber nur sehr schwach auf Tyrosin wirkte. Und ebenso beobachtete Jaeger[3]), daß Extrakte aus Melanosarkomen von Schimmeln nur Adrenalin in Melanin überführten. — Man hat also die Aufgabe, wenn ein Organextrakt sich Tyrosin gegenüber als unwirksam erweist, zu untersuchen, ob dieses Extrakt nicht doch imstande ist, die dem Tyrosin nahestehenden aromatischen Substanzen Adrenalin oder p-Oxyphenyläthylamin oder Brenzkatechin oder p-Kresol in einen braunen resp. schwarzen Farbstoff umzuwandeln.

Besonders reich an Tyrosinase sind die Puppen des Wolfsmilchschwärmers. Aus ihnen bereiteten Fürth und Schneider[4]) in folgender Weise eine gut wirksame Tyrosinaselösung.

Die Hämolymphe einer Anzahl von Deiliphilia-Puppen wurde in einer abgemessenen Menge halbgesättigter neutraler Ammonsulfatlösung aufgefangen und mit so viel einer gesättigten Ammonsulfatlösung versetzt, daß die Flüssigkeit nachher wieder halbgesättigt erschien. Der entstandene Niederschlag wurde sogleich abfiltriert, mit halbgesättigter Ammonsulfatlösung gewaschen, zwischen Filtrierpapier scharf abgepreßt und schließlich in Natriumkarbonatlösung von 0,05 % gelöst. In der so gewonnenen eiweißhaltigen Lösung fanden sich relativ reichliche Mengen an Tyrosinase.

Diese Lösung ist nicht allein imstande, Tyrosin zu oxydieren, sie verwandelt auch Brenzkatechin in einen schwarzbraunen Niederschlag, ebenso Hydrochinon, und färbt eine Suprareninlösung zunächst karminrot, dann schmutzigbraun.

---

[1]) C. Neuberg, Zur chemischen Kenntnis der Melanome. Virchows Archiv **192**, 514. 1908 und Biochem. Zeitschr. 8, 383. 1908.
[2]) C. L. Alsberg, On the occur. of oxydat. f. in a melanotic tumor of the liver. Journ. of med. res. **16**, 117. 1908.
[3]) A. Jaeger, Die Melanosarkomatose der Schimmelpferde, Virchows Archiv **198**, 1. 1909 u. Die Entstehung des Melaninfarbstoffes. Ebenda **198**, 62. 1909.
[4]) O. v. Fürth und H. Schneider, Über tierische Tyrosinase und ihre Beziehungen zur Pigmentbildung. Hofmeisters Beitr. **1**, 234. 1902.

Aus hungernden Mehlwürmern (Tenebrio molitor) stellte Biedermann[1]) eine gut wirksame Tyrosinaselösung her, indem er die Mitteldärme von 3—4 hungernden Mehlwürmern in etwas Chloroformwasser brachte und gründlichst verrieb. Das Filtrat zeigte dann die Fähigkeit, wenn man es mit einigen Tropfen Tyrosinlösung versetzt hatte, nach mehrstündigem Stehen sich schwarz zu färben, während eine Kontrollprobe ohne Tyrosinzusatz seine Farbe nicht änderte.

Auch die Drüse des Tintenfisches liefert gut wirksame Tyrosinase. Man präpariert die Drüse, ohne sie zu verletzen, aus der Tintentasche heraus, verreibt sie in der Reibeschale mit Quarzsand, versetzt den Brei mit der 10fachen Menge Chloroformwasser und filtriert durch ein Tonfilter. Die klare Lösung enthält beträchtliche Mengen an Tyrosinase.

b) Pflanzliche Tyrosinase.

1. Das günstigste Material, um gut wirksame Tyrosinaselösungen zu bekommen, liefert die Pilzgattung Russula, und zwar sind es drei verschiedene Arten, die besonders reich an Tyrosinase sind: Russula lepida, Russula delica und Russula integra. Man kann die Pilze in frischem und in getrocknetem Zustande verwenden.

In frischem Zustande werden sie fein zerhackt und dann entweder mit einer Handpresse ausgepreßt und liefern einen schleimigen Saft, der so reich an Tyrosinase ist, daß er zu dem Versuch auf das Zehnfache mit destilliertem Wasser verdünnt werden kann, oder man extrahiert das fein zerkleinerte Material mit Toluol- resp. Chloroformwasser und preßt dann das Extrakt ab. Preßsaft sowohl wie Extrakt sind, wenn man sie unter Toluol in gut verschließbaren, bis zum Hals gefüllten Flaschen aufbewahrt, monatelang gut wirksam.

Will man die Pilze selber aufbewahren, so kann dies nur in trockenem Zustand geschehen. Zu dem Zweck reinigt man die frisch gesammelten Pilze, indem man alle fauligen oder madigen Teile sorgfältig entfernt, die meist mit einem zähen Schleim bedeckte oberflächliche Schicht des Hutes mit Hilfe eines Messers abträgt und das so gesäuberte Exemplar in dünne Scheiben zerlegt. Diese breitet man auf ein Brett aus und läßt sie an der Luft an einem nicht zu warmen Orte trocknen. Nach spätestens 48 Stunden ist die Trocknung vollzogen. Das trockene Material wird in Gefäßen aufbewahrt, die nicht fest verschlossen sind,

---

[1]) W. Biedermann, Beiträge zur vergleichenden Physiologie der Verdauung. I. Die Verdauung der Larven von Tenebrio molitor. Pflügers Arch. **72**, 105. 1898.

am besten in weithalsigen Flaschen, die man nur leicht bedeckt, damit ein ständiger Luftaustausch möglich ist. So aufbewahrt halten sich die Pilze jahrelang in gut wirksamem Zustand; ich selber besitze getrocknete Russula delica schon fast drei Jahr, ohne daß sie an Wirksamkeit wesentlich eingebüßt hat.

— Aus dem getrockneten Pilz stellt man sich ein gut wirksames Extrakt in der Weise her, daß man 1 g Substanz in einer Reibeschale mit 10 ccm Aqua destillata gründlichst verreibt, $\frac{1}{2}$ bis 1 Stunde bei Zimmertemperatur stehen läßt und filtriert. Die klare, fast farblose Lösung vermag bei Brutschranktemperatur innerhalb einer Stunde zugesetztes Tyrosin in einen schwarzbraunen Niederschlag zu verwandeln.

Außer Tyrosinase enthält eine solche Lösung noch eine Phenolase, die Lakkase (s. weiter unten). Bertrand[1]) gelang es, diese beiden Fermente auf folgende Weise zu trennen:

Russula delica wird mit Chloroformwasser bei Zimmertemperatur extrahiert und das abfiltrierte Extrakt mit Alkohol im Verhältnis von 2 : 3 versetzt. Der dabei entstehende Niederschlag wird abfiltriert und das Filtrat bei einer 50° nicht überschreitenden Temperatur eingeengt. Es enthält die Lakkase und vermag Hydrochinon und Pyrogallol, nicht aber Tyrosin, kräftig zu oxydieren. — Der Alkoholniederschlag wird mit Chloroformwasser extrahiert, die Lösung mit Alkohol gefällt und der Niederschlag in Wasser gelöst. Diese Lösung enthält ausschließlich die Tyrosinase und ist befähigt, Tyrosin unter Bildung dunkel gefärbter Produkte kräftig zu oxydieren, während sie auf Hydrochinon und Pyrogallol ohne jede Wirkung ist.

2. Da man die Pilze nicht immer vorrätig hat, kann als Ersatz dafür die Kartoffeltyrosinase dienen. Man stellt sie sich nach Staub[2]) in der Weise her, daß man 7—8 kg Kartoffelschalen mit Alkohol anfeuchtet, durch eine Fleischhackmaschine schickt und den Brei schnell auspreßt. Den abfließenden Saft läßt man direkt in ein mit 94%igem Alkohol bis zur Hälfte gefülltes Gefäß laufen, hebert, sobald der Niederschlag sich abgesetzt hat, die überstehende klare Flüssigkeit ab, bringt den Niederschlag auf ein Filter, um die Mutterlauge ganz zu entfernen und schwemmt den Filterrückstand in destilliertem Wasser unter Zusatz von Toluol auf. Am nächsten Tage wird abfiltriert, das klare Filtrat mit Alkohol im Überschuß versetzt und gewartet bis der dabei

---

[1]) G. Bertrand, Sur la présence simultanée de la Laccase et de la Tyrosinase dans le suc de quelques champignons. Compt. rend. **123**, 460. 1896.
[2]) W. Staub, Nouvelles recherches sur la Tyrosinase. Travaux de l'Institut de Botanique de l'Univers. de Genève. 8e série. I. fasc. 1908.

entstehende Niederschlag sich abgesetzt hat. Dann wird die überstehende Flüssigkeit abdekantiert, der Niederschlag auf ein kleines Faltenfilter gebracht, mit Alkohol gewaschen, auf poröse Porzellanplatten verteilt und im Vakuum über Schwefelsäure bei niedriger Temperatur getrocknet. Der trockene Rückstand ist lange haltbar, in Wasser vollkommen löslich und liefert eine Tyrosinaselösung, die frei von Lakkase ist.

2. Phenolasen, Lakkase.

Zu dieser Gruppe von Oxydasen gehören solche Fermente, welche die Fähigkeit besitzen, aromatische Amine und Phenole unter Farbstoffbildung zu oxydieren.

Vorkommen. Man hat sie bisher im Speichel, Nasensekret, Eiter, Tränenflüssigkeit, in Leukozyten und deren Abkömmlingen gefunden, ferner bei Ascidien, Würmern, Muscheln, Krebsen und im Darmsaft von Mehlwürmern. Besonders weit verbreitet sind sie im Pflanzenreich und hier speziell bei verschiedenen Pilzarten. Von diesen ist am besten bekannt die Lakkase.

Nachweis.

Zum Nachweis der Phenolasen kann man sich aller der obengenannten Reihe zugehörigen Substanzen bedienen. Bisher hat man vornehmlich hierzu verwandt Guajakol, Hydrochinon, Orzin, Phenolphthalin, Pyrogallol, α-Naphthol + Paraphenylendiamin.

Für den qualitativen Nachweis genügt es, die Fermentlösung mit einer der hier aufgezählten Substanzen zusammenzubringen und festzustellen, ob nach Verlauf einer gewissen Zeit das Gemisch seine Farbe entsprechend geändert hat.

Für die quantitative Messung der Phenolase existieren, entsprechend den verschiedenen Substraten, eine Reihe von Methoden, von denen nur die wichtigsten hier besprochen seien.

1. **Das kolorimetrische Verfahren nach Bach**[1]).

Ein mit zweifach durchbohrtem Kautschukpfropfen und Zu- und Ableitungsröhren versehener, 100 ccm fassender Erlenmeyer-Kolben wird mit Ferment- und Substratlösung beschickt und bei gewöhnlicher Temperatur mit einem gleichmäßigen reinen Luftstrom behandelt. Um Störungen bei den kolorimetrischen Bestimmungen zu vermeiden, sind die Ferment- und Substratkonzentrationen so zu wählen, daß während der Versuchsdauer in der Reaktionsflüssig-

---

[1]) A. Bach und V. Maryanovitsch, Zur Kenntnis der Spezifitätserscheinungen bei der Phenolasewirkung. Biochem. Zeitschr. **42**, 417. 1912.

keit nur lösliche Oxydationsprodukte sich bilden. Der Verlauf des Oxydationsprozesses wird auf kolorimetrischem Wege an der Färbungsintensität der Reaktionsflüssigkeit messend verfolgt. Die Bestimmung der Färbungsintensität geschieht in der Weise, daß aus der Reaktionsflüssigkeit eine Probe herausgenommen und in eine Kolorimeterröhre gegeben wird. Dann läßt man aus einer Bürette so viel destilliertes Wasser zufließen, bis die Färbungsintensität so groß ist, wie in der Kontrollprobe; als solche dient eine Probe, die nur ganz geringe Färbungsintensität zeigt. Aus der zugesetzten Wassermenge läßt sich dann die relative Färbungsintensität berechnen und die Resultate werden auf die Normalfärbung (= 1) umgerechnet. — Je nach der Geschwindigkeit der Oxydationsprozesse schwankte in den Versuchen von Bach die Versuchsdauer meistens zwischen 1 und 6 Stunden. — Zur Kontrolle müssen in jedem Falle ein Versuch mit inaktiver (gekochter) Phenolase + Substrat und ein Versuch mit Substrat + der der Fermentlösung entsprechenden Wassermenge gleichzeitig angestellt werden.

2. Die Pyrogallol-Methode von Bach und Chodat[1]).

Soweit sie den gravimetrischen resp. titrimetrischen Teil betrifft, sei auf das nächstfolgende Kapitel S. 277 verwiesen.

Bei der Einwirkung der Phenolase auf Pyrogallol entstehen außer dem unlöslichen Purpurogallin auch braunrote, wasserlösliche Oxydationsprodukte. Bei abgeschwächten Phenolasen entstehen überhaupt nur letztere. Die Bildung dieser Produkte verfolgten Bach und Sbarsky[1]) messend auf kolorimetrischem Wege, indem sie als kolorimetrische Einheit die Färbung eines Röhrchens von ganz schwacher Färbungsintensität annahmen.

3. Indophenolreaktion (Röhmann-Spitzer) nach Vernon[2]).

Prinzip. Eine Mischung von α-Naphthol und Paraphenylendiamin wird in Gegenwart von oxydasehaltigem Gewebe sehr schnell zu Indophenolblau oxydiert (Röhmann-Spitzer). Diese bisher nur für qualitative Untersuchungen gebräuchliche Methode hat Vernon zu einer quantitativen umgestaltet, indem er die Menge des gebildeten Farbstoffs kolorimetrisch bestimmte. Sie dient als Maß für die Stärke der fermentativen Wirkung.

---

[1]) A. Bach und B. Sbarsky, Über das Verhalten der Phenolase gegen Säuren. Biochem. Zeitschr. **34**, 473. 1912.

[2]) H. M. Vernon, Die quantitative Bestimmung der Indophenoloxydase in tierischen Geweben. Journ. of Physiol. **42**, 402. 1901. Derselbe, Die Abhängigkeit der Oxydasewirkung von Lipoiden. Biochem. Zeitschr. **47**, 374. 1912.

Erforderliche Lösungen:
1. Oxydaselösung (Organbrei, Extrakte etc.),
2. 1%ige α-Naphthollösung, 1 g α-Naphthol gelöst in 100 ccm 50%igem Alkohol,
3. 0,75%ige Paraphenylendiaminlösung,
4. 1,7%ige Natriumkarbonatlösung.

Ausführung. In einer Petrischale von 8,8 cm Durchmesser wird von dem vorher fein zerkleinerten Gewebe 0,5 g abgewogen. Nun stellt man sich aus den Lösungen 2, 3 und 4 ein Gemisch in der Weise her, daß man je 1,0 ccm der Lösungen vereint und mit destilliertem Wasser auf 10 ccm auffüllt. Von dieser frisch bereiteten Mischung nimmt man 5,0 ccm, setzt sie dem Organbrei zu und sorgt für eine gründliche Durchmischung. Dann läßt man eine Stunde bei 17° C stehen. Dabei bildet sich Indophenol und der entstehende Farbstoff setzt sich in unlöslicher Form auf dem Organbrei ab. Nach Ablauf der Frist unterbricht man den Prozeß durch Zusatz von 10 ccm 97%igem Alkohol und läßt eine halbe Stunde stehen. Während dieser Zeit geht das Indophenol in Lösung, man filtriert und stellt in dem Filtrat den Indophenolgehalt kolorimetrisch durch Vergleich mit einer Testlösung fest.

Die Testlösung bereitet man mehrere Tage vor dem Versuch in der Weise, daß man von dem alkalischen α-Naphthol-Paraphenylendiamingemisch 1,5 Teile nimmt, mit 200 Teilen 50%igen Alkohols verdünnt und einige Tage aufbewahrt, bis die Lösung das Maximum an Farbe, durch vollständige Umwandlung zu Indophenol, erreicht hat. Da das Indophenol nicht sehr haltbar ist und nach ungefähr 14 Tagen allmählich verblaßt, muß man jede Woche eine neue Normallösung herstellen, sie in einer verschlossenen Teströhre aufbewahren und darf sie nur so lange benutzen, als sie absolut einwandsfrei erscheint.

Zum kolorimetrischen Vergleich gießt man eine gemessene Menge des Filtrates in eine andere Teströhre von genau demselben Durchmesser und verdünnt sie, bis sie die gleiche Farbenintensität wie die Testlösung zeigt. Die Farbe schwankt zwischen rötlichblau und violett. Durch geeignete Veränderung der Verdünnungsflüssigkeit erzielt man leicht dieselbe Schattierung wie sie die Normallösung aufweist. Bei Verwendung von Alkohol allein stellt sich ein reines Violett ein, bei Wasser allein ein rötliches Rosa, bei Mischungen dagegen von Alkohol und Wasser gewahrt man Zwischenfarben. Man verfährt nun so, daß man die Standardlösung und das verdünnte Filtrat über einem Blatt Papier, bei öfterer Vertauschung der Stellung, bezüglich der Farbenintensität vergleicht. Diese Methode erwies sich als überraschend genau. Die Farbenvergleichung des verdünnten Filtrates mit der Normallösung muß stets ungefähr ½ Stunde nach Zusatz des 97%igen Alkohols zum Organbrei vorgenommen werden, will man gute Vergleichswerte haben.

Diese Methode liefert nur dann zuverlässige quantitative Werte, wenn die oben angegebenen Versuchsbedingungen genau innegehalten werden. Hat das Reagens eine andere Konzentration als die oben vorgeschriebene und weicht man von der Proportion zwischen Größe der Petrischalen und der Menge des verwendeten Reagens ab, so bedingt dies eine wesentliche Modifikation in der Bildungszeit des Indophenols. Nimmt man beispielsweise 20 ccm des Reagens anstatt der vorgeschriebenen 5 ccm, so werden die Teilchen des zerkleinerten Gewebes vollständig mit Flüssigkeit durchtränkt und die Indophenolbildung braucht eine fünfmal so lange Zeit. Der Grund hierfür liegt darin, daß die Gewebe große Mengen reduzierender Substanzen enthalten, die andauernd die Oxydation des Reagens hemmen, und daß die Indophenolbildung nur dann schnell von statten geht, wenn die Gewebsteile der Luft ausgesetzt und mit einer dünnen Schicht des Reagens umgeben sind.

Darstellung von Phenolaselösungen.

a) Lakkase nach Bertrand[1]).

Die in dem gelben Rindensaft des tonkinesischen Lackbaumes (Rhus vernicifera) enthaltene Oxydase isolierte Bertrand in folgender Weise:

Der Rindensaft wird mit 6—8 Gewichtsteilen Alkohol gefällt, der Niederschlag abfiltriert und so lange mit Alkohol gewaschen, bis das Filtrat durch Wasser nicht mehr getrübt wird. Alsdann wird der Rückstand mit kaltem Wasser aufgenommen, die wässerige Lösung durch einen großen Alkoholüberschuß gefällt, der Niederschlag abfiltriert, mehrmals mit Alkohol gewaschen und im Vakuum getrocknet. Man erhält so eine weiße, nicht hygroskopische Substanz, die in Wasser und ebenso in Glyzerin leicht löslich ist und Lakkase in reicher Menge enthält.

Die Körper, welche vorzugsweise durch die Lakkase oxydiert werden, sind die aromatischen Verbindungen mit mindestens zwei Hydroxyl- oder Amidogruppen im Kern, und zwar die Ortho- und Para-, schwerer die Meta-Verbindungen.

Die Lakkase ist außer in dem Lackbaum noch in zahlreichen Phanerogamen und Pilzen gefunden worden. Hier trifft man sie meist im Verein mit der Tyrosinase. Man kann die Wirkung

---

[1]) G. Bertrand, Über das Oxydationsvermögen der Lakkase. Bull. soc. chim. (3) **13**, 361. 1896. Bezügl. der Fermentnatur der Lakkases H. Euler und J. Bolin, Zeitschr. f. physiolog. Chemie **57**, 80, 1908.

beider voneinander trennen, wenn man die Fermentlösung einmal bei schwach saurer Reaktion wirken läßt und einmal bei schwach alkalischer. Im ersteren Falle kommt die Lakkase, im andern die Tyrosinase zur Geltung.

Will man aber beide Fermente in gesonderten Lösungen untersuchen, so muß man das von Bertrand angegebene Trennungsverfahren benutzen. Darüber s. S. 267.

b) Phenolase nach Bach[1]).

Bach verwandte zur Bereitung von gut wirksamen Phenolaselösungen den Pilz Lactarius vellereus, der neben Phenolase ebenfalls Tyrosinase enthält. Um eine möglichst einheitliche, tyrosinasefreie Phenolaselösung zu bekommen, ging er folgendermaßen vor:

Die fein zerkleinerten Pilze wurden mit dem gleichen Volumen auf 70^0 erhitztem reinem Wasser in einer geräumigen Schale vermischt und das Gemisch im Wasserbad bei der nämlichen Temperatur noch 3 Minuten unter stetem Umrühren erhitzt. Dabei ging die Tyrosinase völlig zugrunde, während das erhaltene Extrakt außerordentlich reich an Phenolase war; es war das phenolasereichste, das Bach jemals bei seinen ausgedehnten Studien in Händen gehabt hat. — 1 Tropfen des Extraktes rief in 5 ccm einer 2%igen Guajakollösung momentan eine tiefrote Färbung und bald darauf die Bildung eines braunroten Niederschlages hervor, ebenso entstand mit α-Naphthol + Paraphenylendiamin augenblicklich Indophenol, und mit Pyrogallol konnte schon nach 3 Minuten reichliche Purpurogallinbildung beobachtet werden.

Dieses native Extrakt kann noch weiter gereinigt werden, indem man es durch ein Tuch preßt, 2% Magnesiumsulfat in Substanz zusetzt und es nach Auflösen des Salzes mit dem gleichen Volumen starken Alkohol versetzt. Der dabei entstehende Niederschlag wird abfiltriert und das klare Filtrat mit dem dreifachen Volumen 98%igen Alkohol gefällt. Die Fällung wird an der Wasserstrahlpumpe abgesaugt, mit starkem Alkohol nachgewaschen und im Vakuum über Chlorcalcium getrocknet. Die trockene, grauweißliche Masse wird alsdann in wenig Wasser gelöst, das Ungelöste abfiltriert und die Lösung wieder wie oben weiter behandelt. Auf diese Weise erhält man ein leichtes, fast weißes, völlig wasserlösliches Pulver, das sämtliche oxydierende Eigenschaften des ursprünglichen Extraktes besitzt.

---

[1]) A. Bach und V. Maryanovitsch, l. c. 418.

3. Weitere Oxydasen — Peroxydasen.

Diese Gruppen umfassen eine Reihe von Fermenten, welche zahlreiche Wirkungsäußerungen gemeinschaftlich haben. Sie sind, wenn wir uns an die von Bach und Chodat[1]) gegebene Definition halten, dadurch voneinander verschieden, daß die Oxydasen Wirkungen hervorrufen, ohne daß ihnen Peroxyde als Sauerstoffquelle dienen, während die Peroxydasen nur in Gegenwart eines Peroxydes, wie Wasserstoffsuperoxyd, Äthylhydroperoxyd etc. zu wirken imstande sind.

Vorkommen. Sie sind beide im Tier- wie im Pflanzenreich außerordentlich weit verbreitet; es gibt kaum ein Organ und kaum eine Pflanze, wo sie sich nicht finden. Auf die Wiedergabe einer genaueren topographischen Übersicht kann darum verzichtet werden.

Nachweis.

Er gestaltet sich für beide Fermentgruppen ziemlich gleich, weil die Oxydase auf fast die nämlichen Substanzen wirkt, wie die Peroxydase. Er differiert nur in dem einen Punkt, daß der Nachweis der Oxydase nur bei Abwesenheit, der der Peroxydase stets in Gegenwart von Wasserstoffsuperoxyd erbracht werden kann.

Ganz allgemein ist also der Nachweis von Oxydase resp. Peroxydase in irgend einem Extrakt so zu führen, daß man folgende vier Kombinationen ausführt: 1. Fermentlösung + Substrat, 2. Fermentlösung + H_2O_2 + Substrat, 3. Lösungsmittel des Fermentes (Wasser, Glyzerin etc.) + Substrat, 4. Lösungsmittel des Fermentes + H_2O_2 + Substrat. Fällt Nr. 1 positiv aus, so enthält die Fermentlösung eine Oxydase; ist Nr. 2 positiv, so enthält sie eine Peroxydase; Nr. 3 und 4 dienen nur als Kontrollen.

Die Wirkung der beiden Fermentgruppen ist an einer großen Zahl von Verbindungen studiert worden, von denen zur Orientierung die wichtigsten hier aufgezählt seien: Guajaktinktur, Benzidin, Malachitgrün, Aloin, α-Naphthol, Anilinazetat, Hydrochinon, o- und p-Amidophenol, Formaldehyd, Pyrogallol, Resorzin, Phloroglyzin, Brenzkatechin u. a. m. Auf sie alle näher einzugehen, dürfte sich erübrigen. Ich beschränke mich darauf, nur die am häufigsten verwandten Methoden hier ausführlich zu beschreiben.

---

[1]) A. Bach und Chodat, Über den gegenwärtigen Stand der Lehre von den pflanzlichen Oxydationsfermenten. Biochem. Zentralbl. 1, Nr. 11, 12, 1903. (Zusammenfassendes Referat mit ausführlichen Literaturangaben.)

1. Guajakreaktion nach Vorschrift von Carlson[1]).

3 ccm einer frisch bereiteten Guajakharz- oder Guajakonsäure (Merck) -Lösung (0,3 g in 10 ccm Alkohol) werden mit 2 ccm 3%igem Wasserstoffsuperoxyd gemischt und zu dem Gemenge 1 ccm der zu prüfenden Flüssigkeit mittelst Pipette unter vorsichtiger Schichtung zugefügt. Bei Gegenwart von Peroxydase färbt sich die Bodenschicht blau.

Statt der frisch bereiteten Guajaktinktur kann man auch, wenn man einen orientierenden Vorversuch machen will, Guajakpapier benutzen. Man betupft dieses dann mit dem zu untersuchenden Extrakt oder schneidet die zu untersuchende Pflanze quer durch und betupft mit der Schnittfläche das Reagenzpapier, bei Gegenwart von Oxydase färbt sich dieses dann blau.

Von großer Wichtigkeit für die Reaktion ist die Bereitung ganz frischer reiner Guajaktinktur. Eine solche wird durch pflanzliche Peroxydasen in Abwesenheit von H_2O_2 nicht gebläut. Schon nur einige Stunden alte Guajaktinktur färbt sich dagegen mit Peroxydaselösung mehr oder weniger blau. Bekommt man aber mit ganz frischer Guajaktinktur ohne H_2O_2 Blaufärbung, so hat man es mit einer Oxydase zu tun.

2. Jodkalium-Stärke-Probe von Bach und Chodat[2]).

Prinzip. Die sich bereits bei Zimmertemperatur vollziehende Oxydation einer schwach angesäuerten Jodkaliumlösung durch Wasserstoffsuperoxyd wird durch Peroxydasen erheblich beschleunigt. Das dabei frei werdende Jod kann durch Stärkekleister nachgewiesen und durch Thiosulfat titrimetrisch bestimmt werden.

Erforderliche Lösungen.
1. Peroxydaselösung.
Darstellung s. weiter unten.
2. 2%ige reine Jodkaliumlösung.
3. 1%ige Essigsäure.
4. 1%ige Stärkelösung.
5. Verdünnte Wasserstoffsuperoxydlösung.

Man stellt sie her, indem man 5 Tropfen von 3%igem käuflichem Wasserstoffsuperoxyd mit 20 ccm destilliertem Wasser verdünnt.

---

[1]) C. E. Carlson, Die Guajakblutprobe und die Ursachen der Blaufärbung der Guajaktinktur. Zeitschr. f. physiol. Chem. 48, 69. 1906.
[2]) A. Bach und R. Chodat, Untersuchungen über die Rolle der Peroxyde in der Chemie der lebenden Zelle. II. Über Peroxydbildung in der lebenden Zelle. Ber. d. deutsch. chem. Gesellsch. 35. Jahrg. 2466. 1902. III. Oxydationsfermente als Peroxyd erzeugende Körper. Ber. d. deutsch. chem. Gesellsch. Ibid. 3943. 1902.

3. Weitere Oxydasen — Peroxydasen.

6. $^1/_{100}$ Normal-Thiosulfatlösung.

Ausführung. Unmittelbar bevor man den Versuch ausführen will, stellt man sich zunächst ein Reaktionsgemisch her, bestehend aus 10 ccm Jodkaliumlösung + 2 ccm Essigsäure + 1 ccm Stärkelösung. Mit diesem Gemisch beschickt man zwei Kölbchen, die sich in einem Wasserbad von Zimmertemperatur (20º C) befinden, indem man davon je 5 ccm in jedes einfüllt. Hiernach kommen in das eine Kölbchen 2 ccm Peroxydaselösung — bei schwach wirksamen Lösungen verwendet man bis 10 ccm und darüber — in das andere, als Kontrolle dienendes, die entsprechende Menge destilliertes Wasser und schließlich in beide Gläschen je 1,0 ccm Wasserstoffsuperoxyd (genau gemessen!). Nach Verlauf von 10—30 Minuten werden beide Portionen mit Thiosulfat bis zum Verschwinden der Blaufärbung titriert und der für die Kontrolle gefundene Wert von dem anderen subtrahiert. Die gefundene Thiosulfatmenge ist ein genauer Maßstab für die Wirksamkeit der Peroxydaselösung.

Auch zur Prüfung auf Oxydasen, speziell in Pflanzen, eignet sich diese Methode, natürlich darf man dann nicht Wasserstoffsuperoxyd verwenden. Sie kommt aber nur für eine qualitative Prüfung in Betracht, da die in Pflanzensäften enthaltenen Oxydasen schon nach wenigen Minuten ihre Wirkung gänzlich verlieren, auch wenn sie aus noch so aktiven Pflanzen stammen. Preßsäfte tierischer Organe hat man mit dieser Methode überhaupt noch nicht auf ihren Oxydasengehalt untersucht, wohl aber mit obiger Methode auf ihren Peroxydasengehalt (v. Czylharz und v. Fürth). — Die Prüfung auf Oxydasen geschieht so, daß man Abdrücke vom Pflanzenschnitte auf Jodkaliumstärkepapier macht. Ist dabei der Säuregrad des Pflanzensaftes für die Zersetzung des Jodkaliums hinreichend, wie bei jungen Kartoffelknollen, so färbt sich das Reagenzpapier direkt. Im anderen Falle ist es nötig, das Papier nach dem Berühren mit dem Schnitt mit verdünnter Essigsäure zu bestreichen. Tritt auch dann keine Bläuung ein, so enthielt das untersuchte Material keine Oxydase (Kontrolle mit Guajakpapier s. S. 274).

So sehr sich die Jodstärkemethode für die Untersuchung pflanzlicher Peroxydase bewährt hat, so wenig scheint sie für tierische Peroxydaselösungen geeignet zu sein. Das beruht offenbar darauf, daß die Reaktion durch größere Eiweißmengen, die sich doch stets in Organpreßsäften resp. -extrakten finden, erheblich gestört wird, weil eine Addition des Jods an die Eiweißkörper erfolgt und die Bildung blauer Jodstärke infolgedessen ausbleibt. Nur wenn die Peroxydase sehr kräftig ist, vermögen selbst große Eiweißmengen ihre Wirkung nicht zu maskieren.

Deshalb hat bei Anwendung dieser Methode nur ein positiver Befund Beweiskraft, nicht aber ein negativer.

Aus diesem Grunde haben v. Czylharz und v. Fürth[1]) für ihre Studien über tierische Peroxydasen folgende andere Methode ausgearbeitet.

3. Die Leukomalachitgrünmethode[1]).

Prinzip. Sie beruht darauf, daß die an sich farblose oder sehr schwach grünlich gefärbte Leukomalachitlösung selbst nach Zusatz von Wasserstoffsuperoxyd sehr lange Zeit hindurch unverändert bleibt. Setzt man aber ein wenig von der Lösung einer tierischen oder pflanzlichen Peroxydase hinzu, so bemerkt man alsbald das Auftreten einer smaragdgrünen Färbung, welche sich, je nach den Versuchsbedingungen, mehr oder weniger schnell vertieft. Dieses neu entstandene Malachitgrün kann auf spektrophotometrischem Wege quantitativ ermittelt werden.

Erforderliche Lösungen.

1. Fermentlösung.

Darstellung s. unten.

2. Leukomalachitlösung.

Man löst 1 g der Leukobase in 50 ccm Eisessig und füllt mit destilliertem Wasser auf 500 auf. Diese Lösung wird dann noch auf das Zehnfache mit destilliertem Wasser verdünnt.

3. Wasserstoffsuperoxydlösung.

Man verwendet am besten eine 0,1—0,5 %ige Lösung. Stärker konzentrierte sind wegen der hemmenden Wirkung des H_2O_2 zu vermeiden.

Ausführung. 2—5 ccm Fermentlösung werden mit 20 ccm der Leukobasenlösung und 1 ccm Wasserstoffsuperoxyd versetzt. Nach 10 Minuten langem Stehen bei Zimmertemperatur wird mit Hilfe des Glanschen Spektrophotometers die Lichtabsorption bestimmt, die je nach der gebildeten Malachitgrünmenge eine große oder kleine ist und als direktes Maß für die Fermentstärke gelten kann. — Will man die Malachitgrünkonzentration direkt berechnen, so geschieht das nach der Formel $C = A \cdot E$, wobei A den Absorptionskoeffizienten für Malachitgrün — von v. Czylharz und v. Fürth zu 0,0000287 bestimmt — bedeutet und E mit Hilfe der Formel $E = -2(\log \cot \alpha + \log \cot \beta)$ berechnet wird. In dieser Formel bedeutet α den Helligkeitspunkt, also jene Nikolstellung, welche der maximalen Helligkeit entspricht,

---

[1]) E. v. Czylhartz und O. v. Fürth, Über tierische Peroxydasen. Hofmeisters Beitr. **10**, 358. 1907.

wenn sich keine Licht absorbierende Flüssigkeit vor dem Spalt findet, β die beobachtete Nikoleinstellung, vom Nullpunkt des Apparates aus gerechnet und als Winkelwert gemessen.

Bei einiger Übung ist eine solche Beobachtung in wenigen Augenblicken beendigt und kann beliebig oft und in beliebigen Zeitabständen mit derselben Probe wiederholt und mit wenigen Kubikzentimetern ausgeführt werden.

4. Pyrogallol-Methode von Bach und Chodat[1]).

Prinzip. Sie beruht darauf, daß Pyrogallol durch Peroxydase in Gegenwart von Wasserstoffsuperoxyd zu Purpurogallin oxydiert wird. Das Oxydationsprodukt ist im Gegensatz zur Muttersubstanz in kaltem Wasser unlöslich, es fällt aus und kann abfiltriert und gewichtsanalytisch oder auch titrimetrisch bestimmt werden.

Erforderliche Lösungen.
1. Fermentlösung. Darstellung s. unten.
2. 10%ige wässerige Pyrogallollösung.
3. 1%ige Wasserstoffsuperoxydlösung.
4. 0,01 normale Kaliumpermanganatlösung.

Ausführung. 5—10 ccm Fermentlösung werden versetzt mit 10 ccm Pyrogallollösung und mit 10 ccm Wasserstoffsuperoxydlösung und bleiben 24 Stunden bei Zimmertemperatur (15 bis 17° C) stehen. Nach Ablauf der Frist wird das ausgeschiedene Purpurogallin auf ein vorher gewogenes Filter gesammelt, mit 100 ccm Wasser ausgewaschen, bei 110° bis zur Gewichtskonstanz getrocknet und gewogen. Die Menge des gebildeten Purpurogallins gibt ein genaues Maß von der Stärke der Peroxydase.

Diese Methode gibt nur dann gute Resultate, wenn beträchtliche Purpurogallinmengen (mindestens 0,05 g) zur Wägung kommen. Sind kleinere Mengen gebildet, so ist das Wägungsverfahren nicht mehr zuverlässig. Man verfährt dann folgendermaßen:

Das purpurogallinhaltige Reaktionsgemisch wird durch eine mit Asbest beschickte Röhre filtriert — man verwendet dazu am besten gewöhnliche, mit Kugeln versehene Chlorcalciumröhren — und der Purpurogallinrückstand so lange mit Wasser gewaschen, bis das Waschwasser Kaliumpermanganat nicht mehr

---

[1]) A. Bach und R. Chodat, Untersuchungen über die Rolle der Peroxyde in der Chemie der lebenden Zelle. VIII. Über die Wirkungsweise der Peroxydase. Ber. d. deutsch. chem. Gesellsch. 37. Jahrg. 1342. 1904. Siehe a. A. Bach und B. Sbarsky, l. c. 475.

reduziert. Hiernach wird das von Asbest zurückgehaltene Purpurogallin in konzentrierter Schwefelsäure quantitativ gelöst, die erhaltene tiefrote Lösung mit dem 6—8 fachen Volumen Wasser verdünnt und mit Kaliumpermanganatlösung bis zur Entfärbung titriert. Die Menge der verbrauchten Permanganatlösung ist ein genaues Maß für die zum Versuch verwandte Peroxydasemenge. — Die Methode gibt gut vergleichbare Resultate.

Finden sich in dem Reaktionsgemisch neben dem ausgeschiedenen Purpurogallin noch braune, wasserlösliche Oxydationsprodukte, wie man sie sehr häufig bei schwachen Phenolasen beobachtet, so bestimmt man deren Menge am zweckmäßigsten auf kolorimetrischem Wege, s. darüber S. 269.

5. Phenolphthalin-Methode von Kastle und Shedd[1]).

Prinzip. Phenolphthalin wird durch Oxydasen leicht zu Phenolphthalein oxydiert, das durch Zusatz von Alkali sich intensiv rot färbt.

Erforderliche Lösungen.

1. Fermentlösung.

Darstellung s. unten.

2. Phenolphthalinlösung.

1 g Phenolphthalinnatrium wird in 100 ccm destilliertem Wasser gelöst.

3. $1/20$ normal-Natronlauge.

Ausführung. 2—5 ccm Fermentlösung werden mit 1 ccm Phenolphthalinlösung versetzt und 24 Stunden bei Zimmertemperatur stehen gelassen. Hiernach setzt man zu dem Gemisch 1 ccm $1/20$ normal-Natronlauge zu. Hat eine Oxydation des Phenolphthalins zu Phenolphthalein stattgefunden, so nimmt die Lösung sofort eine rote Farbe an, die je nach dem Grad der Oxydation mehr oder weniger intensiv ist. Die Intensität der Rotfärbung läßt sich in der üblichen Weise mit Hilfe eines Kontrollröhrchens und Verdünnung mit Wasser leicht feststellen.

Für den Nachweis der Peroxydase dürfte diese Methode weniger geeignet sein, da bei Gegenwart von H_2O_2 der Luftsauerstoff schon allein imstande ist, Phenolphthalin zu Phenolphthalein teilweise zu oxydieren.

---

[1]) J. H. Kastle und O. M. Shedd, Phenolphthalin als Reagens für Oxydationsfermente. Amer. chem. Journ. **26**, 526. 1902.

Darstellung von Oxydase- und Peroxydaselösungen.

1. Oxydaselösungen.

Meist genügt es für das Studium der Oxydase, die zu untersuchenden Pflanzenteile fein zu zerkleinern und mit Chloroformwasser 1—2 Tage bei Zimmertemperatur zu extrahieren. Das Extrakt wird dann abfiltriert und, um es für lange Zeit haltbar zu machen, mit dem gleichen Volumen Glyzerin versetzt. Auf diese Weise erhielt Issajew[1]) aus getrocknetem Malz und aus Gerste gut wirksame Auszüge, die jahrelang vollkommen klar, keimfrei und oxydasenreich blieben.

Ist es wünschenswert, die Oxydase von anderen Beimengungen zu trennen, so kann man nach Chodat und Bach[2]) so vorgehen, daß man das Extrakt resp. den Preßsaft der Pflanzen mit Alkohol behandelt. Sie verwandten für ihre Versuche Lactarius-Pilze. Diese wurden in einer Hackmaschine fein zerkleinert, der erhaltene Brei in starke Leinwandtücher aufgefangen und ausgepreßt. Der ablaufende Saft wurde mit dem dreifachen Volumen 95%igem Alkohol versetzt, der entstandene klebrige Niederschlag abfiltriert, mit Alkohol gewaschen und bei 40° im Vakuum getrocknet. Das in dieser Weise erhaltene Rohprodukt wurde fein gepulvert und hielt sich jahrelang gut wirksam. Zum Versuch wurden 3 g mit 60 ccm Wasser verrieben, eine halbe Stunde bei 40° digeriert und das gut wirksame Filtrat direkt zum Versuch verwandt.

Eine noch weitere Isolierung der Oxydase versuchte Slowtzoff[3]), der mit Kartoffeln und Kohl arbeitete. Einige Kilo frisch gewaschener Kartoffeln wurden gehackt und zu Brei zerquetscht, dieser mit verdünnter Essigsäure (0,5—1 %) versetzt, um die Wirkung der Oxydase auf Tyrosin und andere Farbstoffe liefernde Körper der Kartoffel zu vernichten. Nach 24 Stunden wurde das Extrakt durch ein Tuch koliert und abfiltriert, das klare rötliche oder gelbliche Filtrat mit Ammonsulfat gesättigt, der Eiweißkörper, Farbstoffe und Ferment enthaltende Niederschlag auf ein Filter gebracht, mehrmals mit kalter gesättigter Ammonsulfatlösung ausgewaschen und wieder in Wasser gelöst. Das Aussalzen mit Ammonsulfat und Auflösen in Wasser wurde 3 bis 4 mal wiederholt. Die so gewonnene Lösung wurde dann gegen

---

[1]) W. Issajew, Über die Malzoxydase. Zeitschr. f. physiol. Chem. **45**, 333. 1905.
[2]) R. Chodat und A. Bach, Untersuchungen über die Rolle der Peroxyde in der Chemie der lebenden Zelle. III. Oxydationsfermente als peroxyderzeugende Körper. Ber. d. deutsch. chem. Gesellsch. **35**. Jahrg. 3943. 1902.
[3]) B. Slowtzoff, Zur Kenntnis der pflanzlichen Oxydasen. Zeitschr. f. physiol. Chem. **31**, 227. 1901.

fließendes Wasser in einem Pergamentschlauch dialysiert und mit emd 4—5fachen Volumen 95 %igen Äthylalkohol gefällt, der Niederschlag auf einem Filter gesammelt, mit Äther gewaschen und über Schwefelsäure im Exsikkator getrocknet. Das trockene Pulver wird mit destilliertem Wasser extrahiert, das abfiltrierte Extrakt mit Alkohol im Überschuß versetzt, der Niederschlag abfiltriert und im Exsikkator getrocknet. Er enthält das Ferment in ziemlich reiner Form. Die Ausbeute ist aber eine nur sehr geringe.

2. Peroxydaselösungen.

Die Darstellung von gut wirksamen Peroxydaselösungen geschieht im großen und ganzen nach denselben Prinzipien wie die der Oxydaselösungen.

Besonders wirksame Peroxydase liefern die Wurzeln von Iris germanica, die chlorophyllfreien jungen Stengel von Asparagus officinalis, Kürbissamen und Meerrettichwurzeln. Aus letzteren stellte Bach[1]) ein sehr wirksames reines Präparat in folgender Weise her:

500 g möglichst gesunde Meerrettichwurzeln werden fein zerkleinert und über Nacht der Autolyse überlassen. Die Masse wird dann mit 1 Liter 80 %igem Alkohol 10 Tage digeriert, wobei die stark nach Senföl riechende, rote Flüssigkeit 2—3mal abgegossen und durch frischen Alkohol ersetzt wird. Durch das längere Digerieren mit Alkohol — vielleicht unter Mitwirkung der ätherischen Bestandteile der Pflanze — werden sämtliche Enzyme mit Ausnahme der Peroxydase zerstört. Nach dem Behandeln mit starkem Alkohol wird die Masse abgepreßt, mit starkem Alkohol nachgewaschen, wieder abgepreßt und nunmehr mit 500 ccm 40 %igem Alkohol 8—10 Tage extrahiert und dann abgepreßt. Die klar filtrierte Flüssigkeit wird mit dem 4fachen Volumen eines Gemisches von 3 Teilen Alkohol (98 %ig) und 1 Teil Äther gefällt. Der entstandene Niederschlag (ca. 1,2 g) wird abfiltriert, mit starkem Alkohol, dann mit Äther gewaschen, in 100 ccm Wasser gelöst, filtriert und wieder mit Alkohol-Äther ausgefällt. Nach Auswaschen mit Äther und Trocknen im Exsikkator über Schwefelsäure wird ca. 0,8 g eines weißen, stärkeähnlichen Produktes erhalten, welches an feuchter Luft zerfließt und in Wasser sowie in 40 %igem Alkohol leicht löslich ist. Das Präparat ist außerordentlich wirksam.

---

[1]) A. Bach, Über die Wirkungsweise der Peroxydase bei der Reaktion zwischen Hydroperoxyd und Jodwasserstoffsäure. Ber. d. deutsch. Gesellsch. **37**. Jahrg. 3787. 1904.

4. Salizylase.

Sie hat die Fähigkeit, Salizylsäurealdehyd in Salizylsäure überzuführen.

Vorkommen. Man hat sie bisher gefunden in Milz, Pankreas, Leber, Lunge, Niere und in der Rindensubstanz der Nebenniere des Rindes. Die Organe junger Tiere sollen fermentreicher sein als die Organe erwachsener. In Pflanzen hat man die Salizylase bisher nicht beobachtet.

Nachweis.

Er beruht darauf, daß Salizylsäurelösung auf Zusatz von Eisenchlorid eine dunkelblaue Farbe annimmt, während Salizylaldehyd mit Eisenchlorid nicht reagiert.

a) qualitativ.

Qualitativ gestaltet sich nach den Angaben von Salkowski[1]) der Nachweis von Salizylase so, daß man zu dem zu untersuchenden Organextrakt 0,5—1,0 ccm Salizylaldehyd und etwas Toluol zusetzt und das Gemisch 24—48 Stunden bei Zimmertemperatur stehen läßt. Danach wird das Gemisch zwecks Enteiweißung in siedendes Wasser gegossen, die Koagulation durch ganz schwaches Ansäuern mit verdünnter Schwefelsäure und weiteres Kochen vervollständigt und filtriert. Das Filtrat wird mit Natriumkarbonat schwach alkalisch gemacht, auf dem Wasserbad bis zum dicken Sirup eingeengt, mit 96%igem Alkohol extrahiert und filtriert. Aus dem alkoholischen Filtrat wird der Alkohol möglichst vollständig auf dem Wasserbade verjagt, der Rückstand in Wasser gelöst, mit Schwefelsäure angesäuert und das saure Gemisch mehrmals mit Äther im Scheidetrichter ausgeschüttelt. Beim Abtrennen des Äthers von der wässerigen Lösung ist sorgfältig darauf zu achten, daß von der noch etwa vorhandenen Emulsion nichts mit in den Äther kommt, da auf diese Weise Schwefelsäure in den Äther gelangt und dieser die später auszuführende Eisenchloridreaktion hemmt. Aus diesem Grunde ist es auch nicht statthaft, zur besseren Trennung des Äthers von der wässerigen Schicht Alkohol zuzugeben, da dieser Schwefelsäure in die Ätherauszüge überführen kann. Die vereinigten Ätherauszüge werden filtriert und abdestilliert. Der nunmehr bleibende Rückstand enthält die Salizylsäure.

---

[1]) E. Salkowski, Zur Kenntnis des Oxydationsfermentes der Gewebe. Virchows Arch. **147**, 1. 1898.

b) quantitativ.

Will man die gebildete Salizylsäure quantitativ bestimmen, so kann man sie entweder wägen oder sich des von Salkowski angegebenen kolorimetrischen Verfahrens bedienen. Es beruht auf der Blaufärbung, welche eine Lösung von Salizylsäure — und zwar sehr verdünnte — auf Zusatz von verdünnter Eisenchloridlösung annimmt. Die Quantität des Eisenchlorids ist leicht zu treffen. Als Stammlösung diente Salkowski eine solche von 0,5 g Salizylsäure in 100 ccm Wasser. Von dieser Lösung werden 2 ccm (= 0,001 g Salizylsäure) auf 100 ccm Wasser genommen und mit ein paar Tropfen dünner Eisenchloridlösung versetzt. Sie bildet die Standardlösung. Alsdann wird der die Salizylsäure enthaltende Rückstand in Wasser gelöst und in der gleichen Weise behandelt. Durch Zusatz von Wasser zu der einen oder anderen Lösung gelingt es dann leicht, gleiche Intensität der Färbung herzustellen und aus der Menge des für die Verdünnung erforderlichen Wassers die Salizylsäuremenge zu berechnen.

Hat man beispielsweise den Rückstand mit 10 ccm Wasser aufgenommen, 2 ccm davon mit Wasser auf 100 ccm aufgefüllt und hat man nach Zusatz von Eisenchlorid die Lösung auf das Fünffache verdünnen müssen, bis die Farbenintensität der der Kontrollösung entspricht, so enthalten die für die Verdünnung verwandten 2 ccm Rückstandlösung = $0,001 \cdot 5 = 0,005$ g Salizylsäure, mithin enthält der gesamte Rückstand = $\frac{10}{2} \cdot 0,005 = 0,025$ g Salizylsäure.

Darstellung von Salizylaselösungen.

Salkowski ging so vor, daß er 130 g Leber mit 400 ccm physiologischer Kochsalzlösung 1 Stunde lang bei 40° digerierte, dann durch Leinwand kolierte und durch Glaswolle filtrierte. Das stark gefärbte, eiweißreiche Extrakt verwandte er direkt zum Versuch.

Will man mit einer möglichst reinen eiweißarmen Fermentlösung arbeiten, so bedient man sich am zweckmäßigsten des von Jacoby[1]) ausgearbeiteten Isolierungsverfahrens. Die Vorschrift hierfür lautet fogendermaßen:

Vom Schlachthaus bezogene frische Rindsleber wird zerhackt, mit Quarzsand zerrieben, der Brei mit destilliertem Wasser, dem Toluol im Überschuß zugefügt ist, mindestens einige Stunden stehen gelassen und häufig durchgeschüttelt. Dann wird das

---

[1]) M. Jacoby, Über das Aldehyde oxydierende Ferment der Leber und Nebenniere. Zeitschr. f. physiol. Chem. **30**, 135. 1900.

Extrakt vom Rückstand durch Kolieren und Filtrieren getrennt.
— Das so gewonnene, dunkle, aber völlig klare Filtrat wird mit
so viel gesättigter Ammonsulfatlösung versetzt, daß 25 %ige
Sättigung mit diesem Salze erreicht wird. Dabei werden hier,
und so in jedem Falle, wenn Ammonsulfat in Anwendung gezogen
wird, so viel Tropfen verdünnter Sodalösung hinzugetan,
daß die Flüssigkeit schwach alkalisch reagiert und deutlich nach
Ammoniak riecht. In etwa 24 Stunden setzt sich dann allmählich
ein geringer Niederschlag ab, der abfiltriert wird. Das Filtrat
wird in gleicher Weise auf 33⅓ %ige Sättigung mit Salz gebracht,
der Niederschlag wiederum nach 24 Stunden durch Filtrieren
entfernt. Das so erhaltene wasserklare, ziemlich dunkle Filtrat
wird auf 60 %ige Sättigung mit Ammonsulfat gebracht. Dabei
entsteht ein mäßiger Niederschlag, der sich meistens in 24 Stunden
vollständig absetzt. — Dieser Niederschlag, welcher die Aldehydase
enthält, wird nach 24 Stunden abfiltriert, mit entsprechender
Salzlösung ausgewaschen und dann in destilliertem Wasser aufgenommen,
wobei er sich nur unvollkommen löst. Frühestens
nach einigen Stunden wird wiederum filtriert. Das klare Filtrat
wird mit 95 %igem Alkohol so weit versetzt, daß gerade ein gut
abfiltrierbarer Niederschlag entsteht. Dieser Niederschlag hat
sich nach einigen Minuten abgesetzt und wird nun sofort von der
Flüssigkeit durch Filtrieren getrennt. Es genügt, Alkohol in einer
Quantität zuzusetzen, daß die Konzentration desselben höchstens
30 % beträgt. Der abfiltrierte Niederschlag wird sofort mindestens
5—6 mal mit kleineren Mengen destillierten Wassers, dem man
einige Tropfen verdünnter Sodalösung zufügt, extrahiert, die
Auszüge werden vereinigt. Am besten läßt man den Niederschlag,
um das Ferment möglichst vollständig in Lösung zu
bringen, fein verteilt über Nacht mit Wasser stehen. — Man
hat nunmehr bereits eine helle Flüssigkeit, die aber regelmäßig
noch Eiweiß enthält. Sie wird bei schwach alkalischer, durch
Soda hergestellter Reaktion mit einer verdünnten Lösung von
Uranylazetat bis zum Entstehen einer abfiltrierbaren Trübung
gefällt, der Niederschlag ebenso wie der durch Alkoholfällung
gewonnene mit destilliertem Wasser behandelt. Es resultiert eine
wasserklare Flüssigkeit, die kräftig Salizylaldehyd zu Salizylsäure
oxydiert.

F. Katalase.

Sie hat die Fähigkeit, Wasserstoffsuperoxyd in molekularen Sauerstoff und Wasser zu zerlegen, eine Eigenschaft, die sie mit den anorganischen kolloidalen Katalysatoren teilt.

Vorkommen. Sie ist überall dort anzutreffen, wo lebendes Gewebe ist; dementsprechend findet sie sich in allen tierischen Organen und in allen Se- und Exkreten. Auch im Pflanzenreich ist sie weit verbreitet, sie findet sich bei den Pilzen und Bakterien ebenso wie bei den hochentwickelten Pflanzen.

Nachweis.
a) qualitativ.

Qualitativ geschieht er so, daß man in die zu untersuchende Lösung ein paar Kubikzentimeter käufliches Wasserstoffsuperoxyd bringt und umschüttelt. Ist Katalase vorhanden, so sieht man in dem Gemisch sofort feine Gasbläschen aufsteigen, herrührend von dem aus dem H_2O_2 freigewordenen molekularen Sauerstoff. Bei Gegenwart von wenig Katalase ist die Gasentwicklung nur eine spärliche, bei Anwesenheit von viel Katalase, wie beispielsweise beim Blut, eine so intensive, daß die ganze Flüssigkeit aufschäumt.

b) quantitativ.

Quantitativ wird die Wirksamkeit der Katalase gemessen entweder an der Menge H_2O_2, die sie zersetzt, oder an der Menge des aus dem Wasserstoffsuperoxyd frei werdenden Sauerstoffes.

Für die quantitative Bestimmung des zersetzten Wasserstoffsuperoxyds existieren zwei Methoden: 1. die Permanganatmethode, 2. die jodometrische Methode.

1. Die Permanganatmethode.

Prinzip. Sie beruht darauf, daß Wasserstoffsuperoxyd sich mit bestimmten Mengen Permanganatlösung bei Gegenwart von Schwefelsäure umsetzt nach der Gleichung
$$2KMnO_4 + 5H_2O_2 + 4H_2SO_4 = 2KHSO_4 + 2MnSO_4 + 8H_2O + 5O_2,$$
und daß der geringste Überschuß von Permanganat die Lösung rot färbt.

1. Die Permanganatmethode.

Erforderliche Lösungen.
1. Fermentlösung.
Darstellung s. unten.
2. ca. 1%ige Wasserstoffsuperoxydlösung, hergestellt aus käuflichem Wasserstoffsuperoxyd oder aus Merckschem Perhydrol.
3. $^1/_{10}$ normal-Kaliumpermanganatlösung. Man löst 15,8 g Kaliumpermanganat in 1 l destilliertem Wasser.
4. ca. 10%ige Schwefelsäure.

Ausführung. 5—10 ccm der Katalaselösung werden in einem Erlenmeyerkolben von 150—200 ccm Inhalt mit 20 ccm Wasserstoffsuperoxydlösung — man muß stets einen Überschuß von H_2O_2 nehmen — versetzt und 2 Stunden bei Zimmertemperatur stehen gelassen. Nach Ablauf der Frist wird mit 10 ccm Schwefelsäure angesäuert, mit ca. 30—40 ccm destilliertem Wasser verdünnt und nun mit Kaliumpermanganatlösung so lange titriert, bis eine schwache rosa Farbe bestehen bleibt. Mitunter kommt es vor, daß auf Zusatz des ersten Tropfens der Permanganatlösung bleibende Rotfärbung eintritt, ein sicherer Beweis, daß es entweder an Schwefelsäure fehlt oder kein Wasserstoffsuperoxyd mehr vorhanden ist. In diesem Fall fügt man noch mehr Schwefelsäure hinzu. Tritt alsdann die Entfärbung nicht ein, so kann man sicher sein, daß das gesamte Wasserstoffsuperoxyd zersetzt ist. — Gleichzeitig mit dem Versuchskölbchen setzt man eine Kontrolle, bestehend aus 5—10 ccm destilliertem Wasser + 10 ccm H_2O_2, an, säuert nach Verlauf von 2 Stunden ebenfalls mit Schwefelsäure an, verdünnt mit Wasser und titriert mit Kaliumpermanganatlösung. Von der für die Kontrolle verbrauchten Kaliumpermanganatmenge wird die im Hauptversuch ermittelte abgezogen. Die so gefundene Menge Permanganatlösung ist ein direktes Maß für die durch die Katalase zersetzte Quantität Wasserstoffsuperoxyd.

Will man in jedem Falle die Menge des zersetzten Wasserstoffsuperoxyds selber wissen, so verwendet man nach Lockmann, Thies und Wichern[1]) für die Titration eine genau 0,37195 %ige Kaliumpermanganatlösung. 1,0 ccm dieser Lösung entspricht 0,002 g H_2O_2. Dieses Mengenverhältnis berechnet sich aus obiger Reaktionsgleichung.

---

[1]) G. Lockemann, J. Thies und K. Wichern, Beiträge zur Kenntnis der Katalase des Blutes. Zeitschr. f. physiol. Chem. 58, 390. 1908/09.

Der Titer der Permanganatlösung wird mit Mohrschem Salz ($Fe(NH_4)_2(SO_4)_2$, $6H_2O$) geprüft, von dem der Berechnung gemäß 0,46123 g = 10 ccm verbrauchen sollen. Man bereitet sich am zweckmäßigsten gleich mehrere Liter der Permanganatlösung, deren Titer nach 1—3 tägigem Stehen auf lange Zeit (mehrere Monate) konstant bleibt.

Die Berechnung der H_2O_2-Menge ergibt sich zwar aus dem oben Gesagten, doch mag sie noch an einem Beispiel illustriert werden.

Von der H_2O_2-Lösung verbrauchen 10 ccm = 50,4 ccm $KMnO_4$-Lösung; sie enthält also 1,008 % H_2O_2. Die für den Katalaseversuch (s. oben) verwandten 20 ccm H_2O_2-Lösung würden sonach 100,8 ccm $KMnO_4$-Lösung entsprechen. Nehmen wir an, daß der Schlußtiter des Reaktionsgemisches 35,6 ccm $KMnO_4$-Lösung ergeben hat, so würde die katalytisch zersetzte H_2O_2-Menge 100,8 — 35,6 = 65,2 ccm $KMnO_4$-Lösung entsprechen. Da hiervon 1 ccm = 0,002 g H_2O_2 bedeutet, so sind in dem vorliegenden Falle 65,2 × 0,002 = 0,1304 g H_2O_2 zersetzt worden.

2. Die jodometrische Methode von Jolles[1]).

Jolles hat diese Methode speziell für die quantitative Bestimmung der Katalase im Blut ausgearbeitet. Sie ist natürlich auch für die Messung der Katalase anderer Herkunft zu verwenden.

Prinzip. Sie beruht darauf, daß Wasserstoffsuperoxyd aus Jodkalium Jod in bestimmter Quantität in Freiheit setzt und die Menge des frei gewordenen Jods durch Titration mit Thiosulfatlösung quantitativ bestimmt werden kann.

Erforderliche Lösungen.

1. Blutlösung.

Einem Tier wird mit der Pipette aus einem Gefäß unter Beobachtung entsprechender Vorsichtsmaßregeln 1 ccm Blut entnommen, dieses wird mit physiologischer Kochsalzlösung verdünnt und auf $\frac{1}{2}$ Liter aufgefüllt.

2. 1 %ige Wasserstoffsuperoxydlösung.

Man stellt sie in der Weise her, daß man zunächst in reiner käuflicher (ca. 3 %iger) H_2O_2-Lösung nach Abstumpfen eines etwaigen Säuregehaltes mit $\frac{1}{10}$ n NaOH den Gehalt an H_2O_2 durch Titration mit Kaliumpermanganat in schwefelsaurer Lösung feststellt. Die Permanganatlösung ist eine ca. $\frac{1}{10}$ normal und

---

[1]) A. Jolles und G. Oppenheim, Beiträge zur Kenntnis der Blutfermente. Virchows Arch. **180**, 185. 1904.

2. Die jodometrische Methode von Jolles.

vorher auf eine $^1/_{10}$ normal-Oxalsäurelösung genau einzustellen. Ist der Gehalt der H_2O_2-Lösung ermittelt, so verdünnt man sie mit Wasser bis auf einen Gehalt von 1%. Für die Einstellung ein
Beispiel. 3,2 g Kaliumpermanganat werden in 1 Liter Wasser gelöst; andererseits löst man 6,303 g reinste kristallisierte Oxalsäure und bringt die Lösung gleichfalls auf 1 Liter. 1 ccm $^1/_{10}$ normal-Oxalsäure entspricht 1,701 mg H_2O_2.

10 ccm der Oxalsäurelösung werden in Kochhitze nach Schwefelsäurezusatz bis zur Rotfärbung mit Permanganatlösung versetzt. Werden dabei beispielsweise 10,3 ccm Permanganatlösung verbraucht, so entspricht 1,0 ccm Permanganatlösung =
$$\frac{1,701}{10,3} = 1,65668 \text{ mg } H_2O_2.$$

Man nimmt nun von der käuflichen H_2O_2-Lösung 5 ccm, verdünnt mit destilliertem Wasser und titriert mit Permanganat bis zur bleibenden Rotfärbung. Werden hierbei beispielsweise 64,78 ccm Permanganatlösung verbraucht, so entsprechen diesen 64,78 . 1,65668 = 107,31 mg H_2O_2. Somit enthalten 100 ccm H_2O_2-Lösung = 107,31 . 20 = 2,1462 g H_2O_2. Die untersuchte käufliche H_2O_2-Lösung ist also eine 2,1462%ige. Will man aus ihr eine 1%ige Lösung bereiten, so berechnet man die zur Verdünnung erforderliche Anzahl Kubikzentimeter aus der Proportion

$$2,1462 : 100 = 1 : x$$
$$x = 46,59.$$

Man hat demnach 46,59 ccm der käuflichen H_2O_2-Lösung auf 100 ccm mit destilliertem Wasser aufzufüllen und erhält so eine annähernd 1%ige H_2O_2-Lösung. — Den Gehalt dieser verdünnten H_2O_2-Lösung kontrolliert man durch abermalige Titration mit Permanganat. Verbraucht man hierbei auf 5 ccm H_2O_2-Lösung 30,6 ccm Permanganatlösung, so sind in 100 ccm H_2O_2-Lösung enthalten $30,6 . 1,65668 . \frac{100}{5} = 1,0138$ g H_2O_2 (statt 1 g).

3. ca. 1—2%ige **Jodkaliumlösung**.
4. **Dünner Stärkekleister**.
5. **Hyposulfitlösung**.

Man löst ungefähr 25 g kristallisiertes Natriumhyposulfit in 1 Liter destilliertem Wasser. Andererseits bereitet man eine Lösung von 3,874 g reinstem Kaliumbichromat in 1 Liter destilliertem Wasser; 20 ccm dieser Lösung entsprechen 0,201 g Jod. Von der letztgenannten Lösung bringt man 2 ccm in eine Stöpselflasche, fügt 10 ccm Jodkaliumlösung hinzu, verdünnt nach etwa 5 Minuten mit 100 ccm destilliertem Wasser und titriert das ausgeschiedene Jod nach Zusatz von Stärkekleister als Indikator mit Hyposulfitlösung. Verbraucht man 15,8 ccm Hyposulfitlösung, so entspricht 1 ccm derselben $= \dfrac{0{,}201}{15{,}8} = 0{,}0127$ Jod oder $= 0{,}0017$ g H_2O_2.

Ausführung. 2 ccm der Blutlösung werden mit 20 ccm H_2O_2-Lösung in einer Stöpselflasche gemischt und bleiben zwei Stunden bei Zimmertemperatur stehen. Danach säuert man mit 10 ccm verdünnter Schwefelsäure an, fügt 10 ccm Jodkaliumlösung und etwas Stärkekleister zu und läßt wieder 1 Stunde bei Zimmertemperatur stehen. Dabei wird von dem unzersetzt gebliebenen Wasserstoffsuperoxyd die entsprechende Menge Jod in Freiheit gesetzt, das Gemisch färbt sich infolgedessen blau. Nun wird mit Natriumthiosulfat zurücktitriert, und aus der Menge der verbrauchten Thiosulfatlösung kann man die Menge des unzersetzt gebliebenen und daraus die Menge des zersetzten Wasserstoffsuperoxyds berechnen.

Berechnung. Sie wird in der Weise durchgeführt, daß man zunächst 20 ccm H_2O_2-Lösung mit Hyposulfitlösung in der oben angegebenen Weise titriert und von der verbrauchten Menge die beim Versuch zur Titration verwandte Menge subtrahiert. Aus der Differenz berechnet man die Menge des zersetzten H_2O_2.

Beispiel. 20 ccm H_2O_2 verbrauchten 119,2 ccm Hyposulfitlösung; 1 ccm derselben entspricht $= 0{,}0127$ g Jod oder $0{,}001701$ g H_2O_2.

2 ccm Blutlösung, die mit 20 ccm H_2O_2 versetzt waren, verbrauchten beim Zurücktitrieren 49,0 ccm Hyposulfitlösung, also entsprechen der durch das Blut zersetzten H_2O_2-Menge $119{,}2 - 49{,}0 = 70{,}2$ ccm Hyposulfitlösung. Demnach sind von dem zugesetzten Waessrstoffsuperoxyd zersetzt worden $70{,}2 \cdot 0{,}001701 = 0{,}1194$ g H_2O_2.

Hieraus berechnet man, wieviel Gramm Wasserstoffsuperoxyd durch 1,0 ccm Blut zersetzt werden und die so erhaltene Zahl nennt Jolles die „Katalasenzahl".

Bei seinen zahlreichen Versuchen schwankten die meisten Werte zwischen 18 und 30; als normalen Durchschnittswert nimmt Jolles 23 an. In den von ihm untersuchten pathologischen Fällen (Tuberkulose, Nephritis, Karzinom) fand er regelmäßig sehr niedrige Werte.

Diese Methode ist für die Untersuchung von Bakterienkulturen unbrauchbar, da Bakterien aus dem Jodkalium schon allein Jod abspalten können (Jorns[1])).

---

[1]) C. Jorns, Über Bakterienkatalase. Arch. f. Hyg. **67**, 134. 1908.

Die quantitative Messung der Katalase mit Hilfe von **volumetrischen Methoden** ist zwar vielfach geübt worden, so von **Liebermann**[1]), von **Batelli** und **Stern**[2]) und von **Loeb**[3]), und es sind auch besondere Apparate für diesen Zweck von ihnen konstruiert worden. Doch kann auf eine Wiedergabe derselben verzichtet werden, da sowohl die Permanganat- wie die Jodmethode mindestens ebenso zuverlässig und genau sind wie die volumetrische Bestimmung des entwickelten Sauerstoffs oder die Messung des Druckes, den der aus dem Wasserstoffsuperoxyd frei werdende Sauerstoff auf ein Quecksilbermanometer ausübt.

Darstellung von Katalasepräparaten.

1. aus Blut nach Senter[4]) und nach Euler[5]).

Defibriniertes Blut wird mit ungefähr dem zehnfachen Volumen kohlensauren Wassers gemischt, 10 Stunden stehen gelassen und die Flüssigkeit von den festen Bestandteilen abfiltriert. Von diesem Filtrat werden 2 Volumen mit 3 Volumen 95%igem Alkohol gemischt und die Lösung vom Niederschlag befreit. Der Niederschlag wird wieder mit Wasser digeriert und hierauf teils mit der dreifachen Menge Alkohol direkt gefällt, teils, wenn es auf die Isolierung des Enzyms ankommt, zuerst filtriert und dann gefällt. Der hellbraune Niederschlag wird nun vollständig im Exsikkator getrocknet, hierauf zerrieben und mit Wasser extrahiert. Die jetzt fitrierte klare und fast farblose Flüssigkeit, welche heftig auf Wasserstoffsuperoxyd einwirkt, kann direkt zum Versuch verwandt werden oder im Vakuum eingeengt und der Rückstand im Exsikkator getrocknet aufbewahrt werden.

Lange Zeit haltbare Lösungen von Blutkatalase erhält man auch, wenn man nach Wolff und Stoecklin[6]) folgendermaßen vorgeht:

---

[1]) L. Liebermann, Über die Wasserstoffsuperoxyd-Katalyse durch die Fermente des Malzauszuges. Pflügers Arch. **104**, 176. 1904.

[2]) F. Batelli und L. Stern, Recherches sur la catalase. Arch. di fisiol. **2**, 471. 1905.

[3]) W. Loeb, Zur Wertbestimmung der Katalasen und Oxydasen im Blut. Biochem. Zeitschr. **13**, 339. 1908.

[4]) G. Senter, Das Wasserstoffsuperoxyd zersetzende Enzym des Blutes. Zeitschr. f. physik. Chem. **44**, 257. 1903.

[5]) H. Euler, Zur Kenntnis der Katalasen. Hofmeisters Beitr. **7**, 1. 1906.

[6]) J. Wolff und E. de Stoecklin, Sur un nouveau mode de préparation de la catalase du sang et sur ses propriétés. Compt. rend. **152**, 729. 1911.

Frisches Blut wird defibriniert und zentrifugiert und die roten Blutkörperchen dreimal mit physiologischer Kochsalzlösung gewaschen. Hiernach werden sie scharf abzentrifugiert, durch Zusatz von destilliertem Wasser und Äther gelöst, und nach Alkoholzusatz bei — 10^0 wird das Hämoglobin zur Kristallisation gebracht. Die nach der Filtration bleibende Mutterlauge ist reich an Katalase und lange gut wirksam.

2. aus Fett nach Euler[1]).

Man verwendet am besten ganz frisches Fett; spätestens 1—2 Tage nach Schlachten des Tieres muß es verarbeitet werden. Man schabt das Fett und verreibt es in einer Reibeschale mit dem gleichen Gewicht Wasser und dem vierfachen Gewicht Seesand in kleineren Portionen. Dann wird das Gemisch 3 Stunden bei 30^0 sich selbst überlassen. Das Gemisch kühlt sich während weiterer 5 Stunden auf Zimmertemperatur (15^0) ab, worauf das Extrakt abgegossen (nicht abgepreßt) wird. Das Filtrat wird nun auf 0^0 abgekühlt und wieder filtriert. Alsdann wird das Extrakt mit 3, 4 und 5 Volumen Alkohol und 1 Volumen Äther versetzt. Der Niederschlag wird nach $\frac{1}{2}$—1 Stunde von der Flüssigkeit getrennt, abgepreßt und sofort mit Wasser digeriert, wodurch der größte Teil wieder in Lösung geht. Es wird wieder mit Alkohol gefällt und der nun erzeugte Niederschlag getrocknet. Das hieraus mit Wasser erhaltene Extrakt enthält die Katalase und kann direkt zum Versuch verwandt werden.

3. aus Leber nach Batelli und Stern[2]).

Frische Leber wird fein zerhackt, mit dem gleichen Quantum Wasser einige Minuten geschüttelt und durch ein Tuch abgepreßt. Der Rückstand wird mit 2 Teilen Wasser eine Stunde geschüttelt und abkoliert. Die beiden vereinigten Filtrate werden mit Alkohol gefällt, der Niederschlag alsbald abfiltriert und mit 3 Teilen Wasser wieder geschüttelt. Hiernach wird abfiltriert, das Filtrat abermals mit Alkohol gefällt und der Niederschlag im Exsikkator getrocknet. 1 g des so erhaltenen bräunlichen Pulvers vermag in 10 Minuten 3 bis 4 g H_2O_2 zu zersetzen.

4. aus Hefe nach Issajew[3]).

Unter- oder obergärige Bierhefe wird mit Wasser sorgfältig gewaschen, abgenutscht, abgepreßt und in dünner Schicht an der

---

[1]) H. Euler, Zur Kenntnis der Katalasen. Hofmeisters Beitr. **7**, 1. 1906.

[2]) F. Batelli und L. Stern, Préparation de la catalase animale. Compt. rend. de la soc. biolog. **57**, 375. 1905.

[3]) W. Issajew, Über die Hefekatalase. Zeitschr. f. physiol. Chem. **42**, 102. 1904.

Luft getrocknet. Das trockene Pulver wird mit etwas Wasser und Quarzsand verrieben, mit der 8—10fachen Menge mit Chloroform gesättigten Wassers 2—3 Tage ausgezogen und filtriert. Das klare Filtrat wird mit dem gleichen Volumen 96 %igen Alkohol versetzt, der Niederschlag abfiltriert, mit Alkohol und Äther gewaschen und im Exsikkator über Schwefelsäure getrocknet. Das Pulver enthält die Hauptmenge der in der Hefe vorhandenen Katalase und ist sehr lange haltbar. Zum Versuch stellt man sich einen wässerigen Auszug aus dem Pulver her, den man vor der Benutzung filtriert.

Auch aus Pilzen, Bakterien und Pflanzenteilen (Blättern) hat man katalasehaltige Extrakte gewonnen und sich dabei stets des Wassers als Extraktionsmittel bedient.

Speziell Tabaksblätter eignen sich nach Loew[1] besonders zur Herstellung von pflanzlichen Katalaselösungen. Man verreibt sie zu dem Zweck, extrahiert sie mit Chloroformwasser, filtriert, fällt mit Ammonsulfat, filtriert den Niederschlag ab und dialysiert.

---

[1] O. Loew, A new Enzym of General Occurence, Washington, Bullet. of U. S. Departem. of Agricult. 1900, 68.

G. Blutgerinnung.

Theoretischer Teil.

Bevor ich an die Beschreibung der für die Messung der Blutgerinnung geschaffenen Methoden herangehe, halte ich es im Interesse eines besseren Verständnisses des kommenden Kapitels für zweckmäßig, den heutigen Stand unserer Kenntnisse von den Vorgängen bei der Blutgerinnung kurz zu präzisieren.

Man hat die Blutgerinnung aufzufassen als einen zweiphasigen Prozeß. In der ersten Phase bildet sich aus dem Zusammenwirken von Thrombogen, Kalksalzen und Thrombokinase resp. thromboplastischen Substanzen das Thrombin, in der zweiten Phase entsteht durch die Einwirkung des Thrombins auf Fibrinogen der Faserstoff Fibrin.

Das Thrombogen, oder, wie Alexander Schmidt[1]) es nannte, das Prothrombin, findet sich bereits im Blutplasma fertig vorgebildet, und man hat es deshalb auch Plasmathrombin genannt. Während Arthus[2]) und Hammarsten[3]) auf dem Standpunkte stehen, daß es von den Zellen des Blutes geliefert wird, vertreten Morawitz[4]) und Nolf[5]) die alte Schmidtsche Anschauung, daß es bereits im zirkulierenden Blut enthalten ist. Daß dem so ist, davon kann man sich in einfacher Weise überzeugen, indem man einem lebenden Tier Thrombokinase in die

---

[1]) A. Schmidt, Zur Blutlehre. Leipzig 1892. Weitere Beiträge zur Blutlehre. Wiesbaden 1895.
[2]) Arthus, Recherches sur la coagulation du sang. Thèse de doct. Paris 1890.
[3]) O. Hammarsten, Über die Bedeutung der löslichen Kalksalze für die Faserstoffgerinnung. Zeitschr. f. physiol. Chem. 22, 333. 1896. — Derselbe, Weitere Beiträge zur Kenntnis der Fibrinbildung. Zeitschr. f. physiol. Chem. 28, 98. 1899.
[4]) P. Morawitz, Die Chemie der Blutgerinnung. Ergebn. d. Physiol. 4, 307. 1905.
[5]) P. Nolf, Contribution à l'étude de la coagulation du sang. 3. mém. Arch. internat. de Physiol. 6, Heft 1. 1908.

Adern spritzt. Man erhält so beim Vogel wie beim Säugetier eine momentan ausgebreitete Gerinnung, ein Beweis, daß die injizierte Thrombokinase mit dem präformierten Thrombogen bei Gegenwart des stets vorhandenen Kalksalzes zu Thrombin zusammentritt.

Die Kalksalze, deren Bedeutung für den Gerinnungsvorgang von Arthus und Pages[1]) entdeckt wurde, sind ebenfalls im Blut gelöst vorhanden, und zwar in ionisierter Form. Ihre Anwesenheit ist, wie Hammarsten festgestellt hat, von Wichtigkeit nur für das Zustandekommen der ersten Phase; ohne sie kann eine Bildung des Thrombins nicht stattfinden. Dagegen sind sie für die zweite Phase bedeutungslos; denn die Umwandlung des Fibrinogens in Fibrin kann auch bei Abwesenheit ionisierter Kalksalze vor sich gehen.

Die Thrombokinase oder Thrombozym (Nolf) oder Cytothrombin (Fuld), der dritte für die Bildung des Thrombins notwendige Faktor, ist nach Fuld und Spiro[2]) und Morawitz ein Produkt der zelligen Elemente des Blutes, und zwar in erster Reihe der Blutplättchen, vielleicht auch der Leukozyten. Sie wird erst gebildet in dem Moment, wo auf die zelligen Elemente extravaskulär ein gewisser Reiz ausgeübt wird. Damit erinnert sie lebhaft an die zymoplastische Substanz von Schmidt; doch unterscheidet sie sich von ihr prinzipiell dadurch, daß sie außerordentlich empfindlich ist gegen thermische und chemische Einflüsse, während die zymoplastische Substanz von Schmidt alkohollöslich und hitzebeständig ist. — Nach Nolf soll schon im zirkulierenden Blut eine gewisse Menge an Thrombozym enthalten sein, was auch sehr wahrscheinlich ist, da ja physiologischerweise stets Blutzellen zugrunde gehen; doch wird seine Wirkung in der Blutbahn sofort paralysiert durch im Blut enthaltene gerinnungshemmende Stoffe. Außer den Blutzellen kommen nach Nolf noch die Zellen der Gefäßwand als Quelle für das Thrombozym in Betracht.

Die Wirkung der thromboplastischen Substanzen bei der Entstehung des Thrombins, auf deren Bedeutung zuerst Nolf aufmerksam gemacht hat, ist noch nicht ganz geklärt. Nur so viel scheint festzustehen, daß sie für die Bildung des Thrombins zwar entbehrlich sind, daß aber die drei oben beschriebenen Komponenten weit schneller miteinander in Reaktion treten in Gegenwart thromboplastischer Substanzen. Sie sind

---

[1]) Arthus und Pagès, Nouvelle théorie chimique de la coagulation du sang. Arch. de Physiol. **22**, 739. 1890.
[2]) E. Fuld und Spiro, Der Einfluß einiger gerinnungshemmender Agentien auf das Vogelplasma. Hofmeisters Beitr. **5**, 171. 1904.

nach Nolf unspezifischer Natur und finden sich in sämtlichen Geweben. — Thromboplastisch, im Sinne einer Beschleunigung der Thrombinbildung, wirkt auch die alleinige Berührung des Blutes mit Fremdkörpern, die eine rauhe, benetzbare Oberfläche haben. Denn es ist eine bekannte Tatsache, daß frisches, aus der Ader entnommenes Blut in einem Glasgefäße mit benetzbaren Wänden bereits in wenigen Minuten gerinnt, während es in Glasgefäßen mit paraffinierten Wänden stundenlang flüssig bleiben kann. Das beruht zum Teil darauf, daß unter dem Einfluß der Berührung mit Fremdkörpern die Blutplättchen schneller zerfallen und so ihre gerinnungsbefördernden Stoffe (Thrombokinase) schneller abgeben, zum Teil aber spielen sicherlich noch andere Einflüsse mit (Bordet und Gengou[1]).

Das durch das Zusammenwirken der drei Faktoren: Thrombogen, Kalksalze, Thrombokinase unter eventueller Mitbeteiligung thromboplastischer Substanzen gebildete Thrombin oder Fibrinferment oder Holothrombin besitzt seine größte Wirksamkeit in dem Moment des Entstehens. Schon nach kurzer Zeit nimmt es an Kraft erheblich ab, besonders, wenn man es bei Zimmertemperatur oder gar im Brutschrank aufbewahrt; in der Kälte dagegen hält es sich mehrere Tage wirksam und in gefrorenem Zustande findet man es sogar nach Wochen noch gut wirksam (Wohlgemuth). Diese Erscheinung, daß hochwirksame Thrombinlösungen in kurzer Zeit wirkungslos werden, beruht weniger auf einer Zerstörung des Thrombins als auf einem Latentwerden desselben: das wirksame Thrombin geht in eine inaktive Form, das Metathrombin, über. Wie man sich diesen Vorgang vorzustellen hat, ist noch nicht völlig geklärt. Pekelharing[2]) nimmt an, daß beim Stehen des Serums sich gerinnungshemmende Körper bilden, welche dem Thrombin entgegenwirken, während Mellanby[3]) vermutet, daß das Thrombin bei längerem Stehen von den Eiweißkörpern des Serums adsorbiert wird. Welche von beiden Anschauungen auch zutreffen mag, auf jeden Fall gelingt es, wie Alexander Schmidt gezeigt hat, durch Behandlung des inaktiv gewordenen Serums mit Alkali das Metathrombin zu reaktivieren, sei es, daß das Alkali das Antithrombin zerstört oder die Bindung von Thrombin und Serumeiweiß löst. Da man glaubte, daß dies reaktivierte Thrombin

---

[1]) J. Bordet und O. Gengou, Recherches sur la coagulation du sang. Annal. Instit. Pasteur. **17**, 822. 1903.
[2]) C. A. Pekelharing, Ein paar Bemerkungen über Fibrinfermente. Biochem. Zeitschr. **11**, 1. 1908.
[3]) J. Mellanby, The coagulation of blood. Journal of physiol. **38**, 28. 1908.

von dem genuinen Thrombin verschieden ist, hat man es Neothrombin genannt. Es ist indes keineswegs sicher, daß ein Unterschied zwischen beiden besteht. — Dieser Vorgang der spontanen Inaktivierung des Thrombins im Serum, der besonders schnell bei Blutwärme vor sich geht, ist aufzufassen als eine Schutzvorrichtung des Organismus, die ebenso wie die gerinnungshemmenden Substanzen im Blut gerichtet ist gegen die aus den ständig zerfallenden Blutzellen sich bildende Thrombokinase und gegen eine intravaskulär auftretende Gerinnung.

Im Interesse eines besseren Verständnisses sei der immerhin recht komplizierte Vorgang der Thrombinentstehung und -umwandlung mittelst folgenden Schemas veranschaulicht:

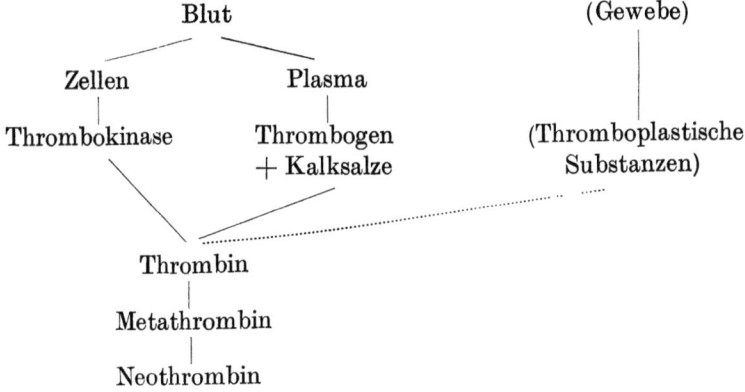

Über die zweite Phase der Gerinnung, über die bei der Umwandlung des Fibrinogens in Fibrin durch das Thrombin stattfindenden chemischen Umsetzungen, ist nichts Sicheres bekannt. Heubner[1]) nimmt an, daß das Fibrinogen hierbei gespalten wird in das unlösliche Fibrin und in das leicht lösliche, von Hammarsten entdeckte Fibringlobulin. Huiskamp[2]) hält indes die Annahme, daß das Thrombin eine Abspaltung des Fibringlobulins bewirkt, für überflüssig; denn es gelang ihm, das Fibringlobulin mittelst schwach alkalischer Fluornatriumlösung, wenigstens zum allergrößten Teil, aus dem Fibrinogen zu entfernen, ohne daß der zurückbleibende Körper Fibrin war.

Die hier wiedergegebenen Anschauungen von den Vorgängen bei der Blutgerinnung können durchaus nicht als allgemein an-

---

[1]) Heubner, Die Spaltung des Fibrinogens bei der Fibringerinnung. Arch. f. exper. Path. u. Pharm. **49**, 229. 1903.
[2]) W. Huiskamp, Zur Fibringlobulinfrage. Zeitschr. f. physiol. Chem. **44**, 182. 1905 und **46**, 273. 1905.

erkannt gelten, viele Punkte sind noch gänzlich unklar und selbst die wichtigsten sind noch Gegenstand heftiger Kontroversen, so besonders die Frage, ob die Blutgerinnung aufzufassen ist, als ein fermentativer Prozeß oder nicht.

Schon Woldridge[1]) bestritt, daß die Blutgerinnung ein fermentativer Vorgang ist; er glaubte vielmehr, daß sie nichts anderes ist als die gegenseitige Fällung zweier Kolloide, des Fibrinogens A und des Fibrinogens B, die schon im strömenden Blute vorhanden sind und sich dort in einem labilen Gleichgewichtszustand befinden. Ihre Vereinigung kommt aber im Blute nicht zustande, da ihr durch gewisse Kräfte, deren Natur noch unbekannt ist, entgegengearbeitet wird.

Auch Nolf[2]) steht auf dem Standpunkt, daß die Gerinnung kein fermentativer Prozeß ist, sondern ein Ausflockungsvorgang dreier Kolloide, und zwar des Thrombogens, Thrombozyms und des Fibrinogens. Doch nimmt er auch für diesen, nach seiner Ansicht rein physikalischen Vorgang — und damit nähert er sich unserer Auffassung — zwei Phasen an. In der ersten Phase vereinigen sich Thrombogen und Thrombozym unter Mitwirkung ionisierter Kalksalze, und in der zweiten Phase erfolgt die Ausfällung des Fibrins. Das Thrombin soll nichts anderes sein als fibrinogenarmes Fibrin; durch Zusatz von Fibrinogen wird das Thrombin in Fibrin umgewandelt. Obwohl alle diese Faktoren im Blute anzutreffen sind, erfolgt ihre Vereinigung doch nicht innerhalb der Blutbahn, weil nach Nolf zwischen ihnen wenig Neigung, zu reagieren, besteht. Sie verbinden sich nur unter dem Einfluß thromboplastischer Substanzen. Darunter versteht Nolf nicht nur Gewebsextrakte, sondern auch alle Momente, die den physikalischen Zustand des Blutes verändern, wie z. B. Körper, die große Oberflächenenergien entwickeln, wie fein gepulvertes Glas, Kohle usw.

Eine noch andere Theorie der Blutgerinnung hat auf Grund seiner Beobachtungen an wirbellosen Tieren L. Loeb[3]) entwickelt. Er fand, daß beim Hummerblut, genau wie beim Blut der Wirbeltiere, außer dem Fibrinogen zwei Substanzen für den Gerinnungsvorgang von wesentlicher Bedeutung sind, 1. die aus den Blutzellen stammenden Thrombine und 2. die aus den meisten Geweben extrahierbaren Gewebskoaguline. Erstere sind in

---

[1]) L. C. Woldridge, Die Gerinnung des Blutes. Deutsch von M. v. Frey, Leipzig 1891.
[2]) P. Nolf, Eine neue Theorie der Blutgerinnung. Ergebnisse der inneren Medizin u. d. Kinderheilkunde 10, 250. 1913.
[3]) L. Loeb, Untersuchungen über Blutgerinnung. Hofmeisters Beitr. 8, 67. 1906.

dem Zustande, wie man sie nach abgelaufener Gerinnung in dem Serum oder in dem Koagulum findet, von der Anwesenheit löslicher Calciumsalze unabhängig; letztere bewirken nur bei Anwesenheit bestimmter Mengen von Calcium Koagulation von Blutplasma oder von Fibrinogenlösungen. Loeb steht also auf dem Standpunkt, daß die Gewebskoaguline (thromboplastische Substanzen) nicht als Kinasen wirken, somit nicht die Entstehung des Thrombins beschleunigen, sondern ebenso wie das Thrombin am Fibrinogen angreifen, nur mit dem Unterschied, daß sie für die Wirkung noch der Gegenwart von Ca-Ionen bedürfen, während das Thrombin die Ca-Ionen nur für seine Entstehung aus dem Prothrombin (Thrombogen) braucht, seine Wirkung dagegen auf das Fibrinogen auch in Abwesenheit von Kalksalzen entfalten kann. — Die gleiche Rolle, wie bei der Gerinnung des Blutes der Wirbellosen, spielen nach Loebs Ansicht die Gewebskoaguline auch bei der Blutkoagulation der Wirbeltiere.

Aus dem Gesagten geht hervor, daß man von einer einheitlichen Auffassung des komplizierten Gerinnungsprozesses noch weit entfernt ist. Mag man ihn nun für einen fermentativen oder einen rein physikalisch-chemischen Vorgang halten, das eine steht jedenfalls jetzt schon fest, daß die Blutgerinnung einen zweiphasigen Prozeß darstellt, dessen erste Phase in der Bildung des Thrombins aus den drei Faktoren Thrombogen, Kalksalze und Thrombokinase besteht, und dessen zweite Phase der Umwandlung des Fibrinogens in Fibrin durch das Thrombin entspricht.

Im folgenden werden in erster Reihe die Methoden zur Feststellung der Gerinnungsgeschwindigkeit mitgeteilt, und dann die Methoden zur Untersuchung und Darstellung der einzelnen Gerinnungskomponenten. Wenn dabei auch auf möglichste Vollständigkeit Wert gelegt wurde, so hielt ich es andererseits doch für richtig, das vorliegende Material nach seinem Wert zu sichten und nur das wirklich Brauchbare und Wertvolle mitzuteilen.

Methoden zur Bestimmung der Blutgerinnungszeit.

Die Mehrzahl der hier zu schildernden Methoden befaßt sich mit der Bestimmung der Gerinnungszeit, d. i. desjenigen Zeitraumes, den das Blut braucht, um außerhalb der Blutbahn zu erstarren.

Trotz ihrer großen Zahl dürfte wohl keine imstande sein, die Gerinnungszeit wirklich exakt zu bestimmen. Das liegt aber weniger an den Methoden als an der Natur des Gerinnungsvorganges selber. Denn man kennt kein Mittel, um festzustellen, in welchem Moment die Gerinnung einsetzt, und in welchem sie vollkommen beendet ist. Man geht aber wohl nicht fehl, wenn man annimmt, daß die Gerinnung spätestens beginnt in dem Augenblick, wo das Blut die Gefäßbahn verläßt. Darum hat man auch in den meisten Fällen den **Moment des Blutaustrittes aus der frisch gesetzten Wunde als den Beginn der Gerinnung** angenommen. Der Schlußmoment wäre — genau genommen — erst dann, gegeben, wenn sämtliches Fibrinogen in Fibrin übergeführt ist. Dieser Zeitpunkt läßt sich aber weder makroskopisch noch mikroskopisch mit Sicherheit ermitteln, abgesehen davon, daß die komplette Umwandlung des Fibrinogens in Fibrin sehr lange Zeit für sich beansprucht. Man hat sich deshalb entschließen müssen, andere Phasen in dem Gerinnungsvorgang als Endpunkte zu wählen, und hat in der Mehrzahl der Fälle zwei Momente als Endpunkt bevorzugt, einmal das **Auftreten der ersten Fibrinfaser**, sodann die **Abnahme der Beweglichkeit des Blutes**, bedingt durch die zunehmende Erstarrung der Flüssigkeit.

Nun ist der Gerinnungsvorgang, wie wir im vorhergehenden Kapitel gesehen haben, von einer Reihe zum Teil wohlbekannter Faktoren abhängig, zum Teil sind aber auch äußere Momente, wenn sie nicht strikte berücksichtigt werden, imstande, in dem einen oder anderen Sinne das Resultat zu beeinflussen. Es ist deshalb ein unbedingtes Erfordernis, daß alle für jede einzelne Methode besonders angegebenen Vorschriften aufs peinlichste innegehalten werden.

Zunächst seien einige allgemeine Punkte hier besonders hervorgehoben, die bei sämtlichen Methoden zu beachten sind.

1. Vor jeder Blutentnahme ist die Haut an der Stelle, wo man das Blut entnehmen will, sorgfältigst mit Alkohol und Äther oder mit Benzin allein zu reinigen. Soll aus einer behaarten Stelle Blut entnommen werden, so ist diese zuvor zu rasieren.

2. Das Blut, mit dem der Versuch ausgeführt werden soll, muß so gewonnen werden, daß möglichst keine Berührung mit den Geweben stattfindet. Am sichersten wird das erreicht, wenn man nach der Vorschrift von Unger[1]) das Gefäß, aus dem das Blut entnommen werden soll, freilegt, doppelt abklemmt und das blutspendende Gefäßende so über eine Magnesiumprothese stülpt,

---

[1]) E. Unger, Über Blutgerinnung. Medizinische Klinik 1912, Nr. 49.

daß die Intima nach auswärts gekehrt wird und sämtliches Blut, das aus dem Gefäß fließt, bei seinem Austritt ausschließlich mit der Intima in Berührung kommt. Von dieser Art der Blutentnahme wird man aber nur selten Gebrauch machen, eher noch von der Venenpunktion, bei der eine Berührung des Blutes mit Geweben auf ein Minimum reduziert ist. Meist begnügt man sich, durch einen Stich in die Haut die für die Untersuchung erforderliche Blutmenge zu bekommen. Dieser muß aber so tief ausgeführt werden, daß das Blut in schneller Folge abtropft. Drücken oder Pressen, um ein schnelleres Auftreten des Bluttropfens zu bewirken, ist durchaus unzulässig, da durch den Druck auch Gewebsflüssigkeit in das Blut übergeht und diese den Gerinnungsvorgang ganz erheblich beeinflußt. — Hat man darum durch den Einstich mit der Lanzette eine zu kleine Verletzung gesetzt, so ist es nicht ratsam, diese Wunde weiter zur Blutentnahme zu benutzen, sondern man tut gut, aus einer neuen Öffnung Blut in hinreichender Menge zu entnehmen. Ganz unstatthaft ist es, Wunden zu benutzen, in denen sich schon Gerinnsel gebildet haben; denn Blutstropfen aus solchen Wunden gerinnen besonders schnell. Darum ist es auch im Tierversuch nicht zu empfehlen, wenn man eine Kanüle in ein Gefäß eingebunden hat, aus dieser mehrmals hintereinander in verschiedenen Zeitintervallen Blut zu entnehmen. Weit zweckmäßiger ist es, bei jeder neuen Blutprobe ein neues Gefäß und eine sorgfältig gereinigte, noch nicht benutzte Kanüle zu verwenden.

3. Die Gefäße, in die das Blut aufgefangen wird, müssen vorher mit Wasser, Alkohol und Äther aufs sorgfältigste gereinigt und frei von Staubpartikelchen sein. Denn jede Verunreinigung und Rauhigkeit der Gefäßoberfläche beschleunigt den Gerinnungsprozeß.

4. Die Blutentnahme muß stets in der gleichen Weise und bei möglichst gleicher Temperatur erfolgen, damit die Versuchsbedingungen stets die gleichen bleiben. Besonders auf Temperaturschwankungen in der Umgebung ist ein Hauptaugenmerk zu richten, da sonst leicht Differenzen in den Gerinnungszeiten auftreten, die zu ganz falschen Schlüssen führen können.

Bei der Kompliziertheit der meisten Methoden ist es, zumal so viele Kautelen zu berücksichtigen sind, in jedem Falle ratsam, zunächst eine Reihe von Vorversuchen auszuführen und erst dann, wenn man sich auf eine bestimmte Methode besonders eingearbeitet hat, wissenschaftliche Fragen in Angriff zu nehmen.

Von den zahlreichen bisher bekannt gewordenen Methoden seien nur die gebräuchlichsten mitgeteilt. Sie zerfallen, soweit sie sich mit der Feststellung der Gerinnungszeit befassen, vorwiegend in zwei Gruppen, in **Kapillarmethoden** und in sogenannte **Kammermethoden**, dazu kommt noch eine **Objektträgermethode**.

A. Kapillarmethoden.

1. Methode von Vierordt[1]).

Sie erfordert Glaskapillaren von ca. 1 mm Durchmesser und ca. 5 cm Länge, die aufs sorgfältigste gereinigt und frei von Staubpartikelchen sein müssen; ferner weiße Pferdehaare, die länger als die Kapillare, mindestens 10 cm lang, sein müssen und nicht allzu dick im Vergleich zum Lumen der Kapillare sein dürfen. Vierordt empfiehlt, um störende Unreinigkeiten zu vermeiden, die Haare vorher mit heißem Alkohol und Äther zu extrahieren, dann mit destilliertem Wasser zu waschen und im Trockenschrank zu trocknen.

Ausführung. Man führt in die Glaskapillare das eine Ende des Haares, ohne dieses Ende vorher mit den Fingern zu berühren, schiebt bis nahe an das zur Aufsaugung des Blutes bestimmte Ende der Kapillare vor und bringt nun die Kapillare mit dem aus einem Einstich in die Fingerbeere quellenden Blutstropfen in Berührung; dabei steigt das Blut durch Kapillarattraktion in dem Glasröhrchen sofort in die Höhe. Sobald die Blutsäule eine Länge von 5 mm erreicht hat, unterbricht man die Blutzufuhr und schiebt das Haar von hinten her ganz vorsichtig so weit vor, daß man es mit den Fingern am anderen Ende fassen kann. Der Zeitpunkt, wenn der Tropfen aufgesaugt wird, was sofort nach seinem Hervortreten geschieht, wird notiert. Nun wird von Zeit zu Zeit, etwa alle halbe Minute, das Haar ein Stückchen vorgezogen. Sobald die wirkliche Koagulation beginnt und das Fibrin sich ausscheidet, schlagen sich die rötlichen Koagula auf dem Haare fest haftend nieder und können an diesem herausgezogen werden. Man fährt nun mit dem ruckweisen Vorziehen des Haares so lange fort, bis keine Koagula mehr auf ihm sich absetzen; dieser Zeitpunkt tritt ein, wenn die Gerinnung durch die ganze Blutmasse hindurchgeschritten ist. Das Haar zeigt somit ein vorderes farbloses Stück, ein mit Koagulis in mehr oder minder großem Abstande bedeckten Abschnitt und wieder ein ungefärbtes Segment. Der Zeitpunkt des Erscheinens dieses letzten Segmentes wird wiederum notiert. Der Zeitraum, der

---

[1]) C. Vierordt, Die Gerinnungszeit des Blutes in gesunden und kranken Zuständen. Arch. f. Heilk. **19**, 193, 1878.

verstrichen ist zwischen dem Eintritt des Blutes in die Kapillare und dem Erscheinen des zweiten ungefärbten Segmentes des Haares, ist die Gerinnungszeit.

Sie beträgt nach Vierordt für den normalen Menschen 9,28 Minuten im Mittel.

Diese Methode hat den Nachteil, daß bei ihr auf die umgebende Temperatur, bei welcher der Gerinnungsversuch vorgenommen wird, keine Rücksicht genommen wird. Es können darum die mit ihr gewonnenen Werte keinen Anspruch auf große Genauigkeit machen. Sie sind auch nur dann zu verwerten, wenn man stets einige Kontrollversuche an einer normalen Person gleichzeitig ausführt.

Diesem Mangel suchten Kottmann und Lidsky zu begegnen, indem sie unter Beibehaltung der Vierordtschen Versuchsanordnung die erforderliche Apparatur in eine Thermosflasche unterbrachten.

Modifikation von Kottmann und Lidsky[1]).

Eine weite Glasröhre wird durch einen Korkabschluß wasserdicht in eine horizontal gelagerte Thermosflasche plaziert, die mit Wasser von der gewünschten Temperatur gefüllt ist. Kottmann und Lidsky arbeiteten stets bei einer Temperatur von 15⁰ C. In den temperierten Luftmantel der Glasröhre wird dann ein mit einer Kapillare armierter Metallstab eingeschoben und durch einen Kork abgeschlossen, nachdem man zuvor die auf dem Metallstab befestigte Kapillare in der von Vierordt angegebenen Weise mit Blut gefüllt und ein Pferdehaar durch die Kapillare durchgeführt hat. Dadurch wird ermöglicht, die Vierordtsche Methode in bequemer Weise bei jeder beliebigen Temperatur, die während des Versuches mit dem Thermometer kontrolliert werden kann, zur Ausführung zu bringen. Man braucht nur alle Minuten mit Hilfe eines Handgriffes den Metallstab ohne Erschütterung horizontal hervorzuziehen, bis die Kapillare mit dem Blute sichtbar wird. Durch sukzessives Vorziehen des Pferdehaares wird dann Beginn und Ende der Gerinnung in der üblichen Weise bestimmt. Sofort nach der nur wenige Sekunden dauernden Besichtigung wird der Metallstab mit der Blutkapillare wieder in den Luftmantel zurückgeschoben, wobei eine Auftreibung des Metallstabes als Zapfen für die Korköffnung dient und so einen Wärmeaustausch verhindert. Eine Glaskapil-

---

[1]) K. Kottmann und A. Lidsky, Die Vierordtsche Methode für Gerinnungsbestimmungen des Blutes in verbesserter Form. Zeitschr. f. klin. Med. **69**, 431. 1910.

lare, welche mit Klammern ebenfalls auf dem Metallstab fixiert ist, dient zur bequemen Führung des Pferdehaares, welches auf diese Weise ohne Schwierigkeiten in den Glasmantel zurückgeschoben und auch ohne Zeitverlust nach Füllung der Blutkapillare durch diese vorgestoßen werden kann. Das durch den Kork gesteckte Thermometer zeigt die jederzeit im Luftmantel herrschende Temperatur an.

Diese Methode hat vor der Vierordtschen den Vorzug, daß man hier keine Kontrollbestimmungen an normalen Personen nötig hat, sondern die gewonnenen Resultate unter sich vergleichen und direkt verwerten kann. Mit dieser Methode gemessen[1]), gerinnt normales menschliches Blut bei 15^0 C nach 11 Minuten, bei 20^0 C nach 6 Minuten.

2. Methode von Wright[2]).

Sie ist besonders in England und Amerika viel in Gebrauch und beruht auf dem Prinzip, daß eine Reihe genau gleicher Glaskapillaren mit einer bestimmten Menge frischen Blutes gefüllt und nach Verlauf von einigen Minuten in verschiedenen Zeitintervallen ausgeblasen werden. Dabei beobachtet man dann, ob das Blut flüssig oder teilweise geronnen oder vollkommen geronnen ist, und bestimmt die Zeit, die zur Bildung eines richtigen Gerinnsels nötig ist.

Das einzig Schwierige an der sonst so einfachen Methode ist die Beschaffung vollkommen gleichmäßiger Glaskapillaren. Wrigth gibt hierfür folgende Vorschrift:

Ein Stück gewöhnliches Glasrohr wird zu einer dünnen, ganz spitz zulaufenden Kapillare ausgezogen und das spitze Ende abgeschmolzen. Hiernach mißt man mit einer geeichten 5 cmm Pipette, wie sie zu Gowers Hämozytometer erforderlich ist, unter Benutzung eines Gummisaugers genau 5 cmm Quecksilber ab und bringt das Quecksilber in die weite Öffnung des ausgezogenen Glasrohres. Das dünne Ende des Glasrohres wird nun zu einer haarfeinen Kapillare ausgezogen und mitten durchgebrochen. Durch Kippen der Röhre bringt man das Quecksilber in der Kapillare an diejenige Stelle, wo die Kapillare ein Lumen von 0,25 mm hat, das ist dort, wo die Quecksilbersäule eine Länge von 5 cm annimmt. Man verfährt dabei so, daß man die Röhre auf ein weißes Stück Papier legt, auf das man die

---

[1]) K. Kottmann und A. Lidsky, Beiträge zur Physiologie und Pathologie der Schilddrüse. Zeitschr. f. klin. Medizin 71, 346. 1910.
[2]) Wright, Lecture on tissue on cellfibrinogen. The Lancet, 1892. 1. 457.

Distanz von 5 cm aufgezeichnet hat. Ist der Quecksilberfaden in der Kapillare an keiner Stelle 5 cm lang, so ist die Kapillare zu verwerfen. Findet man dagegen eine Stelle, wo der Quecksilberfaden dem Eichmaß entspricht, so markiert man provisorisch mit einem Glasschreiber die beiden Enden der Quecksilbersäule. Nun bringt man die Quecksilbersäule 1—2 cm näher an die weite Öffnung des Glasrohres, signiert die beiden provisorisch markierten Stellen und bricht an der äußeren Marke die Röhre entzwei. Bevor man dies tut, macht man die Öffnung der Pipette frei, indem man deren ganz fein ausgezogenes Ende abbricht, und überträgt das Quecksilber in die nächste Röhre, die zu kalibrieren ist. Nachdem man etwa 6—8 Röhren auf diese Weise kalibriert hat, versieht man sie mit fortlaufenden Zahlen an den breiten obersten Enden unter Benutzung eines Glasschreibers.

Ausführung. Man macht mittelst einer Lanzette oder der Frankeschen Nadel einen solchen Einstich in die Fingerbeere, daß das Blut ohne weiteres Pressen in großen Tropfen aus der Wunde quillt. Allenfalls ist es gestattet, falls das Blut zu langsam fließt, ein Taschentuch um den verletzten Finger zu wickeln und ihn ganz leicht zu komprimieren; jedes stärkere Drücken führt zu falschen Resultaten, da durch den stärkeren Druck Lymphe und Gewebssaft mit ausgepreßt werden. Den ersten aus der Wunde quellenden Blutstropfen wischt man ab; erst der zweite Tropfen wird zum Versuch verwandt, und zwar so, daß man eine der oben beschriebenen Kapillaren mit dem Blut in Berührung bringt und das Blut mittelst kapillarer Attraktion genau bis zur oberen Marke aufsteigen läßt. Dann entfernt man die Kapillare vom Blutstropfen und sorgt durch leichtes Schütteln oder Klopfen dafür, daß die Blutsäule in dem Kapillarrohr um 1—2 cm höher steigt, so daß also das untere Ende der Blutsäule ca. 1—2 cm vom Ende der Kapillare entfernt ist. Nach Füllung des Röhrchens wird der Moment der Blutentnahme genau notiert. Hiernach wischt man den Blutstropfen vom Finger weg, füllt mit dem nächsten Blutstropfen die zweite Kapillare in der gleichen Weise bis zur Marke und notiert abermals die Zeit. Genau so verfährt man mit den übrigen 4 resp. 6 Kapillaren, achtet aber darauf, daß die Füllung der einzelnen Kapillaren in Abständen von höchstens $\frac{1}{2}$ Minute geschieht.

Die mit Blut gefüllten Kapillaren werden nun in Lufttemperatur gehalten, wenn die Temperatur annähernd mit der Normaltemperatur der halben Blutwärme (18,5^0 C oder 65—66^0 F) übereinstimmt. Falls die Lufttemperatur erheblich höher oder niedriger ist als die oben angegebene Normaltemperatur, stellt man die Kapillaren mit dem Ende, in dem sich das Blut befindet, in ein Gefäß (Becherglas, Schüssel) mit Wasser von 18,5° C aufrecht hinein, so daß das Blut von der Temperatur konstant umgeben ist, während das weite obere Ende aus dem Wasser hervorragt. Ein Verschließen der unteren Öffnung ist nicht notwendig, weil die zwischen Wasser und Blut befindliche Luftsäule eine Vermischung des Blutes mit Wasser verhindert.

Sind 3 Minuten seit der Füllung der ersten Kapillare verstrichen, so nimmt man die Kapillare 1 aus dem Wasserbad heraus und bläst ihren Inhalt auf ein Stück weißes Filtrierpapier. Dabei muß man scharf darauf achten, ob schon kleine Fibringerinnsel sich gebildet haben. Eine halbe Minute später bläst man die zweite Kapillare auf Filtrierpapier aus, wieder eine halbe Minute später die dritte usw. Als Endpunkt gilt derjenige Moment, in dem das erste richtige Gerinnsel auf dem Filtrierpapier zu erkennen ist. Der Zeitraum, der verstrichen ist zwischen der Füllung der betreffenden Kapillare und dem Moment des Ausblasens ist die Gerinnungszeit.

Nach Wright beträgt die Gerinnungszeit für normales Blut ungefähr 5 Minuten.

3. Methode von Schultz[1]).

Sie besteht darin, daß das Blut in Hohlperlenkapillaren aufgefangen wird, dessen einzelne Glieder in bestimmten Zeitabschnitten abgebrochen und in abgemessenen Quanten physiologischer Kochsalzlösung ausgeschüttelt werden. Man erhält auf diese Weise den Gerinnungsvorgang in der Gesamtheit in Stadien zerlegt — das Eintreten des ersten makroskopisch sichtbaren Gerinnsels, den Fortgang und den Abschluß der Gerinnung.

Erforderlich für diese Methode sind Gerinnungsröhrchen, die aus einem kurzen glatten Stiel und aus einem Teilstück mit 12 (oder mehr) eng aneinander liegenden kugeligen Aufblasungen bestehen. Diese sollen möglichst kongruent sein und die Intervallstücke möglichst kurz und von dem ursprünglichen Durchmesser der Kapillare. Fallen die Intervallstücke zu weit aus, so kann die Beobachtung des Gerinnungsvorganges dadurch gestört werden, daß nach Fortschreiten der Gerinnung beim Abbrechen der Hohlperlen Gerinnsel aus der nachfolgenden Kapillare mit herausgerissen werden und diese zum Versuch unbrauchbar machen. Ist dies etwa geschehen, so bricht man eine weitere Perle ab, da

---

[1]) W. Schultz, Eine neue Methode zur Bestimmung der Gerinnungsfähigkeit des Blutes. Berl. klin. Wochenschr. 1910. Nr. 12. 527.

nicht die laufende Reihenfolge, sondern das Zeitintervall maßgebend ist. Die Intervallstücke sind einseitig geritzt und werden dieser Markierung entsprechend gebrochen. Die Gerinnungsröhrchen sind bei der Firma Eberhard vorm. Nippe, Berlin, Neues Tor 1, erhältlich.

Ausführung eines Gerinnungsversuches. Man läßt vom Ende des mit allen Kautelen (Aqua dest., Alkohol, Äther) gereinigten Gerinnungsröhrchens Blut in dasselbe eintreten, trocknet alsdann, nachdem die Füllung beendet ist, sorgfältig etwa außen anhaftendes Blut ab und legt das Röhrchen auf eine geeignete Unterlage etwas schräg mit dem Stiel nach oben, damit nicht ein Teil des Blutes aus den Hohlperlen in das Stielende zurückfließt. Inzwischen ist ein Reagenzglasgestell mit 12 oder 24 Reagenzgläsern aufgestellt, deren jedes mit je 1 ccm physiologischer Kochsalzlösung beschickt und mit fortlaufenden Zahlen versehen ist.

Es wird nun nach der Uhr in gemessenen Zeitabständen ($\frac{1}{2}$, 1, 2 Minuten), je nach der voraussichtlichen zeitlichen Ausdehnung des Gerinnungsvorganges, immer eine Hohlperle nach der anderen abgebrochen und in das entsprechende Reagenzglas geworfen. Alsdann beobachtet man unter mäßig heftigem Umschütteln, wie zunächst das gesamte Blut sich aus der Hohlperle entleert und mit der Kochsalzlösung eine gleichmäßige Aufschwemmung bildet, in welcher makroskopisch auch kleinste geronnene Teilchen nicht sichtbar sind. Nach einiger Zeit bemerkt man, wie in einem der folgenden Gläser erste allerkleinste Gerinnungsteilchen in der Blutaufschwemmung sichtbar werden (Sp.). Das Fortschreiten des Gerinnungsfortganges pflegt nun rasch deutlich zu werden. Ein größeres, deutlich sichtbares Gerinnsel, dessen Umfang kleiner als die Hälfte des Rauminhaltes der Hohlperle geschätzt wird, bezeichnet man als +. Die nächst stärkere Gerinnung zeigt ein Gerinnsel, das etwa den halben Rauminhalt der Hohlperle oder mehr einnimmt, oft nicht aus der Höhlung herausgeschüttelt werden kann, falls das Intervallstück genügend eng war, dabei gehen noch ziemlich reichliche Mengen von roten Blutkörperchen in die Aufschwemmung hinein, so daß sie deutlich rot gefärbt wird. Dies Stadium wird mit + + bezeichnet. Als Endstadium gilt derjenige Punkt, bei welchem die Hohlperle mit Gerinnsel ausgefüllt ist, und wo beim Schütteln nur ganz geringe Mengen von roten Blutkörperchen ausgeschwemmt werden + + +. Durch Venenpunktion gewonnenes menschliches Blut gerinnt in 13—19 Minuten, das aus dem Ohrläppchen stammende in 2—3 Minuten. Kaninchenblut aus der Halsvene gerinnt in 3—5 Minuten.

Als Fehlerquelle der Methode kommt vorwiegend in Betracht die Inkongruenz in der Größe und Form der einzelnen Gerinnungsröhrchen. Für eine stets gleichmäßige Temperatur ist gleichfalls Sorge zu tragen.

B. Kammermethoden.

4. Methode von Brodie und Russel[1]).

Das Verfahren beruht auf der mikroskopischen Kontrolle der Beweglichkeit des Blutes beim Anblasen mittelst eines Luftstromes. Zu dieser Prüfung dient eine Kammer, welche in vertikaler Richtung durchsichtig ist. Sie ist seitlich von einem Wassermantel umgeben, welcher die Temperatur beliebig zu variieren gestattet. Der Boden wird durch eine mit Wasser bedeckte feste Glasplatte gebildet, und als Deckel dient eine abnehmbare Glasplatte, auf deren unterer Seite ein abgeschnittener Glaskonus mit seiner Basis aufgekittet ist. Vor dem Versuch ist die freie Fläche des Konus sorgfältig mit Seifenwasser, Alkohol und Äther zu reinigen.

Der Versuch wird so ausgeführt, daß man in das Ohrläppchen oder die Fingerbeere einen nicht zu kleinen Hautstich setzt, die freie Fläche des Konus mit dem ausströmenden Blut möglichst gleichmäßig benetzt und schnell in die Kammer einsetzt. Bei schwacher Vergrößerung wird nun der Effekt beobachtet, den durch Blasen erzeugte schwache und kurze Luftstöße, die durch einen seitlichen Tubus in die Kammer eintreten, in dem hängenden Tropfen auf die Blutkörperchen ausüben. Sie bewegen sich so lange, als das Blut noch nicht geronnen ist. In dem Moment aber, wo das Blut zu gerinnen beginnt, hört die Bewegung der roten Blutkörperchen auf, während der Blutstropfen durch den eintretenden Luftstrom zwar von der Seite her nach der Mitte eingedrückt wird, aber nach Unterbrechung des Luftstromes sofort seine frühere Gestalt wieder annimmt. Dieser Moment gilt als der Eintritt der Gerinnung. Die zwischen ihm und dem Blutaustritt aus der Wunde verstrichene Zeit beträgt mit diesem Apparat gemessen für den normalen Menschen bei einer Temperatur von 20° C 7—8 Minuten.

5. Methode von Sabrazès[2]).

Sie wird, um bei stets gleichmäßiger Temperatur zu arbeiten, unter einer Glasglocke mit doppeltem Boden ausgeführt. In den

---

[1]) T. G. Brodie und A. E. Russel, Die Bestimmung der Koagulationszeit des Blutes. Journ. of physiol. **21**, 403. 1897.
[2]) J. Sabrazès, Procédé de termination du début de la coagulation du sang. Folia haemat. **3**, 432. 1906.

Boden bringt man Wasser von einer solchen Temperatur, daß die Kammer eine Temperatur von 18,5° C hat. An heißen Sommertagen kann man die erforderliche Temperatur erzielen durch Eisstückchen, die man statt des Wassers in den Bodenraum bringt.

Außer der Glaskammer sind noch kleine Glasröhrchen erforderlich, die genau einen inneren Durchmesser von 1 mm haben sollen. Doch machen Schwankungen von nicht mehr als $^2/_{10}$ mm nichts aus. Diese Röhrchen sind sorgfältig mit Salzsäure, Soda, Wasser, Alkohol und Äther zu reinigen und unter aseptischen Kautelen, vor Staub geschützt, aufzubewahren. Vor dem Gebrauch macht man mit Hilfe einer Glasfeile in Zwischenräumen von 3 zu 3 mm feine Einschnitte in die Glasröhrchen, um sie später leicht durchbrechen zu können, ohne sie dabei mit den Fingern zu berühren. Die Länge jeder Röhre beträgt etwa 5 cm.

Ausführung. Zunächst bringt man in die Kammer ein Thermometer und zwei Glasröhrchen, legt sie auf ein kleines Glasgestell und sorgt dafür, daß in der Kammer die erforderliche Temperatur herrscht. Alsdann macht man in das mit Alkohol und Äther vorbehandelte Ohrläppchen des zu untersuchenden Individuums einen Einstich, wischt den ersten aus der Wunde quellenden Blutstropfen fort und saugt erst von dem zweiten etwas Blut in die Kapillare auf, aber so, daß die Blutsäule etwa 5 mm vom Rande entfernt ist. Die Röhrchen, die stets mit einer Wiegezange angefaßt werden sollen, werden dann in die Kammer zurück auf das Glasgestell gebracht, und zwar mit ihrem gefüllten Teil so nahe wie möglich an das Quecksilberreservoir des Thermometers. Nun schließt man schnell die Glasglocke und notiert genau den Zeitpunkt, wann man mit der Beobachtung begonnen hat. Jetzt hat man vorwiegend dafür zu sorgen, daß die Temperatur in dem Glasraum stets gleich bleibt, lüftet den Deckel, wenn der Raum zu warm ist, oder wärmt die Glasglocke mit den Händen oder mit einem warmen Tuch an, sobald die Temperatur sinkt. Gleichzeitig stellt man durch vorsichtiges Neigen der Glaskammer fest, ob in den Kapillaren die Gerinnung noch nicht beginnt; in diesem Falle verschiebt sich die Blutsäule in den Kapillaren entsprechend der Neigung der Kammer. Tritt eine solche Verschiebung der Blutsäule nicht mehr ein, so nimmt man die zuerst gefüllte Kapillare heraus und zerbricht sie vorsichtig an einer eingekerbten Stelle. Dabei spannt sich zwischen den beiden Rändern des Bruches ein feines Fibrinfädchen aus, ein Beweis, daß die Gerinnung eingetreten ist. Alsdann ist auch das Blut in der zweiten Kapillare der Gerinnung nahe, und man kontrolliert durch abermaliges Neigen der Glaskammer, ob sich hier noch die Blutsäule verschiebt. Tritt keine Verschiebung mehr ein, so stellt man auch bei dieser Kapillare durch vorsichtiges Zerbrechen fest, ob sich Fibrin gebildet hat. Hat man das Röhrchen zu früh zerbrochen, so weiß man wenigstens annähernd über die Länge der Gerinnungszeit Bescheid und kann dann bei einem zweiten Versuch um so sicherer den Moment des Eintrittes der Gerinnung treffen.

Verschiedenheiten in der Beleuchtung (vollständige Dunkelheit, helles Licht), 10^0 mehr oder weniger in der Temperatur, geringe Ungleichheiten in der Beschaffenheit der Röhrchen sollen nach Sabrazès das Endresultat nicht wesentlich beeinflussen.

Mit dieser Methode ergibt sich für normales menschliches Blut eine Gerinnungszeit von 9—10′, für das Blut eines Hämophilen eine Verzögerung um mehr als 20 Minuten, bei Fieberkranken eine Beschleunigung von 3 Minuten.

6. Methode von Buckmaster[1]).

Die Methode ist eine sehr einfache und bedarf keiner besonderen Apparatur. Ein aus der Wunde quellender Blutstropfen wird auf eine kleine Drahtschlinge gebracht und diese in einen Kasten eingeführt, der durch eine untergestellte Wasserwanne auf gleichmäßiger Temperatur gehalten wird. In den Seitenwänden des Kastens befinden sich Glasfenster, durch die man den Blutstropfen beobachten kann. Die Beobachtung geschieht mit der Lupe. Wird nun die an einem langen Griff befindliche Drahtschlinge um 180^0 gedreht, so sinken die Blutkörperchen schnell nach unten. Dies schnelle Herabsinken der Blutkörperchen nach jeder Umdrehung kann man so lange beobachten, als in dem Blutstropfen noch kein Fibrin zur Ausscheidung gelangt ist. Von dem Moment aber, wo Fibrinfäden den Tropfen zu durchsetzen beginnen, erfolgt das Sinken der Blutkörperchen nur äußerst langsam und zögernd, oder bleibt gänzlich aus. Dieser Moment gilt als der Eintritt der Gerinnung. Die zwischen ihm und dem Moment der Blutentnahme verstrichene Zeit beträgt für normales Blut bei einer Temperatur von 20^0 C 8′ 45″, bei 31^0 C 5′ 45″, bei 38^0 C 3′ 56″, bei 39^0 C 2′ 56″.

Diese Methode hat nach Buckmaster den Vorzug, daß sie nur geringe Blutmengen erfordert, daß der Kontakt mit Fremdkörpern auf ein Minimum reduziert ist, daß das Blut weder um-

---

[1]) G. A. Buckmaster, Model of a new form of coagulometer. Zentralblatt f. Physiol. 1907.

gerührt noch heftig geschüttelt wird, und daß der Endpunkt scharf festzustellen ist.

7. Methode von Bürker[1]).

Der Tropfen Blut, dessen Gerinnungszeit bestimmt werden soll, wird in den Hohlschliff eines Objektträgers gebracht. Von dem Objektträger, dessen obere Hälfte bis zum Hohlschliff hin matt gehalten ist, wird rechts und links so viel abgenommen, daß ein quadratisches Glasstück entsteht. Dieses kommt mit dem Hohlschliffe nach oben auf einen Konus von Kupferblech zu liegen, der in einem viereckigen Ausschnitt einer Hartgummischeibe sitzt. Ein viereckiges Hartgummistück mit rundem Ausschnitt kann auf das Glasstück so aufgelegt werden, daß es dieses mit Ausnahme des Hohlschliffes zudeckt. Über den Hohlschliff kommt noch ein Deckel aus Hartgummi, der mit einem Griff versehen ist. Auf diese Weise ist das Glasstück und damit der Blutstropfen im Hohlschliff nach oben und seitlich von einem schlechten Wärmeleiter umgeben, sitzt aber mit der Unterfläche dem guten Wärmeleiter Kupfer auf.

Der Kupferkonus taucht in Wasser ein, was dadurch erreicht wird, daß die Hartgummischeibe auf den oberen Rand eines mit Wasser gefüllten zylindrischen Gefäßes aus Messing aufgesetzt ist. Der obere Rand des Gefäßes paßt in eine Rinne auf der Unterfläche der Hartgummischeibe; letztere kann mit Hilfe eines Griffes um eine vertikale Achse gedreht werden. Bei der Drehung rühren drei auf der Unterfläche der Hartgummischeibe in einiger Entfernung vom Kupferkonus angebrachte Schaufeln das Wasser durch. Das auf drei Füßen ruhende, mit einem Hahn und einer Steigröhre versehene Messinggefäß ist also nach oben durch die Hartgummischeibe und seitlich durch eine ringsum befestigte Filzplatte vor nicht gewünschter Wärmeabfuhr und -zufuhr geschützt. Das Gefäß kann von unten her mit Hilfe einer kleinen Gasflamme erwärmt und dadurch das Wasser samt Kupferkonus und Glasstück auf bestimmte Temperatur gebracht und längere Zeit auf dieser Temperatur gehalten werden. Ein Thermometer, durch eine Bohrung der Hartgummischeibe hindurchgesteckt, mißt die Temperatur des Wassers.

So ist dafür Sorge getragen, daß das im Hohlschliff des Glasstücks befindliche Blut möglichst genau die Temperatur des im Gefäße befindlichen Wassers annimmt.

---

[1]) K. Bürker, Ein Apparat zur Ermittelung der Blutgerinnungszeit. Pflügers Arch. 118, 452. 1907.

Ausführung. Das Wasser in dem zylindrischen Gefäß wird zunächst auf diejenige Temperatur (gewöhnlich 25⁰ C) gebracht, bei welcher die Blutgerinnungszeit ermittelt werden soll, und mit Hilfe eines kleinen regulierbaren Gasbrenners auf dieser Temperatur erhalten, was leicht gelingt, da die Wassermenge ca. 1 Liter beträgt. Dann wird das Glasstück, insbesondere der Hohlschliff desselben, mit Wasser abgespült, getrocknet und dann mit Äther-Alkohol $\overline{aa}$ sorgfältig gereinigt.

Zur Reinigung eignet sich ein feines leinenes Tuch, das schon öfters gewaschen wurde. Etwaige im Hohlschliff zurückgebliebene Stäubchen und Fäserchen beseitigt man mit einem feinen Haarpinsel.

Darauf kommt in die Mitte des Hohlschliffes ein Tropfen ausgekochtes destilliertes Wasser. Das Wasser befindet sich in einer Bürette, welche mit Mariottescher Anordnung für konstanten Abfluß versehen ist. Der Druck, unter welchem das Wasser ausfließt, beträgt 10 cm Wassersäule. Um Kohlensäure von dem ausgekochten destillierten Wasser fernzuhalten, ist ein Natronkalkröhrchen vorgelegt. Das Glasstück samt dem Tropfen Wasser wird in den Apparat gebracht, mit dem Deckel aus Hartgummi bedeckt und nunmehr gewartet, bis der Tropfen Wasser möglichst die Temperatur des im Messinggefäße befindlichen Wassers angenommen hat.

Dann wird die Fingerkuppe, aus der das Blut entzogen werden soll, mit Ätheralkohol gereinigt, mittelst Frankescher Nadel ein Schnitt erzeugt und der austretende Blutstropfen nach Abnahme des Deckels in den im Hohlschliff des Glasstückes befindlichen vorgewärmten Wassertropfen einfallen gelassen. Sofort wird der Deckel wieder aufgesetzt, ein zeitmessendes Instrument in Gang gebracht und die Temperatur am Thermometer abgelesen. Die Blutung kann man dadurch rasch stillen, daß man den Finger ganz kurz in heißes Wasser eintaucht.

Nunmehr reinigt man die Spitze eines fein ausgezogenen Glasstabes. Der ca. 0,5 cm dicke Stab soll 13 cm lang und vom 13.—18. cm zu einem feinen Glasfaden ausgezogen sein, der gegen die Spitze 0,2—0,3 mm dick ist; um ihn an der Spitze abzurunden, wird die Spitze einen Moment an den Rand einer kleinen leuchtenden Gasflamme gehalten. Man muß eine Reihe solcher Glasstäbe bereit halten. Die Reinigung des Glasfadens geschieht in der Weise, daß man ihn in Ätheralkohol eintaucht, unter rotierender Bewegung zwischen dem mit dem leinenen Tuch bedeckten Daumen und Zeigefinger der linken Hand hindurchzieht und schließlich noch mit der Spitze das Tuch berührt.

Nach der ersten halben Minute dreht man mit Hilfe des Griffes die Hartgummischeibe im Sinne des Uhrzeigers um 90°, hebt den Deckel ab, geht mit der Spitze des gereinigten Glasfadens in die Mitte des im Hohlschliff befindlichen Blutwassertropfens ein und beschreibt, von der Mitte ausgehend, bis zur Peripherie des Tropfens, fünf Spiraltouren, um Blut und Wasser zu mischen, ohne aber die Basis des Blutwassertropfens zu vergrößern. Darauf wird der Deckel wieder aufgesetzt, der Glasfaden vom anhaftenden Blutwasser befreit und wiederum mit Ätheralkohol in der beschriebenen Weise gereinigt.

Nach der zweiten halben Minute wird die Hartgummischeibe wieder um 90° gedreht und darauf mit der Spitze des Glasfadens, etwas entfernt vom Rande des Blutwassertropfens, in diesen eingegangen, parallel mit dem Rande an der linken Seite entlang eines Halbkreises durchgefahren und etwas entfernt vom Rande wieder herausgegangen. Nach der dritten halben Minute wird wieder um 90° gedreht und mit dem gereinigten Glasfaden in der Richtung eines Durchmessers, nach der vierten halben Minute und weiterer Drehung um 90° parallel zum rechten Rande entlang eines Halbkreises hindurchgefahren und so fort, bis man das erste Fibrinfädchen zieht. Darauf wird das zeitmessende Instrument arretiert und wiederum die Temperatur notiert.

In welcher Richtung man jeweils durch den Blutwassertropfen zu fahren hat, ist leicht zu merken. Steht der Griff der Hartgummischeibe rechts, so fährt man parallel zum rechten Rande hindurch; steht er sagittal, sei es gegen, sei es von dem Untersucher abgewendet, so fährt man in der Richtung eines Durchmessers, steht er links, parallel zum linken Rande hindurch. Der Griff steht ferner nach einer geraden Anzahl von Minuten rechts, nach einer ungeraden links, wodurch man sich stets leicht kontrollieren kann.

Soll der Einfluß verschiedener chemischer, in Lösung gebrachter Stoffe geprüft werden, so bringt man in den Hohlschliff des Glasstückes statt eines Tropfens destillierten Wassers einen Tropfen der betreffenden Lösung und vergleicht die Blutgerinnungszeit, welche unter dem Einfluß der Lösung beobachtet wird, mit der, welche unter dem Einflusse des ausgekochten destillierten Wassers zustande kommt[1].

Um den Tropfen der Lösung möglichst gleich groß dem Tropfen destillierten Wassers zu machen, verfährt man in folgender Weise:

---

[1] Das ausgekochte destillierte Wasser soll ebensowenig einen Einfluß auf die Gerinnungszeit haben wie physiologische Kochsalzlösung und Ringer-Lockesche Lösung.

Man zieht ein Glasrohr von 4—5 mm Lichtung nahe dem einen Ende so aus, daß die ausgezogene Stelle einen Durchmesser von ca. 1 mm hat und schneidet das Glasrohr an dieser Stelle durch. Das kürzere Stück verbindet man mit Hilfe eines Gummischlauches mit der Bürette, welche das ausgekochte Wasser enthält, während das lange Stück mit einer Marke versehen wird, bis zu welcher die Lösung in die Pipette eingesaugt werden soll. Die Marke wird so angebracht, daß der Tropfen der Lösung unter demselben Flüssigkeitsdrucke aus der Pipette in den Hohlschliff des Glasstückes fällt, wie der Tropfen ausgekochten destillierten Wassers aus der Bürette, also unter einem Druck von 10 ccm.

Normales menschliches Blut, mit dieser Methode gemessen, hat eine Gerinnungszeit von $3^1/_2$—4 Minuten.

Die Methode soll sich in praxi recht einfach gestalten und gut übereinstimmende Resultate liefern.

Der Apparat ist zu beziehen durch den Univers.-Mechaniker Albrecht in Tübingen.

8. Methode von Morawitz und Bierich[1]).

Das Prinzip der Methode besteht darin, daß man bestimmte Quantitäten Blut, das man durch Venenpunktion gewonnen hat, auf mehrere Wiegegläschen verteilt und durch leichtes Neigen derselben in bestimmten Zeitintervallen kontrolliert, wann die Gerinnung vor sich geht.

Für den Versuch sind erforderlich zwei Wiegegläschen, die vorher mit Wasser, Alkohol und Äther gründlichst zu reinigen sind, eine 10 ccm fassende Spritze, die sterilisiert und mit Alkohol und Äther von jeder Feuchtigkeit befreit sein muß, und endlich eine mit einem Thermometer versehene feuchte Kammer, die eine Temperatur von 20^0 C hat.

Ausführung. Mittelst einer 10 ccm fassenden Spritze entnimmt man aus einer leicht gestauten Armvene 10 ccm Blut und überträgt je 5 ccm auf zwei Wiegegläschen, die man mit dem Deckel sofort schließt. Die beiden Gläschen kommen sogleich in die feuchte Kammer. Es ist zweckmäßig, die Gläschen vorher kurze Zeit in der Kammer zu halten, damit sie deren Temperatur annehmen. Nachdem die mit Blut beschickten Gläschen einige Minuten in der Kammer gestanden haben, wird der Deckel der Kammer von Zeit zu Zeit abgehoben und der Zustand des in den Gläschen enthaltenen Blutes durch leichtes Neigen derselben kontrolliert. Das soll nicht häufiger als alle 2 Minuten

---

[1]) P. Morawitz und R. Bierich, Über die Pathogenese der cholämischen Blutungen. Arch. f. exper. Pathol. u. Pharm. **56**, 115. 1907.

und stets in der gleichen Weise geschehen. Bedecken sich beim Neigen die Glaswände mit einem geringen rötlichen Belag, so ist das ein Zeichen dafür, daß die Gerinnung bereits beginnt. Sie ist vollendet, wenn die Oberfläche des Blutes erstarrt ist und der Neigung des Gläschen nicht mehr folgt.

Normales menschliches Blut braucht unter diesen Bedingungen für gewöhnlich 15—20 Minuten. Eine Zeitdifferenz von 20% kann noch im Bereich der Fehlergrenzen und der normalen Schwankungen liegen. Deshalb dürfen nur große Zeitdifferenzen berücksichtigt werden.

Die mit dieser Methode gewonnenen Werte sind, wie Morawitz selber angibt, allein nicht maßgebend, sondern nur dann, wenn man gleichzeitig eine andere Methode, die nur kleine Blutmengen erfordert, angewandt und mit dieser das gleiche Resultat ermittelt hat.

9. Koaguloviskosimeter-Methode von Kottmann[1]).

Diese Methode erfordert einen besonderen Apparat, den Koaguloviskosimeter, dessen Konstruktion auf folgendem Prinzip beruht.

Wenn man ein mit Flüssigkeit gefülltes Gefäß um seine Achse rotieren läßt, so machen die peripheren Flüssigkeitspartien die Rotation mit. Diese rotierende Bewegung der peripheren Flüssigkeitsschichten wird sich um so eher den zentralwärts gelegenen mitteilen, je größer die Viskosität der Flüssigkeit ist. Im Zentrum der Flüssigkeit findet sich nun ein Schäufelchen, das frei beweglich um seine Achse ist, ohne daß es mitrotiert. Wenn nun das im Gefäß befindliche Blut mit dem Gefäß zu rotieren beginnt, so wird sich das Schäufelchen gar nicht mitbewegen. In dem Moment aber, wo das Blut zu gerinnen beginnt, wo also seine Viskosität plötzlich erheblich zunimmt und die zentralen Blutschichten stark mitzurotieren beginnen, überträgt sich die heftige Bewegung auch auf das Schäufelchen und es erfährt eine starke Ablenkung aus der ursprünglich normalen Lage. Diese Ablenkung zeigt somit den Zeitpunkt der Gerinnung ganz genau an.

Der sehr sinnreiche Apparat ist folgendermaßen konstruiert:

Ein Nickelgefäß mit dem inneren Durchmesser von 1 ccm wird, nachdem es mit der zu untersuchenden Flüssigkeit gefüllt ist, mit einer vertikalen Metallhülse wasserdicht verbunden, damit es während der Untersuchung in ein Wasserbad mit kon-

---

[1]) K. Kottmann, Der Koaguloviskosimeter mit spezieller Berücksichtigung seiner klinischen Verwendbarkeit für Gerinnungsbestimmungen des Blutes. Zeitschr. f. klin. Med. **69**, 415. 1910.

stanter Temperatur getaucht werden kann. Die vertikale Hülse wird auf inneres Metallrohr geschoben, das durch einen uhrwerkartigen Motor in rotierende Bewegung versetzt wird. Dadurch überträgt sich die gleiche Rotation auch auf die Metallhülse und durch diese auf das Gefäß mit der Untersuchungsflüssigkeit (Blut, Milch, Fibrinogenlösung). Das Gefäß mit Flüssigkeit macht also eine konstante Tourenzahl pro Minute, und mit dem Gefäß zugleich werden die benetzenden Blutschichten in Rotation gebracht. In Abhängigkeit von dem Viskositätsgrade der Flüssigkeit überträgt sich dann die Rotation je nach dem Zentrum abnehmenderweise auch auf die anderen Flüssigkeitsschichten.

In das Gefäß taucht nun vertikal und genauestens zentriert eine feststehende, durch spezielle Einrichtungen äußerst leicht in Rotation versetzbare stählerne Achse, die an ihrem unteren Ende mit einem silbernen Schäufelchen, an ihrem oberen Ende mit einem Zeiger und dazwischen mit einer feinen Spiralfeder verbunden ist. Die Spiralfeder, die außer an der Achse mit ihrem anderen Ende an einen festen Punkt fixiert ist, verbindet eine mit der Flüssigkeit freie Mitrotation des Schäufelchens und gestattet diesem nur einen gewissen Ausschlag. Der jeweilige Ausschlag ist proportional der Viskosität und dem Gerinnungsgrade der untersuchten Flüssigkeit und wird durch einen Zeiger in vergrößertem Maßstab auf einem Zifferblatt, das in 100 gleiche Teile eingeteilt ist, in bequemer Weise zur Ablesung gebracht. Für Gerinnungsbestimmungen des Blutes und der Milch genügt eine Ablesung von 90 vollständig, weil bei Erreichung dieses Zeigerstandes, wie Versuche lehren, die Gerinnung vollendet ist.

Für Bestimmungen des Koagulationsverlaufes von Blut erwies sich eine Tourenzahl von 12 bis 15 pro Minute am günstigsten. Hält man sie regelmäßig inne, so bekommt man stets gut vergleichbare Resultate.

In Anbetracht der großen Abhängigkeit des Gerinnungsverlaufes und der Viskosität von der Temperatur, wird der Versuch stets bei gleicher Temperatur (20^0 C) ausgeführt. Als Thermostat hat sich ganz vorzüglich eine gewöhnliche, mit Wasser gefüllte Thermosflasche, wie sie im Handel vorkommt, bewährt. Das eventuell vorgewärmte Metallgefäß kann unmittelbar nach der Füllung in das Thermoswasserbad versenkt werden und nimmt dort die Temperatur des umgebenden Wassers in kürzester Zeit an.

Die Blutentnahme erfolgt durch Venenpunktion, um eine Beimischung von gerinnungsbeschleunigenden Substanzen zu vermeiden.

Normales menschliches Blut gerinnt bei 20⁰ C in 20 Minuten, bei 40⁰ C in 6 Minuten.

Der Kottmannsche Koaguloviskosimeter arbeitet sehr exakt und liefert gut übereinstimmende Werte. Er ist erhältlich bei M. Schaerer A.-G., Bern, Bubenbergplatz und kostet 475 Fcrs.

10. Methode von Fuld[1]).

Sie erfordert das von Fuld angegebene Thrombometer.

Der Apparat setzt sich zusammen aus einem oben abgestumpften Metronom, an dessen oberem Pendelende ein Lineal sitzt, und einem U-Röhrchen, welches an dem freien Ende des Lineals befestigt ist und die Schwingungen des Pendels durch Vermittelung des Lineals mitmacht. In das U-Röhrchen kommen ein bis zwei Tropfen des Blutes, das untersucht werden soll, und ein kleines Schrotkügelchen. Bei der Bewegung des Pendels rollt die Kugel so lange durch das Blut, als dieses noch flüssig ist; sobald es aber gerinnt, wird die Kugel festgehalten.

Die Ausführung eines Versuches mit diesem Apparat gestaltet sich folgendermaßen:

Das U-Röhrchen, welches vor jedem Gebrauch sorgfältig gereinigt und ausgekocht sein muß, wird lufttrocken verwendet. Der Blutstropfen — am besten mit der Frankeschen Nadel aus dem mit Benzin abgeriebenen Ohrläppchen ev. auch aus der Fingerbeere entnommen — wird in dem trichterförmigen Ende aufgefangen und mittelst einer kurzen energischen Drehung um das schmale Ende durch Zentrifugalkraft in den horizontalen Teil des U-Röhrchens befördert. Alsdann wirft man die Schrotkugel in das aufrecht gehaltene Rohr von dem schmalen Ende aus und verschließt den einen Schenkel durch einen Gummistopfen.

Zuerst wird die Schale mit richtig temperiertem Wasser (37⁰) gefüllt und auf den Untersatz gestellt und das Uhrwerk aufgezogen. Man schiebt dann rasch das Röhrchen mittelst Ansatzschiebers auf das obere Ende des Pendellineals und setzt das Pendel durch seitliche Verschiebung der Arretierung in Bewegung. Das Tempo muß eventuell durch Verschieben des an das obere Ende des Pendellineals geklemmten Gewichtes auf Sekundentakt eingestellt werden. Die Temperatur des Wasserbades kann durch das Flämmchen eines seitlich untergestellten Nachtlichtes längere Zeit konstant erhalten werden. Die Lichtquelle befindet sich oberhalb des Wasserbades, das Pendel ab-

---

[1]) E. Fuld und E. Schlesinger, Über die Gerinnung des Blutes. Berl. klin. Wochenschr. 1912. Nr. 28.

gewandt vom Beschauer. Sollte dieses aussetzen, so stößt man es mit dem Finger an.

Bei den Bewegungen des Pendels verschieben sich Tropfen und Kugel gegeneinander, die Kugel durcheilt den Tropfen, solange nicht diese durch Gerinnung des Blutes festgehalten wird. Dieser Moment wird festgelegt und bedeutet das Auftreten der Gerinnung.

Die Zeitmessung beginnt mit dem Moment des Blutaustrittes aus der Wunde. Beide Zeiten sind nach der Sekundenuhr festzulegen.

Die Methode ist einfach und bequem auszuführen und gibt gut übereinstimmende Resultate. Normales menschliches Blut gerinnt, so gemessen, durchschnittlich innerhalb 4 Minuten bei Zimmertemperatur (16—17⁰ C). Der Apparat ist erhältlich bei E. Geißler & Co., Berlin W, Hohenstaufenstraße 51 und kostet 20 Mark.

11. Methode von Schlesinger[1].

Sie beruht auf dem Nachweis des ersten sich bildenden Fibrinfadens und erfordert zu ihrer Ausführung ein Koagulometer.

Der Apparat ist so konstruiert, daß an einem durch ein Uhrwerk betätigten Hebel sich eine oben zugeschmolzene Glaskapillare befindet, die sich rhythmisch hebt und senkt. Sie taucht etwa $\frac{1}{2}$ mm tief in den in einen Hohlschliff befindlichen Blutstropfen ein. Ihr Lumen wird sofort beim ersten Eintauchen durch ein feines Bluthäutchen verschlossen; Kapillarwirkung findet nicht statt, da das obere Ende zugeschmolzen ist. Bevor eine Fibrinbildung eintritt, verliert die Kapillare bei jeder Hebung den Zusammenhang mit dem Tropfen. Der erste Fibrinfaden haftet fest und wird nun jedesmal in die Höhe genommen. — Zu erwähnen ist noch, daß häufig von vorneherein ein zartes Häutchen eine Strecke weit von der Kapillare emporgezogen wird, aber sogleich wieder abreißt. Dieses Häutchen ist kein Fibrin, sondern besteht aus fettartigen, ätherlöslichen Substanzen. Eine Verwechselung mit Fibrin ist nicht möglich. An dem Apparat ist sowohl die Hubhöhe, wie die Geschwindigkeit des Uhrwerkes bis ins feinste zu variieren. Um Temperaturunterschiede zu vermeiden, empfiehlt es sich, den Apparat unter einer Glasglocke arbeiten zu lassen.

---

[1] E. Fuld und E. Schlesinger, l. c.

Der Apparat ist zwar klinisch noch nicht erprobt, doch haben Vergleichsuntersuchungen mit Fluoridplasma und Hundeserum sehr gute Übereinstimmung ergeben. Normales menschliches Blut gerinnt, mit diesem Apparat bestimmt, nach 4 Minuten.

Das Koagulometer ist zu beziehen durch Gustav Henkel, Friedenau-Berlin, Kaiserallee 79 und kostet 25 Mark.

C. Objektträgermethode.

12. Methode von Milian[1]).

Sie ist außerordentlich einfach und wird deshalb vielfach in der Praxis angewandt. Zu ihrer Ausführung sind nur sorgfältig gereinigte Objektträger notwendig.

Ausführung. Man läßt auf mehrere Objektträger eine Reihe von Blutstropfen aus einer unmittelbar vorher gesetzten Wunde fallen und notiert sowohl die Zeit des Einstichs wie die Zeit der Übertragung auf den Objektträger. Alsdann richtet man von Zeit zu Zeit die Objektträger senkrecht auf und beobachtet, ob die Blutstropfen nach unten sinken und dabei die Gestalt einer Träne annehmen, oder ob sie ihre Konturen nicht ändern. Im ersteren Falle ist das Blut noch flüssig, im letzteren geronnen. Man notiert dann wieder die Zeit und hat so ein annäherndes Urteil über den Zeitraum, den das Blut zu seiner Gerinnung braucht. — Zu berücksichtigen ist, daß man stets bei gleicher Temperatur arbeiten muß, wenn man einigermaßen brauchbare Werte haben will.

Modifikation nach Hinman und Sladen[2]).

Um die Fehlerquelle auszuschalten, die damit verknüpft ist, daß man stets Tropfen von verschiedener Größe zur Untersuchung bekommt, empfehlen Hinman und Sladen folgendes Vorgehen:

Eine Reihe von Objektträgern wird mit Alkohol und Äther sorgfältig gereinigt und getrocknet. Hiernach macht man in das Ohrläppchen einen Stich, wischt den ersten Blutstropfen weg und bringt nun mehrere Objektträger mit dem nächsten Blutstropfen in Berührung. Dabei hat man darauf zu achten, daß die einzelnen Tropfen, die man auf den Objektträger bekommt, nicht größer als 4—6 mm im Durchmesser sind. Um ihre Größe

---

[1]) G. Milian, Technique pour l'étude clinique de la coagulation du sang. Soc. méd. des hôp. Paris 1901.
[2]) Hinman und Sladen, Measurement of the Coagulatio Time of the blood, and its Application. John Hopkins Hosp. Bull. 18. 1907.

festzustellen, legt man die Objektträger auf eine Skala und mißt aus, welche Tropfen das vorgeschriebene Maß haben. Nur diese werden weiter beobachtet. Die Beobachtung geschieht in der Weise, daß man die Objektträger von Zeit zu Zeit senkrecht stellt und bei durchfallendem Licht die Tropfen betrachtet. Solange noch keine Gerinnung eingetreten ist, sammelt sich das Blut in den unteren Partien des Tropfens, die dann wenig lichtdurchlässig sind. Ist dagegen Gerinnung eingetreten, so erscheint das Zentrum in dem betreffenden Tropfen dunkler. — Auch hier hat man für eine möglichst gleichmäßige Temperatur Sorge zu tragen.

Bei Tropfen von der angegebenen Größe beträgt nach Hinman und Sladen die Gerinnungszeit für normales Blut 7—8′.

Untersuchung von schlecht gerinnendem Blut.

Hat man mit einer der oben beschriebenen Methoden festgestellt, daß in einem Blut die Gerinnung verzögert ist, so liegt dies daran, daß entweder der Ablauf der ersten Phase oder der Ablauf der zweiten Phase gestört ist.

a) Der Ablauf der ersten Phase ist gestört, wenn frisches Serum, dem schlecht gerinnenden Blute zugesetzt, dieses sofort zur Gerinnung bringt. Diese Störung kann bedingt sein
 1. durch Mangel an Thrombogen,
 2. durch Mangel an Thrombokinase resp. zymoplastischen (thromboplastischen) Substanzen,
 3. durch Mangel an ionisierten Kalksalzen,
 4. durch die Gegenwart von Antithrombin.

Mangel an Thrombogen liegt vor, wenn weder der Zusatz von Thrombokinase noch der Zusatz von Kalksalzen an der schlechten Gerinnbarkeit des Blutes etwas ändert, sondern nur frisches Serum die Gerinnung erheblich fördert. Der direkte Nachweis des Fehlens von Thrombogen wäre erbracht, wenn Zusatz von Thrombogen die Gerinnung beschleunigte. Da wir aber bisher kein Verfahren zur isolierten Darstellung von Thrombogen besitzen, so sind wir gezwungen, per exclusionem den Beweis des Fehlens von Thrombogen zu führen. — Mangel an Thrombogen ist ein sehr seltenes Vorkommnis. Außer bei experimenteller Phosphorvergiftung ist man ihm bisher nirgends begegnet.

Mangel an Thrombokinase resp. zymoplastischen Substanzen liegt vor, wenn deren Zusatz (Darstellung s. S. 331) die Gerinnungsfähigkeit des Blutes beschleunigt. Man begegnet ihm bei Hämophilie, bei hämorrhagischer Diathese und bei gewissen Lebererkrankungen.

Mangel an Kalksalzen liegt vor, wenn Zusatz von ein paar Tropfen einer 10 %igen Calciumchloridlösung das fragliche Blut schnell zur Gerinnung bringt. Bisher ist dieses Vorkommnis in der Pathologie mit Sicherheit noch nicht beobachtet worden.

Die Gegenwart von Antithrombin ist erwiesen, wenn erst beträchtliche Mengen frischen Serums imstande sind, das schlecht gerinnende Blut schnell zur Gerinnung zu bringen. Und zwar werden die hierfür erforderlichen Mengen um so größer sein, je mehr Antithrombin im Blute vorhanden ist. — Antithrombin in geringer Menge findet sich schon im normalen Blut; in großen Mengen trifft man es bei Tieren an, denen man Pepton oder Hirudin ins Blut injiziert hat.

b) Der Ablauf der zweiten Phase ist gestört, wenn ein schlecht gerinnbares Blut auf Zusatz von Fibrinogenlösung (Darstellung s. S. 348) schnell gerinnt. Das Blut ist dann sicher arm an Fibrinogen. Davon überzeugt man sich, indem man entweder nach Reye resp. Porges und Spiro oder nach Wohlgemuth (s. S. 323) die Quantität des noch vorhandenen Fibrinogens feststellt. Das Fehlen des Fibrinogens ist nur eine äußerst seltene Störung, man ist ihr bisher nur bei akuter Phosphorvergiftung begegnet (Corin und Ansiaux[1]). Mitunter beobachtet man auch, daß Blut, welches ganz gut geronnen war, nach kurzer Zeit wieder flüssig wird. Dies beruht darauf, daß das Fibringerinnsel durch ein im Blut vorhandenes, dem autolytischen sehr ähnliches Ferment wieder aufgelöst wird (Fibrinolyse). Ein solches Blut ist dann auch imstande, frisch zugesetztes Fibrin in mehr oder weniger kurzer Zeit aufzulösen. Diese Eigenschaft der Fibrinolyse besitzt sehr oft Leichenblut (Morawitz[2]), Wohlgemuth[3]), ferner das Blut bei experimenteller Phosphorvergiftung (Jacoby[4]), dann aber auch das Blut bei gewissen Leberkranken (Doyon[5], Nolf[6]).

---

[1] G. Corin und G. Ansiaux, Untersuchungen über Phosphorvergiftung. Vierteljahrsschr. f. gerichtl. Med. u. öffentl. Sanitätsw. 7, 80. 1894.

[2] P. Morawitz, Über einige postmortale Blutveränderungen. Hofmeisters Beitr. 8, 1. 1906.

[3] J. Wohlgemuth, Pathologische Fermentwirkungen. Berl. klin. Wochenschr. 1910. Nr. 48 u. 49.

[4] M. Jacoby, Über die Beziehungen der Leber- und Blutveränderungen bei Phosphorvergiftung zur Autolyse. Zeitschr. f. physiol. Chem. 30, 174.

[5] M. Doyon, A. Morell, N. Kareff, Wirkung von Phosphor auf die Gerinnbarkeit des Blutes. Compt. rend. soc. biolog. 58, 493. 1905.

[6] P. Nolf, Über die Veränderung der Blutgerinnung beim Hunde nach Exstirpation der Leber. Arch. internat. de physiol. 3, 1. 1905.

Quantitative Bestimmung der einzelnen Gerinnungsfaktoren.

Von den Gerinnungsfaktoren ist es bisher gelungen, nur das Thrombin resp. Fibrinferment und das Fibrinogen quantitativ zu bestimmen. Für alle anderen existieren nur qualitative Methoden; von ihnen soll erst im Anschluß an die Darstellungsmethoden der einzelnen Gerinnungsfaktoren gesprochen werden.

1. Methode zur quantitativen Bestimmung des Fibrinfermentes resp. Thrombins resp. Holothrombins (Holozym).

Für die quantitative Bestimmung des Thrombins hat Wohlgemuth[1]) eine einfache Methode angegeben. Dieselbe ist eine Reihenmethode, in der absteigende Mengen Fibrinferment mit gleichen Mengen Fibrinogen zusammengebracht werden, und in der die kleinste Menge Fibrinferment ermittelt wird, die noch imstande ist, in der Fibrinogenlösung ein Gerinnsel zu erzielen. Die Methode ist in erster Reihe für frische Fibrinfermentlösungen, also beispielsweise ganz frisches Serum, bestimmt.

Erforderliche Lösungen.

1. Frisches Fibrinferment (frisches Serum).
2. Fibrinogenlösung.

Als solche dient Magnesiumsulfatplasma, nach Alexander Schmidt bereitet. Man stellt es sich in der Weise her, daß man 3 Teile frisches Blut mit 1 Teil Magnesiumsulfatlösung (28 %) mischt, tüchtig durchschüttelt und durch scharfes Zentrifugieren das Plasma von den Blutkörperchen trennt. Dieses Plasma hält sich im Eisschrank wochenlang, ohne seinen Gehalt an Fibrinogen wesentlich zu ändern. Zu dem Versuch wird nicht das native Plasma, sondern eine 10fache Verdünnung desselben verwandt, die man sich für jeden Versuch unter Benutzung von 1 %iger Kochsalzlösung frisch aus dem Plasma bereiten muß.

3. 1 %ige kalkfreie Kochsalzlösung.

Ausführung. Eine Reihe mit fortlaufenden Zahlen versehener Reagenzgläser wird mit absteigenden Mengen der zu untersuchenden Thrombinlösung beschickt, und zwar in der Weise, daß man in das erste Gläschen 1,0 ccm, in das zweite

---

[1]) J. Wohlgemuth, Eine neue Methode zur quantitativen Bestimmung des Fibrinfermentes und des Fibrinogens in Körperflüssigkeiten. Biochem. Zeitschr. **27**, 79. 1910.

Gläschen 0,5 ccm, in das dritte Gläschen 0,25, in das vierte Gläschen 0,125 ccm usw. bringt, und daß für die hierbei notwendigen Verdünnungen ausschließlich 1 %ige Kochsalzlösung verwandt wird. Hiernach werden je 2 ccm der 10fach verdünnten Fibrinogenlösung zu jedem Gläschen zugefügt, die Gläschen durchgeschüttelt und auf 24 Stunden in den Eisschrank gestellt. Während dieser Zeit geht die Umwandlung des Fibrinogens in Fibrin in den einzelnen Gläschen nach Maßgabe der jeweils vorhandenen Fibrinfermentmenge vor sich. Nach Ablauf der Frist nimmt man die Gläschen aus dem Eisschrank heraus und stellt nun, ohne zu schütteln, nur durch vorsichtiges horizontales Neigen eines jeden Röhrchens fest, wo eine Gerinnung stattgefunden hat, und wo sie ausgeblieben ist. Dabei beobachtet man, daß in den Gläschen mit viel Serum der ganze Inhalt erstarrt ist (komplett oder $++++$), dann folgen solche, in denen der Inhalt fast vollkommen erstarrt ist (fast komplett oder $+++$), alsdann solche, in denen nur eine teilweise Gerinnung stattgefunden hat (partiell oder $++$), ferner solche, in denen bloß ein kleines Gerinnsel zu konstatieren ist (etwas, Spur oder $+$) und endlich solche, die entweder nur ein feines Häutchen aufzuweisen haben oder gänzlich unverändert geblieben sind (negativ oder $-$). Das Gläschen mit der kleinsten Fibrinfermentmenge, das noch imstande ist, ein deutlich sichtbares Gerinnsel ($+$) zu erzielen, gilt als unterste Grenze der Wirksamkeit und aus ihm wird die Fermentstärke für die untersuchte Fibrinfermentlösung berechnet.

Zur besseren Übersicht stelle ich die einzelnen Phasen eines solchen Versuches in der Tabelle auf S. 322 zusammen.

Berechnung. Es soll ermittelt werden, wieviel Fibrinferment in 1 ccm der zum Versuch verwandten Lösung enthalten ist. Zu dem Zwecke setzt man diejenige kleinste Fermentmenge, die noch imstande ist, ein Gerinnsel zu bilden, als Fibrinfermenteinheit und berechnet nun, wieviel solcher Einheiten in 1 ccm der Fibrinfermentlösung enthalten sind.

Am einfachsten dürfte die Art der Berechnung ein Zahlenbeispiel illustrieren; ich wähle als solches den in der nachstehenden Tabelle mitgeteilten Versuch. Dieser hat ergeben, daß die in Gläschen Nr. 9 enthaltene Fibrinfermentmenge noch imstande ist, ein Gerinnsel zu bilden. Somit entspricht 0,004 einer Fibrinfermenteinheit, demnach enthält 1 ccm der Fibrinfermentlösung $\frac{1,0}{0,004} = 250$ Fibrinfermenteinheiten. Der Abkürzung halber bezeichnet man die Menge der Fibrinfermenteinheiten in 1 ccm der Lösung mit Ff, folglich würde obiger Versuch ergeben Ff $= 250$.

Tabelle 18.

Phase I	Phase II		Phase III	Phase IV	Phase V
Numerierung d. Gläschen	Fermentverteilung		Absolute Fermentmengen	Verteilung der Fibrinogenlösung (1:10)	Herausnahme aus dem Eisschrank und Feststellung des Resultates
	Verteilung der NaCl-Lösg.	Verteilung des Fibrinferments			
1	0,0 ccm	1,0 ccm	1,0 ccm	2,0 ccm	(komplett) ++++
2	1,0 ccm	1,0 ccm	0,5 ccm	2,0 ccm	(komplett) ++++
3	1,0 ccm	1,0 ccm	0,25 ccm	2,0 ccm	(komplett) ++++
4	1,0 ccm	und so jedesmal 1 ccm von der Mischung in das folgende Gläschen	0,125 ccm	2,0 ccm	(komplett) ++++
5	1,0 ccm		0,062 ccm	2,0 ccm	Auf 24 Stunden in den Eisschrank stellen	(fast kompl.) +++
6	1,0 ccm		0,031 ccm	2,0 ccm	(partiell) ++
7	1,0 ccm		0,016 ccm	2,0 ccm	(partiell) ++
8	1,0 ccm		0,008 ccm	2,0 ccm	(etwas) +
9	1,0 ccm		0,004 ccm	2,0 ccm	(etwas) +
10	1,0 ccm		0,002 ccm	2,0 ccm	(negativ) —
Kontrolle	1,0 ccm	0,0 ccm	0,0 ccm	2,0 ccm	(negativ) —

Auf diese Weise kann man gleichzeitig und ohne Mühe eine Reihe von Thrombinlösungen, beispielsweise Sera, auf ihren Ff-Gehalt untersuchen und zahlenmäßig belegen. Für normales menschliches Serum schwanken die Werte zwischen $Ff = 62{,}5-250$, für Hundeserum zwischen $Ff = 125-250$, für Kaninchenserum zwischen $Ff = 31{,}5-125$.

Die Methode ist außerordentlich einfach und bequem und erfordert keine besonderen apparatlichen Vorkehrungen. Doch sind in jedem Falle noch folgende Punkte zu berücksichtigen:

1. Sämtliche Gefäße und Pipetten sind vor dem Gebrauch aufs sorgfältigste zu reinigen, am besten zu sterilisieren.

2. Die unverdünnte Fibrinogenlösung (Magnesiumsulfatplasma) hält sich in der Mehrzahl der Fälle mehrere Wochen im Eisschrank. Meist bildet sich während dieser Zeit eine schwache

Trübung, mitunter sogar ein kleiner Bodensatz aus. Man tut dann gut, vor der Herstellung der 10fachen Verdünnung das Plasma zu filtrieren, weil sonst der Niederschlag den Versuch erheblich stört. Die Fibrinogenlösung kann so lange zu Versuchen verwandt werden, als das Kontrollröhrchen (2 ccm Fibrinogenlösung (1 : 10) + 1 ccm 1%ige NaCl-Lösung) 24 Stunden vollkommen klar bleibt und keine Spur eines Gerinnsels zeigt.

3. **Es darf niemals ohne Kontrolle gearbeitet werden.** Das Kontrollröhrchen muß am Ende des Versuches vollkommen klar sein. Findet man in ihm ein kleines Gerinnsel, so ist der Versuch unbrauchbar. Auch wenn sich während des 24stündigen Stehens im Eisschrank nur ein kleines Häutchen gebildet hat, ist der Versuch noch einmal zu wiederholen. Findet man in einem zweiten Versuch wieder ein Häutchen in der Kontrolle, so muß man den Versuch mit einer ganz frisch hergestellten Fibrinogenlösung ansetzen.

4. Obige Methode ist natürlich nur imstande, etwas über das aktive Thrombin auszusagen. Durch längeres Stehen teilweise inaktiv gewordenes Thrombin (Metathrombin) findet natürlich keine Berücksichtigung. Man kann aber auch Metathrombin mit ihr quantitativ nachweisen, wenn man dieses nach der Vorschrift von Schmidt (s. S. 334) durch Behandeln mit Alkali resp. Säure zuvor in Neothrombin übergeführt hat. Die Methode eignet sich also vorwiegend für alle frische Thrombinlösungen, insbesondere für frisch gewonnenes Serum.

2. Methoden zur quantitativen Bestimmung des Fibrinogens.

Von den bisher bekannt gewordenen Methoden dürfte kaum eine Anspruch auf absolute Genauigkeit machen. Das liegt wohl in erster Reihe daran, daß eine vollkommene Trennung des Fibrins von den anderen in einer Fibrinogenlösung enthaltenen Eiweißkörpern, speziell den Globulinen, nicht möglich ist, weder auf dem Wege des Aussalzens, noch auf dem Wege der Säurefällung, noch mittelst fraktionierter Hitzekoagulation, noch durch die Umwandlung des Fibrinogens in Fibrin. Letztere Methode (Umwandlung des Fibrinogens in Fibrin und Wägen desselben) liefert viel zu hohe Werte, da das Fibrin vieles in sich einschließt, was mit Fibrinogen gar nichts zu tun hat, während die früher vielfach geübte Methode der fraktionierten Hitzekoagulation sicherlich viel zu niedrige Werte liefert. Es kann deshalb auf die Wiedergabe dieser beiden Methoden verzichtet werden, und es sollen nur die beiden erstgenannten genauer beschrieben werden und außerdem das Reihenverfahren von Wohlgemuth.

a) Die Aussalzmethode von Reye[1]).

Die Methode beruht darauf, daß neutrale Ammonsulfatlösung aus Plasma das Fibrinogen leichter aussalzt als die Globuline.

Erforderliche Lösungen.

1. 3%ige Fluornatriumlösung.
2. Gesättigte neutrale Ammonsulfatlösung, deren Dichtigkeit bei 19° C 1,245 betragen soll.
3. Verdünnte neutrale Ammonsulfatlösung.

Man stellt dieselbe in der Weise her, daß man 16 ccm der konzentrierten Lösung mit 42 ccm destilliertem Wasser verdünnt.

Ausführung. Die Vorschrift lautet, daß man das Blut in Fluornatriumlösung auffangen und die Konzentration so wählen soll, daß das Plasma 0,5—0,6% Fluornatrium enthält. Man geht deshalb am zweckmäßigsten so vor, daß man in einen kleinen Meßzylinder von 20 ccm Inhalt 4 ccm Fluornatriumlösung bringt und 16 ccm Blut zufließen läßt. Hiernach zentrifugiert man die Blutkörperchen scharf ab, versetzt 12 ccm klares Plasma mit 30 ccm destilliertem Wasser und fügt nun zu der Mischung 16 ccm Ammonsulfatlösung zu. Dabei entsteht ein Niederschlag, der längere Zeit zum Absetzen braucht. Hiernach filtriert man durch ein gewogenes Filter, sorgt dafür, daß der Niederschlag quantitativ auf das Filter kommt, und wäscht den Filterrückstand so lange mit entsprechend verdünnter Ammonsulfatlösung nach, als das Filtrat noch Biuretreaktion gibt. Den Niederschlag läßt man dann zunächst an der Luft trocken werden und erhitzt ihn im Trockenschrank bei 80° ca. 1 Stunde lang; hierbei koaguliert der Niederschlag und wird unlöslich. Nun behandelt man ihn auf dem Filter mit heißem destilliertem Wasser und wäscht ihn so lange, bis er vollkommen schwefelsäurefrei ist, wäscht ihn danach mit Alkohol und Äther, trocknet ihn im Trockenschrank bei 100° und bestimmt sein Gewicht.

Nach Reye sind in 12 ccm Rinderplasma 0,042—0,0424 g Fibrinogen enthalten.

b) Aussalzmethode von Porges und Spiro[2]).

Sie beruht darauf, daß man mit warm gesättigter Natriumsulfatlösung das Fibrinogen aus verdünntem Plasma ausfällt und

---

[1]) Reye, Über Nachweis und Bestimmung des Fibrinogens. Inaug.-Diss. Straßburg 1898.
[2]) O. Porges und K. Spiro, Die Globuline des Blutserums. Hofmeisters Beitr. 3, 277. 1903.

den Stickstoff des Plasmas vor und nach der Ausfällung nach Kjeldahl bestimmt.

Erforderliche Lösungen.

1. 3%ige Fluornatriumlösung.
2. Warm gesättigte Natriumsulfatlösung. Dieselbe stellt man her, indem man Natriumsulfat, das keine Spur von Ammoniaksalzen enthalten darf, bei ca. 33° mit Wasser stehen läßt, bis nichts mehr von dem Salz in Lösung geht.

Ausführung. Man stellt sich zunächst Fluornatriumplasma her, indem man 16 ccm Blut aus der Ader in 4 ccm Fluornatriumlösung fließen läßt und die Blutkörperchen scharf abzentrifugiert. 15 ccm Plasma werden mit 45 ccm Wasser versetzt. In 5 ccm dieser Plasmaverdünnung wird der Stickstoff quantitativ nach Kjeldahl bestimmt; der Rest wird in eine gut verschließbare weithalsige Flasche übertragen, auf etwas über 30° C erwärmt und mit 14 ccm gleichfalls vorgewärmter Natriumsulfatlösung versetzt. Dabei fällt das Fibrinogen aus. Man läßt nun die ganze Mischung fest verschlossen im Brutschrank stehen und filtriert danach auch im Brutschrank. In 5 resp. 10 ccm des Filtrates bestimmt man dann wieder den Stickstoff nach Kjeldahl, indem man bei der Berechnung die Verdünnung durch Natriumsulfat berücksichtigen muß. Die Differenz zwischen dem Stickstoff vor und nach der Ausfällung ergibt die Menge des Fibrinogens.

Diese Methode verdient deshalb vor der Methode von Reye den Vorzug, weil bei ihr das Auswaschen mit Ammonsulfat, das sehr zeitraubend ist, fortfällt und auch der Niederschlag nicht besonders verarbeitet zu werden braucht.

c) Säurefällungsmethode von Doyon, Morel, Péju[1]).

Sie beruht auf der Ausfällung des Fibrinogens aus Fluornatriumplasma durch Essigsäure und der Trocknung und Wägung des Niederschlages.

Erforderliche Lösungen.

1. 3%ige Fluornatriumlösung.
2. 10%ige Essigsäure.

Ausführung. Zunächst bereitet man sich Fluornatriumplasma in der Weise, daß man zu 8 ccm Fluornatriumlösung 32 ccm Blut fließen läßt, gründlichst durchschüttelt und die Blutkörperchen scharf abzentrifugiert. Alsdann versetzt man

---

[1]) Doyon, Morel, Péju, Procedés de dosage du fibrinogène. Compt. rend. de la biol. 58, 657. 1905.

das Plasma mit Essigsäure in der Weise, daß man 1 ccm Essigsäure auf 12 ccm Plasma zugibt. Dabei fällt das Fibrinogen aus und senkt sich zu Boden. Hiernach wird der Niederschlag abfiltriert, gewaschen, getrocknet und gewogen.

d) Reihenmethode von Wohlgemuth[1]).

Sie beruht darauf, daß man absteigende Mengen Fibrinogen mit gleichen Mengen Fibrinferment zusammenbringt und so die kleinste Fibrinogenmenge zu ermitteln sucht, die noch imstande ist, mit einem Überschuß an Fibrinferment ein gut erkennbares Gerinnsel zu liefern.

Erforderliche Lösungen.

1. Fibrinogenlösung.

Aus Blut bereitet man sie sich in der Weise, daß man zu 1 ccm Magnesiumsulfat (28 %) 3 ccm frisches Blut zufließen läßt, kräftig durchschüttelt und scharf zentrifugiert.

2. Fibrinferment.

Als solches dient am besten, weil am leichtesten jederzeit erhältlich, frisch gewonnenes Serum. Von ihm stellt man sich für den Versuch eine 5fache Verdünnung her.

3. 1 %ige Kochsalzlösung.

Ausführung. Eine Reihe mit fortlaufenden Zahlen versehener Reagenzgläser wird mit absteigenden Mengen der zu untersuchenden Fibrinogenlösung beschickt, und zwar in der Weise, daß man in das erste Gläschen 1,0 ccm, in das zweite Gläschen 0,5 ccm, in das dritte Gläschen 0,25 ccm, in das vierte Gläschen 0,125 ccm usw. bringt, und daß man für die hierbei notwendigen Verdünnungen 1 %ige Kochsalzlösung verwendet. Hiernach wird von der 5fach verdünnten Fibrinfermentlösung je 1 ccm zu jedem Gläschen hinzugefügt, dann werden die Gläschen gründlichst durchgeschüttelt und auf 24 Stunden in den Eisschrank gestellt. Während dieser Zeit geht unter dem Einfluß des Fibrinfermentes die Umwandlung des Fibrinogens in Fibrin vor sich. Nach Ablauf der Frist nimmt man die Gläschen aus dem Eisschrank heraus und stellt durch Neigen eines jeden, wobei ein Schütteln vermieden werden muß, fest, wo Gerinnung eingetreten, ist und wo sie ausgeblieben ist.

In der Regel beobachtet man in den ersten zwei Gläschen der Reihe, die am meisten Fibrinogen (Plasma) enthalten, keine Gerinnung, aus dem einfachen Grunde, weil die Menge des gleich-

---

[1]) J. Wohlgemuth, Eine neue Methode zur quantitativen Bestimmung des Fibrinfermentes und des Fibrinogens in Körperflüssigkeiten. Biochem. Zeitschr. **27**, 79. 1910.

zeitig vorhandenen Magnesiumsulfates den Eintritt der Fibrinbildung verhindert. Die nächsten Gläschen zeigen, sofern es sich um Blut vom normalen Tier handelt, eine komplette Gerinnung (++++), dann folgen solche mit einer fast kompletten (+++), einer partiellen (++) und einer geringen Gerinnung (+) und endlich solche Gläschen, die keine Spur eines Gerinnsels aufzuweisen haben (—). Das Gläschen mit der kleinsten Fibrinogenmenge, in dem noch ein deutlich sichtbares Gerinnsel (+) angetroffen wurde, gilt als unterste Grenze der Wirksamkeit und aus ihm wird die Fermentstärke für die untersuchte Fibrinogenlösung berechnet.

Zur besseren Übersicht stelle ich die einzelnen Phasen eines solchen Versuches in folgender Tabelle zusammen.

Tabelle 19.

Phase I	Phase II		Phase III	Phase IV	Phase V
Numerierung d. Gläschen	Fermentverteilung		Absolute Fermentmengen	Verteilung des Fibrinfermentes Serum (1:10)	Herausnahme aus dem Eisschrank und Feststellung des Resultates
	Verteilung der NaCl-Lösg.	Verteilung d. Fibrinogens			
1	0,0 ccm	1,0 ccm	1,0 ccm	1,0 ccm	—
2	1,0 ccm	1,0 ccm	0,5 ccm	1,0 ccm	—
3	1,0 ccm	1,0 ccm	0,25 ccm	1,0 ccm	komplett (++++)
4	1,0 ccm	und so jedesmal 1,0 ccm von der Mischung in das folgende Gläschen.	0,125 ccm	1,0 ccm	komplett (++++)
5	1,0 ccm		0,062 ccm	1,0 ccm	Hineinstellen in den Eisschrank auf 24 Stunden — komplett (++++)
6	1,0 ccm		0,031 ccm	1,0 ccm	fast kompl. (+++)
7	1,0 ccm		0,016 ccm	1,0 ccm	partiell (++)
8	1,0 ccm		0,008 ccm	1,0 ccm	etwas (+)
9	1,0 ccm		0,004 ccm	1,0 ccm	—
10	1,0 ccm		0,002 ccm	1,0 ccm	—

Berechnung. Sie erfolgt ganz analog der Berechnung des Fibrinfermentes, indem man ermittelt, wieviel Fibrinogeneinheiten in 1 ccm der zum Versuch verwandten Lösung enthalten ist. Zu dem Zweck setzt man diejenige kleinste Fibrinogenmenge, die noch ein deutlich sichtbares Gerinnsel lieferte, als Einheit und berechnet nun, wieviel solcher Fibrinogeneinheiten in 1 ccm der Fibrinogenlösung enthalten sind. Dies soll an einem Zahlenbeispiel illustriert werden. Als solches wähle ich den in vorstehender Tabelle mitgeteilten Versuch.

Es hat sich ergeben, daß noch Gläschen Nr. 8 so viel Fibrinogen enthielt, daß sich noch ein gutes Gerinnsel bilden konnte, während schon im nächsten Gläschen (Nr. 9) die Gerinnselbildung ausgeblieben war. Somit entspricht 0,008 einer Fibrinogeneinheit, es enthält demnach 1 ccm der Fibrinogenlösung $\frac{1,0}{0,008} = 125$ Fibrinogeneinheiten. Der Abkürzung halber bezeichnet man die Menge der Fibrinogeneinheiten in 1 ccm der Lösung mit Fg, folglich würde obiger Versuch ergeben Fg = 125.

Für menschliches Plasma schwanken die Werte zwischen Fg = 62,5—250, für Kaninchenplasma zwischen Fg = 16—62,5, für Hundeplasma zwischen Fg = 62,5—250.

Bestimmung des Zeitgesetzes des Fibrinfermentes.

1. Als erster bestimmte Fuld[1]) das Zeitgesetz des Fibrinfermentes hauptsächlich, um damit den Nachweis zu führen, daß der Gerinnungsvorgang kein physikalisch-chemischer, sondern ein fermentativer Prozeß ist. Er verwandte hierzu einerseits Vogelplasma (Gans, Truthahn), andererseits als Enzymlösung einen Muskelextrakt. Die Herstellung dieser beiden Flüssigkeiten ist in dem nächstfolgenden Kapitel eingehend beschrieben (s. S. 337).

Was die Versuchsanordnung betrifft, so war sie — ähnlich der bei der Bestimmung des Labgesetzes — folgende:

Im Ostwaldschen Thermostaten werden bei einer Temperatur von wenig über 30° die zur Verwendung kommenden Gläser, Pipetten und Flüssigkeiten vorgewärmt. Sodann orientiert man sich in einem oder zwei Vorversuchen über die Stärke der Fermentlösung. Zu dem Zwecke mischt man beispielsweise 1 ccm Enzymlösung mit 2 ccm Plasma und beobochtet das Reagenzglas im Wasserbad unter ständigem langsamen Schütteln, innerhalb welcher Zeit die Gerinnung beginnt. Hat man gefunden, daß dies schon nach 15—20 Sekunden der Fall ist, so wählt man für den ersten

---

[1]) E. Fuld, Über das Zeitgesetz des Fibrinfermentes. Hofmeisters Beitr. **2**, 514. 1902.

regulären Versuch eine Fermentmenge, die etwa halb so groß ist, die voraussichtlich also innerhalb 30—45 Sekunden Gerinnung bewirkt, das wäre in diesem Falle ca. 0,5 ccm.

Nun beschickt man mindestens drei der vorgewärmten Reagenzgläschen mit je 0,5 ccm der vorgewärmten Enzymlösung und fügt zu einem Gläschen, ohne es aus dem Wasserbad herauszunehmen, 2 ccm vorgewärmtes Plasma mit einer Ausblaspipette hinzu. In demselben Moment setzt man eine Rennuhr in Bewegung und bewegt fortwährend das Gläschen, dessen unterer Teil stets im Wasser eintauchen muß, langsam hin und her. Dabei beobachtet man scharf den Inhalt des Gläschens bei einer guten über dem Wasserbad angebrachten Lichtquelle. Sobald das erste Gerinnsel sichtbar ist, wird die Rennuhr arretiert. Die Zeit, welche verflossen ist zwischen dem Moment, wo das Plasma mit dem Ferment vereinigt wurde, und dem Moment, wo das erste Gerinnsel erscheint, ist die Gerinnungszeit. Man hat sie für eine bestimmte Fermentmenge in mindestens drei besonderen Versuchen zu ermitteln und dann daraus das Mittel zu berechnen.

Hiernach stellt man die Gerinnungszeit für eine Fermentmenge fest, die halb so groß ist wie in der ersten Versuchsreihe, und verfährt dabei in genau der gleichen Weise. Auch hier hat man das Mittel aus mindestens drei Versuchen zu bestimmen.

Alsdann folgt die Ermittelung der Gerinnungszeit für eine nur den vierten Teil enthaltende Fermentmenge, und zwar gleichfalls in mindestens drei verschiedenen Versuchen nach dem nämlichen Prinzip.

Auf diese Weise stellte Fuld fest, daß die Gerinnungszeit nicht umgekehrt proportional der Fermentmenge ist, sondern daß einer Fermentzunahme um das Doppelte der Zunahme der Geschwindigkeit um das Anderthalbfache entspricht. Die hieraus berechnete Formel nähert sich auffallend der Schützschen Regel für das Pepsin, wonach die Geschwindigkeit zunimmt proportional der Wurzel aus der Fermentmenge.

2. Zu einem anderen Resultat kam Loeb[1]) bei der Untersuchung des Blutes von Wirbellosen. Er bediente sich dabei folgender Methode:

In eine kleine Petrischale wurden 3 ccm Hummerplasma mit 1 ccm Muskelextrakt — über deren Darstellung s. S. 332 — zusammengebracht und nun durch häufiges Neigen des Schälchens kontrolliert, wann ein dünner Fibrinbelag sich auf seinem Boden abgesetzt hatte. Dieser Zeitpunkt konnte genau bestimmt werden.

---

[1]) L. Loeb, Untersuchungen über die Blutgerinnung. VIII. Mitteilung. Hofmeisters Beitr. 9, 185. 1907.

Alsdann wurde die Gerinnungszeit ermittelt für 0,5 ccm Muskelextrakt + 3 ccm Plasma, ferner für 0,25 ccm Muskelextrakt + 3 ccm Plasma usw. Während des ganzen Versuches wurde dafür Sorge getragen, daß die Reagenzien stets bei der gleichen Temperatur gehalten wurden.

Auf diese Weise stellte Loeb fest, daß zwischen Fermentmenge und Gerinnungszeit direkte Proportionalität besteht, daß also bei Wirbellosen die Gerinnungszeit umgekehrt proportional der Fermentmenge ist.

Darstellung und Nachweis von Substanzen, die an der ersten Phase der Blutgerinnung beteiligt sind.

Zu diesen Substanzen gehören das Thrombogen, die Thrombokinase, die zymoplastischen (Schmidt) resp. thromboplastischen (Nolf) Substanzen, die Kalksalze und endlich das Fibrinferment (Thrombin) selber.

1. Thrombogen.

Es findet sich im Blutserum, in der Lymphe und im Blutplasma. In den Geweben ist es, sofern dieselben vollkommen frei von Blut sind, nicht enthalten.

Eine Methode, Lösungen darzustellen, die ausschließlich Thrombogen enthalten, existiert nicht. Man kann aber im Blutserum von frisch geronnenem Blut neben fertigem Fibrinferment noch recht beträchtliche Mengen an Thrombogen antreffen.

Der Nachweis von Thrombogen kann auf zwei Arten geführt werden a) durch die Bestimmung der Gerinnungszeit, b) mit Hilfe der Fibrinfermentmethode von Wohlgemuth.

a) Durch die Bestimmung der Gerinnungszeit.

Das auf Thrombogen zu untersuchende Serum bringt man zusammen mit Fibrinogenlösung (Darstellung s. S. 348) und bestimmt mit einer der oben angegebenen Methoden die Gerinnungszeit. In einem zweiten Versuch setzt man zu der gleichen Menge Serum und Fibrinogenlösung etwas Thrombokinase (Darstellung s. S. 331) und ermittelt wieder die Gerinnungszeit mit der nämlichen Methode. Falls Thrombogen vorhanden war, muß die Gerinnung in Gegenwart der Thrombokinase erheblich schneller erfolgen als in dem Kontrollversuch.

b) **Mit Hilfe der Fibrinfermentmethode von Wohlgemuth.**

Diese Methode erfordert zwei Versuchsreihen, eine Hauptreihe und eine Kontrollreihe. Beide Reihen, bestehend aus je 12 Gläschen, werden in gleicher Weise mit absteigenden Mengen des fraglichen Serums beschickt, und zwar so, daß die gleiche Nummer tragenden Gläschen beider Reihen auch die gleiche Serummenge enthalten. Hiernach fügt man zu jedem Gläschen der Hauptreihe von einer Thrombokinaselösung (Darstellung s. unten) eine bestimmte Menge (0,5—1,0 ccm) zu und zu jedem Gläschen der Kontrollreihe die entsprechende Menge derjenigen Flüssigkeit, in welcher sich die Thrombokinase gelöst findet, beispielsweise physiologische Kochsalzlösung. Danach kommen zu jedem Gläschen der Hauptreihe sowohl wie der Kontrollreihe je 2 ccm Fibrinogenlösung und nun stellt man beide Reihen auf 24 Stunden in den Eisschrank. Nach Ablauf der Frist werden die Gläschen auf ihren Gerinnungszustand untersucht und die Hauptreihe mit der Kontrollreihe verglichen. Enthielt das untersuchte Serum noch Thrombogen, so findet man die unterste Grenze der Wirksamkeit in der Hauptreihe tiefer als in der Kontrollreihe. Die Differenz zwischen beiden Reihen ist um so größer, je mehr Thrombogen im Serum vorhanden war.

2. Thrombokinase, zymoplastische resp. thromboplastische Substanzen.

Diese drei Substanzen sollen, obwohl sie mehr oder weniger voneinander verschieden sind, doch gemeinschaftlich besprochen werden, einmal, weil ihnen allen eine gerinnungsbefördernde Eigenschaft eigentümlich ist, ferner, weil man ihnen nie einzeln begegnet, sondern sie stets vereint antrifft, hauptsächlich aber deshalb, weil eine Methode, sie gesondert darzustellen, bisher nicht existiert.

Für die Darstellung der Thrombokinase, über deren Natur in dem theoretischen Teil das Wesentlichste gesagt ist, empfiehlt Morawitz, die betreffenden Organe sorgfältig zu entbluten und zu reinigen, dann möglichst fein zu zerkleinern und mit dem gleichen Volumen physiologischer Kochsalzlösung zu extrahieren. Um die Extraktion möglichst wirksam zu gestalten, soll das Gemisch etwa eine halbe Stunde geschüttelt und auf mehrere Stunden in den Eisschrank gestellt werden. Hiernach wird die trübe, über dem Bodensatz stehende Schicht durch Leinwand koliert und so direkt zum Versuch verwandt. Weiteres Klären durch Filtration ist nicht ratsam, da dies meist nur auf Kosten der Wirksamkeit geschieht. Die Lösung enthält natürlich außer der Thrombokinase auch zymoplastische resp. thromboplastische Substanzen.

Besonders hierfür geeignet sind alle drüsigen Organe, speziell Leber, Lymphdrüsen, Thymus; doch kann man auch aus Muskeln gut wirksame Lösungen bekommen. Sehr häufig aber enthalten Muskelextrakte neben gerinnungsfördernden Substanzen auch gerinnungshemmende, die man indes durch 12—20 stündige Dialyse aus ihnen entfernen kann (Loeb[1])).

Allen diesen Extrakten ist gemein, daß sie ihre Wirksamkeit außerordentlich schnell einbüßen, mögen sie unter Toluol oder Chloroform gehalten werden oder nicht. Das einzige Mittel, sie längere Zeit wirksam zu halten, dürfte meines Erachtens das Aufbewahren in gefrorenem Zustande sein; doch liegen darüber noch keine besonderen Erfahrungen vor.

Eine solche Thrombokinaselösung vermag wohl natives Plasma zur Gerinnung zu bringen, nicht dagegen solches Plasma, das durch Fällung der Kalksalze (Fluorid-Oxalatplasma) gewonnen ist. Denn sie bedarf zur Entfaltung ihrer Wirkung der Kalksalze. — Ferner muß solche Lösung, entsprechend ihrer gerinnungsbefördernden Eigenschaft, auch die Blutgerinnung beschleunigen. Wenn man beispielsweise zu einem Gemisch von frischem Serum und Fibrinogen etwas von der Thrombokinaselösung zufügt, so muß die Gerinnung schneller vor sich gehen als in der Kontrolle, ohne Thrombokinase. Aus dem Grad der Verkürzung der Gerinnungszeit kann man ungefähr auf die Stärke der Thrombokinase schließen.

Will man ein exakteres Maß für die Stärke der Thrombokinase haben, so kann man sich das auf S. 320 geschilderten Verfahrens von Wohlgemuth bedienen, indem man wie beim Thrombogen (s. S. 331) entweder mit einer Hauptreihe und einer Kontrollreihe arbeitet, oder indem man sich des sogenannten Einreihenverfahrens bedient. Hierbei ist der Gang der Untersuchung der, daß man zunächst in einem 24 stündigen Vorversuch diejenige Menge Serum ermittelt, die nicht mehr imstande ist, in einer Fibrinogenlösung ein Gerinnsel zu erzielen. Alsdann beschickt man eine Reihe von Reagenzgläsern mit absteigenden Mengen der Thrombokinaselösung, fügt zu jedem Gläschen die im Vorversuch ermittelte Serummenge hinzu und gleichzeitig die erforderliche Menge Fibrinogenlösung und stellt die Reihe auf 24 Stunden in den Eisschrank. Nach Ablauf der Frist kontrolliert

---

[1]) L. Loeb, Untersuchungen der Blutgerinnung. VIII. Mitteilung. Hofmeisters Beitr. **9**, 185. 1907.

man, in welchem Gläschen noch ein deutlich erkennbares Gerinnsel vorhanden ist. Die kleinste noch wirksame Thrombokinasemenge kann man als Einheit setzen und so die Stärke mehrerer Thrombokinaselösungen zahlenmäßig belegen und untereinander vergleichen.

Für die Darstellung zymoplastischer Substanzen aus Organen hat Schmidt[1]) folgendes Verfahren angegeben:

Das betreffende Organ wird gründlichst zerkleinert, in einem nicht zu kleinen Stehkolben, der mit einem Rückflußkühler armiert ist, mit siedendem Alkohol übergossen und auf dem siedenden Wasserbad 1—2 Stunden erhitzt. Hiernach wird das alkoholische Extrakt abfiltriert und der Rückstand noch mehrmals mit Alkohol heiß extrahiert. Darauf werden die alkoholischen Filtrate vereinigt und der Alkohol in einer Porzellanschale auf dem Dampfbad verjagt. Der dort verbleibende gelbliche Rückstand, der vorwiegend aus Lipoiden und aus Fett bestehen dürfte, enthält die zymoplastische Substanz in wirksamer Form. Sie kann mit destilliertem Wasser oder physiologischer Kochsalzlösung aufgenommen und so direkt zum Versuch verwandt werden.

Ein solches Extrakt ruft in fibrinogenhaltigen Transsudaten und in Magnesiumsulfatplasma Gerinnung hervor. Nach Nolf ist das Peptonplasma (Darstellung s. S. 342) das beste Reagens auf thromboplastische Substanzen. Doch dürfte das kaum für alle Fälle zutreffen.

3. Thrombin (Fibrinferment).

Das bequemste Verfahren, gut wirksame Thrombinlösungen herzustellen, besteht in der Gewinnung frischen Serums. Dabei geht man am zweckmäßigsten so vor, daß man das aus der Ader fließende Blut nicht spontan gerinnen läßt, sondern durch Schlagen defibriniert und nach der Defibrinierung sofort zentrifugiert. — Die sonst übliche Methode der Serumgewinnung durch Stehen und Absitzenlassen des geronnenen Blutes ist hier nicht am Platze, da während des Stehens das Serum an Wirksamkeit viel einbüßt. Deshalb ist es auch ratsam, das Serum möglichst frisch zum Versuch zu verwenden. Möchte man das Serum für längere Zeit gut wirksam erhalten, so gibt es hierfür nur ein Mittel, das ist die Aufbewahrung desselben in gefrorenem Zustande. Bei jeder andern Art der Aufbewahrung — auch im Eisschrank — verliert es sehr rasch an Wirksamkeit. Dies beruht darauf, daß das Thrombin sehr bald in die inaktive Form des Metathrombins übergeht.

---

[1]) A. Schmidt l. c.

4. Metathrombin.

Die Entstehung des Metathrombins hat man sich, wie oben auseinandergesetzt, entweder so vorzustellen, daß sich im Serum beim Stehen gerinnungshemmende Substanzen bilden, die das Thrombin inaktivieren (Pekelharing), oder daß das Thrombin von den Serumeiweißkörpern adsorbiert wird (Mellanby). Man kann nun das Metathrombin wieder in die aktive Form überführen, wenn man nach Alexander Schmidt folgendermaßen vorgeht.

Eine bestimmte Menge des Metathrombin enthaltenden Serums wird mit der gleichen Menge $^1/_{10}$ normal-Natronlauge versetzt und $^1/_4$—$^1/_2$ Stunde bei Zimmertemperatur digeriert. Dabei geht ein großer Teil des Metathrombin in Neothrombin über. Hiernach wird zur Neutralisation des Alkalis die gleiche Menge $^1/_{10}$ normal-Schwefelsäure zugefügt und nun das Gemisch auf seine Fähigkeit, Fibrinogenlösung zur Gerinnung zu bringen, untersucht.

Noch besser gelingt nach Schmidt die Aktivierung von inaktivem Serum, wenn man es vorher dialysiert. Man kommt dann auch mit viel kleineren Alkalidosen aus. Bei einem solchen Serum genügen schon 0,1—0,2 ccm $^1/_{10}$ n NaOH pro ccm Serum, um eine gute Aktivierung zu erzielen.

Zwar sind die Wirkungen, die man auf diese Weise bekommt, schon sehr bedeutend, jedoch nicht maximal. Der gesamte Vorrat an Metathrombin, soweit er durch diese Behandlungsmethode überhaupt wirksam gemacht werden kann, wird erst erschöpft, wenn man auf je 10 ccm Serum 2 bis 4 ccm $^1/_1$ normal-Natronlauge $^1/_2$ Stunde lang einwirken läßt und dann mit der entsprechenden Menge $^1/_1$ normal-Schwefelsäure neutralisiert. — Indes muß man bei der Verwendung von $^1/_1$ normal NaOH recht vorsichtig sein, da ein Überschuß von Lauge Thrombin leicht zerstören kann.

Ebenso wie mit Alkali gelingt nach Morawitz[1]) die Aktivierung von Metathrombin auch durch Säurezusatz in denselben Konzentrationsverhältnissen mit nachträglicher Neutralisation, doch ist hier der Effekt lange nicht so gut wie bei der Verwendung von Alkali.

Solche reaktivierte Sera verlieren sehr bald wieder ihre Aktivität.

Am besten eignet sich für diese Reaktivierungsversuche Pferdeserum; aber auch mit Serum vom Hund, der Katze und dem Rind bekommt man ganz gute Resultate.

---

[1]) P. Morawitz, Zur Kenntnis der Vorstufen des Fibrinferments. Hofmeisters Beiträge, **4**, 381. 1904.

Darstellung von reinen Thrombinlösungen.
a) nach Schmidt[1]).

Frisch gewonnenes Blut läßt man spontan gerinnen, trennt das abgepreßte Serum vom Blutkuchen und versetzt es mit der 20 fachen Menge 95 %igem Alkohol. Dabei bildet sich ein Niederschlag, der das wirksame Thrombin enthält. Man kann nun diesen Niederschlag so lange unter Alkohol aufbewahren, bis man ihn zum Versuch verwenden will; anscheinend wird das Thrombin durch den Alkohol nur sehr wenig geschädigt. — Will man einen Versuch mit dem Thrombin ausführen, so filtriert man einen aliquoten Teil des Niederschlages ab, entfernt die letzten Reste des noch anhaftenden Alkohols durch Abpressen zwischen Filtrierpapier, trocknet den Niederschlag und extrahiert ihn mit Wasser oder mit physiologischer Kochsalzlösung. Ist die Extraktion von kurzer Dauer, so geht neben dem Thrombin nur wenig Eiweiß in Lösung, bei länger dauernder nimmt natürlich die Menge des gelösten Eiweißes zu, ohne daß dies von Nachteil für die Wirkung des Thrombins ist.

Metathrombin enthält diese Lösung nicht.

b) nach Howell[2]).

Gut ausgewaschenes frisches Fibrin wird im Eisschrank mit 8 %iger Kochsalzlösung 2—3 Tage extrahiert und das Extrakt durch feine Leinwand koliert. Zur Entfernung der Eiweißkörper wird die trübe Lösung mit dem halben Volumen Chloroform geschüttelt, wobei ein großer Teil des Eiweißes ausfällt, und danach durch ein Faltenfilter filtriert. Das Filtrat wird abermals mit der entsprechenden Menge Chloroform geschüttelt und wieder filtriert. Diese Prozedur wiederholt man so oft, bis das Extrakt wasserklar ist und nur noch ganz geringe Mengen von Eiweiß enthält. Eine reine Thrombinlösung wird beim Kochen in neutraler Lösung nicht koaguliert, sie gibt aber die Biuretreaktion. Aus solchen Lösungen wird das Thrombin durch Halbsättigung mit Ammonsulfat ausgefällt, ohne angegriffen zu werden.

Die so hergestellten Thrombinlösungen sind sehr wirksam, verlieren aber bei längerem Aufbewahren ihre Wirksamkeit. Ein haltbares Produkt bekommt man, wenn man die Lösung in Schälchen in kleinen Portionen bei niederer Temperatur (38 bis

---

[1]) A. Schmidt, l. c.
[2]) W. H. Howell, Darstellung und Eigenschaften des Thrombin, nebst Beobachtungen über Antithrombin und Prothrombin. Amer. Journ. of Physiol. 26, 453. 1910.

40° C) einengt und im Exsikkator über Schwefelsäure aufbewahrt. Der Rückstand wird dann später in physiologische Kochsalzlösung aufgenommen und die Lösung zum Versuch verwandt.

Darstellung fibrinogenhaltiger Flüssigkeiten.

Von fibrinogenhaltigen Flüssigkeiten finden sowohl Blutplasmata wie reine Fibrinogenlösungen beim Studium der Gerinnungsvorgänge Verwendung. Welcher von diesen Lösungen man bei einem Versuch den Vorzug geben soll, hängt ganz von der jeweiligen Fragestellung ab. Gilt es beispielsweise die Wirkung des Thrombins zu prüfen, so ist hierfür das beste Reagens eine reine Fibrinogenlösung, die selber weder Thrombin noch dessen Vorstufen enthält. Auch Magnesiumsulfatplasma ist für diesen Zweck sehr geeignet. Möchte man die Wirkung der Thrombokinase untersuchen, so wählt man zweckmäßig Fluoridplasma, oder hat man die Absicht, die Wirkung zymoplastischer Substanzen zu ermitteln, so ist Gansplasma hierfür sehr geeignet usf. Kurzum, die Art der Anwendung der einzelnen Lösungen ist eine ganz verschiedene und für das Gelingen der Versuche ist es von großer Wichtigkeit, in jedem Falle zunächst die richtige Wahl unter den fibrinogenhaltigen Flüssigkeiten zu treffen. Aus diesem Grunde soll bei jeder Lösung, deren Darstellung in folgendem beschrieben wird, angegeben werden, für welche Versuchsanordnung sie sich am besten eignet.

A. Die verschiedenen Blutplasmaarten.
I. Natives Blutplasma.

Die Herstellung eines nativen Plasmas ohne irgend einen Zusatz von Salz etc. gelingt nur dann, wenn man imstande ist, die Entstehung der Thrombokinase zu verhindern. Da die Bildung der Thrombokinase meist erst bei der Berührung des Blutes mit benetzbaren Fremdkörpern einsetzt, so hat man die Aufgabe, das Blut in solche Gefäße aufzufangen, bei denen eine Benetzbarkeit nicht stattfindet oder durch besondere Maßnahmen mindestens auf ein Minimum reduziert ist.

Für die Herstellung von nativem Plasma ist in erster Reihe das Blut von Vögeln und von niederen Wirbeltieren geeignet. Von Säugetierblut kommt hierfür ausschließlich das Pferdeblut in Betracht, doch liefert es ein nur wenige Stunden haltbares Plasma.

1. Plasma aus Vogelblut nach Delezenne[1] und Fuld[2].

Für dessen Herstellung sind, wie bereits auseinandergesetzt, besondere Kautelen notwendig. Das Blut darf nur mit völlig staubfreien Gefäßen in Berührung kommen. Aus dem Grunde schreibt Fuld vor, sämtliche für die Blutentnahme und die Trennung des Plasmas von den Blutkörperchen notwendigen Gegenstände (Kanülen, Pipetten, Zentrifugierröhrchen, Schlauch etc.) nach den von Ostwald empfohlenen Versuchsanordnungen auszudämpfen. Zu dem Zweck wird auf einem mit Wasser bis zur Hälfte gefüllten Stehkolben vermittelst eines durchbohrten Korks und eines Trichters ein Glasrohr von solcher Weite befestigt, daß es das Rohr der Pipette bequem faßt; auch die Schere muß sich darin ein wenig öffnen lassen. In möglichst unmittelbarer Nähe ist ein ähnliches vertikales Glasrohr an eine Wasserstrahlluftpumpe angeschlossen, in welches die Gegenstände aus dem (minutenlangen) Aufenthalt im strömenden Dampf möglichst heiß mittelst eines Tuches übertragen werden. Die Trocknung geht recht schnell von statten. Auch die starkwandigen Zentrifugierröhrchen vertragen diese Art der Reinigung ohne Schaden. Die Kanülen werden in der Flamme gereinigt.

Zur Blutentnahme eignen sich am besten Gänse und Truthähne. Das Tier, von dem Blut entnommen werden soll, wird aufgebunden und mit einigen unterschobenen Keilen gestützt. Dabei hat man darauf zu achten, daß der Hals möglichst gerade und unverdreht zu liegen kommt. Die Blutentnahme kann ohne Narkose geschehen, da das Tier kaum Schmerzen empfindet. Nun reinigt man das Operationsfeld von Federn, am besten durch Rupfen, durchtrennt die Haut in der Mittellinie (bei Hühnervögeln sind dabei die roten, gefäßreichen Hautanhänge zu schonen), umsticht sorgfältig alle blutenden Venen und kann ohne interkurrente Blutung und ohne Tupfen die Operation zu Ende führen, gleichviel ob man stumpf oder scharf vorgeht. Nach Durchtrennung des Bindegewebes geht man haarscharf in der Mittellinie zwischen die Muskeln des unteren Viertels ein, ohne den Puls zu suchen. Ist man bis zur recht tief gelegenen „linken" Arterie vorgedrungen, so tritt dieselbe, sich aufrichtend wie ein Schlauch, in den ein starker Wasserstrahl eintritt, in der Wunde hervor. Das Gefäß der anderen Seite liegt unmittelbar hinter ihr. Die Arterie wird angehoben, auf einen Streifen Filtrier-

---

[1] C. Delezenne, Recherches sur la coagulation du sang chez les oiseaux. Arch. de Physiol. **9**, 333. 1897.

[2] E. Fuld, Über das Zeitgesetz des Fibrinfermentes. Hofmeisters Beitr. **2**, 514. 1902.

papier gelegt und in dieselbe nach Eröffnung mittelst einer gereinigten (s. oben) Schere die Kanüle eingeführt. Das Blut wird in Zentrifugierröhrchen aufgefangen, welche mit einem nicht zu knappen Stück Stanniol bedeckt sind. Unmittelbar vor Benutzung wird das Stanniolpapier mit einem Rohr von der Weite der Kanüle durchstoßen, in diese Öffnung führt man die Kanüle ein. Durch Zusammendrücken des Stanniols oder durch Verschieben desselben wird sofort nach der Füllung das Glas vollkommen bedeckt. Das Auswechseln der Gefäße muß natürlich schnell geschehen. Durch mehrmaliges Zentrifugieren und Abheben — jedes Glas mit einer frisch gereinigten Pipette! — erhält man in zwei Stunden ein körperchenfreies Plasma. Während des Zentrifugierens und in der ganzen Folgezeit bleiben die Proben mit Stanniol bedeckt.

Bei genauer Innehaltung dieser Angaben, namentlich bei Ausdämpfung der Pipetten vor jedem Gebrauch, wird man stets, wenigstens in einigen Röhrchen, ein Plasma bekommen, das sich ein paar Wochen flüssig hält.

Für Thrombinstudien ist dieses Plasma nicht geeignet, da es gerinnungshemmende Substanzen enthält. Dagegen ist es wegen seines Gehaltes an Thrombogen, Kalksalzen und Fibrinogen ein besonders günstiges Objekt für Versuche mit Thrombokinase und mit zymoplastischen resp. thromboplastischen Substanzen.

2. Plasma aus Fischblut nach Nolf[1]).

Zur Blutentnahme eignen sich nach Nolf Scyllium catulus, Labrax lupus, Lophius piscatorius, Trachinus radiatus, Labrus festivus, Carcharias glaucus.

Das Fischblut gerinnt leichter als das Vogelblut. Es genügt deshalb nicht, dasselbe in staubfreie Gefäße aufzufangen, sondern man muß die Zentrifugierröhrchen sowohl wie die Gefäße, in denen man das Plasma aufbewahren will, mit einer leichten Paraffinschicht überziehen. Zum Paraffinieren benutzt man am besten eine Mischung von festem Paraffin und Paraffinum liquidum, deren Schmelzpunkt nur wenig über 40° liegt.

Das Tier wird senkrecht, mit dem Kopfe nach unten, aufgehängt. Dann schneidet man etwa in der Höhe der letzten Dorsalflosse den Schwanz ab, führt in das Lumen der freigelegten Arterie, aus der wegen der senkrechten Körperstellung kein Blut ausfließt, eine Kanüle ein und schiebt dieselbe möglichst tief hinein. Dadurch wird gleichzeitig durch die Kompression ein Verschluß der gleichfalls eröffneten Vene erzielt. Hiernach wird die Schnittfläche in der Umgebung der Kanüle sorgfältig mit Mulltupfern

---

[1]) P. Nolf, La coagulation du sang des poissons. Arch. internat. de Physiol. 4, 216. 1906.

bedeckt, damit kein Gewebssaft sich dem Blut beimengen kann, der Fisch in eine horizontale Lage gebracht und entblutet. Das aus der Kanüle fließende Blut wird unter Vernachlässigung der ersten Tropfen direkt in paraffinierte Zentrifugierröhrchen aufgefangen und scharf zentrifugiert. Um jeden Zutritt von Staub zu vermeiden, werden die Gläschen zweckmäßig mit Stanniolpapier bedeckt. Nach dem Zentrifugieren überträgt man das Plasma in eine paraffinierte Flasche und bewahrt es im Eisschranke gut verschlossen auf. So hält es sich mehrere Wochen flüssig. Wird aber das Plasma in Glasgefäßen aufbewahrt, so hat es die Tendenz, langsam zu gerinnen. Diese Gerinnung wird beschleunigt durch das Verdünnen des Plasmas mittelst destillierten Wassers oder einer einen geringen Salzgehalt aufweisenden Flüssigkeit.

Das Plasma des Fischblutes enthält Fibrinogen, Hepatothrombin und Leukothrombin (oder Vasothrombin). Seine Stabilität beruht auf dem darin vorhandenen geringen Hepatothrombinüberschuß und ähnelt dem tierischen Peptonplasma.

Das Plasma ist ein gutes Reagens auf Thrombokinase und auf zymoplastische resp. thromboplastische Substanzen. Sie müssen aber von derselben Fischart oder einer sehr nahestehenden stammen. Auf fremdartige Extrakte reagiert das Plasma nicht oder nur äußerst mangelhaft.

3. Plasma aus dem Blute wirbelloser Tiere.

Zur Orientierung sei vorausgeschickt, daß die Faserstoffbildung bei den meisten Arthropoden ein zweiphasiger Vorgang ist, bei dem man eine erste und eine zweite Gerinnung unterscheidet. Die erste Gerinnung besteht in der Agglutination der Blutzellen und des aus den Zellen ausgetretenen Protoplasmas und die zweite Phase in der Gerinnung eines in Lösung befindlichen Fibrinogens. Diese Vorgänge spielen sich aber nur ab im Blute des Hummers und verschiedener Krebse, nicht dagegen im Limulusblut. Die Gerinnung des Limulusblutes besteht lediglich in der Agglutination der Blutzellen und des aus den Blutzellen ausgetretenen Protoplasmas. Dementsprechend eignet sich das Blut des Hummers oder der Languste zur Herstellung einer Fibrinogenlösung, das Limulusblut dagegen nur zur Bereitung von Lösungen, an denen man den Vorgang der ersten Gerinnung studieren will.

Um eine solche Lösung aus Limulusblut zu gewinnen, empfiehlt Loeb[1]), das betreffende Blut in einen Überschuß von

---

[1]) L. Loeb, Über die Koagulation des Blutes einiger Arthropoden. Hofmeisters Beitr. 5, 192. 1904.

Gelatinelösung aufzufangen. In diesem Medium quellen zwar die Blutzellen, agglutinieren aber nicht, sondern liegen frei da. Auf Zusatz von Koagulinen aus Muskel und aus Fibrin gerinnt diese Lösung sehr bald.

Für die Herstellung einer Fibrinogenlösung aus Hummerblut empfiehlt Loeb, dem Tier durch einen Leibschnitt Blut zu entnehmen und dieses mit destilliertem Wasser zu mischen (etwa 1 Teil Wasser zu 2—4 Teilen Blut). Hierauf filtriert man das Gemisch 1—2mal, um die Zellen zu entfernen, und erhält auf diese Weise ein Blutplasma, welches spontan nicht oder wenigstens längere Zeit nicht gerinnt, wohl aber auf Zusatz eines Stückes Hummerfibrin oder Hummermuskel. Die Quantität des zugesetzten Wassers darf nicht zu groß sein, sonst findet nachher keine Gerinnung statt; der Zusatz von Wasser darf auch nicht ganz unterbleiben, sonst erfolgt bald eine spontane Gerinnung.

Weit sicherer kommt man zum Ziel, wenn man nach Loeb[1]) folgendermaßen verfährt:

Mehreren Hummern wird durch oberflächlichen Schnitt in das Abdomen Blut entnommen, dasselbe stark geschüttelt, um die Retraktion des Zellfibrins zu beschleunigen und nach der Bildung des Zellfibrins filtriert. Hiernach wird das durch Eis stark abgekühlte Plasma mit destilliertem Wasser im Verhältnis von 20 Teilen Blut zu 14 Teilen Wasser verdünnt und eine halbe Stunde lang auf dem Wasserbad auf 52^0 erwärmt. Diese Plasmalösung gerinnt nicht mehr spontan und kann mehrere Tage als ein ganz oder annähernd unverändert bleibendes Reagens benutzt werden. Erst auf Zusatz von Muskel- und Fibrinextrakten gerinnt sie in kurzer Zeit.

Nolf gelang es, unverdünntes Hummerplasma längere Zeit flüssig zu erhalten, in der Weise, daß er das Blut aus einem Hinterbein des Tieres in paraffinierten Gläsern auffing und sofort zentrifugierte. Das Plasma wurde von den Zellmassen abgegossen und bei 0^0 aufbewahrt.

4. Plasma aus Säugetierblut.

Die Herstellung nativen flüssigen Plasmas aus Säugetierblut ist außerordentlich mühselig und gelingt nicht oft. Überdies hält es sich nur ganz kurze Zeit flüssig und ist darum für Gerinnungsversuche nicht zu brauchen. Der Vollständigkeit halber sei aber seine Herstellung hier kurz beschrieben.

Nach Schmidt eignet sich hierfür nur Pferdeblut, da nur bei ihm sich die Blutkörperchen rasch absetzen. Man fängt es

---

[1]) L. Loeb, Untersuchungen über Blutgerinnung. Hofmeisters Beitr. **6**, 260. 1905.

in schmale Meßzylinder auf, die man vorher in einer Eismischung stark abgekühlt hat. Das Blut wird rasch auf 0° abgekühlt, das überstehende zellfreie Plasma abgehebert und durch eine dreifache Schicht von Filtrierpapier filtriert. Dabei hat man dafür zu sorgen, daß die Temperatur des Plasmas nicht über 0,5° steigt und auch nicht weiter unter 0° sinkt. Beides führt zu Mißerfolgen. Denn wenn die Temperatur steigt, gehen viel Zellen durch das Filter, und sinkt die Temperatur unter 0°, so sistiert alsbald die Filtration. Man nimmt deshalb die Filtration am besten in einem stark abgekühlten Raume vor und bedient sich eines Doppeltrichters, der mit einer Kältemischung gefüllt ist. Gelingt die Filtration in der vorgeschriebenen Weise, so erhält man ein Plasma, das mehrere Stunden auch bei Zimmertemperatur flüssig bleibt. Aber zu Gerinnungsversuchen im großen Stil ist es nicht zu brauchen.

Bordet und Gengou[1]) gelang es, stabiles Säugetierplasma zu gewinnen, in der Weise, daß sie das für die Blutentnahme notwendige Instrumentarium mit einer leichten Paraffinschicht überzogen, das Blut in paraffinierte Zentrifugierröhrchen auffingen und sofort zentrifugierten. Das so gewonnene Plasma hält sich zwar in paraffinierten Gefäßen einige Zeit, ist aber ebenfalls für Gerinnungsversuche nicht gut zu verwenden.

II. Antithrombin-Plasma.

Hierunter hat man Plasma zu verstehen, in welchem die Wirkung des Thrombins durch Neutralisation mit Antithrombin aufgehoben ist. Die Neutralisation kann auf zweierlei Arten geschehen, einmal mit Hilfe von Hirudin, dem Extrakt aus dem Kopfe des Blutegels, und zweitens mit Hilfe von Pepton. Während das Hirudin als ein echtes Antithrombin aufgefaßt werden muß, da es ganz bestimmte Mengen von Fibrinferment in vitro sowohl wie in vivo neutralisiert, ist das Pepton als solches nicht imstande, in vitro das Fibrinferment zu paralysieren. Seine Wirkung ist nur eine indirekte, indem es bei Eintritt in den Blutkreislauf den Organismus zur Bildung von Antithrombin anregt und das Blut auf diese Weise ungerinnbar macht.

1. Hirudinplasma.

Das hierfür erforderliche Hirudin ist bei der Firma Sachse & Comp. in Leipzig erhältlich zu dem enormen Preise von 12.— Mk. pro 1,0 g.

---

[1]) Bordet und Gengou, l. c.

Nach Dickinson[1]) kann man sich wirksame Lösungen von Hirudin selber bereiten, indem man die unter Alkohol aufgehobenen Köpfe von Blutegeln trocknet, in der Reibeschale zu einem feinen Pulver zerreibt und einige Stunden mit Wasser extrahiert.

Das Hirudin kann man in trockenem und gelöstem Zustande anwenden, die Wirksamkeit bleibt in beiden Fällen die gleiche. 1 mg dieser Substanz genügt, um 5 ccm Blut flüssig zu erhalten.

Will man also Hirudinplasma darstellen, beispielsweise ca. 10 ccm, so wägt man zunächst 2 mg Hirudin ab, bringt sie in einen kleinen Meßzylinder und fängt nun 10 ccm frisches Blut darin auf. Man schüttelt 5—10 Minuten gründlichst durch und braucht nunmehr bloß die Blutzellen abzuzentrifugieren. Das so gewonnene Plasma hält sich sehr lange flüssig. Es gerinnt nur, wenn man einen großen Überschuß von Fibrinferment oder Gewebsextrakt zufügt.

2. Peptonplasma.

Für die Herstellung des Peptonplasmas eignen sich am besten Hunde und Katzen und auch Vögel, dagegen sind hierfür nicht zu brauchen Kaninchen und Meerschweinchen.

Von den im Handel vorkommenden Peptonpräparaten gilt das Wittepepton von jeher als das beste Mittel, um Peptonplasma zu gewinnen (Schmidt-Mühlheim[2]), Fano[3])). Nach Delezenne[4]) wirken ähnlich wie das Pepton auf Blut Aalserum und Extrakte aus Krebsmuskeln, Schnecken und verschiedenen anderen Geweben niederer Tiere.

Für das Wittepepton besteht die Vorschrift, daß man mindestens 0,3 g pro Kilo Körpergewicht injizieren muß, wenn man völlig ungerinnbares Blut bekommen will. Will man ganz sicher sein, so injiziert man 0,5 g pro Kilo Tier; das Maximum der noch zulässigen Dosis beträgt 0,6 g pro Kilo. — Für den Versuch stellt man sich unter Verwendung von physiologischer Kochsalzlösung eine 3—5 %ige Wittepeptonlösung her. Das Auflösen des Peptons geschieht durch Erhitzen, nach dem Abkühlen muß

---

[1]) W. L. Dickinson, Notiz über „Blutegelextrakt" und seine Wirkung auf das Blut. Journ. of physiol. **11**, 566. 1890.
[2]) A. Schmidt-Mühlheim, Zur Kenntnis des Peptons und seiner physiologischen Bedeutung. Arch. f. Anat. u. Physiol., Physiol. Abteilg. **33**. 1880.
[3]) G. Fano, Das Verhalten des Peptons und Tryptons gegen Blut und Lymphe. Du Bois-Reymonds Arch. f. Phys. 269. 1881.
[4]) C. Delezenne, Wirkung des Aalblutes und der Organextrakte auf die Gerinnung des Blutes. Arch. de physiol. **9**, 646. 1897.

filtriert werden. — Vor dem Versuch muß das Tier 12—24 Stunden gehungert haben.

Der Versuch wird dann so ausgeführt, daß man dem Tier in die Jugularis eine Kanüle einbindet und nun die entsprechende Menge der Peptonlösung, die man vorher auf Körpertemperatur gebracht, möglichst schnell infundiert. Läßt man die Lösung zu langsam einlaufen, so wird das Blut nur teilweise ungerinnbar. Unmittelbar nach der Injektion sinkt der Blutdruck, das Tier wird somnolent, die Atmung schwer, mitunter setzt sie aus. Dann muß sofort künstliche Atmung eingeleitet werden.

Ganz kurze Zeit schon nach der Injektion wird das Blut ungerinnbar und bleibt so mehrere Stunden. Erst allmählich geht dieses Stadium vorüber. Macht man dann eine zweite Injektion, so gelingt es nicht wieder, das Blut ungerinnbar zu machen. Das Tier ist gegen eine abermalige Peptoninjektion immun. Meist hält diese Immunität ca. 24 Stunden an. — Entnimmt man dem Tier bald nach der ersten Injektion Blut und zentrifugiert es, so bekommt man ein Plasma, das sich unbegrenzt lange flüssig hält. Besondere Vorbereitungen hierfür, wie staubfreie oder paraffinierte Gläser, sind nicht notwendig, da beim Peptonplasma Berührung mit benetzbaren Fremdkörpern nicht genügt, um es zur Gerinnung zu bringen.

Dieses Plasma ist nach Nolf besonders zum Studium thromboplastischer Substanzen geeignet. Denn gerade Gewebssaft bringt es schnell zur Gerinnung, während frisches Fibrinferment von ihm neutralisiert wird. Es enthält demnach ein Antithrombin, das aller Wahrscheinlichkeit nach unter dem Einfluß des injizierten Peptons in der Leber gebildet wird. Daneben finden sich in ihm alle anderen Gerinnungsfaktoren, Thrombogen, Thrombokinase, Kalksalze und Fibrinogen in wirksamer Form. Denn es gelingt Peptonplasma auch ohne thromboplastische Substanzen zur Gerinnung zu bringen, so durch Einleiten von Kohlensäure, durch Ansäuern mit Essigsäure, durch Verdünnen mit Wasser.

III. Neutralsalz-Plasma.

Eine Reihe von Neutralsalzen ist imstande, den Eintritt der Blutgerinnung zu verhindern, einerseits dadurch, daß ihre Gegenwart die Bildung des Thrombins hintanhält, ohne einen der hierfür notwendigen Faktoren zu zerstören, andererseits dadurch, daß sie die für die Bildung des Fibrinfermentes notwendigen Kalksalze mit Beschlag belegen. Man hat demnach zwei Gruppen von Neutralsalzen zu unterscheiden. Zu der ersten Gruppe, also derjenigen, welche die für die Entstehung des

Fibrinfermentes notwendigen Faktoren nicht weiter schädigt, sondern nur verhindert, daß sie miteinander in Reaktion treten, gehören Kochsalz, Magnesiumsulfat und Gallensalze. Zu der zweiten Gruppe, also derjenigen, welche eine Fibrinfermentbildung dadurch nicht zustande kommen läßt, daß sie dem Blut die hierfür notwendigen Kalksalze entzieht, sind zu rechnen Natriumfluorid, Natriumoxalat und Natriumzitrat.

a) Gruppe I (Kochsalz, Magnesiumsulfat, Gallensalze).

1. Kochsalzplasma.

Nach Bordet und Gengou[1]) verfährt man so, daß man 3 Teile frisches, aus der Ader fließendes Blut mit 1 Teil 20 %iger Kochsalzlösung mischt, gut durchschüttelt und dann zentrifugiert. Man bekommt dann ein Plasma, das sich lange Zeit gut hält, ohne zu gerinnen. Es enthält alle für die Gerinnung erforderlichen Faktoren, wie Thrombogen, Thrombokinase, Kalksalze und Fibrinogen. Das Kochsalz hindert nur, daß sie miteinander in Reaktion treten. Verdünnt man aber das Plasma mit Wasser auf das 4—5fache, so tritt innerhalb kurzer Zeit spontane Gerinnung ein.

Das Kochsalzplasma eignet sich ganz gut für Gerinnungsversuche, doch muß man es vorher mit Wasser verdünnen. Der Grad der Verdünnung ist von großer Wichtigkeit für das Gelingen der Versuche, und es ist darum notwendig, in einem Vorversuche die optimale Wassermenge festzustellen.

2. Magnesiumsulfatplasma.

Zur Herstellung dieses Plasmas ist nach Schmidt[2]) eine 28 %ige Lösung von Magnesiumsulfat erforderlich. Das Plasma stellt man in der Weise her, daß man 3 Teile frisches Blut aus der Ader direkt in 1 Teil Magnesiumsulfat auffängt, dann gut durchschüttelt und scharf abzentrifugiert. Man erhält so ein leicht opaleszentes, mitunter vollkommen klares Plasma.

Schmidt empfiehlt, dieses Plasma schnell über Schwefelsäure zu trocknen und danach zu pulverisieren. In diesem Zustande hält es sich unbegrenzte Zeit brauchbar. Zum Versuch löst man das Pulver in der 7fachen Menge Wasser, indem man stark schüttelt und es unter häufigem Schütteln mehrere Stunden

---

[1]) Bordet und Gengou, Recherches sur la coagulation du sang. Annal. de l'Inst. Pasteur. **17**, 822. 1903.
[2]) A. Schmidt, l. c.

bei Zimmertemperatur hält. Danach filtriert resp. zentrifugiert man die Lösung und hat so ein Plasma, das für Versuche mit Thrombin besonders gut geeignet ist.

Man kann das Magnesiumsulfat auch in flüssiger Form lange Zeit wirksam erhalten, wenn man es unverdünnt im Eisschrank aufbewahrt. Allerdings bilden sich da nach einiger Zeit Trübungen heraus, von denen man abfiltrieren muß, bevor man das Plasma zum Versuch verdünnt. Zusatz eines Antiseptikums zum Plasma empfiehlt sich nicht, da sonst sehr bald ein Niederschlag entsteht. — Das Plasma muß zum Versuch verdünnt werden. Als sehr zweckmäßig hat sich bei meinen Versuchen eine 10fache Verdünnung des Plasmas mit 1 %iger Kochsalzlösung erwiesen. Frisches Plasma bleibt in dieser Verdünnung 48 Stunden im Eisschrank ungeronnen.

3. Gallenplasma.

Man stellt es sich in der Weise her, daß man frisches Blut direkt aus der Ader in Galle einfließen läßt, und zwar 5 Teile Blut in 1 Teil Galle, stark schüttelt und zentrifugiert. Das Plasma enthält stets Blutfarbstoff, da die Galle mehr oder weniger starke hämolytische Eigenschaften besitzt. — Hat man reine cholsaure Salze zur Verfügung, so ist nur ein Zusatz von 1—2 % notwendig, um ein nicht oder schwer gerinnbares Gallensalzplasma zu bekommen. — Dieses Plasma gerinnt schon nach Zusatz von wenig Wasser und ist darum als Indikator für Thrombin und dessen Bestandteile wenig geeignet.

b) Gruppe II (Natriumfluorid, Natriumoxalat, Natriumzitrat).

1. Fluoridplasma.

Nach Arthus[1]) lautet die Vorschrift so, daß man frisches Blut aus der Ader direkt in eine Lösung von Natriumfluorid einfließen läßt, und zwar wählt man die Menge des Salzes so, daß das Blut etwa 2 $^o/_{oo}$ Natriumfluorid enthält. Zu dem Zweck stellt man sich eine 2%ige Natriumfluoridlösung her, bringt beispielsweise 1,0 ccm dieser Lösung in einen kleinen Meßzylinder und läßt 9 ccm frisches Blut direkt aus der Ader dazufließen. Dann schüttelt man gut durch und zentrifugiert die Blutkörperchen scharf ab. Das so gewonnene Plasma hält sich lange Zeit flüssig.

---

[1]) Arthus und Pagés, Nouvelle théorie chimique de la coagulation du sang. Arch. de Physiol. **22**, 739. 1890.

Wie man sich die Wirkung des Fluornatriums zu erklären hat, ist eine noch immer strittige Frage. Daß das Salz bei den im Blut befindlichen Ca-Ionen angreift, unterliegt keinem Zweifel. Fraglich ist nur, ob es die Kalksalze direkt ausfällt oder sie nur so verändert, daß sie für die Thrombinbildung nicht mehr verwendbar sind. — Wahrscheinlich ist aber noch ein zweites Moment hier mit im Spiele. Denn wenn man zu Fluoridplasma im Überschuß Calciumchlorid zusetzt, so tritt in der Mehrzahl der Fälle trotz der nunmehr disponiblen Ca-Ionen keine Gerinnung ein. Nach Arthus hat man sich die Wirkung des Fluornatriums so zu erklären, daß es einerseits die Kalksalze ausfällt, andererseits infolge seiner toxischen Wirkung die Blutzellen verhindert, Thrombokinase zu bilden. — So ganz zutreffend scheint aber diese Erklärung doch nicht zu sein. Denn nach Rettger[1]) gelingt es mitunter doch, Fluoridplasma durch Kalkzusatz zur Gerinnung zu bringen, wenn man vorsichtig dabei verfährt und einen Überschuß von Kalk vermeidet.

Das Fluoridplasma enthält einschließlich Thrombogen und Fibrinogen. Wenn man ihm nun nach dem Vorgange von Nolf Kalksalze im Überschuß zufügt, so bekommt man ein ausgezeichnetes Reagens auf Thrombokinase. Den Zusatz von Kalk wählt man so, daß man Calciumchlorid so lange zum Plasma zufügt, als noch ein Niederschlag entsteht. Die Fällung wird durch Zentrifugieren entfernt und das Plasma kann dann sofort zum Versuch verwandt werden.

2. Oxalatplasma.

Nach Arthus und Paget (l. c.) stellt man dieses Plasma in der Weise her, daß man frisch aus der Ader fließendes Blut in eine 1—2 %ige Natriumoxalatlösung auffängt. Und zwar wählt man das Verhältnis zwischen der Salzlösung und dem Blute so, daß 1 Teil Natriumoxalatlösung auf 9 Teile Blut kommt. Meist genügt schon eine Konzentration von 1 $^0/_{00}$, um das Blut ungerinnbar zu machen, ganz sicher aber geht man, wenn man eine 2 %ige Natriumoxalatlösung verwendet und die Salzkonzentration so wählt, daß sie 2 $^0/_{00}$ beträgt. Hiernach wird gut durchgeschüttelt und scharf zentrifugiert.

Das so erhaltene Plasma gerinnt auf Zusatz von Thrombin. Doch muß man schon beträchtliche Mengen anwenden, sonst ist die Gerinnung eine unvollständige, oder sie bleibt gänzlich aus.

---

[1]) L. J. Rettger, The coagulation of blood. Amer. Journ. of Phys. **24**, 406. 1909. — Derselbe, Bemerkungen über die Wirkung von Fluoridplasma. Zentralbl. f. Physiol. **23**, 340. 1909.

— Auch Zusatz von Kalksalzen bringt das Oxalatplasma zur Gerinnung. Hier ist aber ein zu großer Überschuß zu vermeiden, sonst bleibt die Gerinnung aus. Am besten bemißt man den Kalkzusatz so, daß er nicht mehr als 0,5 % beträgt. Auch auf Zusatz von Kalk verläuft die Gerinnung nicht immer glatt, sondern sehr oft zögernd. Das beruht nach Rettger darauf, daß beim Zusatz des Calciumchlorids zum Blut das entstehende Calciumoxalat einen Teil der Thrombinfaktoren mitniederschlägt. Rettger empfiehlt deshalb, Oxalatplasma gegen eine 0,9 %ige Kochsalzlösung, die aber vollkommen frei von Kalksalzen sein muß, 24 Stunden zu dialysieren. Man erhält dann ein Plasma, das ebenso flüssig bleibt wie das Ausgangsmaterial, das aber schon bei Zusatz ganz geringer Kalkmengen in typischer Weise schnell gerinnt.

Das dialysierte Plasma eignet sich zum Studium von Thrombin und von Kalksalzen.

3. Zitratplasma.

Man bereitet es in der Weise, daß man das Blut direkt aus der Ader in eine 4 %ige Lösung von Natriumzitrat fließen läßt. Da die Vorschrift lautet, daß das Blut 4 ⁰/₀₀ Natriumzitrat enthalten soll, so mischt man die Salzlösung mit dem Blut im Verhältnis von 1 : 10, d. h. man läßt zu 1,0 ccm der 4 %igen Natriumzitratlösung 9,0 ccm Blut zufließen. Zwar entsteht ein Niederschlag von Calciumzitrat nicht dabei, doch finden sich die Ca-Ionen so an das Zitrat gebunden, daß sie für die Thrombinbildung nicht mehr in Frage kommen. Hiernach wird durchgeschüttelt und abzentrifugiert.

Das Plasma eignet sich gut für das Studium von Thrombin und von Kalksalzen.

B. Fibrinogenlösungen.
I. Natürliche Fibrinogenlösungen.

Als solche können Transsudate und Exsudate gelten. Indessen enthalten sie in der Mehrzahl der Fälle außer Fibrinogen alle oder wenigstens einen Teil der Vorstufen des Thrombins. Denn man beobachtet sehr häufig, daß sie, sobald sie den Körper verlassen haben, mehr oder weniger schnell spontan gerinnen, und daß durch Zusatz von Gewebssaft die Gerinnung beschleunigt wird. Am ehesten sieht man das bei entzündlichen Exsudaten. Von einer reinen Fibrinogenlösung verlangt man aber, daß sie nur auf Zusatz von Thrombin, nicht von Gewebssaft oder Kalksalzen gerinnt.

Diese Forderung erfüllt nach Schmidt noch am besten das perikardiale Transsudat des Pferdes und mitunter auch menschliche Hydrozelenflüssigkeit. Doch begegnet man auch hier Flüssigkeiten, die, wenn auch nur langsam, spontan resp. auf Zusatz von Gewebssaft und Kalksalzen gerinnen. Bevor man also eine solche Lösung zu Thrombinversuchen verwenden will, hat man sich davon zu überzeugen, daß sie obige Bedingungen erfüllt.

II. Künstliche Fibrinogenlösungen.

Die Herstellung künstlicher Fibrinogenlösungen kann auf zweierlei Weise geschehen, entweder durch Niederschlagen des Fibrinogens aus dem Plasma mit gesättigter Kochsalzlösung oder mit ganz verdünnter Essigsäure und Lösen des Niederschlages in Wasser. Das Verfahren von Hammarsten und von Nolf bedient sich des Kochsalzes, das Verfahren von Schmidt der Essigsäure.

1. nach Hammarsten[1]).

Das Verfahren beruht im Prinzip darauf, daß bei Halbsättigung des Plasmas mit Kochsalz das Fibrinogen ausfällt, während die anderen Eiweißkörper des Plasmas in Lösung bleiben. Das niedergeschlagene Fibrinogen wird dann durch wiederholtes Lösen und Fällen gereinigt.

Für die Herstellung solcher Fibrinogenlösungen eignet sich am besten Pferdeblut, weit weniger Rinderplasma. Auch mit Katzenblut soll man gute Ausbeuten bekommen.

Die Bereitung der Fibrinogenlösung setzt sich aus drei Phasen zusammen: 1. Herstellung des Plasmas, 2. Fällung des Fibrinogens, 3. Reinigen des Rohproduktes.

Ausführung. Zur Herstellung des Plasmas wird eine 5—6%ige Kaliumoxalatlösung gebraucht. Das frisch aus der Ader fließende Pferdeblut wird in Kaliumoxalatlösung aufgefangen, und zwar braucht man für 9 Liter Blut $1/2$ Liter Kaliumoxalatlösung, so daß die Mischung etwa 0,25—0,3 % Oxalat enthält. Das Plasma wird dann durch anhaltendes und scharfes Zentrifugieren von den Formelementen und festen Partikelchen überhaupt befreit. Nach beendetem Zentrifugieren wird es nicht sogleich weiter verwendet, sondern bleibt mindestens 20 Stunden

---

[1]) O. Hammarsten, Über die Bedeutung der löslichen Kalksalze für die Faserstoffgewinnung. Zeitschr. f. physiol. Chem. **22**, 332. 1896/97.

bei 0⁰ C oder etwas unter 0⁰ C stehen. Dabei setzt sich ein amorpher Niederschlag ab, der aller Wahrscheinlichkeit nach Prothrombin ist, und auf dessen Entfernung **Hammarsten** großes Gewicht legt. Das von diesem Niederschlag abfiltrierte Plasma ist vollkommen klar, während das zentrifugierte, nicht abgekühlte Plasma, in größerer Menge gesehen, immer opaleszent ist. Die Filtration muß stets in einem stark abgekühlten Raum und unter Eiskühlung geschehen, damit die Temperatur des Plasmas immer gegen 0^0 C hat.

Für die nunmehr zu erfolgende Fällung des Fibrinogens ist eine entkalkte Kochsalzlösung erforderlich. Da es zu umständlich ist, das hierzu in sehr großer Menge erforderliche Kochsalz ganz rein darzustellen, empfiehlt **Hammarsten** gesättigte Lösungen von Kochsalz, welches vorher durch Fällung mit überschüssigem Kaliumoxalat so weit wie möglich von dem Kalk befreit worden ist. Die gesättigten Kochsalzlösungen enthalten ca. 0,5—1,0 % Kaliumoxalat. Mit diesen Lösungen wird nun das klar filtrierte Oxalatplasma gefällt, und zwar so, daß man erst das halbe Volumen Kochsalzlösung zufügt. Der hierdurch erzeugte, verhältnismäßig geringfügige Niederschlag wird abfiltriert und nicht weiter verwendet. Das neue Filtrat wird nun mit so viel gesättigter Kochsalzlösung versetzt, daß auf je 1 Liter filtriertes Oxalatplasma insgesamt $1\frac{1}{2}$—2 Liter Kochsalzlösung kommen. Dabei fällt das Fibrinogen in großer Menge aus.

Zur Reinigung wird der Fibrinogenniederschlag in einer kaliumoxalathaltigen Kochsalzlösung von 6—8 % NaCl gelöst, mit dem gleichen Volumen gesättigter oxalathaltiger Kochsalzlösung gefällt und dieses Verfahren wiederholt, so daß das Fibrinogen im ganzen 3 mal mit Kochsalz ausgefällt wird. Zuletzt wird es nach starkem Auspressen in destilliertem Wasser gelöst und die Lösung filtriert.

Die so gewonnene Fibrinogenlösung gerinnt nie spontan oder nach Zusatz von einem Kalksalz allein. Dagegen gerinnt sie nach Zusatz von einer fibrinfermenthaltigen Flüssigkeit. Sie ist somit für Thrombinstudien sehr geeignet.

2. nach Nolf[1]).

Die Herstellung des Plasmas geschieht wie bei **Hammarsten** S. 348.

Alsdann wird das klare Plasma mit verdünnter Essigsäure gegen empfindliches Lackmuspapier neutralisiert und dann mit reinem kalkfreiem Kochsalz so lange versetzt, bis die Lösung

---

[1]) P. Nolf, Contributions à l'étude de la coagulation du sang. 3e mém. Arch. internat. de Physiol. **6**, 3. 1908.

ein spezifisches Gewicht von 1,110 hat. Dabei fällt das Fibrinogen grobflockig aus, senkt sich rasch zu Boden und kann von der überstehenden Flüssigkeit schnell getrennt werden. Man überträgt es in ca. 1 Liter destilliertes Wasser, dem man etwas Kochsalz, eine Spur Natriumoxalat und wenige Kubikzentimeter gesättigter Sodalösung zugefügt hat und rührt kräftig um, um das Lösen des Niederschlages zu fördern. Der Zusatz von Alkali ist besonders wichtig, wenn man von Rinderplasma ausgegangen ist, da Rinderfibrinogen sonst außerordentlich schwer löslich ist. Vom ungelöst gebliebenen Anteil wird abfiltriert, das klare Filtrat mit Essigsäure gegen Lackmuspapier neutralisiert und, falls abermals Trübung auftritt, wieder filtriert. Das Filtrat wird in der gleichen Weise wie das Plasma, wieder mit reinem Kochsalz behandelt, der Niederschlag in ca. 500 ccm Wasser, das obige Zusätze enthält, gelöst und die Lösung nach einigem Stehen filtriert. Das klare Filtrat wird wieder mit Essigsäure neutralisiert, eventuell wieder filtriert und abermals mit reinem Kochsalz in der angegebenen Quantität versetzt. Diese dritte Fällung wird genau so behandelt wie die zweite und der nunmehr resultierende Niederschlag in ca. 300 ccm destilliertem Wasser gelöst, dem ein paar Tropfen Sodalösung und 1 % NaCl vorher zugefügt waren. Diese Fibrinogenlösung läßt man im Eisschrank bis zum nächsten Tage stehen, filtriert vom Ungelösten ab und hat dann eine gut haltbare Fibrinogenlösung. Für den Versuch muß diese Lösung mit 1 %iger Kochsalzlösung auf das 5—10fache, je nachdem ihre Konzentration mehr oder weniger stark ist, verdünnt werden.

Ist die Herstellung gut gelungen, so gerinnt diese Lösung ausschließlich auf Zusatz von Thrombin. Rufen aber Kalksalze oder Gewebssäfte Gerinnung in ihr hervor, so enthält sie sicherlich noch Beimengungen von Thrombogen und kann nicht mehr als einwandfreier Indikator für Versuche mit Thrombin gelten.

3. nach Schmidt[1]).

Auch hier wird vom Oxalatplasma aus Pferdeblut ausgegangen (Herstellung s. oben b. Hammarsten S. 348).

Das Plasma wird mit dem 20fachen Volumen destillierten Wassers verdünnt und dann vorsichtig 0,1 %ige Essigsäure tropfenweise zugegeben. Dabei entsteht ein voluminöser Niederschlag von Fibrinogen, der sich schnell zu Boden senkt. Die überstehende Flüssigkeit wird abgegossen und der Niederschlag abzentrifugiert.

---

[1]) A. Schmidt, l. c.

Er wird in destilliertem Wasser gelöst und die Lösung kann sofort zum Versuch verwandt werden.

Diese Fibrinogenlösung kann aber keinesfalls dieselben Ansprüche auf Reinheit machen, wie die nach Hammarsten und Nolf hergestellten. Denn sie beginnt schon auf Zusatz von Kalksalzen zu gerinnen und gerinnt ganz schnell bei Zusatz von Gewebssäften. Offenbar enthält sie außer dem Fibrinogen sämtliche Vorstufen des Fibrinfermentes.

Außer dem Pferdeblutplasma kann man auch Vogelplasma für dieses Verfahren verwenden.

Die mit Essigsäure gewonnenen Fibrinogenlösungen sind für Thrombinstudien nur mit Vorsicht zu verwenden, da sie fast regelmäßig mehr oder weniger thrombinhaltig sind.

Sachregister.

Adenase, Darstellung 244.
— Nachweis 243.
Aktivator 6.
Amylase (Diastase) 30—67.
— Darstellung 67.
— — nach Cohnheim 66.
— — nach Cole 66.
— — nach Pribram 67.
— qualitativer Nachweis 30.
— quantitative Bestimmung 31.
— — — im Blut 55.
— — — im Pankreassaft resp. Pankreasextrakt 53.
— — — im Speichel 45.
— — — im Urin 59.
— — — in den Fäzes 63.
— — — in den Organen 57.
— — — mit der Glykogenmethode 35.
— — — mit der Reduktionsmethode 31.
— — — nach Lintner 33.
— — — nach Wohlgemuth 39.
Antifermente 8.
Antilab 171.
— quantitative Bestimmung 172.
Antipepsin 157.
— Nachweis im Magensaft 162.
— quantitative Bestimmung 158, 159.
Antitrypsin, qualitativer Nachweis 194.
— quantitative Bestimmung nach Brieger und Trebing 198.
— — — nach Fuld und Groß 195.
Arginase 254.
— Darstellung 256.
Autolyse 213—220.
— aseptische nach Conrade 217.
— quantitative Bestimmung nach Salkowski 213.

Blutgerinnung 292—351.
— Methode zur Bestimmung von Brodie und Russel 306.
— — von Buckmaster 308.
— — von Bürker 309.
— — von Fuld 315.
— — von Hinman und Sladen 317.
— — von Milian 317.
— — von Morawitz und Bierich 312.
— — von Kottmann 313.
— — von Kottmann u. Lidsky 301.
— — von Sabrazès 306.
— — von Schlesinger 316.
— — von Schultz 304.
— — von Vierordt 300.
— — von Wright 302.
— theoretischer Teil 292.

Carboxylase 95.
Cholesterinase 131.
Chymosin 174.
Cytothrombin s. Thrombokinase.

Dialysatoren 27.
Dialyse 25.
Diastase s. Amylase.

Einreihenverfahren 15, 50, 159.
Emulsin 84.
— Darstellung 84, 85.
Endotryptasen der Hefe 227.
Enteiweißung nach Rona-Michaelis, Eisenmethode 89.
— — — Kaolinmethode 90.
— nach Schenk 89.
Erepsin 199.
— quantitative Bestimmung 202.

Sachregister.

Esterasen 110.
— Isolierung aus der Leber 111.

Fermente, Darstellung und Isolierung 19.
— Isolierung mit Ammonsulfat 22.
— — mit Uranylazetat 23.
— Konfiguration der 3.
— physikalisches Verhalten der 4.
— synthetische Wirkung der 11.
— Wesen und Eigenschaften der 1—13.
Fermenterschöpfung 9.
Fermente, Wirkungsgesetze der 12.
Fermentlähmung 9.
Fermentreaktion, Messung der Geschwindigkeit der 8.
Fettspaltende Fermente (Lipasen, Esterasen) 101—134.
Fettspaltung im Blut und in serösen Flüssigkeiten 123.
— im Darm 120.
— in Exkreten 123.
— im Magen 112.
— in Organen 120.
— im Pankreas 119.
— in Pflanzen 124.
Fettsynthese 128.
Fibrin 295.
Fibrinferment s. Thrombin.
Fibrinferment, Zeitgesetz 328.
Fibrinogen 295.
— Darstellung nach Hammarsten 348.
— — nach Nolf 349.
— — nach A. Schmidt 350.
— quantitative Bestimmung nach Doyon, Morel, Péju 325.
— — — nach Porges und Spiro 324.
— — — nach Reye 324.
— — — nach Wohlgemuth 326.
Filtration 24.
Fluoridplasma 345.
Formoltitration von Soerensen 229.

Gallenplasma 345.
Gentianase 69.
Gewebskoaguline 297.
Glykogenbestimmung nach Pflüger 36.
Glykolyse 86—93.
— Nachweis im Blut 86.
Glyzerophosphatase 133.

Guanase 242.
— Darstellung 244.

Harnsäureoxydase 249.
— Darstellung 250.
Hefe, Darstellung von Azetondauerhefe nach Buchner 99.
— — von Preßsaft nach Buchner 97.
— — von Saft nach Lebedew 100.
— — von Trockenhefe nach Lebedew 100.
Heterolyse 219.
Hirudinplasma 341.
Histozym 259.
— Darstellung 260.
Holothrombin s. Thrombin.

Inulinase 67.
Invertin 71.
— Darstellung nach Donath 72.
— — nach Osborne 73.
— — nach Salkowski-Barth 73.

Katalase 284—291.
— Darstellung 289.
— qualitativer Nachweis 284.
— quantitative Bestimmung, jodometrische Methode 286.
— — — Permanganatmethode 284.
Katalysator 1.
Kinasen 6.
Kochsalzplasma 344.
Koferment 6.
Kontrollreihenverfahren 15, 51, 158.
Kreatase 252.
— Darstellung 253.
Kreatinase 252.

Lab 162—180.
— Darstellung 179.
— pepsinfreie Lösung nach Hammarsten 179.
— im Mageninhalt 167.
— im Pankreas 169.
— in tierischen Organen 170.
— im Urin 168.
— in Pflanzen 170.
— qualitativer Nachweis 162.
— quantitative Bestimmung 163.
— Wärmemethode 165.
— quantitative Bestimmung nach Blum und Fuld 167.
— — — nach Morgenroth 166.

Labgesetz, Ermittelung 175.
Labzymogen s. Prolab.
Lakkase s. Phenolasen.
Laktase 75.
— Bestimmung nach Porcher 76.
— Darstellung 79.
Lezithinase 104.
— Bestimmung 105.
Lipase 100.
— Bestimmung nach Kanitz 102.
— — nach Volhard und Stade 103.
Lipase s. auch Fettspaltung.
— Koenzym 117.

Magnesiumsulfatplasma 344.
Maltase 79.
Melibiase 83.
Metakasein 180.
Metathrombin 294.
— Reaktivierung 334.
Milch 163.
— künstliche nach Fuld 164.
Monobutyrinase 106.
— Bestimmung nach Rona-Michaelis 107.
Myrosin 85.

Neothrombin 295.
Nierenfunktionsprüfung nach Wohlgemuth 60.
Nuklease, Nachweis 236.
— optische Methode von Pighini 239.

Organextrakte 20.
Organpreßsäfte 20.
Oxalatplasma 346.
Oxydasen 261—283.
— Guajakreaktion von Carlsen 274.
— Jodstärkereaktion von Bach und Chodat 274.
— Phenolphthaleinmethode von Kastle und Shedd 278.

Papayotin (Papain) 228.
Parachymosin 174.
Paralysatoren 8.
Pektinase 68.
Pepsin 135—175.
— Darstellung 153.
— im Urin 150.

Pepsin, qualitativer Nachweis 135.
— quantitative Bestimmung nach Fuld 177.
— — — nach Groß 151.
— — — nach Grützner 137.
— — — nach Hammerschlag 138.
— — — nach Jacoby 146.
— — — nach Mett 139.
— — — — modifiziert von Nirenstein und Schiff 141.
— — — nach Volhard 144.
— Reaktivierung nach Tichomirow 154.
Peptonplasma 342.
Peroxydasen 273—280.
— Darstellung 280.
— Guajakreaktion von Carlson 274.
— Jodstärkereaktion von Bach u. Chodat 274.
— Leukomalachitmethode von Czylharz und Fürth 276.
— Pyrogallolmethode von Bach und Chodat 277.
Phenolasen 268—272.
— Darstellung 271.
— Nachweis nach Bach 268.
— — nach Bach u. Chodat 269.
— — nach Vernon 269.
Plasma aus Fischblut 328.
— aus Hummerblut 340.
— aus Limulusblut 339.
— aus Säugetierblut 340.
— aus Vogelblut 337.
Plasteinferment 180.
Polypeptide spaltende Fermente (peptolytische Fermente) 202—212.
— — optische Methode von Abderhalden 205.
Prochymosin s. Prolab.
Profermente 6.
Prolab 171.
Propepsin 155.
— Darstellung 156.
Proteasen der Samen 224, 226.
— Darstellung aus Hafer 225.
Proteolytisches (autolytisches) Ferment aus Leber 220.
— — aus Leukozyten 222.
Prothrombin s. Thrombogen.
Purindesamidasen 242.

Raffinase 69.
Reihe, geometrische 17.
Reihenversuch, Methode des 16.

Salizylase 281.
— Darstellung 282.
Schwangerschaftsdiagnostik nach Abderhalden 210.
Seminase 68.
van Slykes Methode 232.
Stachyase 70.
Stickstoffbestimmung nach Kjeldahl 233.

Takadiastase, proteolytisches Ferment der 227.
Temperatur, Einfluß der 9, 16.
Traubenzucker, quantitative Bestimmung nach Bang 32.
— — — nach Bertrand 91.
Trehalase 83.
Thrombin(Fibrinferment, Holothrombin) 294.
— Darstellung 333.
— quantitative Bestimmung nach Wohlgemuth 320.
Thrombogen (Prothrombin) 292.
— Nachweis 330.
Thrombokinase (Thrombozym, Cytothrombin) 293.
— Darstellung 331.
Thromboplastische Substanzen 293.
Thrombozym s. Thrombokinase.
Trypsin 182—199.

Trypsin, Aktivierung 191.
— Bestimmung nach Fermi 184.
— — nach Fuld-Groß 187.
— — nach Grützner 183.
— — nach Mett 183.
— — nach Müller-Jochmann 186.
— — nach Volhard-Löhlein 183.
— — physikalische Methoden 189.
— Nachweis in den Fäzes 193.
— — im Ölprobefrühstück 192.
— — im Pankreassaft 191.
— — in Pankreaszysten 192.
Tyrosinase 261—268.
— Bestimmung nach Bach 264.
— — nach Fürth u. Jerusalem 263.
— Darstellung aus tierischen Organen 264.
— — aus Pflanzenmaterial 266.
— Trennung von Lakkase 267.

Urease 257.
Urikase (urikolytisches Ferment) 249.

Xanthinoxydase 246.

Zitratplasma 347.
Zymase 93.
— Koenzym 99.

Verlag von Julius Springer in Berlin.

Im Juli 1913 erscheint:

Abwehrfermente des tierischen Organismus
gegen körper-, blut- und zellfremde Stoffe, ihr Nachweis und ihre diagnostische Bedeutung zur Prüfung der Funktion der einzelnen Organe

Von Prof. Dr. **Emil Abderhalden**

Direktor des Physiologischen Institutes der Universität zu Halle a. S.

Zweite, vermehrte Auflage der „Schutzfermente des tierischen Organismus"
Mit 11 Textfiguren und 1 Tafel. Preis M. 5.60; in Leinw. geb. M. 6.40

Früher erschienen:

Physiologisches Praktikum
Chemische und physikalische Methoden
Von Prof. Dr. **Emil Abderhalden**

Direktor des Physiologischen Institutes der Universität zu Halle a. S.

Mit 271 Textfiguren. 1912. Preis M. 10.—; in Leinwand geb. M. 10.80

Synthese der Zellbausteine in Pflanze und Tier
Lösung des Problems der künstlichen Darstellung der Nahrungsstoffe

Von Prof. Dr. **Emil Abderhalden**

Direktor des Physiologischen Institutes der Universität zu Halle a. S.

1912. Preis M. 3.60; in Leinwand gebunden M. 4.40

Neuere Anschauungen über den Bau und den Stoffwechsel der Zelle
Von Prof. Dr. **Emil Abderhalden**

Direktor des Physiologischen Institutes der Universität zu Halle a. S.

Vortrag gehalten auf der 94. Jahresversammlung der Schweizerischen Naturforschenden Gesellschaft in Solothurn 2. August 1911

Preis M. 1.—

Biochemisches Handlexikon.
Unter Mitwirkung hervorragender Fachleute herausgegeben von Prof. Dr. Emil Abderhalden, Direktor des Physiologischen Institutes der Universität Halle a. S. In sieben Bänden. Preis M. 324.—; in Moleskin gebunden M. 345.—.
Die Bände sind auch einzeln käuflich!

Ausführliche Probelieferung steht kostenlos zur Verfügung!

Zu beziehen durch jede Buchhandlung.

Verlag von Julius Springer in Berlin.

Im Juni 1913 erschien:

Die einfachen Zuckerarten und die Glucoside

Von

E. Frankland Armstrong
D. Sc., Ph. D.

Autorisierte Übersetzung der 2. englischen Auflage
von **Eugen Unna**

Mit einem Vorwort von **Emil Fischer**

Preis M. 5.—; in Leinwand gebunden M. 5.60

Der Harn sowie die übrigen Ausscheidungen und Körperflüssigkeiten von Mensch und Tier. Ihre Untersuchung und Zusammensetzung in normalem und pathologischem Zustande. Ein Handbuch für Ärzte, Chemiker und Pharmazeuten sowie zum Gebrauche an landwirtschaftlichen Versuchsstationen. Unter Mitarbeit zahlreicher Fachgelehrter herausgegeben von Dr. **Carl Neuberg**, Universitätsprofessor und Abteilungsvorsteher am Tierphysiologischen Institut der Königlichen Landwirtschaftlichen Hochschule Berlin. 2 Teile. Mit zahlreichen Textfiguren und Tabellen. 1911. Preis M. 58.—; in 2 Halblederbänden gebunden M. 63.—.

Organische Synthese und Biologie. Vortrag. Zweite, unveränderte Auflage. Von **Emil Fischer.** 1912. Preis M. 1.—.

Untersuchungen über Aminosäuren, Polypeptide und Proteine. 1899—1906. Von **Emil Fischer.** 1906. Preis M. 16.—; in Leinwand gebunden M. 17.50.

Untersuchungen in der Puringruppe. 1882—1906. Von **Emil Fischer.** 1907. Preis M. 15.—; in Leinwand geb. M. 16.50.

Untersuchungen über Kohlenhydrate und Fermente. 1884—1908. Von **Emil Fischer.** 1909. Preis M. 22.—; in Leinwand geb. M. 24.—.

Neuere Erfolge und Probleme der Chemie. Experimentalvortrag gehalten in Anwesenheit S. M. des Kaisers aus Anlaß der Konstituierung der Kaiser-Wilhelm-Gesellschaft zur Förderung der Wissenschaften am 11. Januar 1911 im Kultusministerium zu Berlin von **Emil Fischer.** 1911. Preis 80 Pfg.

Zu beziehen durch jede Buchhandlung.

MIX
Papier aus verantwortungsvollen Quellen
Paper from responsible sources
FSC® C105338

If you have any concerns about our products,
you can contact us on
ProductSafety@springernature.com

In case Publisher is established outside the EU,
the EU authorized representative is:
**Springer Nature Customer Service Center GmbH
Europaplatz 3, 69115 Heidelberg, Germany**

Printed by Libri Plureos GmbH
in Hamburg, Germany